# Access 2010 数据库技术与程序设计

高裴裴　张健　程茜　编

南开大学出版社

天　津

**图书在版编目(CIP)数据**

Access 2010 数据库技术与程序设计 / 高裴裴，张健，程茜编. —天津：南开大学出版社，2014.2（2018.1重印）
ISBN 978-7-310-04411-5

Ⅰ.①A… Ⅱ.①高…②张…③程… Ⅲ.①关系数据库系统－程序设计 Ⅳ.①TP311.138

中国版本图书馆 CIP 数据核字(2014)第 010690 号

南开大学出版社出版发行
出版人：刘运峰
地址：天津市南开区卫津路 94 号　　邮政编码：300071
营销部电话：(022)23508339 23500755
营销部传真：(022)23508542　　邮购部电话：(022)23502200
＊
天津泰宇印务有限公司印刷
全国各地新华书店经销
＊
2014 年 2 月第 1 版　　2018 年 1 月第 6 次印刷
260×185 毫米　16 开本　26.25 印张　662 千字
定价：56.00元

如遇图书印装质量问题,请与本社营销部联系调换,电话:(022)23507125

# 内容提要

    本书基于 Microsoft Access 2010 数据库管理系统,主要讲解数据库技术的应用以及 VBA 程序设计,训练读者关于结构化数据管理的思维方法,培养读者面向对象程序设计和解决实际问题的能力。本书以应用为目的,采用"案例"教学方式和"任务驱动"的方案,使读者从实用角度出发,掌握完整的数据库系统开发全过程。本书配有上机实习指导,章节内容和教材一一对应,供上机实训使用。

    本书可作为高等院校非计算机专业数据库应用技术课程教学用书,也可供各培训机构作为数据库应用教材和全国计算机等级考试参考用书。

# 内容提要

# 前　言

数据库技术于 20 世纪 60 年代产生，50 年来经历三代演变，已经发展成为现代信息科学的重要组成部分，是内容丰富、应用广泛的一门学科，并带动一个巨大软件产业的兴盛。尤其是近些年来，数据库技术和网络技术相互结合、渗透，为分布式、实时的数据管理提供了解决方案。数据库技术不仅应用于事务处理，并且进一步应用到情报检索、人工智能、专家系统、计算机辅助设计等领域。

数据库技术是一种结构化的数据管理方法，它研究如何组织和存储数据，如何高效地获取和处理数据。数据库相关工具和解决方案是数据库技术的研究热点，其中，数据库管理系统（DBMS）是数据库技术的核心。Access 2010 是微软系列办公自动化软件的组件之一，是一个功能丰富、鲁棒性强、成熟的 64 位关系型数据库管理工具，可用于大批量的数据规范管理与数据处理。Access 2010 同时集成了 VBA（Visual Basic for Application）程序设计模块，能编写类 VB 代码生成复杂的数据库应用系统程序。本书基于 Microsoft Access 2010 数据库管理系统，主要讲解数据库技术的应用以及 VBA 程序设计，训练读者关于结构化数据管理的思维方法，培养读者面向对象程序设计和解决实际问题的能力。

本教材是按照教育部高等教育司组织制定的《高等学校文科类专业大学计算机教学基本要求》编写的，满足大学计算机基础课程总体目标的第二个层次——"培养专业应用能力"的需要。全书共分 13 章，分别详细介绍了数据库系统基础知识，数据库设计，关系代数，常量、变量、表达式与函数，数据库和表的创建与维护，查询文件，数据库标准语言 SQL，结构化程序设计，窗体设计，面向对象程序设计，宏，报表设计，Web 数据访问。本教材还配有上机实习指导，其内容和教材一一对应，供上机实训使用。

本书采用"案例"教学方式和"任务驱动"的方案，全书都基于一套虚拟的完整数据库案例，从底层数据库设计创建，到各种数据库应用程序设计，最终整合为一个完整的应用系统，该案例贯穿始终。该组织方式使读者从实用角度出发，掌握完整的数据库系统开发全过程，循序渐进，逐级积累，以加强对操作技能的掌握。

本书的编者都是长期从事计算机教学的一线教师，其中第 5、6、7、10、11、13 章由高装裴编写，第 4、8、9 章由张健编写，第 1、2、3、12 章由程茜编写；配套上机实习指导教材的第 5、6、7、10、11 章由高装裴编写，第 4、8、9 章由张健编写，第 1、2、3、12 章由程茜编写；全书由程茜审校。

本书读者可与作者联系索取相关课件及资料。我们的联系方式如下：

E-mail　Watersky@nankai.edu.cn

也可以访问南开大学计算机教学部网站：

网址　http://jsj.nankai.edu.cn

由于作者水平有限，书中难免有错误和不足之处，恳请读者批评指正！

编者

2014-1-2

# 目　录

# 第 1 章　数据库系统基础知识

众所周知数据库技术不仅仅是计算机软件学科的一个重要分支，也是数据管理中最重要、最新的技术。数据库技术自其诞生以来，已经为计算机收集、存储、加工和管理数据提供了全面的技术支持，它已经发展为当今计算机信息系统的核心技术。

随着社会信息化需求的不断扩大，网络应用的发展与深入，以及经济全球化、市场一体化进程的不断加快。计算机应用已经渗透到各行各业的管理工作之中，对信息资源的利用已经成为各个企业在激烈市场竞争环境下生存和发展的关键。以数据库系统为核心的办公自动化系统、管理信息系统、决策支持系统等得到广泛应用，数据库技术和计算机网络技术相互渗透、相互促进，已成为当前计算机理论和应用中发展极为迅速、应用非常广泛的两大领域。由此可见，合理组织数据资源、充分利用数据库技术进行信息管理和信息处理，对企业的发展起着至关重要的作用。

目前，数据库技术的应用范围已不仅仅是事务管理，而是扩大到专家系统、情报检索、人工智能和计算机辅助设计等非数值计算的各个方面。作为计算机应用人员，只有掌握数据库系统的基础知识，熟悉数据库管理系统的特点，才能开发出适用的、水平较高的数据库应用系统，为促进我国经济发展和科技进步做出积极贡献。

在学习 Access 之前，首先要建立一些有关数据库系统的基本概念，了解数据库技术的基础知识，为学习后续各章打下坚实基础。

## 1.1　数据库概述

### 1.1.1　数据、信息和数据库

#### 1. 数　据

数据（Data）在一般意义上被认为是对客观事物特征所进行的一种抽象化、符号化表示。例如，某人出生日期是 1988 年 6 月 28 日，身高 1.72m，体重 66kg，其中 1988 年、6 月、28 日、1.72m、66kg 等都是数据，它们描述了该人的某些特征。另外，数据可以有不同的形式。例如，出生日期可以表示为"1988.6.28"、"{06/28/88}"等形式。

需要明确的是我们这里所指数据的概念，比以往在科学计算领域中涉及的数据已大大地拓宽了。这里的数据不仅包括数字、字母、汉字及其他特殊字符组成的文本形式的数据，而且还包括图形、图像、声音等多媒体数据。总之，凡是能够被计算机处理的对象都称为数据。

#### 2. 信　息

信息（Information）通常被认为是有一定含义的、经过加工处理的、对决策有价值的数据。请看一个简单例子：某排球队中，每个队员的身高数据为 1.85m、1.97m、1.86m、…，经过计算得到平均身高为 1.89m，这便是该排球队的一条重要信息。又如，某年入学的所有新生中，每个人的出生日期为原始数据，用当年年份减去出生日期中的年份，便可得到每个人的年龄（可视为二次数据）；再由每个人的年龄求出平均年龄，即得到某些统计需要的有用信息，它反映出新生整体的年龄状况。由此可见，数据与信息有着千丝万缕的联系。通常情况下，数据与信息之间的关系可以表示为：

$$信息 = 数据 + 处理$$

其中，处理是指将数据转换成为信息的过程，包括数据的收集、存储、加工、排序、检索等一系列活动。数据处理的目的是从大量的现有数据中，提取对人们有用的信息，作为决策的依据。可见，信息与数据是密切相关的，我们可以总结为：

- 数据是信息的载体，它表示了信息；
- 信息是数据的内涵，即数据的语义解释。

信息是有价值的，其价值取决于它的准确性、及时性、完整性和可靠性。为了提高信息的价值，就必须用科学的方法来管理信息，这种方法就是数据库技术。

### 3. 数据库

数据库（DataBase，DB）是指存储在计算机存储设备上、结构化的相关数据的集合。请注意，这些数据是以二进制形式存储在磁盘、光盘等存储介质上的。那么，它们是如何存储的呢？众所周知，图书馆书库中的图书是按一定规则（即藏书模型）分门别类整齐地排列在书架上的，读者查阅起来十分方便。试想，如果数以百万计的图书杂乱无章地堆放在一起，要从中找出一本所需要的书，那简直如同大海捞针！同理，为了便于检索和使用数据，数据库中的大量数据也必须按照一定的规则（即数据模型）来存放，这就是所说的"结构化"。此外，存储在数据库中的数据彼此之间是有一定联系的，而不是毫不相干的。可见，数据库不仅包括描述事物的数据，而且还要详细准确反映事物之间的联系。

通过下面的例子，我们可以初步体会到数据处理的重要价值：

有一家网上书店，为了给其会员提供优质的客户服务以及自身的经营管理，该书店创建了基础数据库。数据库中保留了每个会员的基本信息及其网上购书的销售信息。通过这些数据，书店可以推断出不同会员的偏好，并有针对性地给会员提供在线新书导购，以提高网上图书的销售量；同时，数据库中保存的图书基本信息与销售信息很好地控制了虚拟库存的数量，极大程度地降低了企业成本。

假设该数据库中存储的数据包括：会员信息表、图书信息表以及销售信息表，分别如表 1-1、表 1-2、表 1-3 所示。

**表 1-1　会员信息表**

| 会员编号 | 姓名 | 性别 | 年龄 | 工作单位 | 联系电话 | E_mail |
|---|---|---|---|---|---|---|
| 00001 | 李国强 | 男 | 35 | 和平医院 | 23529768 | lgq@263.net |
| 00002 | 陈新生 | 男 | 27 | 新都证券交易中心 | 23661745 | cxs@eyou.com.cn |
| 00003 | 刘丽娟 | 女 | 40 | 南开大学 | 23507583 | llj@nankai.edu.cn |
| 00004 | 赵晓航 | 男 | 33 | 软件开发公司 | 27466953 | zxh@163.com |
| 00005 | 徐彤彤 | 女 | 38 | 新蕾出版社 | 28289405 | xtt@hotail.com |

表 1-2　图书信息表

| 图书编号 | 书名 | 出版社 | 书类 | 作者 | 单价 | 库存量 |
|---|---|---|---|---|---|---|
| 00001 | 数据结构教程 | 清华大学出版社 | 计算机 | 李春葆 | 28.00 | 100 |
| 00002 | C++程序设计基础 | 南开大学出版社 | 计算机 | 李敏 | 37.00 | 50 |
| 00003 | 数据库原理与应用 | 上海财经大学出版社 | 计算机 | 赵龙强 | 34.00 | 150 |
| 00004 | 信息技术与管理 | 北京大学出版社 | 管理 | 陈丽华 | 68.00 | 20 |
| 00005 | 项目管理学 | 南开大学出版社 | 管理 | 戚安邦 | 25.00 | 30 |
| 00006 | 电子商务概论 | 高等教育出版社 | 管理 | 覃征 | 33.00 | 10 |
| 00007 | 网络营销技术基础 | 机械工业出版社 | 管理 | 段建 | 38.00 | 85 |
| 00008 | 网页制作使用技术 | 清华大学出版社 | 计算机 | 谭浩强 | 22.00 | 0 |
| 00009 | 数据结构教程 | 南开大学出版社 | 计算机 | 王刚怀 | 28.00 | 5 |

表 1-3　销售信息表

| 会员编号 | 图书编号 | 购买日期 | 数量 |
|---|---|---|---|
| 00003 | 00001 | 06/02/2007 | 40 |
| 00003 | 00004 | 06/02/2007 | 200 |
| 00003 | 00006 | 06/02/2007 | 70 |
| 00003 | 00007 | 06/02/2007 | 30 |
| 00004 | 00002 | 11/23/2006 | 25 |
| 00004 | 00003 | 11/23/2006 | 10 |
| 00004 | 00005 | 11/23/2006 | 10 |
| 00004 | 00012 | 11/23/2006 | 20 |
| 00002 | 00003 | 03/12/2007 | 1 |
| 00002 | 00007 | 03/12/2007 | 1 |
| 00001 | 00008 | 04/17/2007 | 2 |
| 00001 | 00009 | 04/17/2007 | 2 |
| 00005 | 00010 | 12/21/2006 | 25 |
| 00005 | 00011 | 12/21/2006 | 30 |

上面提到了通过这些管理信息可以了解读者的喜好。例如，统计购买计算机类图书的会员及其联系方式，使用数据库管理系统中的查询语句：

SELECT DISTINCT 会员.会员编号,姓名,联系电话,E_mail

FROM 会员,图书,销售

WHERE 书类="计算机" AND 会员.会员编号=销售.会员编号

AND 图书.图书编号=销售.图书编号

我们可以得到如表 1-4 所示的查询结果。

表 1–4　购买计算机类图书会员名单

| 会员编号 | 姓名 | 联系电话 | E_mail |
|---|---|---|---|
| 00002 | 陈新生 | 23661745 | cxs@eyou.com.cn |
| 00003 | 刘丽娟 | 23507583 | llj@nankai.edu.cn |
| 00004 | 赵晓航 | 27466953 | zxh@163.com |

除此之外，我们还可以完成各种辅助销售的统计工作。例如，统计同一类书籍（譬如计算机类图书）不同出版社的销售数量，并按销售数量降序排列：

SELECT　出版社,SUM(数量) AS　销售数量,SUM(数量*单价) AS　销售额

FROM　图书,销售

WHERE　图书.图书编号=销售.图书编号　AND　书类="计算机"

GROUP BY　出版社　ORDER BY SUM(数量) DESC

得到如表 1-5 所示结果。

表 1–5　计算机类图书销售排行榜

| 出版社 | 销售数量 | 销售额 |
|---|---|---|
| 清华大学出版社 | 60 | 1560.00 |
| 南开大学出版社 | 25 | 925.00 |
| 上海财经大学出版社 | 11 | 374.00 |

通过这几个例子，我们可以看到数据信息管理给我们的日常工作带来了很大的方便。但是，是不是说只要将数据保存下来就一定能够满足信息化管理中的需求哪？后面我们将更加全面、更加完善地介绍数据处理过程中每个技术环节的特点以及重要性。

## 1.1.2　数据管理技术的发展

随着计算机硬件和软件技术的不断发展，计算机数据管理技术也随之不断的更新，其发展历程大致经历了人工管理、文件系统和数据库系统三个发展阶段。

### 1. 人工管理阶段

20 世纪 50 年代中期以前，计算机主要用于科学计算，这个时期还没有专门用于管理数据的软件，数据与计算或处理它们的程序放在一起。也就是说，信息处理主要是面向科学计算，数据不需要长期保存。当人们需要使用计算机处理某一课题时，就临时将有关数据输入内存。待计算机处理完毕后直接输出处理结果，并释放相应内存空间，这是其特点一。

特点二，数据处理过程中，信息系统处理的数据需要在编写的程序中加以描述及定义。即程序中不仅要编写对数据处理的具体要求，还要花费大量篇幅对使用数据的结构、存取方法和输入输出方式等进行详细叙述。因此，此时编写应用程序不仅要书写操作指令，还要书写大量的数据说明性信息。这样一来，不仅使编写应用程序十分繁琐，而且一旦信息系统中使用的数据，其类型、格式、数量或输入输出方式等改变了，程序也必须作相应的修改。这种现象我们称之为数据与程序不具有独立性，这一特点的另一个后果直接导致了应用程序不具有普遍性和通用性。

特点三，数据是面向应用的，不具有共享性。也就是说，每个应用程序中都只能使用自己定义的数据，即便是某些程序使用相同的数据，也必须在各自的应用程序中重新定义。因此，各程序之间存在着大量的重复数据，称之为数据冗余。

总而言之，在人工管理阶段，数据处理的特点归纳为：数据不保存、不能共享、冗余度极大；数据与程序捆绑在一起，数据不具有独立性。这些特征可以通过图 1-1 和应用实例加以说明。

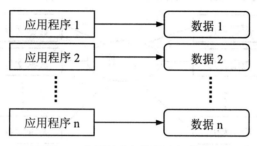

图 1-1　应用程序与数据之间的关系

【例1-1】　人工管理阶段应用程序处理数据示例，如图 1-2 所示。

```
Public Sub sub1()
'程序 1：计算指定数据之和
Dim a As Variant
Dim i, s As Integer
a = Array(70, 53, 58, 29, 30, 77, 14, 76, 81, 45)
s = 0
For i = 0 To 9
    s = s + a(i)
Next
MsgBox s
End Sub
```

```
Public Sub sub2()
'程序 2：求指定数据的最大值
Dim a As Variant
Dim i, s As Integer
a = Array(70, 53, 58, 29, 30, 77, 14, 76, 81, 45)
s = a(0)
For i = 1 To 9
    If s < a(i) Then
        s = a(i)
    End If
Next
MsgBox s
End Sub
```

图 1-2　人工管理阶段应用程序处理数据示例

### 2. 文件系统阶段

20 世纪 50 年代后期至 60 年代，计算机开始大量地用于数据处理工作。在软件方面，出现了高级语言和操作系统。操作系统中的文件系统是专门管理存放在外存中文件的软件。此时，程序和数据可以分别存储为程序文件和数据文件，因而程序与数据有了一定的独立性。常用的高级语言 FORTRAN、BASIC、C 等都支持使用数据文件。这个阶段称为文件系统阶段。

这一阶段最主要的特点是，计算机不仅用于科学计算，也开始应用到数据管理领域，并且，计算机的应用迅速转向信息管理。此时管理的数据以文件形式长期保存在外存的数据文件中，并通过对数据文件的存取实现对信息的查询、修改、插入和删除等常见的数据操作。虽然这个时期出现了操作系统，而且操作系统中的文件系统有专门负责管理数据的软件，并且可以提供有关数据的存取、查询以及维护功能，但是，数据文件仍然是面向应用的，文件之间缺乏联系，共享性差。换句话说，虽然应用程序中不用再编写大量的数据结构、存储方式等相关内容的说明，只要确定使用的是哪一个具体文件即可。但即使不同的应用程序需要使用相同的数据，这些数据也必须存放在各自的专用文件中，不能共享数据文件。这种处理方式可以用图 1-3 来描述。

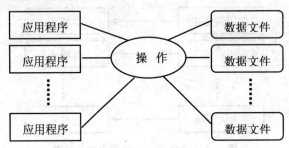

**图 1-3　应用程序与数据文件之间的关系**

【例1-2】　文件系统阶段应用程序处理数据示例，如图 1-4 所示。

```
Public Sub sub3()
'程序 3：计算指定数据之和
Dim x As DAO.Database
Dim y As DAO.Recordset
Dim s As Integer
Set x = Application.CurrentDb
Set y = x.OpenRecordset("Book1")
'指定文件：Book1
s = 0
While Not y.EOF
    s = s + y("A")
    y.MoveNext
Wend
MsgBox s
y.Close
x.Close
Set y = Nothing
Set x = Nothing
End Sub
```

```
Public Sub sub4()
'程序 4：求指定数据的最大值
Dim x As DAO.Database
Dim y As DAO.Recordset
Dim s As Integer
Set x = Application.CurrentDb
Set y = x.OpenRecordset("Book1")
'指定文件：Book1
s = y("A")
While Not y.EOF
    If s < y("A") Then
        s = y("A")
    End If
    y.MoveNext
Wend
MsgBox s
y.Close:x.Close
Set y = Nothing:Set x = Nothing
End Sub
```

数据文件：

| Book1:表 | |
| --- | --- |
| A | B |
| 70 | |
| 53 | |
| 58 | |
| 29 | |
| 30 | |
| 77 | |
| 14 | |
| 76 | |
| 81 | |
| 45 | |

**图 1-4　文将系统阶段应用程序处理数据示例**

文件系统阶段的数据管理方式可以用图 1-5 概括总结。其特点归纳为：数据长期保存到文件中；程序与数据分离，数据程序有一定的独立性；实现了以文件为单位的数据共享，数据文件 1、数据文件 2、……、数据文件 n 中还会含有一定数量的重复数据。

另外，也可以与图 1-2（数据库系统中应用程序与数据间的关系）进行对比，就会发现两者之间存在很大差距。

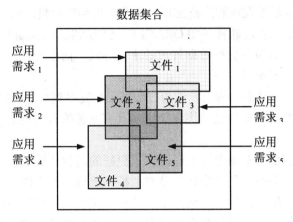

**图 1-5 传统数据管理方式**

由此可见，文件系统阶段对数据的管理虽然有了长足的进步，但是一些根本性问题并没有得到解决。例如，数据冗余度大，同一数据项在多个文件中重复出现；缺乏数据独立性，数据文件只是为了满足专门需要而设计的，只能供某一特定应用程序使用，数据和程序相互依赖；数据无集中管理，各个文件没有统一管理机制，无法相互联系，其安全性与完整性得不到保证。诸如此类的问题造成了文件系统管理的低效率、高成本，这就促使人们研究新的数据管理技术。

**3. 数据库系统阶段**

从 20 世纪 60 年代后期开始，随着信息量的迅速增长，需要计算机管理的数据量也在急剧增长，文件系统采用的一次存取一个记录的访问方式，以及不同文件之间缺乏相互联系的存储方式，越来越不能适应管理大量数据的需要。同时，人们对数据共享的需求日益增强。计算机技术的迅猛发展，特别是大容量磁盘开始使用，在这种社会需求和技术成熟的条件下，数据库技术应运而生，使得数据管理技术进入崭新的数据库系统阶段。

其管理方式如图 1-6 所示。

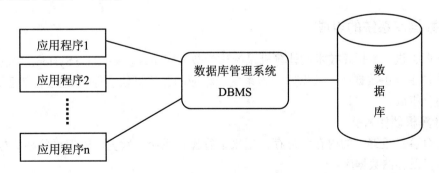

**图 1-6 应用程序与数据库之间的关系**

数据库系统克服了文件系统的种种弊端，它能够有效地储存和管理大量的数据，使数据得到充分共享，数据冗余大大减少，数据与应用程序彼此独立，并提供数据的安全性和完整性统一机制。数据的安全性是指防止数据被窃取和失密，数据的完整性是指数据的正确性和一致性。用户可以以命令方式或程序方式对数据库进行操作，方便而高效。数据库系统的优越性使其得到迅速发展和广泛应用。从大型机到微型机，从 UNIX 到 Windows，推出了许多成熟的数据库管理软件，如 ORACLE、SYBASE、Visual FoxPro 和 Access 等。当今，数据库系统已经成为计算机数据管理的主流方式，而由文件系统支持的数据文件，仅在数据量较小的场合下使用。

数据库系统阶段数据处理的特点归纳为：数据冗余度得到合理的控制；数据共享性高；数据具有很高的独立性；数据经过结构化处理，具有完备的数据控制功能等。更详细的内容参见 1.2.2。

计算机网络技术的迅速发展为数据库提供了更好的运行环境，使数据库系统从集中式发展到分布式。所谓"集中"和"分布"是对数据存放地点而言的。分布式数据库把数据分散存储在网络的多个结点上，各个结点上的计算机可以利用网络通信功能访问其他结点上的数据库资源。例如，一个银行有众多储户，如果所有储户的数据都存放在一个集中式数据库中，所有储户存款、取款时都要访问这个数据库，数据传输量必然很大。如果使用分布式数据库，将众多储户的数据分散存储在离各自住所较近的储蓄所，则大多数储户就可以就近存取，仅有少量数据需要远程调用，从而大大减少了网上的数据传输量，提高了运行效率。

值得一提的是，近年来，智能数据库的研究取得了可喜的进展。传统数据库存储的数据都是已知的事实，智能数据库除了存储已知的事实外，还能存储用于逻辑推理的规则，故又称为"基于规则的数据库"（rule-based database）。例如，某智能数据库中存有"科长领导科员"的规则，如果同时存有"甲是科长"、"乙是科员"等数据，它就能够推理得出"甲领导乙"的新事实。随着人工智能逐步走向实用化，对智能数据库的研究日趋活跃。演绎数据库、专家数据库和知识库系统等都属于智能数据库的范畴。

# 1.2　数据库系统的组成及特点

## 1.2.1　数据库系统的组成

通常把引进了数据库技术的计算机系统称为数据库系统（DataBase System，简称 DBS）。数据库系统主要由数据库、数据库管理系统、相应的计算机软硬件、数据库管理员及其他人员几部分组成。

**1. 计算机硬件系统**

需要有容量足够大的内存和外存，用来运行操作系统、数据库管理系统核心模块和应用程序，以及存储数据库。

**2. 数据库集合**

数据库系统中的数据库集合（DataBase，DB）是存储在计算机外存上的若各个设计合理、满足应用需求的数据库。

### 3. 数据库管理系统

数据库管理系统（DataBase Management System，DBMS）是运行在操作系统之上的系统软件，是数据库系统的核心。它不仅可以帮助用户创建、维护和使用数据库，而且数据库系统中的各种功能和特性都是由 DBMS 提供的。流行的 DBMS 有 Sybase、Oracel、Informix、Visual FoxPro、Access 等。前面使用的 SELECT 查询语句就是在 Access 环境中实现的。

### 4. 相关的软件系统

包括操作系统、编译系统、应用开发工具软件和计算机网络软件等。较大型的数据库系统，通常是建立在多用户系统或网络环境中的。

### 5. 数据库管理员及其他人员

在大型数据库系统中，需要有专人负责数据库系统的建立、维护和管理工作，承担该任务的人员称为数据库管理员。其他人员包括系统分析和设计人员、应用程序员以及用户。用户又可分为两类：专业用户和最终用户。专业用户侧重于设计数据库、开发应用系统程序，为最终用户提供友好的用户界面。最终用户侧重于对数据库的使用。

## 1.2.2　数据库系统的特点

数据库技术是在文件系统的基础上发展起来的技术。数据库系统克服了文件系统的缺陷，它不仅可以实现对数据的集中统一管理，而且还可以使数据的存储和维护不受任何用户的影响，为用户提供了对数据更高级、更有效的管理手段。数据库系统的主要特点是：数据结构化、数据共享、数据独立性和统一的数据控制功能。

### 1. 数据冗余度小、数据共享性高

数据共享是指数据库中的数据可以被多个用户、多种应用访问，这是数据库系统最重要的特点。由于数据库中的数据被集中管理、统一组织、定义和存储，可以避免不必要的冗余，因而也避免了数据的不一致性。与此同时，这种处理模式便于数据的灵活应用，可以取整体数据的各种合理子集用于不同的应用系统。

### 2. 具有较高的数据独立性

在数据库系统中，数据与应用程序之间的相互依赖大大减小，数据的修改对程序不会产生大的影响或没有影响，数据具有较高的独立性。这一特点通过对图 1-3 和图 1-6 的对比，很清晰地表示出来。

从图 1-6 中可以看出，无论应用程序要对数据（数据保存在数据库 DB 中）进行何种操作，都是通过 DBMS（数据库管理系统）来完成的。也就是说，由于 DBMS 提供了数据定义功能，以及数据管理功能，程序中所需要的数据定义、查询、删除、插入、修改等操作，都是由 DBMS 完成的，应用程序中不用再包含这方面的内容。因此，当数据的结构（无论是物理结构即存储方式，还是逻辑界结构即数据项之间的关系）发生变化时，应用程序都是不变的。这样一来，数据和程序相互之间的依赖性很低、独立性很高，这种特性就是我们所说的数据独立性高。

数据独立性高给应用程序的开发、维护、扩充带来极大的方便，从而大大减轻了程序

设计的负担。

### 3. 数据结构化

数据库中的数据是有结构的，这种结构是由数据库管理系统所支持的数据模型表现出来的。数据库系统不仅可以表示事物内部各数据项之间的联系，而且可以表示事物与事物之间的联系。这一特点决定了利用数据库实现数据管理的设计方法，即系统设计时应该先准确地规划出数据库中数据的结构（数据模型），然后再设计具体的处理功能程序。数据模型的相关内容后面会更详细介绍。

### 4. 具有统一的数据控制功能

数据共享必然伴随着并发操作，即多个用户同时使用同一个数据库。为此，数据库系统必须提供必要的保护措施，主要有以下几种数据控制功能：

（1）数据安全性控制

数据安全性遭到破坏是指信息系统中出现用户看到了不该看的数据、修改了无权修改的数据、删除了不能删除的数据等现象。数据库系统设置了一整套安全保护措施，只有合法用户才能进行指定权限的操作，有了数据安全控制就可以保护数据库，防止对数据库进行非法操作，避免引起数据丢失、泄露和破坏。

（2）数据完整性控制

数据的完整性控制是指数据库系统提供了一种机制，这种机制可以保证系统中数据的正确性、有效性和相容性，以防止不符合系统语义要求的数据输入系统或者输出系统。此外，当计算机系统发生故障而破坏了数据或对数据的操作发生错误时，系统能提供相应机制，将数据恢复到正确状态。

以数据的相容性为例加以说明。例如，上面使用过的图书销售系统，其中销售信息表（表 1-3）中的图书编号必须是图书信息表（表 1-2）中存在的图书编号，同样，表 1-3 中的会员编号必须是会员信息表（表 1-1）中存在的会员编号，这就是数据的相容性。

另外，在数据安全性控制下，还可规定性别数据项只存入"男"或"女"两种值；规定单价这类数值型数据的取值范围等。类似这样的规则也可以在数据完整性控制机制中实现。

（3）数据的并发控制

当多个用户的并发进程同时存取、修改数据库时，可能会相互干扰而得到错误的结果，并使数据库的完整性遭到破坏。因此，必须对多用户的并发操作予以控制和协调。并发控制中有一概念称为事务（Transaction），它是并发控制的基本单位与控制对象。事务是一系列的操作。这些操作要么都做，要么都不做。两事务的并发操作可能造成数据的错误。通常采用封锁措施来保证数据的正确性。例如，事务 T1 要修改数据 A，首先封锁它，执行完读写操作之后才解锁 A。在事务 T1 的执行过程中，如果事务 T2 也提出对数据 A 的封锁要求，则必须等待，直到事务 T1 解锁数据 A 后，事务 T2 才能获得对数据 A 的控制权。

（4）数据的恢复

数据恢复是通过记录数据库运行的日志文件和定期做数据备份工作，保证当数据库中的数据由于种种原因（如系统故障、介质故障、计算机病毒等）遭到破坏导致不正确，或者部分甚至全部丢失时，系统有能力将数据库恢复到最近某个时刻的一个正确状态。

# 1.3　数据库管理系统

正如前文所说，数据库管理系统是数据库系统的核心部分。它不仅可以帮助用户创建、维护和使用数据库，而且数据库中的各种功能和特性都是由 DBMS 提供的。

DBMS 的主要功能包括：数据定义功能、数据库的运行管理功能、数据库的建立和维护功能。DBMS 中的 3 个数据处理语言，能确保这些管理和控制功能的正常运行。

## 1. 数据定义语言

数据库管理系统能够向用户提供数据定义语言（Data Definition Language，DDL），用于描述数据库的结构。DDL 子系统帮助人们在数据库中建立和维护数据字典，并且定义数据库中的文件结构，也就是说 DDL 主要用于描述数据库中信息的逻辑结构。例如信息的名称、信息的类型和格式等特性都属于逻辑结构的范畴。

DBMS 中之所以要提供数据定义子系统，是由于数据库系统管理数据的方式与我们常见的利用各种表格（无论是电子表格还是手工编制的表格）对数据进行处理的方式有很大不同。我们都知道利用 Excel 软件可以实现对数据进行存储、统计等管理工作，其工作方式是直接在指定的工作簿中输入需要的信息、定义所需的运算公式及函数。但是，在数据库管理模式下，要求在具体输入信息之前必须先要定义数据的逻辑结构。例如，关系数据库标准语言 SQL 的 DDL 语言，一般设置有 create table/index，alter table，drop table/index 等语句，可以分别用于建立、修改或删除关系数据库的二维表结构、定义或删除数据库表的索引。

## 2. 数据操作语言

数据库管理系统能够向用户提供数据操作语言（Data Manipulation Language，简称 DML），支持用户对数据库中的数据进行查询、追加、插入、删除、修改等操作，支持用户对数据库中的数据进行各种基本操作。在大多数的 DBMS 中，都包含各种各样的数据操作工具。例如，视图、报表生成器、范例查询工具以及结构化查询语言等工具，这些工具协助用户对数据库中的数据进行各种操作。

在不同的数据库管理系统中，数据操作语言的语法格式也不同。按其实现方法可分为两类：一类数据操作语言可以独立使用，不依赖于任何其他程序设计语言，称为自含型或自主型语言；另一类是宿主型数据操作语言，它需要嵌入宿主语言（例如 FORTRAN，COBOL，C 等）中使用。在使用高级语言编写应用程序时，如果需要调用数据库中的数据，则需要用宿主型数据操作语言的语句来实现。因此，数据库管理系统必须包含数据操作语言的编译或解释程序。

## 3. 数据控制语言

数据库中的数据是宝贵的共享资源，必须有一定的控制手段来保障数据不被破坏。因此，数据库管理系统必须具有控制和管理功能，其中包括：在多用户使用数据库时对数据进行的"并发控制"；对用户权限实施监督的"安全性检查"；数据的备份、恢复和转储功能；对数据库运行情况的监控和报告等。数据库系统的规模越大，这类功能就越强，大型机数据库管理系统的管理功能一般比微型机数据库管理系统更强。数据库管理系统能够向用户提供数据控制语言（Data Control Language，DCL），用于安全性、完整性、并发性、故障恢复等控制功能。

目前，微型机上使用的数据库管理系统都是关系型数据库管理系统。它们提供的数据库语言都具有"一体化"的特点，即集数据定义语言 DDL、数据操作语言 DML 和数据控制语言 DCL 于一体，在数据库管理系统的统一管理下完成上述各种功能。

# 1.4　基本数据模型

## 1.4.1　基本数据模型

在一个数据库系统中，为了反映事物本身及事物之间的各种联系，数据库中的数据必须具有一定的结构，这种结构用数据模型来表示。任何一个数据库管理系统都是基于某种数据模型的。基本的数据模型有 3 种：层次模型、网状模型和关系模型。

### 1. 层次模型

利用树型结构表示实体及其之间联系的模型称为层次模型。图 1-7 就是一个层次模型的实例，它体现出实体之间一对多的联系。这里的"实体"我们暂且理解为对象，后面会有详细、准确的定义。什么是一对多联系也会在稍后介绍。

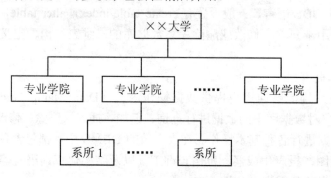

图 1-7　层次结构数据模型

### 2. 网状模型

利用网状结构表示实体及实体之间联系的模型称为网状模型。该模型体现多对多的联系，具有很大的灵活性。图 1-8 给出了一个用网状模型表示某学校中系所、教师、学生和课程之间的联系。

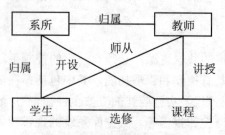

图 1-8　网状结构数据模型

在层次模型和网状模型中，它的主要数据结构是树结构和图结构。这些概念对于没有受过计算机训练的人来说，理解起来要困难一些。即使对用户进行专门培训，他们也很难掌握和运用这两种结构，所以这些模型的软件开发、生产率一直是偏低的。基于上述原因，才促使人们开始探讨更加易于使用和操控的新数据模型。人们发现，在现实生活中，表达数据之间关联性的最常用、最直观的方法莫过于制成各种各样的表格，而且这种表格人们不需要专门训练就能看懂。关系模型就是在这样的背景下提出来的。

**3. 关系模型**

用二维表结构表示实体以及实体之间联系的模型称为关系模型。关系模型把各种联系都统一描述成一些二维表，即由若干行和若干列组成的表格。每一个这样的二维表格就称为一个关系。例如，我们前面使用过的 5 个表格，每一个都对应一个关系。

对我们来说，无论是浏览还是设计一张二维表格都没有什么困难，可见，关系模型很容易被用户所接受。此外，关系模型有严格的理论基础（关系数学理论），因此，基于关系模型的关系型数据库管理系统成为当今最为流行的数据库管理系统。

经过几十年的发展，基于不同数据模型的数据库系统经历了第一代层次模型和网状模型、第二代关系模型，正在走向面向对象的数据模型等非传统数据模型的第三个阶段。

## 1.4.2　面向对象模型

**1. 传统数据库技术的制约**

可以肯定的是传统数据库技术在数据管理方面实现了很大的突破，使计算机的应用范畴在信息处理领域得到充分展示。但是，由于传统数据库能力所限又在很大程度上制约了数据库技术的发展，主要体现在：

（1）数据模型的构成限制了处理数据的范畴

传统数据库中采用的数据模型，即便是关系模型，它的主要特点也要强调数据的高度结构化。这样的数据模型所能处理的数据是离散式的，其数据之间的关系也很简单，不能完全表达客观世界中的复杂对象，例如大块文本的处理、超文本、图形图像、声音等复杂对象。

（2）数据类型过于简单

传统数据库中存储、处理的数据类型大多是数值型（包括整数和含有小数的浮点数）、字符型、日期型、逻辑型（即存储真、假值的布尔型）等。这些数据类型包含的种类是很有限的（取值的范围集合也是离散数据集合），无法表示变化性很强的矢量集合。

（3）处理的对象是静态的缺乏抽象与归纳

传统数据库中虽然用数据模型表示了客观对象的主要特征，但是，其所描述的对象主要是一种静态对象，缺乏利用数据抽象、归纳知识的特性，即不具有演绎和推理的能力，因此很难满足更高层次的信息管理和决策支持的需求，使数据库技术的应用范畴只能限定在一定的范围之内。

数据库技术固有的缺陷导致数据库技术的研究向更深层次拓展，因而也就孕育着新一代数据库技术的诞生。

**2. 新一代数据库技术的代表——面向对象模型**

数据库技术发展的基础是数据模型的变革。因此，人们在研究数据库新技术时自然而然地要从数据模型着手。数据模型从最初的层次、网状模型发展到关系模型,特别是关系模型的出现,代表了数据库技术发展史上划时代意义的重大事件。由于关系模型存在着一定缺陷,所以,更多样化、更丰富多彩的数据模型不断涌现出来,最具代表性的就是面向对象的数据模型。面向对象的数据模型的主要特点是:

(1)面向对象的数据模型能完整地描述现实世界的数据结构,能表达数据之间的嵌套、递归联系。因此,这种数据模型处理的数据类型更加广泛,表示的实际对象更加丰富。

(2)具有面向对象技术的封装型(即把数据与操作定义在一起)和继承性(即继承数据结构的特性和操作的特性)的特点,提高了软件的重复使用性。

**3. 数据库技术与其他相关技术紧密结合**

数据库技术与其他学科的相结合,是新一代数据库技术的一个显著特点,涌现出各种新型的数据库系统。例如:

(1)数据库技术与分布式处理技术相结合,产生了分布式数据库系统。

(2)数据库技术与并行处理技术相结合,产生了并行数据库系统。

(3)数据库技术与人工智能技术相结合,产生了知识库系统、演绎数据库系统以及主动数据库系统。

(4)数据库技术与多媒体技术相结合,产生了多媒体数据库系统。

(5)数据库技术与模糊技术相结合,产生了模糊数据库系统。

另外还有数据仓库、统计数据库、时态数据库、基于逻辑的数据库、内存数据库、联邦数据库、工作流数据库、工程数据库、地理数据库、空间数据库、科学数据库等等系统。这些数据库虽然采用了不同的数据模型,但都具有面向对象模型的特征。

第一代数据库系统是非关系型数据库系统,包括层次型和网状型数据库系统。第二代数据库系统是关系型数据库系统。与第一代数据库系统相比,第二代数据库系统的突出优点有两个:一是采用二维表作为数据结构,简单明了、易学易用;二是查询效率高,仅用一条命令即可访问整个二维表,而第一代数据库每次仅能访问一条记录。此外,通过多表联合操作还能对有联系的若干个二维表实现"关联"查询。

# 1.5　数据库系统结构

考察数据库系统的结构可以有多种不同的层次或不同的角度。从数据管理系统角度看,数据库系统通常采用三级模式结构;这是数据库管理系统内部的系统结构。

从数据库最终用户角度看,数据库系统的结构分为集中式结构(又可有单用户结构、主从式结构)、分布式结构、客户/服务器结构和并行结构。这里要介绍的是数据库系统的模式结构。

## 1.5.1　数据库系统模式的概念

在数据模型中有"型"(Type)和"值"(Value)的概念。型是指对某一类数据的结构和属性的说明,值是型的一个具体赋值。例如:学生记录定义为(学号,姓名,性别,姓名,系别,年龄,籍贯)这样的记录型,而(900201,李明,男,计算机,22,江苏)则是该记录型的一个具体记录值。

模式（Schema）是数据库中全体数据的逻辑结构和特征的描述，它仅仅涉及型的描述，不涉及具体的值。模式的一个具体值称为模式的一个实例（Instance）。同一个模式可以有很多实例。模式是相对稳定的，而实例是相对变动的，因为数据库中的数据是在不断变化、更新的。模式反映的是数据的结构及其联系，而实例反映的是数据库某一时刻的具体状态。

虽然实际的数据管理系统产品种类很多，他们支持不同的数据模型，使用不同的数据语言，建立在不同的操作系统之上，数据的存储结构也各不相同，但它们在体系结构上通常都具有相同的特征，即采用三级模式结构并提供两级映像功能。

### 1.5.2  数据库系统的三级模式结构

数据库系统的三级模式结构是指数据库系统是由外模式、模式和内模式三级构成，如图 1-9 所示。

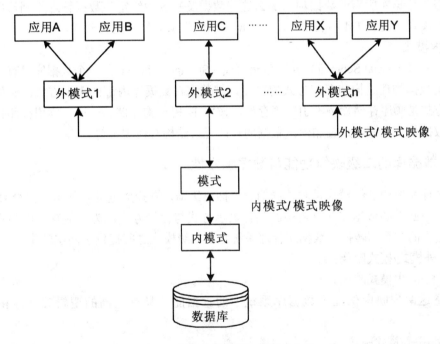

图 1-9  数据库系统的三级模式结构

### 1. 模  式

模式（Schema）也称逻辑模式，是数据库中全体数据的逻辑结构和特征的描述，是所有用户的公共数据视图。它是数据库系统模式结构中的中间层，既不涉及数据的物理存储细节和硬件环境，也与具体的应用程序，与所使用的应用开发工具及高级程序设计语言无关。

一个数据库只有一个模式。数据库模式以某一种数据模型为基础，统一综合地考虑了所有用户的需求，并将这些需求有机地结合成一个逻辑整体。定义模式时不仅要定义数据的逻辑结构，例如数据记录由哪些数据项构成，数据项的名字、类型、取值范围等，而且要定义数据之间的联系，定义与数据有关的安全性、完整性要求等。

**2. 外模式**

外模式（External Schema）也称子模式（Subschema）或用户模式，它是数据库用户（包括应用程序员和最终用户）能够看见和使用的局部数据的逻辑结构和特征的描述，是数据库用户的数据视图。

外模式通常是模式的子集。一个数据库可以有多个外模式。由于它是各个用户的数据视图，如果不同的用户在应用的需求、看待数据方式、对数据保密的要求等方面存在差异，则其外模式描述就是不同的。即使对模式中同一数据，在外模式中的结构、类型、长度、保密级别等都可以不同。另一方面，同一外模式也可以为某一用户的多个应用系统所使用，但一个应用程序只能使用一个外模式。

外模式是保证数据库安全性的一个有力措施。每个用户只能看见和访问所对应的外模式中的数据，数据库中的其余数据是不可见的。

我们不妨打个比方，上文中提到到图书数据库中的 3 个表（表 1-1、表 1-2 和表 1-3），它们涵盖了数据库所需的数据项，那么这些数据及其各种约定与数据管理规则形成了图书数据库的模式。而表 1-4 和表 1-5 就是根据不同的需求而得到的外模式。

**3. 内模式**

内模式（Internal Schema）也称存储模式（Storage Schema），一个数据库只有一个内模式。它是数据物理结构和存储方式的描述，是数据在数据库内部的表示方式。例如，记录的存储方式是顺序存储、按索引顺序存储、按照 B 树结构存储、……；索引按照什么方式组织；数据是否压缩，是否加密；数据的存储记录结构有何规定等。

## 1.5.3　数据库的二级映像功能与数据独立性

数据库系统的三级模式是对数据的三个抽象级别，它把数据的具体组织留给 DBMS 管理，用户不必关心数据在计算机中的具体表示方式与存储方式。为了能够在内部实现这三个抽象层次的联系和转换，数据库管理系统在这三级模式之间提供了两层映像：

● 外模式/模式映像；
● 模式/内模式映像。

正是这两层映向保证了数据库系统中的数据能够具有较高的逻辑独立性和物理独立性。

**1. 外模式/模式映像**

模式描述的是数据的全局逻辑结构，外模式描述的是数据的局部逻辑结构。对应于同一个模式可以有任意多个外模式。对于每一个外模式，数据库系统都有一个外模式/模式映像，它定义了该外模式与模式之间的对应关系。这些映像定义通常包含在各自外模式的描述中。

当模式改变时（例如增加新的属性、改变属性的数据类型等），由数据库管理员对各个外模式/模式的映像作相应改变，可以使外模式保持不便。应用程序是依据数据的外模式编写的，从而应用程序不必修改，保证了数据与程序的逻辑独立性，简称数据的逻辑独立性。

本教材的第 6 章查询文件，就是这方面的具体实例。查询文件的工作原理，很好的诠释了这一映像的作用。

**2. 模式/内模式映像**

数据库中只有一个模式，也只有一个内模式，所以模式/内模式映像是唯一的，它定义了数据库全局逻辑结构与存储结构之间的对应关系。例如，说明关系模型中行和列在内部是如何表示的。该映像定义通常包含在模式描述中。当数据库的存储结构改变了，如由顺序存储方式（如磁带，显然只能顺序访问）改为随机存储模式（更准确地说是链式存储，如磁盘即可顺序访问也可随机访问），由数据管理员对模式/内模式映像作相应改变，可以是模式保持不变，从而保证应用程序必变。这就是热门常说的保证了数据与程序的物理独立性，简称数据的物理独立性。

在数据库的三级模式结构中，数据库的模式即全局逻辑结构是数据库的中心与关键，设计数据库时应首先确定数据库的具体模式。

数据库的内模式依赖于它的模式，但独立于数据库的外模式，也独立与具体的存储设备。内模式是将模式中所定义的数据结构及其联系按照一定的物理存储策略进行组织，以达到较好的时间与空间效率。

数据库的外模式面向具体的应用程序，它定义在模式之上，但独立于内模式和存储设备。当应用需求发生较大变化，相应外模式不能满足用户需求时，该外模式就得作相应改动，所以设计外模式时应充分考虑到应用的扩充性。

特定的应用程序是在外模式描述的数据结构上编制的，它依赖于特定的外模式，与数据库的模式和内模式即存储结构无关。不同的应用程序有时可以共用同一个外模式。数据库的二级映像保证了数据库外模式的稳定性，从而从底层保证了应用程序的稳定性，除非应用需求本身发生变化，否则应用程序一般不需要修改。

数据与程序之间的独立性，使数据的定义和描述可以从应用程序中分离出去。另外，由于数据的存取由 DBMS 管理，用户不必考虑存取路径等细节，从而简化了应用程序的编制，大大减少了应用程序的维护和修改。

# 习题 1

## 一、选择题

1. 一个或多个相关联的数据集合称为（　　）。
   A) 数据库　　　　　　　　　　　　B) 数据库系统
   C) 数据库管理系统　　　　　　　　D) 数据结构

2. 数据库系统是由硬件系统、数据库、数据库管理系统、软件系统、（　　）、用户等构成的人—机系统。
   A) 数据库管理员　　　　　　　　　B) 程序员
   C) 高级程序员　　　　　　　　　　D) 软件开发商

3. （　　）不是数据库系统的特点。
   A) 较高的数据独立性　　　　　　　B) 最低的数据冗余度
   C) 数据多样性　　　　　　　　　　D) 较好的数据完整性

4. 数据库管理系统常见的数据模型有 3 种，它们是（　　　）。
    A) 网状、关系和语义         B) 层次、关系和网状
    C) 环状、层次和关系         D) 关系、面向对象和数据

5. 数据库 DB、数据库系统 DBS 和数据库管理系统 DBMS 之间的关系是（　　　）。
    A) DBMS 包括 DB 和 DBS         B) DBS 包括 DB 和 DBMS
    C) DB 包括 DBS 和 DBMS         D) 并列关系

6. 数据库系统的核心是（　　　）。
    A) 数据模型                 B) 数据库管理员
    C) 数据库                   D) 数据库管理系统

7. 下列关于数据库系统的叙述中，正确的是（　　　）。
    A) 数据库系统只是比文件系统管理的数据更多
    B) 数据库系统中数据的完整性是指数据类型完整
    C) 数据库系统避免了一切数据冗余
    D) 数据库系统减少了数据冗余

8. DBMS 的功能包括数据定义、数据库运行控制和（　　　）。
    A) 数据字典      B) 数据操纵      C) 数据联接      D) 数据投影

9. 负责数据库中查询操作的数据库语言是（　　　）。
    A) 数据定义语言         B) 数据管理语言
    C) 数据操纵语言         D) 数据控制语言

10. 数据库系统与文件系统的主要区别是（　　　）。
    A) 文件系统不能解决数据冗余和数据独立性问题，而数据库系统可解决这些问题
    B) 文件系统只能管理少量数据，而数据库系统则能管理大量数据
    C) 文件系统只能管理程序文件，而数据库系统则能管理各种类型的文件
    D) 文件系统简单，而数据库系统复杂

11. 按照数据模型分类，Access 数据库属于（　　　）。
    A) 层次型      B) 网状型      C) 关系型      D) 对象—关系型

## 二、填空题

1. 把数据分散存储在网络的多个结点上，各个结点上的计算机可以利用网络通信功能访问其他结点上的数据库资源，这种数据库属于＿＿＿＿数据库。

2. 数据库中的数据是有结构的，这种结构是由数据库管理系统所支持的＿＿＿＿表现出来的。

3. 数据库系统的核心是＿＿＿＿。

4. 微机上使用的数据库管理系统基本上都是关系型数据库管理系统，它们提供的数据库语言具有"一体化"的特点，即集＿＿(1)＿＿、＿＿(2)＿＿和数据控制语言于一体。

5. 数据库管理系统的数据模型主要有层次模型、网状模型和＿＿＿＿＿＿。

6. 数据库管理系统的主要功能是＿＿(1)＿＿、＿＿(2)＿＿及控制和管理功能。

# 第 2 章　数据库设计

数据库设计是建立数据库以及应用系统最主要的工作之一。具体地讲，数据库设计就是针对一个给定的应用环境，例如车票自动售票、话费自动缴费等等；数据库设计要为这样特定的应用需求构造最优的数据库模型，建立数据库及其应用系统，使之能够有效地存储数据，满足各种用户的应用需求。

## 2.1　数据库设计

### 2.1.1　数据设库计概述

数据库设计的最终目标是建立一个能满足用户需求、符合数据库组织规范的数据库结构。具体要求有：

**1. 满足用户的要求**

数据库设计阶段设计出的数据库不仅要合理地组织用户需要的所有数据，还要支持用户对这些合理组织数据的各种处理需求，很显然这是最基本的要求。

**2. 符合选定的数据库管理系统的要求**

数据管理与数据处理离不开技术的支持，无论是关系数据库还是未来的其他类型数据库，都要在选定的系统软件支撑下来实现。因此，构建的数据库要符合所选定的数据库管理系统 DBMS 的具体要求，这样才能在系统环境中得以运行。

**3. 具有较高的范式**

什么是范式及范式级别请仔细参考后面的相关内容。简单地讲，范式是评价数据库结构是否合理的一种标准规范，不同级别的范式对数据的各种保障是不一样的，范式级别高才能保证数据有更好的完整性、更高的效益、更低的数据冲突。

开发数据库应用系统的目的是将现实世界中事物的特征数据保存下来，并利用计算机技术对这些数据加以分析归纳，提取出更加有效的信息。这里提到的事物我们俗称为实体，实体的定义见后面的相关内容。丰富多彩的事物造就了其特性的多样化，应用环境的不同对同一个事物特性的关注点也不一样，多方面的原因使数据库的构造要遵循一定的设计准则和规范，才能保证其合理性、正确性和完整性。

### 2.1.2　数据设计的基本步骤

规范化的数据库设计方法一般划分为以下几个阶段：用户需求分析、概念结构设计、逻辑结构设计、物理结构设计、数据库实施、数据库运行何维护等。

**1. 用户需求分析**

需求分析是数据库设计的起点与基础，是数据库开发各个阶段的依据。需求分析阶段是在实际调查的基础上，确定用户总体信息的需求以及信息处理的详细要求。简单地说，需求分析就是指数据库设计人员对数据库的功能和用户的要求进行科学分析，明确建立数据库的目的、需要从数据库中得到哪些信息等。

需求分析阶段的主要任务是对数据库应用系统所要处理的对象进行全面、详细地了解，收集汇总用户对数据库的信息要求、处理要求、安全控制、完整性控制等，最后还要以各种标准文件记录下来。

信息要求主要是指：确定数据库中所有的信息及其联系，用户寄希望于数据库提供哪些数据分析、数据处理结果等拖。处理要求应确定用户希望开发出的数据库系统能实现什么功能，每一功能的具体要求是什么。安全控制主要有数据库中保存的数据其安全保密的具体要求是什么、保密的级别、保密权限的约定等等。完整性控制要确定数据库中数据的约束条件、数据正确性的标准等。

**2. 概念结构设计**

概念结构设计是在确定用户信息需求后，对信息进行规范的分析，最终规划出反应用户信息需求的数据库概念结构也称为数据库的概念数据模型（简称概念模型）。在这个环节中常用的工具是 E-R 模型也称为实体-联系模型。后面我们会用一定的篇幅来介绍概念结构设计的具体内容、具体的设计过程。

**3. 逻辑结构设计**

逻辑结构设计是在上面形成的数据库概念模型基础上，结合所采用的某个数据库管理系统软件的数据模型特征，按照一定的转换规则，将概念模型转换为这个数据库管理系统所能接受、识别的逻辑模型。简单的讲就是遵循一定的转换规则，由概念模型推导出数据库的逻辑数据模型（简称逻辑模型）。前文我们曾介绍过的层次模型、网状模型、关系模型、面向对象的模型等都是逻辑模型的具体表现形式。这里我们将介绍的是关系数据库的设计，自然而然，逻辑结构设计阶段的目标就是要根据概念模型，导出数据库的关系模型。另外，在逻辑结构设计阶段还需要对产生的关系模型进行规范化处理。

**4. 物理结构设计**

这个阶段就是要选择一个适合的技术平台即某个数据库管理系统，将已经设计好的逻辑模型很好地管理起来。这一环节可以在相应的计算机课程中得到训练。当然，选择的数据库管理系统不同，具体的操作命令和细节会有所区别，但关系数据库的构造原理都是相通的。

最后，完整的数据库设计过程还要包括数据库的实施、运行和维护。相对数据库设计的基本步骤，本教材将重点介绍概念结构设计、逻辑结构设计和物理结构设计。其中概念结构设计和逻辑结构设计在本章重点介绍，后续章节如第 5 章等会详细讲解物理结构设计。

## 2.2　概念结构设计

为了将现实世界中具体的事物特性抽象、组织成为数据库应用系统能够识别的数据模型，首先要将事物的特性信息结构化，最终设计出描述现实世界的概念模型。归纳后的这种信息结构并不依赖计算机系统，是事物特性理念上的一种数据规范表示。

　　为了在概念结构设计过程中最终产生概念模型，人们常使用的工具或称方法是 E-R 方法，即描述概念模型的工具是实体—联系模型（也称为 E-R 模型、E-R 方法）。

## 2.2.1　实体—联系模型

　　实体—联系模型（Entity Relationship Model）简称为 E-R 模型，涉及的基本概念有：

### 1. 实　体

　　实体（Entity）是指客观存在、可相互区分的事物。实体可以是一个具体的对象如人、事、物。例如：一个职工、一个学生、一辆汽车等具体事物都是实体。实体也可以是抽象的概念或行动，如一个部门、一门课、一个班级、老师与系的工作关系（即某位老师在某系工作）等概念实体；学生的一次选课、部门的一次订货、一场比赛等也都是实体。

### 2. 属　性

　　每个实体都具有一组描述自己特征的的数据项，每一个数据项都代表了实体一个特性，我们把实体所具有的某一特性称为属性（Attribute），例如表 2-1。

表 2-1　学　生

| 学号 | 姓名 | 性别 | 出生日期 | 入学成绩 | 是否保送 | 系号 | 简历 | 照片 |
|------|------|------|----------|----------|----------|------|------|------|
| 0101011 | 李晓明 | 男 | 01/01/85 | 601 | 否 | 01 | | |
| 0101012 | 王民 | 男 | 02/04/85 | 610 | 否 | 02 | | |
| 0101013 | 马玉红 | 女 | 11/03/85 | 620 | 否 | 01 | | |
| 0101014 | 王海 | 男 | 03/15/85 | 622.5 | 否 | 03 | | |
| 0101015 | 李建中 | 男 | 04/05/85 | 615 | 否 | 04 | | |
| 0101016 | 田爱华 | 女 | 10/12/85 | 608 | 否 | 01 | | |
| 0101017 | 马萍 | 女 | 12/15/85 | | 是 | 02 | | |

　　这里的每个学生被视为一个实体，学生实体可以用学号、姓名、性别、年龄、出生日期等数据项描述（具体涉及哪些数据项即实体具有哪些属性是在需求分析阶段根据用户对数据库的要求来确定的），这些数据项就是学生实体的属性。该表中的第一行（0101011、李晓明、男、……），这些属性值组合起来便表示了李晓明这个具体的学生实体。

### 3. 实体集

　　性质相同的实体组成的集合称为实体集（Entity Set）。例如全体学生就是一个学生实体集，全部开设的课程可以构成课程实体集等。具体示例如表 2-2、表 2-3。

　　显然表 2-1、表 2-2 和表 2-3 分别表示了三个不同的实体集。我们也不难发现每个实体集都有自己特定的结构和特性。

　　需要说明的是，实体集并不是孤立存在的，实体集之间有着各种各样的联系，例如学生实体集和课程实体集之间可以存在"选课"联系；教师实体集与学生实体集之间有"教学"联系；裁判实体集与某种赛事实体集之间有"执法"联系，等等。习惯上我们都会给实体集、实体集之间的联系起一个名称，以便对不同的实体集和联系加以区分。这种联系的详细划分后面会详细介绍。另外，一个实体集的范围可大可小，主要取决于待解决的实际问题所涉及环境的大小。例如，为解决某个学校的教学问题，那么该校全体学生组成的集合就是一个学生实体集，但如果应用问题与某个城市所有的学校都有关，那么学生实体集就应该包含该市的全部学生。

<table>
<tr><td colspan="2">表 2-2   系   名</td></tr>
<tr><th>系号</th><th>系名</th></tr>
<tr><td>01</td><td>信息系</td></tr>
<tr><td>02</td><td>人力资源系</td></tr>
<tr><td>03</td><td>国际经济与贸易</td></tr>
<tr><td>04</td><td>计算机技术与科学</td></tr>
<tr><td>⋮</td><td>⋮</td></tr>
</table>

| | 表 2-3   课   程 | | | |
|---|---|---|---|---|
| 课程号 | 课程名 | 学时 | 学分 | 是否必修 |
| 101 | 高等数学 | 54 | 5 | 是 |
| 102 | 大学英语 | 36 | 5 | 是 |
| 103 | 数据库应 | 36 | 3 | 是 |
| 104 | 邓 小 平 理 | 24 | 2 | 是 |
| ⋮ | ⋮ | ⋮ | ⋮ | ⋮ |

### 4．实体型

简单地讲，实体型（Entity Type）是实体集的另一种表示。具体来说是用实体的名称和实体的属性名称来表示同类型的实体，这一表示形式称为实体型。具体的表示形式为：

实体名（属性名 $_1$，属性名 $_2$，……，属性名 $_n$）

例如上面的学生、课程和专业 3 个实体集，用实体型表示如下：

学生（学号，姓名，性别，出生日期，入学成绩，是否保送，系号，简历，照片）

课程（课程号，课程名，学时，学分，是否必修）

系名（系号，系名）

在数据库系统中实体型重点表示实体的属性特性即实体的结构特性，实体集重点表示具体的对象值。它们都是用来表示具体实体的。

### 5．域

每一个属性都有一个值域（Field），即属性的取值范围称为该属性的域。例如，学号的域为 6 位整数，姓名的域为字符串集合，性别的域为（男，女）两个汉字，等等。

### 6．码

如果一个属性或若干属性（属性组）的值能唯一地识别实体集中每个实体，就称该属性（或属性组）为实体集的码（Code），也称为键。例如，在学生实体集中，一个学生的学号可以唯一地对应一个学生，因此，学号就是学生实体集的码。

这里还是要提醒大家，一个实体集的码有可能由该实体中的若干属性组成。例如，成绩实体集其实体型为：选课成绩（学号，课程号，成绩），如表 2-4 所示，显然在这个实体集中码是由（学号，课程号）两个属性共同担当的。

| | 表 2-4   选课成绩 | |
|---|---|---|
| 学号 | 课程号 | 成绩 |
| 0101011 | 101 | 95.0 |
| 0101011 | 102 | 70.0 |
| 0101011 | 103 | 82.0 |
| 0101012 | 102 | 88.0 |
| 0101012 | 103 | 85.0 |
| 0101012 | 104 | 81.0 |
| ⋮ | ⋮ | ⋮ |

### 7. 联系（Relation）

现实世界中事物是相互联系的。这种联系必然要在数据库中有所反映，表现为实体之间的联系。也就是说实体并不是孤立静止存在的，实体与实体之间有一定的联系。例如，学校中教与学的联系，可以用教师实体集与学生实体集两者间的关系表示，即：教师教学生、学生从教师的讲课中获取知识。一句话，实体间的联系就是实体集与实体集之间的联系，这种联系共有以下三种：一对一、一对多和多对多。

## 2.2.2 实体集间的联系

### 1. 一对一联系（1:1）

如果对于实体集 A 中的每一个实体，在实体集 B 中至多只有一个（也可以没有）实体与之相对应，反之亦然，这时则称实体集 A 与实体集 B 具有一对一联系，记为 1:1。

例如，电影院中观众实体集和座位实体集之间具有一对一的联系，因为在一个座位上最多坐一个观众或者没有观众，而一个观众也只能坐在一个座位上。我们还可以找出很多，如航班与乘客之间、国家与元首之间，等等。

### 2. 一对多联系（1:n）

如果对于实体集 A 中的每一个实体，在实体集 B 中都有多个实体（也可以没有）实体与之相对应；反过来，对于实体集 B 中的每一个实体最多和实体集 A 中的一个实体相对应，则称实体集 A 与实体集 B 具有一对多联系，记为 1:n。

例如，一所学校有多名学生，而一名学生只能在一所学校里注册，学校与学生两个实体之间便存在一对多的联系。再如公司的部门实体集与职工实体集之间（一个部门由若干职员组成，每个职员只能在一个部门任职，不考虑兼职的情况）、学校的专业院系与学生之间（一个系有若干学生，每个学生隶属于一个系，不考虑双修），还有球队与球员之间、国家与公民之间，等等。

### 3. 多对多联系（m:n）

如果对于实体集 A 中的每一个实体，在实体集 B 中都有任意个（n 个，n≥0）实体与之相对应；反之，对于实体集 B 中的每一个实体，实体集 A 中也有 m 个实体（m≥0）与之相对应，则称实体集 A 与实体集 B 具有多对多联系，记为 m:n。

我们来看学生和课程两个实体，一名学生可以选修多门课程，而一门课程可以被多名学生选修，可见，学生与课程之间存在多对多的联系。又如，科研课题与科研人员两个实体之间也存在多对多的联系；公司生产的产品与其客户之间也具有多对多联系，因为一个产品可以被多个客户订购，一个客户也可以订购多个产品。

为了叙述方便，有时也常把一对一联系记作"1-1"、一对多联系记作"1-m"、多对多联系记作"m-n"。

## 2.2.3 实体–联系模型的图形表示

前面介绍过在概念结构设计过程中最终要产生概念模型，而描述概念模型的工具是实体—联系模型，也称为 E-R 模型。E-R 模型使用 E-R 图来描述实体集、属性和实体集间的联系，其基本规则是：

**1. 实体集**

实体集用矩形框表示，矩形框内注明实体的名称。

**2. 属 性**

属性用椭圆形框表示，椭圆框内书写属性的名称，并用一条直线与其对应的实体相连接。

例如，有两个实体：学生（学号，姓名，性别，出生日期，入学成绩，是否保送，简历，照片）和课程（课程号，课程名，学时，学分，是否必修），可以分别表示成图 2-1 和图 2-2。

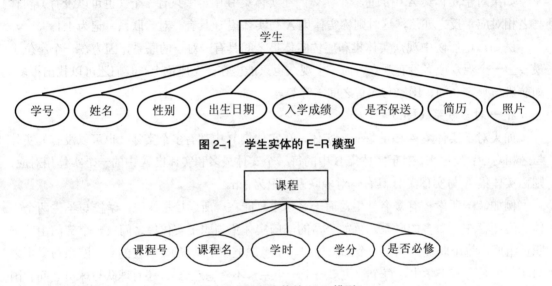

图 2-1　学生实体的 E-R 模型

图 2-2　课程实体的 E-R 模型

**3. 实体间的联系**

实体间的联系用菱形框表示，菱形框内书写联系的名称，用直线将联系与相应的实体相连接，并且在直线附近靠近实体一端标上 1 或 n 等，以表明联系的类型（1:1、1:n 或 m:n），如图 2-3 所示。

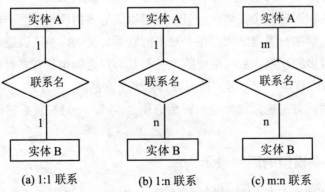

(a) 1:1 联系　　(b) 1:n 联系　　(c) m:n 联系

图 2-3　两个实体型之间的三类联系类型

上面介绍了实体之间存在的三种类型的联系，需要说明的是联系可以存在于两个实体之间，也可存在于多个实体之间；不同实体集的实体间有联系，同一实体集的实体间也可以有联系。

例如，对于课程、教师与教材三个实体集，如果一门课程可以有若干教师讲授，每一门课程可以使用多种教材；每一个教师只讲授讲授一门课程、使用多种教材；每本教材仅供一门课程、多位教师使用，则课程与教师、教材之间的联系如下图 2-4(a)所示。

又如，有三个实体集：供应商、项目、零件，一个供应商可以为多个项目提供多种零件，而每个项目可以使用多个供应商供应的多种零件，每种零件可由不同供应商供给，并用于不同的项目。由此看出供应商、项目、零件三者之间是多对多的联系（见图 2-4(b)）。这些均是多个实体之间的联系实例，也称为多元联系。

同一个实体集内的各实体之间也可以存在一对一、一对多、多对多的联系。例如，职工实体集内部具有领导与被领导的联系，即某一职工（干部）"领导"若干名职工，而一个职工仅被另外一个职工直接领导，因此这是一对多的联系，也是一元联系，如图 2-5 所示。

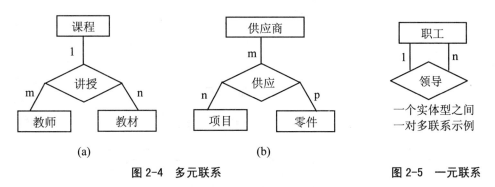

图 2-4　多元联系　　　　　　　　　　图 2-5　一元联系

实体集的码属性用下划线标注。最后需要说明的是，如果一个联系具有属性，则这些属性也要用直线与该联系连接起来。

## 2.2.4　实体—联系模型实例

编制 E-R 图是设计数据库逻辑结构的基础，因此，应该加强这方面的训练。下面结合这部分的内容，一起看一个实例。

用 E-R 图表示某校教学管理的概念模型。教学管理涉及的实体有：

● 学生　属性有学号、姓名、性别、出生日期、入学成绩、是否保送、简历、照片；
● 系名　属性有系号、系名；
● 课程　属性有课程号、课程名、学时、学分、是否必修；

这些实体之间的联系如下：

每个系名包含若干名学生、每个学生只能归属一个系名；每个学生可以选修多门课程、每门课程也可以由多名学生选修。用 E-R 图所示学生、系名、课程三个实体间的关系，其步骤为：

（1）确定各实体及其属性图，如图 2-6 所示。

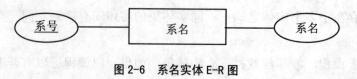

**图 2-6　系名实体 E-R 图**

（2）确定实体联系类型形成局部 E-R 图，如图 2-7 所示。

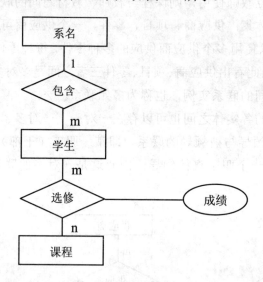

**图 2-7　局部 E-R 图**

（3）将实体和联系组合成完整的 E-R 图，如图 2-8 所示。

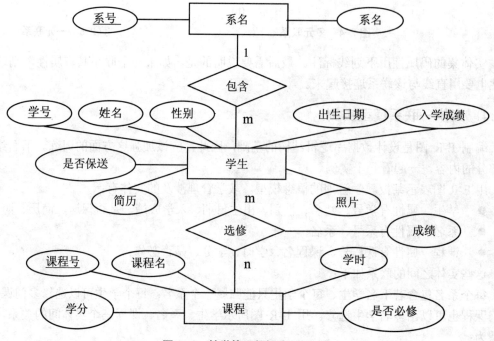

**图 2-8　教学管理数据库 E-R 图**

# 2.3　关系模型

前面我们讲过规范化的数据库设计分为：用户需求分析、概念结构设计、逻辑结构设计、物理结构设计等阶段。概念结构设计的最终目标是产生概念模型，为逻辑结构设计打下良好的基础。逻辑结构的设计过程包括：

（1）将概念模型转换为关系模型

（2）将得到的关系模型转为具体数据库管理系统（DBMS）支持的数据模型；

（3）对所得到的数据模型进行规范化及结构优化处理。

由此我们可以看出在，讨论逻辑结构设计的详细过程之前，有必要先来介绍关系模型以及关系型数据库的相关概念。目前，关系数据库理论日趋成熟，并在微机数据库系统中得到普遍应用。

## 2.3.1　基本概念

所谓的关系模型就是用二维表形式来表示实体集中的数据，简称为关系（Relation）。二维表也是我们日常处理、分析、统计数据时常用的手段或工具。在数据库设计中一个二维表对应一个关系，例如前面给出的表 2-1。这个二维表（关系）表示了学生实体集的具体内容。在关系理论中关系模型常用的术语有：

**1. 元　组**

二维表中的每一行称为一个元组。它对应具体的实体。元组是构成关系的基本要素，即一个关系是有若干相同结构的元组组成。

**2. 属　性**

二维表中每一列称为一个属性。若干属性的集合构成关系中的元组。

例如在表 2-1 中，学号、姓名、性别、出生日期等都是属性名（即二维表的栏目行）。属性名是变量，它们有不同的类型和宽度，如姓名、性别等存放文字，习惯上类属性的数据类型便定义为文字型；而年龄、成绩、工资等用于算数运算的属性其数据类型习惯上定义为数值型。对于数值型属性，还有小数位数等特殊要求的描述。属性名、数据类型、数据宽度和小数位数等称为属性的定义。一条元组中各属性的具体内容称为属性值……。这些相关的内容请参阅本教材第 5 章的内容。

**3. 值　域**

值域即属性的取值范围。例如，在表 2-4（成绩关系）中，"成绩"属性的域为 0～100。在表 2-1（学生关系）中，"性别"属性的域是"男"和"女"。合理定义属性的值域，可以提高数据表操作的效率。

**4. 关键字（主码）**

这里的关键字对应概念设计中码的定义：在一个关系中有这样一个或几个字段，它（们）的值可以唯一地标识一条记录，这样的字段或字段组称之为关键字（Key），也称为主关键字或主码（Primary Key）。

例如，在学生关系中，学号就是主关键字。除了主关键字或主码以外，还可以有以下几种关键字：

（1）候选关键字或候选码

当一个关系中有多个属性都能唯一表示一个元组时，选其中的一个为主码，其他属性就可以作为候选码（Candidate Key）。

例如，假设学生关系中增加身份证号属性，显然，这时既可以选学号属性为该关系的主码，也可以选身份证号属性为主码。如果选择了学号属性为主码，那么身份证号属性就为候选码；反过来，如果身份证号为主码，则学号号就为候选码。候选码与主码具有相同的特性，即候选码的值也是唯一的。需要注意的是：一个关系可以有多个候选码，但只能有一个主码。

（2）外部关键字或外码

某个属性或一组属性，不是当前关系的主码，而是另一个关系的主码，那么，这样的属性在当前关系中称为外码（Foreign Key）。

我们来看上面的表 2-1、表 2-3 和表 2-4。显然，成绩关系的关键字为：（学号，课程号），是一个组合关键字。属性学号不是成绩关系的关键字，但学号属性是学生关系的关键字。因此，属性学号是成绩关系的外部关键字。同样，我们还会发现，课程号也是成绩关系的外部关键字。

用同样的分析过程，我们不难发现，学生关系中也存在一个外部关键字：系号。系号属性不是学生关系的关键字，但却是表 2-2 即系名关系的关键字。

外部关键字在各个数据表即关系之间架起了一座桥梁，使数据库中的表相互制约、相互依赖，形成一个整体。

### 5. 关系模式

关系模式是对关系的一种抽象表示形式（类似实体型），其格式为：

关系名（属性名 $_1$，属性名 $_2$，…，属性名 $_n$）

例如，表 2-1、表 2-3 的关系模式分别表示为：

学生（学号，姓名，性别，出生日期，入学成绩，是否保送，系号，简历，照片）

课程（课程号，课程名，学时，学分，是否必修）

练习：

某数据库有如表 2-5、表 2-6、表 2-7 三个关系。

表 2-5  会员信息

| 会员编号 | 姓名 | 性别 | 年龄 | 工作单位 | 联系电话 | E_mail |
|---|---|---|---|---|---|---|
| 00001 | 李国强 | 男 | 35 | 和平医院 | 23529768 | lgq@263.net |
| 00002 | 陈新生 | 男 | 27 | 新都证券交易中心 | 23661745 | cxs@eyou.com.cn |
| 00003 | 刘丽娟 | 女 | 40 | 南开大学 | 23507583 | llj@nankai.edu.cn |
| 00004 | 赵晓航 | 男 | 33 | 软件开发公司 | 27466953 | zxh@163.com |
| 00005 | 徐彤彤 | 女 | 38 | 新蕾出版社 | 28289405 | xtt@hotail.com |

表 2-6  图书信息

| 图书编号 | 书名 | 出版社 | 书类 | 作者 | 单价 | 库存量 |
|---|---|---|---|---|---|---|
| 00001 | 数据结构教程 | 清华大学出版社 | 计算机 | 李春葆 | 28.00 | 100 |
| 00002 | C++程序设计基础 | 南开大学出版社 | 计算机 | 李敏 | 37.00 | 50 |
| 00003 | 数据库原理与应用 | 上海财经大学出版社 | 计算机 | 赵龙强 | 34.00 | 150 |
| 00004 | 信息技术与管理 | 北京大学出版社 | 管理 | 陈丽华 | 68.00 | 20 |
| 00005 | 项目管理学 | 南开大学出版社 | 管理 | 戚安邦 | 25.00 | 30 |
| 00006 | 电子商务概论 | 高等教育出版社 | 管理 | 覃征 | 33.00 | 10 |
| 00007 | 网络营销技术基础 | 机械工业出版社 | 管理 | 段建 | 38.00 | 85 |
| 00008 | 红与黑 | 上海译文出版社 | 小说 | 司汤达 | 25.80 | 110 |
| 00009 | 巴黎圣母院 | 人民文学出版社 | 小说 | 雨果 | 24.00 | 80 |

表 2-7  销售信息

| 会员编号 | 图书编号 | 购买日期 | 数量 |
|---|---|---|---|
| 00003 | 00001 | 06/02/2007 | 40 |
| 00003 | 00004 | 06/02/2007 | 200 |
| 00003 | 00006 | 06/02/2007 | 70 |
| 00003 | 00007 | 06/02/2007 | 30 |
| 00004 | 00002 | 11/23/2006 | 25 |
| 00004 | 00003 | 11/23/2006 | 10 |
| 00004 | 00005 | 11/23/2006 | 10 |
| 00004 | 00012 | 11/23/2006 | 20 |
| 00002 | 00003 | 03/12/2007 | 1 |
| 00002 | 00007 | 03/12/2007 | 1 |
| 00001 | 00008 | 04/17/2007 | 2 |
| 00001 | 00009 | 04/17/2007 | 2 |
| 00005 | 00010 | 12/21/2006 | 25 |
| 00005 | 00011 | 12/21/2006 | 30 |

其关系模式为：

会员信息（会员编号，姓名，性别，年龄，工作单位，联系电话，E_mail）

图书信息（图书编号，书名，出版社，书类，作者，单价，库存量）

销售信息（会员编号，图书编号，购买日期，数量）

请分析这 3 个关系的关键字、候选关键字和外部关键字是哪些属性？

## 2.3.2  关系的特点

在关系模型中，每一个关系模式都必须满足一定的要求，即关系必须规范化。规范化后的关系应具有以下特点：

（1）每一个属性均不可再分，即表中不能再包含表。例如，手工制表时经常会绘制复合表，如表 2-8 所示的职工工资表。

表 2-8　职工工资表

| 职工号 | 姓名 | 应发部分 | | | 扣除部分 | | 实发金额 |
|---|---|---|---|---|---|---|---|
| | | 工资 | 津贴 | 奖金 | 水电费 | 公积金 | |
| 121 | 王芳 | 800 | 300 | 200 | 80 | 60 | 1160 |
| 122 | 李健民 | 900 | 400 | 200 | 90 | 100 | 1310 |
| 123 | 张大海 | 1000 | 500 | 400 | 100 | 200 | 1600 |

这种表格不是二维表，因而不能直接存放到数据库中。如果删除表中的"应发部分"和"扣除部分"两个单元格，变成表 2-9 所示的形式，则就成了二维表。

表 2-9　职工工资表

| 职工号 | 姓名 | 工资 | 津贴 | 奖金 | 水电费 | 公积金 | 实发金额 |
|---|---|---|---|---|---|---|---|
| 121 | 王芳 | 800 | 300 | 200 | 80 | 60 | 1160 |
| 122 | 李健民 | 900 | 400 | 200 | 90 | 100 | 1310 |
| 123 | 张大海 | 1000 | 500 | 400 | 100 | 200 | 1600 |

（2）同一个关系中不能有相同的属性名。

（3）同一个关系中不能有内容完全一样的元组。

（4）任意两行或任意两列互换位置，不影响关系的实际含义。

### 2.3.3　关系模型的完整性规则

在开发数据库应用系统时，人们非常关注的一个问题就是在对数据库进行各种更新操作时，如何保证数据库中的数据是有意义的、正确的数据。比如说，学生表中李晓明的学号修改为新的值。那么，选课成绩表（注意观察这里记载了多条记录）中的相关记录也应该自动进行更新，以便保持数据的一致性。类似的问题还很多。关系模型的完整性规则保证了关系数据库系统能自动控制数据的完整及其一致性。关系模型的完整性规则包括实体完整性、参照完整性以及用户定义完整性。其中实体完整性和参照完整性是关系模型必须满足的完整性约束条件，被称作是关系的两个不变性，应该由关系系统自动支持。

**1. 实体完整性规则**

实体完整性规则规定：一个关系中任何记录的关键字不能为空值，并且不能存在重复的值。还是以学生关系为例（表 2-1）。

显然，这个关系的关键字是学号。试想，如果这个关系中某条记录（一条记录描述一个学生的基本信息）没有学号（即关键字是空值），或者说学号出现重复值，显然，这种情况在这个表格中是不允许的。关系模型的实体完整性规则就可以保证在数据库中保存的数据表一定不会出现此类错误。

需要注意的是，实体完整性规则中强调的关键字，准确地说应该是主属性。主属性是指关键字包含的属性（这样的属性被称为主属性）。如果一个关系的关键字是由一个属性来担当，自然主属性与关键字指的就是同一个属性。例如上面的学生关系，关键字是学号，同时学号也是主属性。

但是，如果一个关系的关键字是由多个属性共同承担的，例如选课成绩表（学号，课程号，成绩），此时这个关系的关键字是：（学号，课程号），我们不妨这样理解：将学号和课程两列视为一个字段即作为一个整体的字符串处理；而主属性分别是学号和课程号。也就是说这两个属性都不能出现空值。

**2. 参照完整性规则**

参照完整性解决关系与关系间引用数据时的合理性。通过我们上面给出学生信息数据库，不难发现，数据库中的表都是相关联的表，即数据库中的表之间都存在一定的联系，具体地说就是存在着某种引用关系，而这种引用、制约关系是通过关键字与外部关键字来完成的。参照完整性规则就是定义外部关键字与关键字之间的引用规则。参照完整性的具体规则为：

若属性（或属性组）F 是关系 R 的外部关键字，它与关系 S 的关键字 K 相对应（关系 R 和 S 不一定是不同的关系），则 R 中每个 F 的取值必须等于 S 中某个 K 的值。

我们来仔细观察学生信息数据库中的 4 个表，就不难发现，选课成绩关系中属性学号（属性 F）是选课成绩关系（关系 R）的外部关键字，这个属性与学生表（关系 S）的关键字学号（主码 K）相对应，则选课成绩表 R 中每个学生学号属性 F 的取值必须等于学生表 S 中的某个学号 K 的值。我们不妨这样理解，选课成绩表中出现的学号，必须是学生表中存在的学生，即正式招收的学生才有资格选修课程并取得相应成绩。

同样，也可以在选课成绩与课程表中找到相应的参照规则，即选课成绩表的课程号属性受课程表的课程号属性控制。学生表与系名表之间的参照关系是：学生表中的系号，必须是系名表中存在的系号。

**3. 用户自定义完整性规则**

前文我们介绍过任何关系数据库系统都应该支持实体完整性和参照完整性。除此之外，不同的关系数据库系统，根据具体的需求会制定具体的数据约束条件，这种约束条件就是用户自定义的完整性，它反映某一具体应用所涉及数据必须满足的语义要求。例如：在学生信息管理中，可以规定成绩属性的取值范围在 0～100 之间、学生的年龄在一个指定数据范围之间、性别的值只有两个值即男和女等等，这些都是根据具体的应用需求而指定的用户自定义完整性规则。

# 2.4　逻辑结构设计

在 2.2 节中我们介绍过概念结构设计中产生概念模型也称为 E-R 模型。本节将详细介绍 E-R 模型转换为关系模型的详细规则。E-R 模型转为关系模型就是将一个实体型转成关系模式，转换过程中要遵循关系的完整性规则，而且尽量满足规范化要求。

## 2.4.1　E-R 模型与关系模型的转换规则

E-R 转换为关系模型的最终目的之一就是将 E-R 图中的数据项放到适当的表中。转换时要解决的问题是如何将实体和实体间的联系转换为关系模式，如何确定这些关系模式的属性（字段）和码（关键字）。在介绍 E-R 模型与关系模型时，曾出现过语义相同的术语（详见表 2-10），在转换过程中我们要用到这些基本概念。

表2-10 E-R 模型与关系模型基本术语对照表

| E-R 模型 | 关系模型 | 语义 |
|---|---|---|
| 实体 | 元组 | 二维表中的行，代表一个特定的事物 |
| 属性 | 属性 | 二维表的列，即事物的具体特性 |
| 实体集 | 关系 | 一个二维表，表示具有相同特性事物的集合 |
| 实体型 | 关系模式 | 一般格式为：实体名（属性名1，属性名2，……，属性名n） 关系名（属性名1，属性名2，……，属性名n） |
| 域 | 值域 | 属性的取值范围 |
| 码 | 关键字或主码 | 能唯一标示实体（元组）的属性或属性组 |
| | 候选关键字或候选码 | 一个关系中有多个属性或属性组具有关键字特性时，选定其中一个为关键字，其余的定义为候选关键字 |
| | 外部关键字或外码 | 某个属性或一组属性，不是当前关系的关键字，而是另一个关系的关键字，那么，这样的属性在当前关系中称为外部关键字 |
| 联系 | | 实体集与实体集之间的联系（共有三种 1:1、1:n、n:m） |

关系模型的结构中包含了一组相互之间有联系的关系模式，即关系模型是一组有关联的二维表组成的集合。而 E-R 模型则是由实体集、实体的属性和实体之间的联系三个要素组成的。所以将 E-R 模型转换为关系模型实际上就是要将实体集、实体的属性和实体之间的联系转换为关系模式，这种转换一般遵循如下原则：

**规则 1** 一个实体型转换为一个关系模型。实体的属性就是关系的属性，实体的码就是关系的主码。

对于实体间的联系要按以下不同的情况进行转换：

**规则 2** 一个 1:1 的联系可以转换为一个独立的关系模型，也可以与任意一端对应的关系模型合并。如果转换为一个独立的关系模型，则与该联系相连的各实体的码以及联系本身的属性均转换为关系的属性，每个实体的码均是该关系的候选码。如果与某一端实体对应的关系模型合并，则需要在该关系模型的属性中加入另一个关系模型的码和联系本身的属性。

假设工厂的生产车间与产品之间有 1:1 联系，其 E-R 模型如图 2-9 所示。

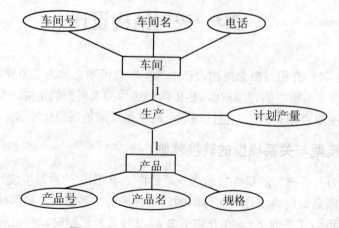

图2-9 1:1 联系转换为关系模型

按照转换规则 1 将两个实体转换为两个关系模型：

　　车间（<u>车间号</u>，车间名，电话）

　　产品（<u>产品号</u>，产品名，规格）

根据规则 2 的第一层含义联系"生产"可以对应一个关系模型：

　　生产（车间号，产品号，计划产量）

这时"生产"关系的主码要么是车间号，要么是产品号。在转换规则中有一条是"主码相同的关系模型可以合并为一个关系模型"（见下）。如果"生产"关系选择车间号为主码，"生产"关系就要与"车间"关系合并，得到最终结果：

　　车间（<u>车间号</u>，车间名，电话，计划产量，<u>产品号</u>）

　　产品（<u>产品号</u>，产品名，规格）

如果"生产"关系选择产品号为主码，那么"生产"关系就要与"产品"关系合并，又可以得到如下最终结果：

　　车间（<u>车间号</u>，车间名，电话）

　　产品（<u>产品号</u>，产品名，规格，月计划量，<u>车间号</u>）

读者不妨按照规则 2 的第二层含义转换"生产"联系，最终也会得到这两种结果。也就是说，根据这个 E-R 模型生成的数据库要包含两个关系表：一个是车间表，另一个是产品表。每个表都有两种结构，取其中一组即可。

**规则 3**　一个 1:n 联系可以转换为一个独立的关系模型，也可以与 n 端对应的关系模型合并。如果转换为一个独立的关系模型，则与该联系相连的各实体的码以及联系本身的属性均转换为关系的属性，而关系的码为 n 端实体的码。或者在 n 端实体类型转换成的关系模型中加入 1 端实体类型转换成的关系模型的码和联系类型的属性。

假设学校的院系与教职工间有 1:n 联系，如图 2-10。

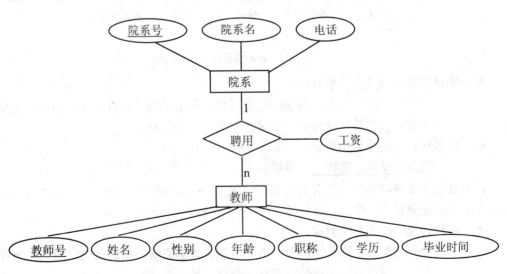

**图 2-10　1:n 联系转换为关系模型**

● 实体转换为关系模型有：

　　院系（<u>院系号</u>，院系名，电话）

      教师（<u>教师号</u>，姓名，性别，年龄，职称，学历，毕业时间）
- 联系"聘用"若转换为独立的关系模型为：
        聘用（<u>教师号</u>，院系号，工资）
- 主码相同的关系模型合并后，最终结果是：
        院系（<u>院系号</u>，院系名，电话）
        教师（<u>教师号</u>，姓名，性别，年龄，职称，学历，毕业时间，工资，<u>院系号</u>）

规则 3 中与 n 端实体合并的结果仍然是这两个关系模型。

**规则 4** 一个 m:n 联系转换为一个关系模型。与该联系相连的各实体的码以及联系本身的属性均转换为关系的属性，而关系的码为各实体码的组合。

教学管理中实体学生与课程之间存在 n:m 联系，对应的 E-R 模型如图 2-11 所示。

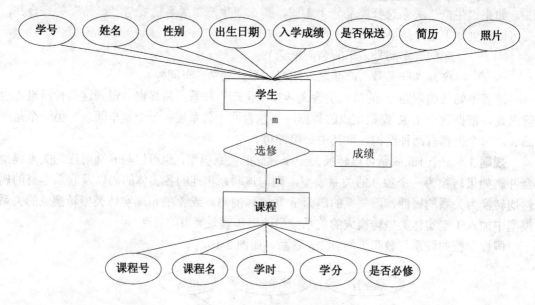

**图 2-11   n:m 联系转换为系模型**

- 实体转换后的关系模型有：
        学生（<u>学号</u>，姓名，性别，出生日期，入学成绩，是否保送，简历，照片）
        课程（<u>课程号</u>，课程名，学时，学分，是否必修）
- 联系转换后的关系模型是：
        选修（<u>学号</u>，<u>课程号</u>，成绩）

该 E-R 模型最终转换为三个关系模型：学生（……）、课程（……）、选修（……）。三个关系的关键在分别为：学号、课程号、（学号、课程号）。

- 实体转换后的关系模型有：
        学生（<u>学号</u>，姓名，性别，出生日期，入学成绩，是否保送，简历，照片）
        课程（<u>课程号</u>，课程名，学时，学分，是否必修）
- 联系转换后的关系模型是：
        选修（<u>学号</u>，<u>课程号</u>，成绩）

该 E-R 模型最终转换为三个关系模型：学生（……）、课程（……）、选修（……）。三个关系的关键在分别为：学号、课程号、（学号、课程号）。

我们不妨看一看图 2-8 对应的关系模型：

- 实体转换后的关系模型有：

　　系名（<u>系号</u>，系名）

　　学生（<u>学号</u>，姓名，性别，出生日期，入学成绩，是否保送，简历，照片）

　　课程（<u>课程号</u>，课程名，学时，学分，是否必修）

- 联系转换后的关系模型是：

　　包含（系号，<u>学号</u>）

　　选修（<u>学号，课程号</u>，成绩）

- 码相同的关系合并，即学生与包含合并后：

　　系名（<u>系号</u>，系名）

　　学生（<u>学号</u>，姓名，性别，出生日期，入学成绩，是否保送，简历，照片，系号）

　　课程（<u>课程号</u>，课程名，学时，学分，是否必修）

　　选修（<u>学号，课程号</u>，成绩）

本章我们最初给的 4 个表格就是根据这个原理得到的。

**规则 5**　三个或三个以上实体间的一个多元联系可以转换为一个关系模型。与该多元联系相连的各实体的码以及联系本身的属性均转换为关系的属性，而关系的码为各实体码的组合。

**规则 6**　具有相同码的关系模型可以合并。

将图 2-12 所示的 E-R 图所代表的概念模型转换为关系模型。

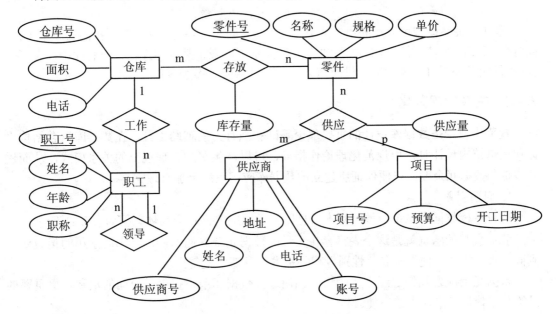

**图 2-12　多元联系转换为关系模型**

- 实体对应的关系模型有：

　　仓库（<u>仓库号</u>，面积，电话）

　　　　　职工（<u>职工号</u>，姓名，年龄，职称）
　　　　　零件（<u>零件号</u>，名称，规格，单价）
　　　　　供应商（<u>供应商号</u>，姓名，地址，电话，账号）
　　　　　项目（<u>项目号</u>，预算，开工日期）
● 　将联系独立转换为关系模型有：
　　　　　工作（<u>职工号</u>，仓库号）
　　　　　存放（<u>仓库号</u>，<u>零件号</u>，库存量）
　　　　　供应（<u>零件号</u>，<u>供应商号</u>，项目号，供应量）
　　　　　领导（<u>职工号</u>，职工号 1）
　　注意："领导"联系所连接的实体都是职工，因此转换后的关系模型应为：
　　　　　领导（<u>职工号</u>，职工号）

　　但是一个关系模式不能存在同名的属性，因此，我们给出的答案中采用了下标的方式加以区分。

　　按照规则 6 主码相同的关系模型要合并，即"工作"和"领导"两个关系模型合并到"职工"关系中。最终形成的关系模型有：
　　　　　仓库（<u>仓库号</u>，面积，电话）
　　　　　职工（<u>职工号</u>，姓名，年龄，职称，<u>职工号 1</u>，<u>仓库号</u>）
　　　　　零件（<u>零件号</u>，名称，规格，单价）
　　　　　供应商（<u>供应商号</u>，姓名，地址，电话，账号）
　　　　　项目（<u>项目号</u>，预算，开工日期）
　　　　　存放（<u>仓库号</u>，<u>零件号</u>，库存量）
　　　　　供应（<u>零件号</u>，<u>供应商号</u>，项目号，供应量）

　　"职工"关系模型可以反映出，某个"职工号"的职工在"仓库号"所指的仓库中工作，同时受"职工号 1"所指职工领导；"存放"关系可以表示某种零件在某一仓库中保存了多少；"供应"关系可以表示某一供应商为某一项目供应了多少零件。

## 2.4.2　关系的规范化

　　规范化理论是数据库设计的重要理论基础和强有力的辅助工具。在数据库概念结构设计和逻辑结构设计时，用规范化理论作指导，可以产生更加合理规范的关系模式，从而进一步控制数据冗余度，以便保证所建立的数据库应用系统更加合理完善。

### 1. 问题引入

　　假设某校数据库系统中教师基本信息以及学历历史记录的具体数据如表 2-11 所示。

　　我们直观的感觉就是这个表格存在大量的数据冗余。例如，由于不同学历的记载保存到同一张表格中，使得姓名、性别等相关基本信息都要重复出现。

　　数据冗余问题我们已经不止一次地强调过，数据冗余不仅仅是空间的浪费，更重要的是给数据管理带来很大的不便。

　　例如，这个关系模式存在的其他问题还有修改异常会导致数据的不一致。假设需要修改某一人的某些属性（如李明的年龄），必须保证所有相关的记录都要完成相同的处理，否则就会造成一部分纪录被修改，而另一部分记录保留原值（出现同一个职工有不同的年龄数据值），这就是数据的不一致性。另外，当某个职工退休需要在数据库中删除相应记录时，

表 2-11 教师数据表

| 教师号 | 姓名 | 性别 | 年龄 | 职称 | 学历 | 毕业时间 | 院系号 | 工资 |
|---|---|---|---|---|---|---|---|---|
| 000001 | 马继光 | 男 | 55 | 教授 | 博士 | 1995 | 002 | 3500 |
| 000001 | 马继光 | 男 | 55 | 教授 | 硕士 | 1983 | 002 | 3500 |
| 000001 | 马继光 | 男 | 55 | 教授 | 学士 | 1978 | 002 | 3500 |
| 000002 | 黄晓春 | 女 | 29 | 讲师 | 硕士 | 2004 | 002 | 1560 |
| 000002 | 黄晓春 | 女 | 29 | 讲师 | 学士 | 2001 | 002 | 1560 |
| 000003 | 李明 | 男 | 35 | 副教授 | 博士 | 2002 | 004 | 2350 |
| 000003 | 李明 | 男 | 35 | 副教授 | 硕士 | 1998 | 004 | 2350 |
| 000003 | 李明 | 男 | 35 | 副教授 | 学士 | 1995 | 004 | 2350 |
| 000004 | 王建国 | 男 | 40 | 教授 | 博士 | 2002 | 002 | 3500 |
| 000004 | 王建国 | 男 | 40 | 教授 | 硕士 | 1997 | 002 | 3500 |
| 000004 | 王建国 | 男 | 40 | 教授 | 学士 | 1995 | 002 | 3500 |

可能会涉及多条记录，从而使得数据库的维护相当繁琐。

不规范的关系模式还会引起许多问题，因此有必要对关系模式作进一步的处理。一个好的关系模式数据冗余度应该尽可能得低，而且不应该存在修改异常、插入异常、删除异常等维护性错误。运用规范化理论对关系模式进行优化，就可以消除这些问题。

我们将表 2-11 所表示的关系模式分解为两个关系模式，如表 2-12(a)和(b)所示。

表 2-12 表 2-11 所示的关系模式分解

(a) 模式分解 1

| 教师号 | 姓名 | 性别 | 年龄 | 职称 | 院系号 | 工资 |
|---|---|---|---|---|---|---|
| 000001 | 马继光 | 男 | 55 | 教授 | 002 | 3500 |
| 000002 | 黄晓春 | 女 | 29 | 讲师 | 002 | 1560 |
| 000003 | 李明 | 男 | 35 | 副教授 | 004 | 2350 |
| 000004 | 王建国 | 男 | 40 | 教授 | 002 | 3500 |

(b) 模式分解 2

| 教师号 | 学历 | 毕业时间 |
|---|---|---|
| 000001 | 博士 | 1995 |
| 000001 | 硕士 | 1983 |
| 000001 | 学士 | 1978 |
| 000002 | 硕士 | 2004 |
| 000002 | 学士 | 2001 |
| 000003 | 博士 | 2002 |
| 000003 | 硕士 | 1998 |
| 000003 | 学士 | 1995 |
| 000004 | 博士 | 2002 |
| 000004 | 硕士 | 1997 |
| 000004 | 学士 | 1995 |

　　显然，后两个关系模式要更合理一些，而且所需的数据含义并没有丢失。简单地讲，关系的规范化就是要将不合理的关系模式修改为更合理的，使数据冗余度降到最低，并保证不存在更新异常、插入异常和删除异常等问题。

　　从关系数据库理论角度讲，一个关系模式之所以不合理，是由于关系模式中存在某些数据依赖。为了将不合理的关系模式改进为更合理的模式，主要方法就是通过分解不合理的模式，以便消除这个模式中的数据依赖。

### 2. 函数依赖

　　函数依赖（Function Dependency）是关系规范化理论中的重要概念。函数依赖是通过一个关系中属性间（即各列之间）数据值是否相互制约而体现出来的。例如上面的教师关系模式表 2-12(a)：

教师（教师号，姓名，性别，年龄，……）

　　不难看出，当教师号属性的值确定后，姓名、性别、年龄等属性的值即可确定并且是唯一的。这几个属性完全由教师号确定。这时，我们就称该关系中教师号与姓名、教师号与性别、教师号与年龄等属性之间存在函数依赖，并习惯上表示为：

教师号→姓名、教师号→性别、教师号→年龄、……

　　（1）函数依赖

　　**定义 2.1**   设 R(U) 是属性集 U 上的关系模式。X,Y 是 属性 U 的子集。若对于 R(U) 的任意一个可能的关系 r，r 中不可能存在两个元组在 X 上的属性值相等，而在 Y 上的属性值不等，则称 X 函数确定 Y 或 Y 函数依赖于 X，记作 $X \rightarrow Y$ 。

　　仍以表 2-12(a)为例，R 表示教师关系，集合 U 为（教师号，姓名，性别，年龄，……），X 表示属性教师号、Y 表示属性姓名。可以看出该表中不存在这样的两个元组（两行）：教师号（属性 X）相等，而姓名（属性 Y）不等。因此教师号（属性 X）函数决定姓名（属性 Y），或姓名函数依赖与教师号。

　　反观表 2-12，该表中存在这样的两个元组（如第一、二行）：教师号（属性 X）相等，但学历（属性 Y）不同，一个是博士，另一个是硕士。因此学历属性（属性 Y）不函数依赖于教师号（属性 X）。

　　需要注意的是，函数依赖不是指关系模式 R 的某个或某些关系满足的约束条件，而是指 R 的一切关系均要满足的约束条件。

　　考察表 2-4，即关系模式：

选课成绩（学号，课程号，成绩）

　　假定在当前表中仅记载了每个学生都选了一门课程，如表 2-13 所示。

表 2-13   函数依赖示例

| 学号 | 课程号 | 成绩 |
|---|---|---|
| 0101011 | 101 | 95.0 |
| 0101012 | 102 | 88.0 |
| 0101013 | 104 | 90.0 |
| ⋮ | ⋮ | ⋮ |

能不能断言，学号的属性值可以唯一地确定成绩的值？显然这样的分析是不全面的，纵观全局，我们应该得到：

$$（学号，课程号）\rightarrow 成绩$$

也就是说在这个成绩表中不存在这样的两个元组：学号和课程号均相同，而成绩不同。如果有。则说明一个学生选修一门课程却得到两个不同的分数。显然，在实际情况中这是不可能的。

（2）部分函数依赖和完全函数依赖

**定义 2.2**　在 R(U)中，如果 X→Y，并且对于 X 的任何一个真子集 X'，都有 X'→Y，则称 Y 对 X 部分函数依赖，记作：$X \xrightarrow{p} Y$，否则称 Y 完全依赖于 X，记作：$X \xrightarrow{f} Y$。

由定义 2.2 可知，当 X 是单属性时，由于 X 不存在任何真子集，所以若 X→Y，则 X、Y 之间的函数依赖一定是完全函数依赖。

仍以表 2-4 关系模式为例，属性集合 X 为（学号，课程号）、Y 为成绩，显然有（学号，课程号）→成绩，即 X→Y。X 的子集有：学号或者课程号，但是成绩不依赖学号（即已知学号的值并不能确定成绩的值），而且成绩也不依赖于课程号（即已知课程号的值也不能确定成绩的值）。因此，该关系模式存在的函数依赖（学号，课程号）→成绩是完全函数依赖。

分析下面的关系模式：

$$学生（学号，姓名，性别，出生日期，系号，系名）$$

其数据如表 2-14 所示。

**表 2-14　部分函数、完全函数依赖示例**

| 学号 | 姓名 | 性别 | 出生日期 | 系号 | 系名 |
|---|---|---|---|---|---|
| 0101011 | 李晓明 | 男 | 02/26/85 | 01 | 工商管理 |
| 0100112 | 王民 | 男 | 11/05/84 | 02 | 会计 |
| 0100136 | 马玉红 | 女 | 12/15/83 | 01 | 工商管理 |
| 0100108 | 王海 | 男 | 03/31/83 | 03 | 人力资源 |
| 0100123 | 李建中 | 男 | 06/27/85 | 04 | 市场营销 |
| 0100156 | 田爱华 | 男 | 08/20/83 | 01 | 工商管理 |
| 0100168 | 马萍 | 女 | 04/25/86 | 02 | 会计 |

显然函数依赖有：学号→姓名、学号→性别、学号→出生日期、学号→系号、学号→系名、系号→系名、……，这些都是完全函数依赖，而（学号、系号）→系名，则为部分函数依赖。直观的感觉该关系模式并不是非常合理，存在数据冗余。由此我们也可以得到这样的结论：部分函数依赖的存在是关系模式产生存储异常的一个内在原因。

（3）传递函数依赖

**定义 2.3**　在 R（U）中，如果 X → Y，并且 Y 不是 X 的子集，若 Y↛X、Y → Z，则称 Z 对 X 传递函数依赖。

以表 2-14 中的关系模式为例，其中的函数依赖有：学号（X）→系号（Y）、系号（Y）→系名（Z），显然属性集（系号）不是（学号）的子集，因此：

$$学号\rightarrow 系名$$

即该关系模式存在传递函数依赖。这是导致该关系模式存储异常的另一个原因。

### 3. 码与函数依赖的关系

**定义 2.4**　设 K 为 R<U,F>（U 为关系 R 的属性集合，F 为其函数依赖集合）中的属性或属性组合，若 K→U，则 K 为 R 的候选码。若候选码多于一个，则选定其中的一个为主码。包含在任何一个候选码中的属性，叫做主属性（Prime attribute）。不包含在任何码中的属性称为非主属性（Nonprime attribute）或非码属性（Non-key attribute）。

需要说明的是，关系模式中最简单的码是由单个属性构成。最极端的情况：整个属性组全是码，称为全码（All-key）。

已知关系模式：R(A，B，C，D，E，Q)，其函数依赖为：

$$F=\{A \rightarrow B，C \rightarrow Q，E \rightarrow A，(C，E) \rightarrow D\}$$

求该关系的码。

因为 E→A，A→B

所以 E→B

因为 C→Q，(C，E)→D

所以 (C，E)→A，(C，E)→B，(C，E)→D，(C，E)→Q

即（C，E）是该关系的码。

全码举例。假设关系模式：R(P，W，A)，属性 P 表示演奏者，W 表示作品，A 表示听众。约定：一个演奏者可以演奏多个作品，某一作品可被多个演奏者演奏；听众可以欣赏不同演奏者弹奏的不同作品，这个关系模式的码为(P，W，A)，即 All-key。

**定义 2.5**　关系模式 R 中属性或属性组 X 并非 R 的码，但 X 是另一个关系模式的码，此时称 X 是 R 的外部码，也称外码。

分析表 2-1、表 2-2、表 2-3 和表 2-4 表示的关系模式：

学生（<u>学号</u>，姓名，性别，出生日期，入学成绩，是否保送，系号，简历，照片）

系名（<u>系号</u>，系名）

课程（<u>课程号</u>，课程名，学时，学分，是否必修）

选课成绩（<u>学号，课程号</u>，成绩）

我们可以得到下面的结论：

学生关系：学号为主码、系号为外码；课程关系：课程号为主码，没有外码；系名关系：系号为主码，没有外码；选课成绩关系：属性组（学号，课程号）为主码，有两个外码分别是学号和课程号。

我们能再一次体会到：主码与外部码架起了关系间联系的桥梁。如关系模式学生与成绩的联系就是通过学号来体现的。

### 4. 关系规范化理论

关系模式是以关系集合理论中的数学原理为基础的。通过确立关系中的规范化准则，就能保证数据库保存的数据更合理。在关系数据库设计过程中，令关系满足规范化准则的过程称为关系规范化（Relation Normalization）。

关系规范化理论重点讨论的是如何将不合理的关系模式，通过模式分解得到更为合理的关系模型。这一些列的分解过程都是围绕"范式"进行的。

（1）范式

通过前面的介绍，我们已经发现关系数据库中的关系是要满足一定要求的。我们将满足不同程度要求的关系称为属于不同的范式（Normal Form，NF）。满足最低要求的叫第一范式，简称 1NF。在第一范式中进一步约定从而满足更高要求的为第二范式，其余依此类推。根据满足规范的程度不同，范式被划分为 6 个等级 5 个范式：第一范式（1NF）、第二范式（2NF）、第三范式（3NF）、修正的第三范式（BCNF）、第四范式（4NF）和第五范式（5NF）。从范式发展演变过程来讲，各种范式之间的关系有：

$$5NF \subset 4NF \subset BCN \subset 3NF \subset 2NF \subset 1NF$$

含义是高一级的范式具有低级范式的所有规则要求，而低一级的范式不具备更高一级范式的特殊要求。因此，更高一级的范式能够保证关系模式具有更强的安全性、完整性、一致性等控制。

（2）规范化

将一个低一级范式的关系模式，经过一定的处理转换为或分解为若干个高一级范式的关系模式集合（目标是将一个表分解成几个子表，称为模式分解），这种过程就叫做关系模式的规范化。

（3）各级范式定义

前面我们介绍过关系模式具有如下特点：

- 关系中的每个属性都不可以再分，即每一列必须是一个不可分的数据项，并且每一列中所有数据的类型一致；
- 同一个关系中不能有相同的属性名，即不能有两列的名称是一样的；
- 同一个关系中不能有完全相同的元组
- 关系中的属性任意交换位置，或者任意元组交换，都不影响关系的语义。

**第一范式（1NF）**　若一个关系模式 R 的所有属性都是不可再分解的基本数据项，则该关系模式属于 1NF。

在任何一个关系数据库系统中，每一个关系都要属于第一范式，这是最基本的要求，否则这样的数据库不能称为关系型数据库。前文我们曾经给出过的表 2-8，该表不是一个关系表格，原因就是不符合第一范式的要求。如果将这表格改为表 2-9，这个关系看似符合了第一范式的约定。需要注意的是：由于实发工资属性是可以由其他属性经过推导、计算就能得到的结果，这样的属性不应该保存在关系模式中。改造后如表 2-15 所示的表格满足第一范式的要求。

表 2-15　符合第一范式规则的职工表

| 职工号 | 姓名 | 工资 | 津贴 | 奖金 | 水电费 | 公积金 |
|---|---|---|---|---|---|---|
| 121 | 王芳 | 800 | 300 | 200 | 80 | 60 |
| 122 | 李健民 | 900 | 400 | 200 | 90 | 100 |
| 123 | 张大海 | 1000 | 500 | 400 | 100 | 200 |

显然，这个关系模式需要进一步规范化为第二范式。

**第二范式（2NF）**　若关系模式 R 属于第一范式，并且这个关系中的每个非主属性都完全依赖该关系的主码，这样的关系模式属于第二范式。

这里特别强调两个概念，一是主码，二是非主属性，请参考本章节的相关内容。表 2-11 改造后的结果如表 2-12(a)所示。

其主码是教师号，主码包含的属性为主属性，因此教师号属性自然也是主属性，其他属性均为非主属性。从表中数据的含义我们可以看出，只要知道了教师号，那么教职工的姓名、性别、年龄、……、工资这些非主属性的值就可确定。也就是说，这个关系模式中的所有非主属性的值都完全依赖其主码，主码的值一经确定，这些非主属性的值就可得到唯一结果。因此，改造后的表 2-12(a)属于第二范式。读者可以验证表 2-12(b)至少属于第几范式。

注意：表 2-12(b)的主码是："教师号+学历"或"教师号+毕业时间"，习惯上表示为：（教师号，学历）或（教师号，毕业时间）。假设选第一组为主码，则主属性为"教师号"和"学历"，非主属性就是"毕业时间"。显然，毕业时间完全依赖于主码：（教师号，学历）。同理，如果选第二组为主码，那么主属性就是"教师号"和"毕业时间"，"学历"便是非主属性，"学历"依然完全依赖于主码：（教师号，毕业时间）。

表 2-12(a)的分解是否到此为止哪？在实际问题中，教职工的工资要按职称评定的年限来分等级，每一个等级的工资数都是一样的。我们不妨把问题简化一下，无论职称评定年限有多少年，教授的工资都是 3500、副教授 2350、讲师 1560 等。试想一个学校具有相同职称、相同评定等级的职工不止一人，那么工资数据就会出现大量的重复值。造成这一现象的原因是表 2-12(a)所对应的关系模式，其属性之间存在着传递依赖。也就是说，只要知道了教师号就能确定其职称，职称一经确定自然工资数就知道了，也可以认为属性教师号决定属性职称、属性职称决定属性工资，这就是我们前面介绍的传递函数依赖关系：

$$教师号\rightarrow 职称\rightarrow 工资$$

由此可见表 2-12(a)并不是最合理的结果。表 2-12(a)、表 2-12(b)存在的其他依赖关系还有：

$$教师号\rightarrow 姓名、教师号\rightarrow 性别、教师号\rightarrow 年龄、教师号\rightarrow 职称、教师号\rightarrow$$
$$院系号（教师号，学历）\rightarrow 毕业时间$$

或者
$$（教师号，毕业时间）\rightarrow 学历$$

我们得到的结论是：表 2-12(a)中的非主属性工资不是完全依赖主码教师号，而是通过职称传递依赖主码。表 2-12(a)需要进一步分解为，如表 2-16(a)和(b)。

**表 2-16　表 2-12(a)的分解**

(a)

| 教师号 | 姓名 | 性别 | 年龄 | 职称 | 院系号 |
|---|---|---|---|---|---|
| 000001 | 马继光 | 男 | 55 | 教授 | 002 |
| 000002 | 黄晓春 | 女 | 29 | 讲师 | 002 |
| 000003 | 李明 | 男 | 35 | 副教授 | 004 |
| 000004 | 王建国 | 男 | 40 | 教授 | 002 |

(b)

| 职称 | 工资 |
|---|---|
| 教授 | 3500 |
| 讲师 | 1560 |
| 副教授 | 2350 |

因此，表 2-11 被分解为表 2-12(b)、表 2-16(a)和表 2-16(b)三个模式。

**第三范式（3NF）**　若关系模式 R 属于第二范式，并且这个关系中的每个非主属性都不传递依赖该关系的主码，这样的关系模式属于第三范式。

　　显然，上面分解后的 3 个关系模式都属于 3NF。属于 3NF 的关系模式有可能存在"不彻底性"，主要表现在主码为组合属性的情况。因此，人们又定义了一个更强的范式 BCNF。

　　BCNF（Boyce Codd Normal Form）是由 Boyce 与 Codd 提出的，比上述的 3NF 又进了一步，通常认为 BCNF 是修正的第三范式，有时也称为扩充的第三范式。这部分的内容超出了本教材大纲要求的范畴，感兴趣的读者可以参考其他有关数据库原理方面的教材。

　　需要说明的是，一个数据库系统中的所有关系模式如果都属于 BCNF，那么，在我们介绍的属性依赖（准确地讲是函数依赖）范畴内，这个数据库系统就已经消除了插入和删除异常等现象。另外，属性间的依赖有多种：函数依赖、多值依赖、连接依赖。如果只考虑函数依赖，则属于 BCNF 的关系模式其规范化程度是最高的。如果解决了多值依赖便可以规范到 4NF 阶范式、解决了连接赖便可规范到 5NF 阶范式。

　　在关系数据库中，对关系模式的基本要求是满足第一范式，这样的关系模式就是合法的、允许的。但是，人们发现有些关系模式存在插入、删除异常、修改复杂，数据冗余等毛病，开始寻求解决这些问题的方法，这就是规范化的目的。

　　规范化理论为数据库设计提供了理论指南和工具。但是，并不是规范化程度越高，得到的关系模式就越好。模式分解的过细，即使对消除存储异常有好处，但查询时可能需要更多的链接操作，可能得不偿失。因此，在数据库设计时，必须结合应用环境和现实世界的具体情况合理地选择数据库中的关系模式。

　　思考：在一订货系统数据库中，有一关系模式如下：

　　　　订货（订单号，订购单位名，地址，产品型号，产品名，单价，数量）

　　① 给出你认为合理的数据依赖；

　　② 分析属于第几范式。

　　结论：

● 函数依赖：

　　　　订单号→订购单位名

　　　　订单号→地址

　　　　产品型号→产品名

　　　　产品型号→单价

　　　　（订单号，产品型号）→数量

● 关系模式的码：（订单号，产品型号）

● 主属性：订单号、产品型号

● 非主属性：订购单位名、地址、产品名、单价、数量

● 范式级别：非主属性订购单位名、地址、产品名、单价部分依赖于码，所以是 1NF。

**5. 模式分解**

　　模式分解就是将一个低范式的关系模式分解为多个更高一级的关系模式。例如，上面的表 2-11，最终分解为表 2-12(b)、表 2-16(a) 和表 2-16(b)。模式分解的目的是为了消除数据冗余和操作异常现象。模式分解的条件是：原关系模式 R 与分解后的多个 $R_1$、$R_2$、…、$R_k$

表示同一个关系模式，并且要遵循"无损分解"和"保持依赖"的原则。

我们这里仅给出无损分解和保持依赖原则的基本定义，具体的分解过程不在本教材的涉及范围。

（1）无损分解

关系模式 R 分解为 $R_1$、$R_2$、…、$R_k$，如果对 $R_1$、$R_2$、…、$R_k$ 进行投影、连接等操作后能恢复为原模式 R（即信息未丢失），这种分解称为无损分解。

投影、连接等操作的含义请见第三章的相关内容。

（2）保持依赖

关系模式 R 分解为 $R_1$、$R_2$、…、$R_k$，而 R 的函数依赖集合与 $R_1$、$R_2$、…、$R_k$ 的总函数依赖集合一致，这样分解称为保持依赖分解。

需要说明的是，数据库可以保持适量的数据冗余，以达到用空间效率换取时间效率的目的，这也是模式分解的一个原则。

# 习题 2

## 一、选择题

1. 在 Access 的数据库中，表就是（　　）。
   A) 关系　　　　　B) 记录　　　　　C) 索引　　　　　D) 数据库
2. 一个关系相当于一张二维表，二维表中的各栏目相当于该关系的（　　）。
   A) 属性　　　　　B) 元组　　　　　C) 结构　　　　　D) 数据项
3. 一个关系相当于一张二维表，二维表中的各行相当于该关系的（　　）。
   A) 元组　　　　　B) 属性　　　　　C) 数据项　　　　　D) 表结构
4. 关系数据模型（　　）。
   A) 只能表示实体之间的 1:1 联系　　　B) 只能表示实体之间的 1:n 联系
   C) 只能表示实体之间的 m:n 联系　　　D) 可以表示实体之间的上述三种联系
5. 层次模型所体现的实体联系属于（　　）。
   A) 1:1 联系　　　B) 1:n 联系　　　C) m:n 联系　　　D) 1:n 和 m:n 联系
6. 下列关系模式中，正确的是（　　）。
   A) 学生（姓名，性别，出生日期）
   B) 学生（学号，姓名，性别，出生日期，年龄）
   C) 学生（学号，姓名，性别，出生日期，课程名，成绩）
   D) 学生（学号，姓名，性别，出生日期，照片，简历）
7. 一个关系中的各条记录（　　）。
   A) 前后顺序不能任意颠倒，一定要按照输入的顺序排列
   B) 前后顺序不能任意颠倒，一定要按照关键字段值的顺序排列
   C) 前后顺序可以任意颠倒，但排列顺序不同，统计处理的结果就可能不同

D) 前后顺序可以任意颠倒，不影响关系中数据的实际含义

8.　下列关于二维表的说法错误的是（　　　）。

A) 二维表中的列称为属性　　　　　　　B) 属性的取值范围称为值域

C) 二维表中的行称为元组　　　　　　　D) 属性的集合称为关系

9.　已知有项目和志愿者两个实体，一个项目有多名志愿者参与，一个志愿者可以参加多个项目，则项目与志愿者两个实体之间的联系类型为（　　　）。

A) 多对多联系　　　　　　　　　　　　B) 一对多联系

C) 多对一联系　　　　　　　　　　　　D) 一对一联系

10.　在数据库中能够唯一标示一个元组的属性或属性的组合称为（　　　）。

A) 记录　　　　　　　B) 字段　　　　　　　C) 关键字　　　　　　　D) 域

11.　设"职工档案"数据表中有职工编号、姓名、年龄、职务、籍贯等字段，其中可作为关键字的字段是（　　　）。

A) 职工编号　　　　　　B) 姓名　　　　　　　C) 年龄　　　　　　　D) 职务

## 二、填空题

1.　关系是具有相同性质的_____的集合。

2.　如果一个班级只有一个班长，而且这个班长不能同时兼任其他班级的班长，则班级和班长两个实体之间存在_____联系。

3.　在数据库技术中，实体集之间的联系可以是一对一或一对多或多对多的，那么"学生"和"可选课程"的联系为_____。

4.　一个关系表的行称为_____。

5.　工资关系中有职工号、姓名、职务工资、津贴、公积金、所得税等字段，其中可以作为关键字的字段是_____。

6.　二维表中的每一列称为一个字段，或称为关系的一个_____；二维表中的每一行称为一个记录，或称为关系的一个_____。

7.　在一个关系中有这样一个或几个字段，它（们）的值可以唯一地标识一条记录，这样的字段被称为_____。

8.　在关系模型中，为了反映各个表所表示的实体之间的联系，每个表中除了包含与本实体有关的字段外，还可以包含_____字段。

9.　实体完整性约束要求关系数据库中元组的_____属性值不能为空。

10.　表之间的关系就是通过主键与_____作为纽带实现的。

11.　关系模型的完整性规则包括：_____(1)_____、_____(2)_____和_____(3)_____。

# 第 3 章　关系代数

关系代数是关系数据库理论以及数据库应用技术的数学基础。关系代数的操作对象是以关系为基本单位的一组集合运算，每一种运算都是以一个或若干个关系为运算对象，运算结果仍然是一个关系。

在关系数据库操作中，通过以关系代数为理论基础的数据操纵语言控制关系的操作。完成数据操纵的关系代数运算主要包括集合运算和关系运算。

# 3.1　集合运算

传统的集合运算包括并运算（∪）、交运算（∩）、差运算（－）、广义笛卡儿积（×）等。这一类的运算将关系看做是元组（二维表的行）的集合，其运算的特点：一是要求参与并、交、差的关系要具有相同的属性集和相同的域，即参与运算的关系必须具有相容性，也可以理解为参与运算的关系结构是相同的；二是运算时是从关系的水平方向进行的。

## 3.1.1　并运算

**定义 3.1**　已知两个关系 R 和 S 具有相同的属性集，并运算（Union）的结果是由 R、S 中所有不同的元组构成的关系，记作 R∪S。

并运算的含义也可以这样来理解：将 R 和 S 两个关系的元组放置到一个关系中，然后删除完全相同的元组，剩余元组组成的关系就是 R 和 S 的并运算结果。

【例 3-1】 已知关系 R 和 S 如表 3-1、表 3-2 所示。

<table>
<tr><th colspan="3">表 3-1　关系 R</th></tr>
<tr><th>时间</th><th>地点</th><th>课程名</th></tr>
<tr><td>周一上午</td><td>2100</td><td>商品学</td></tr>
<tr><td>周二下午</td><td>球场</td><td>体育</td></tr>
<tr><td>周三上午</td><td>3305</td><td>组织行为学</td></tr>
<tr><td>周三下午</td><td>3502</td><td>英语</td></tr>
<tr><td>周四上午</td><td>2120</td><td>计算机</td></tr>
</table>

<table>
<tr><th colspan="3">表 3-2　关系 S</th></tr>
<tr><th>时间</th><th>地点</th><th>课程名</th></tr>
<tr><td>周一上午</td><td>1201</td><td>会计学</td></tr>
<tr><td>周二下午</td><td>球场</td><td>体育</td></tr>
<tr><td>周二上午</td><td>3305</td><td>生产管理</td></tr>
<tr><td>周三下午</td><td>3502</td><td>英语</td></tr>
<tr><td>周四上午</td><td>2120</td><td>计算机</td></tr>
<tr><td>周五上午</td><td>2316</td><td>产业经济</td></tr>
</table>

R∪S 的结果如表 3-3 所示。

我们不妨这样来理解关系 R 和 S：R 为甲班课表、S 为乙班课表，R∪S 则为两个班开设的全部课程。

表 3-3 关系 R∪S

| 时间 | 地点 | 课程名 |
|---|---|---|
| 周一上午 | 2100 | 商品学 |
| 周二下午 | 球场 | 体育 |
| 周三上午 | 3305 | 组织行为学 |
| 周三下午 | 3502 | 英语 |
| 周四上午 | 2120 | 计算机 |
| 周一上午 | 1201 | 会计学 |
| 周二上午 | 3305 | 生产管理 |
| 周五上午 | 2316 | 产业经济 |

### 3.1.2 交运算

**定义 3.2** 已知两个关系 R 和 S 具有相同的属性集，交运算（Intersection）的结果是由既属于 R 的元组又属于 S 的元组构成的关系，记作 R∩S。

【例 3-2】 已知关系 R 和 S 如上所示，R∩S 的结果如表 3-4 所示。

表 3-4 关系 R∩S

| 时间 | 地点 | 课程名 |
|---|---|---|
| 周二下午 | 球场 | 体育 |
| 周三下午 | 3502 | 英语 |
| 周四上午 | 2120 | 计算机 |

R∩S 的结果我们可以理解为：两个班合班上课的课程。

### 3.1.3 差运算

**定义 3.3** 已知两个关系 R 和 S 具有相同的属性集，R 与 S 的差运算（Difference）其结果是由属于 R、不属于 S 的元组构成的关系，记作 R-S。

【例 3-3】已知关系 R 和 S 如上所示，R-S 和 S-R 分别如表 3-5 和表 3-6 所示。

表 3-5 关系 R-S

| 时间 | 地点 | 课程名 |
|---|---|---|
| 周一上午 | 2100 | 商品学 |
| 周三上午 | 3305 | 组织行为学 |

表 3-6 关系 S-R

| 时间 | 地点 | 课程名 |
|---|---|---|
| 周一上午 | 1201 | 会计学 |
| 周二上午 | 3305 | 生产管理 |
| 周五上午 | 2316 | 产业经济 |

R-S 的结果可以理解为：甲班与乙班开设的不同课程，S-R 理解为：乙班与甲班开设的不同课程。

### 3.1.4 广义笛卡儿积运算

**定义 3.4** 已知关系 R 有 n 个属性、关系 S 具有 m 个属性，R 与 S 的广义笛卡儿积运算（Extended Cartesian Product）其结果所形成的关系中每个元组由 n+m 个属性构成；每个元组的前 n 列是关系 R 的属性，后 m 列是关系 S 属性。记作：R×S。

【例 3-4】 关系 R 和 S，以及 R × S 的结果如图 3-1 所示。

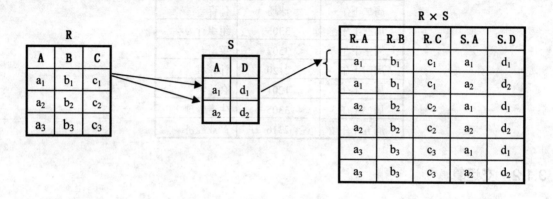

图 3-1　关系 R 与关系 S 的广义笛卡儿积运算

思考下面两个关系的笛卡儿积运算结果。

表 3-7　学　生

| 学号 | 姓名 | 性别 | 出生日期 | 系号 |
|---|---|---|---|---|
| 0101011 | 李晓明 | 男 | 02/26/85 | 01 |
| 0100112 | 王民 | 男 | 11/05/84 | 02 |
| 0100136 | 马玉红 | 女 | 12/15/83 | 01 |
| 0100108 | 王海 | 男 | 03/31/83 | 03 |
| 0100123 | 李建中 | 男 | 06/27/85 | 04 |
| 0100156 | 田爱华 | 女 | 08/20/83 | 01 |
| 0100168 | 马萍 | 女 | 04/25/86 | 02 |

表 3-8　成　绩

| 学号 | 课程号 | 成绩 |
|---|---|---|
| 0101011 | 101 | 95.0 |
| 0101011 | 102 | 70.0 |
| 0101011 | 103 | 82.0 |
| 0101012 | 102 | 88.0 |
| 0101012 | 103 | 85.0 |
| 0101012 | 104 | 81.0 |
| ⋮ | ⋮ | ⋮ |

# 3.2　特殊的关系运算

针对数据库环境而专门设计的关系运算有：选择（σ）、投影（π）、连接（∞）和除（÷）运算。这类运算仍然将关系视为元组的集合。不同于传统的集合运算，此类运算不仅涉及关系的水平方向（表的行），而且也涉及关系的垂直方向（表的列）。

## 3.2.1　选择运算

**定义 3.5**　选择（Selection）又称为限制（Restriction）。它是在关系 R 中选择满足给定条件的诸元组组成新的关系，并对关系的元组进行筛选。记作：$\delta_F(R)$。

其中 F 为选择的条件，它是一个逻辑表达式。由逻辑运算符：—（逻辑非）、∧（逻辑与）、∨（逻辑或）和比较运算符>、>=、<、<=、=、<>（不等于）组成。属性也已可以用其序号来表示。

【例 3-5】　对学生关系完成以下各种操作：

（1）挑选出男生数据。用选择运算表示为：

$$\delta_{\text{性别}=\text{“男”}}(\text{学生}) \text{ 或 } \delta_{3=\text{“男”}}(\text{学生})$$

结果如表 3-9 所示：

表 3-9　$\delta_{\text{性别}=\text{“男”}}$(学生)

| 学号 | 姓名 | 性别 | 出生日期 | 入学成绩 | 专业号 |
|------|------|------|----------|----------|--------|
| 0101011 | 李晓明 | 男 | 02/26/85 | 601 | 01 |
| 0100112 | 王民 | 男 | 11/05/84 | 610 | 02 |
| 0100108 | 王海 | 男 | 03/31/83 | 622 | 03 |
| 0100123 | 李建中 | 男 | 06/27/85 | 620 | 04 |

（2）挑选出 620 分以上（含 620 分）的男生：

$$\delta_{\text{性别}=\text{“男”} \wedge \text{入学成绩}>=620}(\text{学生}) \text{ 或 } \delta_{3=\text{“男”} \wedge 5>=620}(\text{学生})$$

## 3.2.2　投影运算

**定义 3.6**　关系 R 上的投影（Projection）是从 R 中选择出若干属性组成新的关系，并去掉重复的元组。记作：$\pi_A(R)$。

其中 A 为关系 R 的属性列表，各属性之间用逗号分隔。属性也已可以用其序号来表示。

【例 3-6】　对上面学生关系投影挑选出属性学号和姓名：

$$\pi_{\text{学号, 姓名}}(\text{学生}) \text{ 或 } \pi_{1,2}(\text{学生})$$

操作结果表 3-10 所示。

表 3-10　$\pi_{\text{学号, 姓名}}$(学生)

| 学号 | 姓名 |
|------|------|
| 0101011 | 李晓明 |
| 0100112 | 王民 |
| 0100136 | 马玉红 |
| 0100108 | 王海 |
| 0100123 | 李建中 |
| 0100156 | 田爱华 |
| 0100168 | 马萍 |

## 3.2.3　连接运算

**定义 3.7**　连接（Join）也称为 θ 连接。它是从两个关系 R 和 S 的笛卡儿积中选取属性间满足一定条件的元组组成新的关系。记作：R∞S。其中 F 是选择条件。

连接是由笛卡儿积导出的结果，即对两个关系 R 和 S 的笛卡儿积进行选择操作，从笛卡儿积中选择满足条件的元组即可形成连接的结果。

连接与笛卡儿积的区别是：笛卡儿积是关系 R 和 S 所有元组的组合，连接是仅含满足选择条件的元组。如果是无条件连接，则连接运算的结果就是笛卡儿积的结果。连接操作又分为条件连接、等值连接、自然连接等。

### 1. 条件连接

**定义 3.8**　条件连接（Condition Join）是从两个关系的笛卡儿积中选取属性间满足一定条件的元组。

【例 3-7】　关系 R 和 S，以及 R × S 和条件 C＜D 连接的结果如图 3-2 所示。

R

| A | B | C |
|---|---|---|
| $a_1$ | $b_1$ | 5 |
| $a_2$ | $b_2$ | 7 |
| $a_3$ | $b_3$ | 3 |

S

| A | D |
|---|---|
| $a_1$ | 3 |
| $a_2$ | 8 |

R×S

| R.A | R.B | R.C | S.A | S.D |
|-----|-----|-----|-----|-----|
| $a_1$ | $b_1$ | 5 | $a_1$ | 3 |
| $a_1$ | $b_1$ | 5 | $a_2$ | 8 |
| $a_2$ | $b_2$ | 7 | $a_1$ | 3 |
| $a_2$ | $b_2$ | 7 | $a_2$ | 8 |
| $a_3$ | $b_3$ | 3 | $a_1$ | 3 |
| $a_3$ | $b_3$ | 3 | $a_2$ | 8 |

R∞S
C＞D

| R.A | R.B | R.C | S.A | S.D |
|-----|-----|-----|-----|-----|
| $a_1$ | $b_1$ | 5 | $a_1$ | 3 |
| $a_2$ | $b_2$ | 7 | $a_1$ | 3 |

图 3-2　R×S 和条件 C＜D 连接的运算结果

### 2. 等值连接

**定义 3.9**　等值连接（Equijion Join）它是从关系 R 与 S 的笛卡儿积中选取指定属性值相等的那些元组，即等值连接。

【例 3-8】如例 3-7 的关系 R 和 S、C 和 D 属性的等值链接结果如表 3-11 所示。

表 3-11　R　∞　S(C=D)

| R.A | R.B | R.C | S.A | S.D |
|-----|-----|-----|-----|-----|
| $a_3$ | $b_3$ | 3 | $a_1$ | 3 |

### 3. 自然连接

**定义 3.10**　自然连接（Natural Join）也是一种等值连接。它选取的是公共属性值相等的元组，并且消除重复的属性。记作：R∞S。

这是连接操作中使用频度非常高的一种。例如表 3-7 学生关系和表 3-8 成绩。这两个关系的等值连接结果如表 3-12 所示。

表 3–12 学生 ∞ 成绩

学生.学号=成绩.学号

| 学生.学号 | 姓名 | 性别 | 出生日期 | 系号 | 成绩.学号 | 课程号 | 成绩 |
|---|---|---|---|---|---|---|---|
| 0101011 | 李晓明 | 男 | 02/26/85 | 01 | 0101011 | 101 | 95.0 |
| 0101011 | 李晓明 | 男 | 02/26/85 | 01 | 0101011 | 102 | 70.0 |
| 0101011 | 李晓明 | 男 | 02/26/85 | 01 | 0101011 | 103 | 82.0 |
| 0100112 | 王民 | 男 | 11/05/84 | 02 | 0101012 | 102 | 88.0 |
| 0100112 | 王民 | 男 | 11/05/84 | 02 | 0101012 | 103 | 85.0 |
| 0100112 | 王民 | 男 | 11/05/84 | 02 | 0101012 | 104 | 81.0 |
| ⋮ | ⋮ | ⋮ | ⋮ | ⋮ | ⋮ | ⋮ | ⋮ |

自然连接（自动取共同属性即学号值相等的元组）的结果如表 3-13 所示。

表 3–13 学生 ∞ 成绩

| 学号 | 姓名 | 性别 | 出生日期 | 系号 | 课程号 | 成绩 |
|---|---|---|---|---|---|---|
| 0101011 | 李晓明 | 男 | 02/26/85 | 01 | 101 | 95.0 |
| 0101011 | 李晓明 | 男 | 02/26/85 | 01 | 102 | 70.0 |
| 0101011 | 李晓明 | 男 | 02/26/85 | 01 | 103 | 82.0 |
| 0100112 | 王民 | 男 | 11/05/84 | 02 | 102 | 88.0 |
| 0100112 | 王民 | 男 | 11/05/84 | 02 | 103 | 85.0 |
| 0100112 | 王民 | 男 | 11/05/84 | 02 | 104 | 81.0 |
| ⋮ | ⋮ | ⋮ | ⋮ | ⋮ | ⋮ | ⋮ |

在自然连接的基础上进行相应投影操作的结果分别如表 3-14 所示。

表 3–14 $\pi_{学生.学号, 姓名, 课程号, 成绩}$（学生 ∞ 成绩）

| 学号 | 姓名 | 课程号 | 成绩 |
|---|---|---|---|
| 0101011 | 李晓明 | 101 | 95.0 |
| 0101011 | 李晓明 | 102 | 70.0 |
| 0101011 | 李晓明 | 103 | 82.0 |
| 0100112 | 王民 | 102 | 88.0 |
| 0100112 | 王民 | 103 | 85.0 |
| 0100112 | 王民 | 104 | 81.0 |
| ⋮ | ⋮ | ⋮ | ⋮ |

这个结果就是我们最长见的选课成绩单。

### 3.2.4 除法运算

**定义 3.11** 给定关系 R（X，Y）和 S（Y，Z），其中 X，Y，Z 为属性组。R 中的 Y 与 S 中的 Y 可以有不同的属性名，但必须出自相同的域集。R 与 S 的除运算（Dicision）将得到一个新的关系：P（X），其中 P 是 R 中满足下列条件的元组在 X 属性列上的投影：元组在 X 上分量值 x 的象集 $Y_x$ 包含 S 在 Y 上投影的集合，记作：R÷S。

【例 3-9】 关系 R 和 S 如图 3-3 所示。

根据定义可以看出其中：

（1）R 的 X 属性组为第一列：（A）、Y 的属性组为第二、三列：（B，C）；同理，S 的 Y 属性组为：（B，C）、Z 属性组为：（D）。显然，R÷S 的关系 P 仅有属性 A（反过来 S÷R 则有属性 B 和 C）。

（2）P 的元组来自关系 R，并且选择 R 的"A"列，同时还要满足"元组在 X 上分量值 x 的象集 $Y_x$ 包含 S 在 Y 上投影的集合"。

（3）R 中 X（即属性 A）的分量值为：关系 R 的第一列数据，并消除重复的值，即 x 为：$\{a_1, a_2, a_3, a_4\}$。

（4）x 的象集 $Y_x$ 为：

    $a_1$ 的象集    $\{(b_1, c_2), (b_2, c_3), (b_2, c_1)\}$

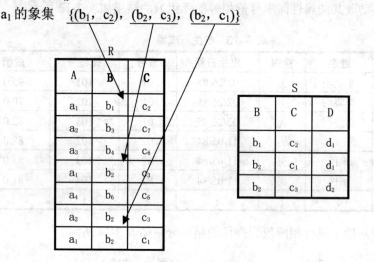

图 3-3 除运算数据

    $a_2$ 的象集    $\{(b_3, c_7), (b_2, c_3)\}$

    $a_3$ 的象集    $\{(b_4, c_6)\}$

    $a_4$ 的象集    $\{(b_6, c_6)\}$

（5）S 在 Y 即属性（B，C）上投影的集合即 S 关系的第一、二列，并消除重复的元组：

$$\{(b_1, c_2), (b_2, c_1), (b_2, c_3)\}$$

这个结果与 $a_1$ 的象集（如图 3-3 所示）相容（S 的投影结果是某分量象集的子集），则 R÷S 的结果就含有分量值：$a_1$，因此 R÷S 结果如下：

R÷S

| A |
| --- |
| $a_1$ |

【例 3-10】 假设学生选课成绩表如表 3-15 所示。现挑选出同时选修 102 和 103 号课程学生的学号。此时就可用除法运算完成。

表 3-15　选课成绩

| 学号 | 课程号 |
|------|--------|
| 0101011 | 101 |
| 0101011 | 102 |
| 0101011 | 103 |
| 0101012 | 102 |
| 0101012 | 103 |
| 0101012 | 104 |
| 0101013 | 105 |
| 0101014 | 106 |
| 0101014 | 101 |
| 0101015 | 105 |
| 0101015 | 106 |
| 0101016 | 101 |
| 0101016 | 103 |
| 0101017 | 102 |
| 0101017 | 103 |
| 0101018 | 104 |
| 0101018 | 105 |
| 0101019 | 106 |
| 0101019 | 103 |

**筛选课程**

| 课程号 |
|--------|
| 102 |
| 103 |

图 3-4　关系筛选课程

不难发现，当前数据表中符合要求的是学号：0101011、0101012 和 0101017 三个元组。为了求出正确值，我们先创建关系"筛选课程"如图 3-4 所示。

"成绩÷筛选课程"的求解过程：

（1）显然属性 X 为"学号"，属性 Y 为"课程号"。

（2）"学号"的分量值为：

$$\{0101011，0101012，\cdots，0101019\}$$

（3）每个分量在"课程号"上的象集分别为：

0101011：$\{101，102，103\}$

0101012：$\{102，103，104\}$

0101013：$\{105\}$

0101014：$\{106，101\}$

0101015：$\{105，106\}$

0101016：$\{101，103\}$

0101017：$\{102，103\}$

0101018：{104，105}

0101019：{106，103}

（4）"筛选课程"关系在"课程号"属性上的投影：{102，103}。

（5）显然{102，103}是：0101011 的{101，102，103}、0101012 的{102，103，104}、0101017 的{102，103}象集子集。因此，成绩÷筛选课程的结果为：

| 学号 |
| --- |
| 0101011 |
| 0101012 |
| 0101017 |

# 习题 3

## 一、选择题

1. 一个关系型数据库管理系统应具备的三种基本关系操作是（   ）。
   A) 排序、索引、查询      B) 选择、投影、连接
   C) 关联、更新、排序      D) 编辑、浏览、替换
2. 关系数据库管理系统的 3 种专门关系运算不包括 （   ）。
   A) 连接      B) 选择
   C) 比较      D) 投影
3. 如果要改变一个关系中字段的排列顺序，则应使用关系运算（   ）。
   A) 选择      B) 投影
   C) 连接      D) 复制移动
4. 在关系运算中，查找满足一定条件元组的运算称之为（   ）。
   A) 复制      B) 选择
   C) 投影      D) 关联
5. 在关系运算中，选择运算的含义是（   ）。
   A) 在基本表中，选择满足条件的元组组成一个新的关系
   B) 在基本表中，选择需要的属性组成一个新的关系
   C) 在基本表中，选择满足条件的元组和属性组成一个新的关系
   D) 以上三种说法是正确的
6. 在关系运算中，投影运算的含义是（   ）。
   A) 在基本表中选择满足条件的记录组成一个新的关系
   B) 在基本表中选择需要的字段（属性）组成一个新的关系
   C) 在基本表中选择满足条件的记录和属性组成一个新的关系
   D) 上述说法均是正确的

7. 将两个不同结构的关系拼接成一个新的关系，生成的新关系中包含满足条件的元组，这种操作称为（　　　）。

    A) 选择　　　　　　　　　　　　　　　B) 投影

    C) 连接　　　　　　　　　　　　　　　D) 并

8. 在教师表中，如果要找出职称为"教授"的教师，所采用的关系运算是（　　　）。

    A) 选择　　　　　　　　　　　　　　　B) 投影

    C) 连接　　　　　　　　　　　　　　　D) 自然联接

## 二、填空题

1. 在关系运算中，要从关系模式中指定若干属性组成新的关系，该关系运算称为_____。

2. 在关系数据库中，基本的关系运算有三种，它们是选择、投影和_____。

3. 从关系中选出满足给定条件的元组的操作称为_____（1）_____；从关系中抽取属性值满足给定条件的属性的操作称为_____（2）_____；把两个关系中满足连接条件的元组拼接在一起构成新的关系的操作称为_____（3）_____。

4. 对关系进行选择、投影或连接运算之后，运算的结果是一个_____。

# 第4章 常量、变量、表达式与函数

本章介绍 Access 2010 的基本知识，其中包括 Access 2010 支持的数据类型，常量、变量、数组、函数和表达式的定义和使用方法。

## 4.1 基本数据类型

在 Access 2010 系统中，基本的数据类型是由系统提供的，用户可以直接使用。常用的标准数据类型分为：数值型、字符型、货币型、日期型、布尔型、变体型、字节型、对象型 8 种类型，其中数值型又分为整型、长整形、单精度型和双精度型四种。表 4-1 中列出了基本数据类型，占用空间和数据表示范围等。

表 4-1 Access 2010 标准数据类型

| 数据类型 | 类型符号 | 占用字节 | 取值范围 |
|---|---|---|---|
| 整型（Integer） | % | 2 | $-32766 \sim 32767$ |
| 长整型（Long） | & | 4 | $-2147483648 \sim 2147483647$ |
| 单精度（Single） | ! | 4 | 负数：$-3.402823E38 \sim -1.401298E\text{-}45$<br>正数：$1.401298E\text{-}45 \sim 3.402823E38$ |
| 双精度（Double） | # | 8 | 负数：$-1.79769313486232E308 \sim$<br>　　　$-4.94065645841247E\text{-}324$<br>正数：$4.94065645841247E\text{-}324 \sim 1.79769313486232E308$ |
| 字符型（String） | $ | 不定 | $0 \sim 65400$ 个字符（定长字符型） |
| 货币型（Currency） | @ | 8 | $-922337203685477.5808 \sim 922337203685477.5807$ |
| 日期型（Date） | 无 | 8 | 100-01-01 $\sim$ 9999-12-31 |
| 布尔型（Boolean） | 无 | 1 | True 或 False |
| 对象型（Object） | 无 | 4 | 任何引用的对象 |
| 变体型（Variant） | 无 | 不定 | 由最终的数据类型而定 |
| 字节型（Byte） | 无 | 1 | $0 \sim 255$ |

无论是常量、变量、表达式，还是函数都会涉及数据类型，因此，强化数据类型的概念，了解数据类型的分类以及作用是非常重要的。

# 4.2　常　量

常量用于表示固定不变的值。在 Access 2010 中有文字常量、符号常量和系统常量三种。

## 4.2.1　文字常量

文字常量就是常数值直接反映了其类型，所以也称为直接常量。不同类型的文字常量，表现的形式、适用的范围都是不同的。

### 1. 数值型常量

简单地讲，数值型常量就是数学意义上的实数。更具体一些，整数、小数或用科学记数法表示的数都是数值型常量，即常数。根据表示数量大小的范围，数值型常量又可以分为字节型、整形、长整形、单精度型和双精度型。每一种类型的取值范围见表 4-1。例如 100、–56、3.14159、0.28E6、1.25E12、2E-5 等。其中 1.25E12、2E-5 为科学计数法，分别表示 $1.25 \times 10^{12}$ 和 $2 \times 10^{-5}$。

### 2. 字符型常量

字符型常量是用定界符一对双引号""括起来的字符串。例如：

　　"1010552"

　　"关系数据库"

不包含任何字符的字符串（""）称为空串。

注意：双引号"为字符型的定界符，仅表示数据类型，不是该常量值的组成成分。如字符常量"1010552"的值为：1010552（不是数学意义上的一百零一万零五百五十二，不表示数的大小，不能用于计算。手机号、身份证号、学号等数据都具有这一特性）、"关系数据库"的值是 5 个汉字：关系数据库。另外，空串""与值为一个空格的字符常量：" "不同，前者长度为 0，后者长度为 1。如果字符串中有双引号，例如，要表示值为：123"456 的字符串,则用两个连续双引号表示，即："123""456"。

### 3. 货币型常量

货币型常量用于表示货币值，其格式与数值型常量相似。例如，$863、$120.1235。货币常量没有科学记数法形式。货币数据在存储和计算时默认保留 4 位小数，若超过 4 位小数，则自动四舍五入取 4 位小数。

### 4. 日期型常量

日期型常量用来表示日期，或者是日期时间。任何可以识别的文本日期都可赋给日期变量。日期文字必须用"#"括起来，例如：

#04/12/98#：表示 98 年 4 月 12 日

#2004/02/19 10:01:01#：表示 04 年 2 月 12 日 10 点 1 分 1 秒

### 5. 布尔型常量

布尔型常量也称为逻辑型常量。这种常量只有两个值：真和假。用 True 表示真、False 表示假。其他数据类型转换为布尔数据类型时，0 对应 False，其他数据均对应 True。当布尔型数据转换为其他数据类型时，False 转换为 0，True 转换为-1。

### 4.2.2　符号常量

符号常量是由用户定义一个标识符来代表一个常量，其类型取决于<表达式>值的类型。定义符号常量语句格式如下：

Const　符号常量名　[As 类型|类型符号] = <表达式>
[，常量名　[As 类型|类型符号] = <表达式>……]

说明：在上述命令格式中，中括号[]表示括号里面的内容是可选项，也就是可以有也可以没有。如上命令中[As 类型|类型符号]说明定义符号常量可以指定类型，也可以不指定类型，如果没有指定符号常量类型，则由等号右边表达式决定。[，常量名　[As 类型|类型符号] = <表达式>……]表示可以定义一个符号常量，也可以在这一条命令中定义多个符号常量。本书后面章节命令格式的的中括号[]都遵循这个规则。

例如：

      Const I1% =14135

表示定义符号常量：名为 I1、类型为整型（见表 4-1）、值为 14135。当编写程序（有关程序的概念及操作是本教材第 8 章的内容，感兴趣的读者可参阅相关章节的介绍）时，如果在程序中需要使用特殊含义的常量，就可以使用符号常量。

### 4.2.3　系统常量

系统常量是系统预先定义好的，包括名称与作用，用户可直接引用，例如，vbRed、vbOK、vbYes 等。系统常量的名称、系统提供的命令、函数名、数据类型等习惯上称为保留字，用户在定义自己使用的变量名、函数名等时，不能引用保留字。

### 4.2.4　立即窗口的使用

立即窗口是我们观察系统运行结果的最简洁、最直观的一个界面。熟练操作立即窗口，对我们理解基本概念有很大的帮助。

立即窗口的打开：新建一个空数据库文件或者打开某一个数据库文件，选择"数据库工具"菜单项，如图 4-1 所示。

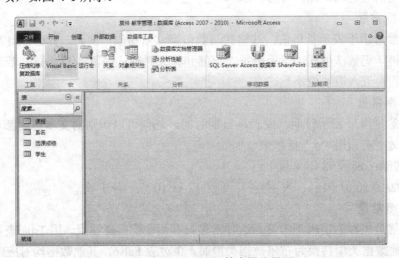

图 4-1　Access 2010 基本操作界面

选择 Visual Basic（如图 4-1"文件"菜单的右下角），进入 VBA 调试窗口，如图 4-2，选择"视图"菜单中的"立即窗口"，如图 4-3。在立即窗口中测试简单的常量、变量、函数和表达式非常简单，只要输入"？"以及具体的操作对象并按回车键，便可立即观察结果。

例如，在图 4-3 所示的立即窗口中，输入：？2 后按"Enter"键，结果就会显示在下一行。如果输入 print 2，效果相同。示例中使用 typename() 函数测试各种常量或表达式的类型。示例中的：9/19/2013 表示 $9 \div 19 \div 2013$、32>31 表示 32 是否大于 31。在图 4-3 中，三个"9/19/2013"外观虽然相似，但代表的数据类型不同。不加双引号的即 9/19/2013，表示除法运算；加上双引号的即"9/19/2013"，表示字符串，加了"#"的即#9/19/2013#，表示为日期型。

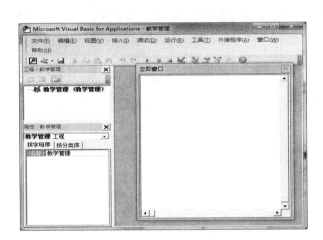

图 4-2　VBA 代码编辑界面

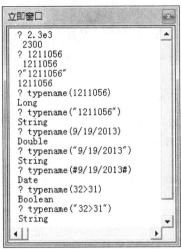

图 4-3　立即窗口

# 4.3　变量和数组

## 4.3.1　变　量

在命令操作或程序执行过程中，其值可以改变的量称为变量。变量分为两大类：字段变量和内存变量。

二维表的每一个字段即每一列都是一个字段变量。例如，学号、姓名、性别、出生日期、简历、照片等都是字段变量。字段变量与表相关联，在建立表结构时定义，修改表结构时可重新定义。字段变量随着表的打开和关闭而在内存中存储和被释放。字段变量属于多值变量，其值因记录的不同而不同。有关字段变量的相关说明，请参阅本教材第 5 章的相关内容。

内存变量与字段变量不同，它独立于表而存在，用来保存在命令或程序执行中，临时用到的输入、输出或中间数据，由用户根据需要定义或删除。

本章讨论的都属于内存变量简称为变量。这里主要介绍内存变量的定义，内存变量的使用将在第 8 章详细介绍。

**1. 变量的命名规则**

定义（内存）变量时需要为它命名。变量定义后即存储于内存中。内存变量命名规则有如下 4 条：

（1）以字母、汉字或下划线开头；

（2）由字母、汉字、下划线或数字组成；

（3）长度不超过 255 个字符；

（4）不能使用 VBA 的保留字做变量名。

例如，x1、姓名、Flag_101、Birthday 等都是合法的内存变量名。而 123abc、a b、integer 都是不合法的变量名。注意：ab 之间有空格。

**2. 变量的声明**

在 VBA 程序中使用变量，就要给变量定义名称及类型，这就是对变量进行声明。变量的声明有两种方式：显示声明和隐示声明。还有两种声明状态：强制声明状态和非强制声明状态。

（1）显示声明

显示声明意味着在使用变量之前进行声明，声明局部变量语句格式如下：

Dim 变量名 [AS 类型/类型符] [, 变量名 [AS 类型/类型符]……]

例如：

Dim x as integer

声明变量：名为 x、类型为整型，或者：

Dim x%

再如：

Dim x,y as integer

同时声明两个变量：名分别为 x 和 y、类型均为整型，或者：

Dim x as integr,y as single 'y 为单精度型

（2）隐式声明

未进行显示声明而通过赋值语句直接使用变量，或使用 Dim 命令而省略了[AS 类型/类型符]短语的变量，此时变量的类型为变体类型。

例如：

x=100

（3）强制声明状态

在 VBA 程序的开始处，如果出现（系统环境可设置），或写入下面命令：

Option Explicit

则程序中所有的变量必须进行显示说明，不能使用隐式声明。在非强制声明状态下，才可以使用隐式声明，对初学者来说最好使用强制声明状态和显示声明。

## 4.3.2 数 组

数组不是一种数据类型，而是一组按照一定顺序排列的基本类型内存变量，其中各个内存变量称为数组元素。数组元素用数组名及其在数组中排列位置的下标来表示，下标的个数称为数组的维数。

有关数组的详细说明请参阅第 8 章。

# 4.4　表达式和函数

## 4.4.1　表达式

表达式是由常量、变量、函数、运算符及圆括号组成的有意义的式子。通常也将常量、变量和函数看作是表达式的特例。表达式按其值的类型分为 5 种，即：数值表达式、字符表达式、关系表达式、逻辑表达式和货币表达式（货币表达式不在本教材的讨论范围之内，感兴趣的读者可查阅相关的参考书）。下面分别予以介绍。

### 1. 数值表达式

数值表达式由数值型常量、变量、函数、算术运算符及圆括号构成，其运算结果仍为数值型。算术运算符有 6 种，按优先级由高到低的顺序如表 4-2 所示。

表 4-2　算术运算符

| 运算符 | 功能 | 举例 | 表达式值 |
|---|---|---|---|
| ^ | 乘方 | 2^3 | 8 |
| - | 取负数 | -2 | -2 |
| *,/ | 乘、除 | 2*3/4 | 1.5 |
| \ | 整除 | 2*3\4 | 1 |
| Mod | 取余数 | 2*3 mod 4 | 2 |
| +、- | 加、减 | 2+3-4 | 1 |

【例 4-1】　运算：10 MOD 3, -10 MOD -3, -10 MOD 3, 10 MOD -3。

　　　　　1　　　　-1　　　　-1　　　　1

说明：求余运算 MOD 运算后得到余数的正负与表达式中的被除数的正负一致。

注意：其他数据类型进行算术运算时，会进行强制类型转换。

例如

　　? "1"+2　　　　　　　　　显示结果为：3，"1"被转换为数值 1 然后做加法

　　? 1+true　　　　　　　　显示结果为：0

　　? 1+false　　　　　　　　显示结果为：1

### 2. 字符表达式

字符表达式由字符型常量、变量、函数和字符运算符组成，其运算结果仍为字符型。字符运算符只有两种，其优先级相同，如表 4-3 所示。

表 4-3　字符运算符

| 运算符 | 功能 | 示例 | 表达式值 |
|---|---|---|---|
| + | 连接两个字符型数据 | "科学"+"技术" | "科学技术" |
| & | 连接两个字符型数据 | "科学"&"技术" | "科学技术" |

"+"和"&"两者都是完成字符串连接运算。不同的是前者既可以做加法运算又可以做字符串连接，后者只能做字符串连接。

例如在立即窗口中运行下列命令：

| | |
|---|---|
| ? "123"+"45" | 显示结果为：12345，两个字符串连接 |
| ? "123"+45 | 显示结果为：168 ，"123"被转换为数值 123 |
| ? "123"&"45" | 显示结果为：12345，两个字符串连接 |
| ? "123" & 45 | 显示结果为：12345，数值 45 被转换为字符串"45" |

### 3. 关系表达式

关系表达式可以由关系运算符和数值表达式、字符表达式组成，但关系运算符两侧的数据类型必须一致，其运算结果为逻辑值。

关系运算符有 8 种，见表 4-4，它们的优先级相同，运算次序由其先后顺序和圆括号来决定。

表 4-4　关系运算符

| 运算符 | 功能 | 示例 | 表达式值 |
|---|---|---|---|
| > | 大于 | 3*5<20+8 | True |
| < | 小于 | 5<4 | False |
| = | 等于 | 5=4 | False |
| <> | 不等于 | 5<>4 | True |
| >= | 大于或等于 | 5>=4 | True |
| <= | 小于或等于 | 5<=4 | False |

例如：

| | |
|---|---|
| ?　#11/12/2005#<#10/12/2005# | 显示结果为：False |
| ?　"一">"二" | 显示结果为：True |
| ?　"AB">"AD" | 显示结果为：False |

比较规则说明：

（1）数字型量（常量，变量或者表达式的值）进行比较时，按照代表数值的大小确定比较结果。

（2）货币型量与数值型量相同。

（3）系统认为，逻辑型量，False 大于 True。

（4）日期型量，是后面的日期比较大，例如，今天肯定比昨天大。

（5）字符型量比较的时候，按照按位比较的原则。对应位比较的时候，英文字母，数字标点符号，按照 ASCII 的值进行比较，ASCII 值大的字符比较大。例如："ab"和"ac"比较，第一位"a"相同，比较第二位"c"比"b"要大，所以字符串"ac"大于字符串"ab"。同样，"abcde"和"ac"比较，虽然前者很长，但是按照按位比较原则，"ac"大于字符串"abcde"。对于汉字来说，比较的是汉字拼音的 ASCII 值。

### 4. 逻辑表达式

逻辑表达式由逻辑运算符和逻辑常量、变量、函数及关系表达式组成，其运算结果仍为逻辑值。常用的逻辑运算符有 3 种，按优先级由高到低排列顺序如表 4-5。

**表 4-5　逻辑运算符**

| 运算符 | 功能 | 示例 | 表达式值 |
|---|---|---|---|
| Not | 取其右边逻辑值的相反值 | Not True | False |
| And | 两边的逻辑值都是真时结果才为真 | True and True | True |
| Or | 两边的逻辑值都是假时结果才为假，只要有一个是真就为真 | True or False | True |

逻辑表达式在运算过程中遵循的运算规则如表 4-6 所示。

**表 4-6　逻辑表达式运算规则**

| A | B | Not　A | A　And　B | A　Or　B |
|---|---|---|---|---|
| True | False | False | False | True |
| True | True | False | True | True |
| False | True | True | False | True |
| False | False | True | False | False |

以上介绍了各种表达式及其使用的运算符，注意每一种运算符都有其优先级。当不同运算符出现在同一个表达式中时，优先级最高的是算术运算符、字符运算符，它们为同一优先级；其次是关系运算符；优先级最低的是逻辑运算符。例如，计算表达式

num1>num2　And　"abc">"ad"　Or　num2+20<=200

的值，其中 num1=60、num2=180，运算顺序如下：

（1）首先进行算术运算：数值表达式 num2+20 的值为 200。

（2）然后进行关系运算：

num1>num2 的值为 False

"abc">"ad"的值为 False

200<=200 的值为 True

以上表达式等价于：

False　And　False　Or　True

（3）最后进行逻辑运算。在逻辑运算中，首先进行与运算：

False　And　False 的值为 False

然后进行或运算：

False　Or　True 的值为 True

即整个表达式的值为 True。

此外，可以使用圆括号改变运算符的运算顺序。例如，在以上表达式中加一个圆括号，变成以下形式：

num1>num2 AND ("abc">"ad"　Or　num2+20<=200)

首先计算圆括号内部表达式的值，结果为 True。这时，整个表达式的值为 False。

## 4.4.2　函　数

### 1. 函数的一般形式

函数的一般形式为：

函数名( [参数 1] [, 参数 2] …… )

例如：

    Abs(-128)       '求参数的绝对值，函数值（或称为返回值）为 128

注意：函数的书写格式中，函数名后紧接圆括号，括号内是参数（即自变量）。没有参数的函数称为无参函数。函数名、参数和函数值是函数的三要素。函数类型通常是指函数返回值的类型。

函数可以用函数名来调用，参数写在圆括号中。函数调用可以出现在表达式里，表达式将函数值作为自己的运算对象。例如：

    Sqr(2)+5

其中函数 Sqr(2)的功能是计算 2 的平方根，函数值为 1.41（默认 2 位小数），所以表达式 Sqr(2)+5 的值为 6.41。

**2. 常用函数**

这里将一些常用函数以表格形式列出（包括函数格式、功能及简单应用示例），以便于读者学习、查阅。每个基本示例之后，各类函数都列举了一些例题，请读者仔细阅读，并结合上机练习，掌握其使用方法。

（1）数值计算函数

常用的数值计算函数见表 4-7。注意表中 N 可以是数值型常量、数值型变量、数学函数和算术表达式，而且数学函数的返回值仍是数值型常量。

**表 4-7 数值计算函数**

| 函数格式 | 功能 | 示例 | 函数值 |
|---|---|---|---|
| Abs(N) | 求 N 的绝对值 | Abs(-6.5) | 6.5 |
| Cos(N) | 返回余弦值 | Cos(45*3.14/180) | 0.707 |
| Exp(N) | 求 e 的 N 次方 | Exp(2) | 7.38905 |
| Fix(N) | 返回 N 的整数部分 | Fix(-2.4),Fix(2.4),Fix(2.6) | -2   2   2 |
| Int(N) | 返回不大于 N 的最大整数 | Int(18.6),Int(-18.6) | 18   -19 |
| Log(N) | 求 N 值的自然对数 | Log(Exp(1)) | 1 |
| Rnd | 返回一个随机数 | Rnd | 0≤函数值<1 |
| Round(N1,N2) | 将 N1 四舍五入，小数位数由 N2 的值确定 | Round(3.14159,3) | 3.142 |
| Sgn(N) | 求 N 的符号。当 N 的值为正、负和 0 时，函数值分别为 1、-1 和 0 | Sgn(12) | 1 |
| Sin(N) | 返回正弦值 | Sin(30*3.14/180) | 0.4998 |
| Sqr(N) | 求指定 N 的平方根 | Sqr(9) | 3.00 |
| Tan(N) | 返回正切值 | Tan(30*3.14/180) | 0.5769 |

【例 4-2】 求绝对值函数 Abs()、符号函数 Sgn()的使用。

    a=60

    ?   Abs(a - 68), Abs(68 - a), Sgn(a - 68), Sgn(68 - a)

    8       8         -1         1

【例 4-3】 四舍五入函数 ROUND()的使用。

    ?   Round(12.325,2), Round(12.324,3), Round(12.324,4)

　　12.33　　　12.324　　　12.324

说明：指定的小数位数超过实际小数位数时，小数位数不再增加。

【例 4-4】　取整函数 Int()使用。

　　? 33+Int(17.66), Int( - 16.38)

　　50　　　　-17

说明：取整函数 Int()取出小于数值表达式的整数中最大的那个整数。

（2）字符处理函数

常用的字符处理函数见表 4-8。注意：表格中的 C 可以是字符型常量、字符型变量、字符函数和字符表达式；函数名后面含$的函数其返回值仍是字符型常量。（当然使用这些函数时可以不加$符号，这里列出是一种提示。）

表 4-8　字符处理函数

| 函数格式 | 功能 | 示例 | 函数值 |
|---|---|---|---|
| Instr(C1,C2) | 在 C1 中查找 C2 的首字符的位置 | Instr("ABCDE","DE") | 4 |
| LCase$(C) | 将大写字母转换为小写字母 | LCase$("Word") | "word" |
| Left$(C,N) | 返回 C 左侧 N 个长度的子串 | Left$("ACCESS6.0",3) | "ACC" |
| Len(C) | 求 C 的长度，即字符个数 | Len("ACCESS") | 6 |
| Ltrim$(C) | 删除字符串前导空格 | X=" 数据库"<br>Len(X)<br>Len(Ltrim(X)) | 5<br>3 |
| Mid$(C,M,N) | 取 C 中第 M 个字符起共 N 个字符 | Mid$("ABCD",2,2) | "BC" |
| Right$(C,N) | 返回 C 右侧 N 个长度的子串 | Right$("ACCESS6.0",3) | "6.0" |
| Rtrim$(C) | 删除字符串尾部空格 | 姓名="李江　"<br>职称="教授"<br>Rtrim(姓名)+职称 | "李江教授" |
| Space$(N) | 产生含 N 个空格的字符串 | "a"+Space(4)+"b" | "a　　b" |
| Trim$(C) | 删除字符串前导和尾部空格 | Trim(" Windows ") | "Windows" |
| UCcase$(C) | 将小写字母转换为大写字母 | UCcase$("y=1") | "Y=1" |

　　【例 4-5】　利用函数 Left()从姓名中取出姓氏。

　　　　姓名="王和平"

　　　　? 　Left(姓名,1)

　　　　"王"

说明：函数 Left(姓名, 1)是从姓名字符串左端开始取 1 个字符，所以取出姓氏"王"。如果希望从学生表中查询所有姓王的学生记录，则查询条件可以用以下关系表达式表示：

　　　　Left(姓名,1) = "王"

作为练习，请读者使用函数 Mid$()写出从姓名中取出姓氏的命令。

　　【例 4-6】　以下命令中，可以显示"南开"的是（　　　）。

　　A) Mid$("天津南开大学", 3, 2)　　　　B) Mid$("天津南开大学", 3, 4)

　　C) Mid$("天津南开大学", 5, 2)　　　　D) Mid$("天津南开大学", 5, 4)

提示：因为子串"南开"长度为 2，它在字符串"天津南开大学"中的起始位置是 3，所以答案应该是 A)。

说明：Mid$()函数中如果缺省<N>，或者<N>的值大于子串的实际长度，则子串取到<字符表达式>的最后一个字符为止。例如：

Mid$("关系数据库管理系统", 6) = "管理系统"

Mid$("关系数据库管理系统", 6, 100) = "管理系统"

【例 4-7】 求子串位置函数 Instr()的使用。

str1="2008 年北京奥运会将是科技奥运、绿色奥运、人文奥运"

? Instr$(str1, "奥运")

8

说明：函数 Instr$(str1, "奥运")的作用是求子串"奥运"在字符串 str1 中出现的位置。如果指定的子串不出现在 shr1 中，则函数返回值为 0。

【例 4-8】 执行下列命令后：

c="y"

? UCcase$(c)="Y"

显示结果：TRUE

（3）日期时间函数

常用的日期时间函数见表 4-9。注意：表格中的 N 可以是数值型常量、数值型变量、数值型函数和算术表达式，C 是专门的字符串，表示函数中两个日期之间是间隔日或者是年等。（YYYY 表示年，Q 表示季度，M 表示月，WW 表示星期，D 表示日，H 表示小时，N 表示分，S 表示秒），D 表示日期型的常量、变量、函数或者表达式，T 表示日期时间型的常量、变量、函数或者表达式。假设当前时刻为：2013 年 1 月 4 日 10 点 55 分 52 秒星期五。

表 4-9 日期时间函数

| 函数格式 | 功能 | 示例 | 函数值 |
|---|---|---|---|
| Date | 返回系统的当前日期 | Date | 2013/1/4 |
| DateAdd(C,N,D) | 按照 C 的要求返回当前日期增加 N 个增量的日期 | DateAdd("yyyy",1,#2013/1/4#) | 2014/1/4 |
| DateDiff(C,D1,D2) | 按照 C 的要求返回 D1,D2 时间间隔 | DateDiff("q",#2014/1/4#,#2013/1/4#) | -4 |
| Year(D) | 返回年份 | Year(#2013/1/04#) | 2013 |
| Month(D) | 返回月份 | Month(#2013/01/04#) | 1 |
| Day(D) | 返回某月里面的天数 | Day(#2013/01/04#) | 4 |
| Time | 返回系统的当前时间 | Time | 10:55:52 |
| Hour(T) | 返回小时（24 小时制） | Hour(time) | 10 |
| Minute(T) | 返回分钟 | Minute(time) | 55 |
| Sec(T) | 返回秒数 | Sec(time) | 52 |
| Now | 返回当前日期时间 | Now | 2013/1/4 10:55:52 |
| WeekDay(D) | 返回日期 D 是一周的第几天，星期日被定义为一周的第一天 | WeekDay(Now) | 6 |

【例 4-9】 写出由出生日期计算年龄的命令序列。

出生日期=#1987-05-21#

?Year(Date) - Year(出生日期)

如果系统当前日期是 2013 年 1 月 4 日,则表达式 Year(Date)的值为 2013,表达式 Year(出生日期)的值为 1987,二者的差是 26。

【例 4-10】 以下各表达式中,值为数值型的是（  ）。

A) Len("第 55 中学")>10          B) DateAdd ("Q",1,Date)

C) Instr("勤劳勇敢的中国人民","中国")      D) Day(#2005-10-16#)=16

本题答案：C）。

【例 4-11】 2014 年 10 月 1 日建国 65 周年国庆日,那么今天距建国 65 周年还有多少天？请写出计算天数的命令。

DateDiff("D",Date,#2014/10/1#)

说明：函数 DateDiff 运算时,用后面的日期减去前面的日期,根据字符 C 的不同计算两个日期之间相差的天数或者是月数等。

（4）数据类型转换函数

常用的数据类型转换函数见表 4-10。

表 4-10 数据类型转换函数

| 函数格式 | 功能 | 示例 | 函数值 |
|---|---|---|---|
| Asc(C) | 返回 C 首字符的 ASCII 码 | Asc("ABC") | 65 |
| Chr(N) | 将 N 表示的 ASCII 码转换为字符 | Chr(65) | A |
| Val(<字符表达式>) | 将字符串转换为数值 | Val("603") | 603.00 |
| Str(N) | 将 N 转换为字符串 | Str(-603)<br>Str(603) | "-603"<br>" 603" |

【例 4-12】 若 X=57,则命令：Str(X) + Str(-X)的显示结果是（  ）。

A) "57-57 "          B) "0 "

C) " 57-57"          D) "0"

本题答案：C）。

提示：首先计算两个函数值,它们都是字符串,然后连接这两个字符串得到新字符串" 57-57 "。

说明：在函数 Str(<数值表达式>)中,如果数值表达式的结果是正数,则转换后的字符串是这个正数前面加空格(该位表示符号位,表示正号省略不写)再加上双引号；如果是负数,直接加上双引号。

（5）测试函数

常用的测试函数见表 4-11。注意表格中的 E 为各种类型的表达式,测试函数的结果为布尔型数据。

表 4-11 测试函数

| 函数格式 | 功能 |
| --- | --- |
| ISArrayY(E) | 测试 E 是否为数组 |
| ISDate(E) | 测试 E 是否为日期类型 |
| ISNumeric(E) | 测试 E 是否为数值类型 |
| ISNull(E) | 测试 E 是否包含有效数据 |
| ISError(E) | 测试 E 是否位一个程序错误数据 |
| EOF() | 测试文件的记录指针是否指向文件尾 |

（6）判断函数 IIf

基本格式：

IIf（表达式 1，表达式 2，表达式 3）

功能：如果第一个表达式的值为真，则整个函数值是第二个表达式的值，如果第一个表达式为假，则整个函数值是第三个表达式的值。一般表达式 1 是一个逻辑表达式，如果是其他表达式，按照前面提到的规则进行转换。

【例 4-13】有如下判断函数：

IIf(34>33, "ACCDESS", "VBA")

结果是："ACCESS"

（7）颜色函数

颜色函数有两个：QBColor 和 RGB，其中 QBColor 的格式为：

格式一：

QBColor(N)

功能：通过 N（颜色代码，具体数据见表 4-12）的值产生一种颜色。

格式二：

RGB(N1,N2,N3)

功能：通过 N1,N2,N3（红、绿、蓝）三种基本颜色代码产生一种颜色，其中 N1,N2,N3 的取值范围均为 0～255 之间的整数。例如，RGB(255,0,0)将产生红色、RGB(0,255,0)将产生绿色、RGB(0.0.255)将产生蓝色、RGB(0,0,0)将产生黑色、RGB(255,255,255)将产生白色，等等。颜色函数的使用将在第 8 章详细介绍。

表 4-12 颜色代码与颜色对应关系

| 颜色代码 | 颜色 | 颜色代码 | 颜色 |
| --- | --- | --- | --- |
| 0 | 黑 | 8 | 灰 |
| 1 | 蓝 | 9 | 亮蓝 |
| 2 | 绿 | 10 | 亮绿 |
| 3 | 青 | 11 | 亮青 |
| 4 | 红 | 12 | 亮红 |
| 5 | 洋红 | 13 | 亮洋红 |
| 6 | 黄 | 14 | 亮黄 |
| 7 | 白 | 15 | 亮白 |

# 习题 4

## 一、选择题

1. 下列符号中合法的变量名是（　　）。

   A) AB7　　　　　　B) 7AB　　　　　　C) IF　　　　　　　D) A[B]7

2. 下列四个用户定义的内存变量名中，错误的是（　　）。

   A) 学生　　　　　　　　　　　　B) new

   C) 6Class　　　　　　　　　　　D) A_B

3. 8E-3 是一个（　　）。

   A) 内存变量　　　　　　　　　　B) 字符常量

   C) 数值常量　　　　　　　　　　D) 非法表达式

4. 下面数据中为合法常量的是（　　）。

   A) 02/07/2001　　　B) Yes　　　　　C) True　　　　　D) 15%

5. 下面合法的常数是（　　）。

   A) ABC$　　　　　B) "ABC "　　　　C) 'ABC '　　　　D) ABC

6. 下列表达式中不符合规则的是（　　）。

   A) 04/07/2001　　　　　　　　　B) T+T

   C) VAL("1234")　　　　　　　　D) 2X>15

7. 以下各表达式中，运算结果为字符型的是（　　）。

   A) MID$("123.45",5,1)　　　　　B) Asc("Computer")

   C) Instr("IBM","Computer")　　　D) Year(Date)

8. 表达式 5+5 Mod 2*2 的运算结果为（　　）。

   A) 错误　　　　　B) 6　　　　　　C) 10　　　　　　D) 7

9. VBA 表达式 3*3\3/3 的输出结果是（　　）。

   A) 0　　　　　　　B) 1　　　　　　C) 3　　　　　　D) 9

10. 数学表达式 1≤X≤6 可以表示为（　　）。

    A) 1=<X　OR　X=<6　　　　　　B) X>=1　AND　X<=6

    C) X>=1,X<=6　　　　　　　　D) X>=1　OR　X=<6

11. 从字符串 s 中的第 2 个字符开始获得 4 个字符的字符串函数是（　　）。

    A) Mid$(s,2,4)　　　　　　　　B) Left$(s,2,4)

    C) Rigth(s,4)　　　　　　　　　D) Left$(s,4)

12. 表达式 Fix(-3.25) 和 Fix(3.75) 的结果分别是（　　）。

    A) -3, 3　　　　　B) -4, 3　　　　　C) -3, 4　　　　　D) -4, 4

13. 下列表达式中，返回结果为逻辑真的是（　　）。

    A) "120">"15"　　　　　　　　B) #08-11-1997#>#08-11-1998#

    C) "08/11/97">"07/11/98"　　　D) "35"+"40">"70"

14. 假设 CJ=78，则函数：IIF(CJ>=60,IIF(CJ>=85,"优秀","良好"),"差")返回的结果是（　　）。

   A) 优秀　　　　　B) 差　　　　　C) 良好　　　　　D) 85

15. 函数 INSTR("副教授", "教授")的结果是（　　）。

   A) True　　　　　B) False　　　　　C) 2　　　　　D) 3

16. 逻辑运算的优先顺序是（　　）。

   A) AND、OR、NOT　　　　　B) OR、NOT、AND

   C) NOT、AND、OR　　　　　D) NOT、OR、AND

17. 执行以下两条命令后，输出结果是（　　）。

     BOOKS = "南开大学图书管理系统"

     ? LEN(MID$(BOOKS,5))

   A) 16　　　　　B) 6　　　　　C) 12　　　　　D) 语法错误

18. \、/、Mod、*4 个算术运算符中，优先级别最低的是（　　）。

   A) \　　　　　B) /　　　　　C) Mod　　　　　D) *

19. Rnd 函数不可能为下列值（　　）。

   A) 0　　　　　B) 1　　　　　C) 0.1234　　　　　D) 0.0005

20. Int(198.555*100+0.5)/100 的值（　　）。

   A) 198　　　　　B) 199.6　　　　　C) 198.56　　　　　D) 200

21. 假设有一组数据：工资为 800 元，职称为"讲师"，性别为"男"，在下列逻辑表达式中结果为"假"的是（　　）。

   A) 工资>800 AND 职称="助教" OR 职称="讲师"

   B) 性别="女" OR NOT 职称="助教"

   C) 工资=800 AND (职称="讲师" OR 性别="女")

   D) 工资>800 AND (职称="讲师" OR 性别="男")

## 二、填空题

1. 计算下列各表达式的值。

  （1）123 + 23 Mod 10 \ 7 + Asc("A") 的值为_____。

  （2）Int(68.555 * 100 + 0.5)/100 的值为_____。

  （3）Len("VB 程序设计") 的值为_____。

  （4）Val(Left(A$,4)+Mid(A$,4,2)),其中 A$="87654321"的值为_____。

  （5）Sqr(4+3*7) 的值为_____。

  （6）Int(123.456) 的值为_____。

  （7）Mid("abcdABCD",5,4) 的值为_____。

  （8）Len("高等教育出版社") 的值为_____。

  （9）Asc(Chr(100)) 的值为_____。

  （10）Asc("M") 的值为_____。

  （11）DateDiff("D",#3/25/2004#,#10/30/2004#) 的值为_____。

  （12）IsDate(#11/20/2003#) 的值为_____。

（13）IsNumeric("ABC") 的值为＿＿＿＿。

2. 算术表达式

$$\frac{a+b}{\dfrac{1}{c+5}-\dfrac{1}{2}cd}$$

对应的 Access 2010 表达式为＿＿＿＿。

3. 根据条件写出相应的表达式：

（1）将正实数 x 保留两位小数，采用 Int 函数完成。

（2）表示 x 是 5 或 7 的倍数。

（3）取字符型变量 s 中第 5 个字符开始的 6 个字符。

（4）x、y 都大于 z 的逻辑表达式。

# 第 5 章  数据库和表的创建与维护

通过前面几个章节我们已经了解了数据库的基本知识、数据库关系模型和数据库设计的一般步骤。本章将以 Access 2010 数据库管理系统为环境，介绍 Access 2010 数据库的创建和管理方法、数据表的创建和维护。

## 5.1  Access 2010 数据库

Access 作为 Microsoft Office 软件工具箱中的一员，是美国 Microsoft 公司于 1994 年推出的微机数据库管理系统。它具有界面友好、易学易用、开发简单、接口灵活等特点，是典型的桌面数据库管理系统。

### 5.1.1  Access 2010 简介

Access 2010 是 Microsoft 于 2010 年推出的 Access 版本，能够完善地管理各种数据库对象，具有强大的数据组织、用户管理、安全检查等功能。Access 2010 是一个数据库应用程序设计和部署工具，它可以建立基于本地硬盘的桌面级数据库系统，也可以将数据库发布到网站上，以便其他用户可以通过 Web 浏览器来访问。

Access 2010 的基本特点是：

（1）可以方便地生成各种数据对象，利用存储的数据建立窗体和报表，可视性好。

（2）作为 Office 软件工具箱的一部分，可以与 Office 的其他成员软件集成，实现无缝连接。

（3）具有强大的数据处理功能，可以将数据库发布在一个工作组级别的网络环境中，实现 CS（客户服务器）模式或 BS（浏览器服务器）模式的数据库访问和安全管理机制。

（4）能够利用 Web 检索和发布数据，实现与 Internet 的连接。

与以前的 Access 版本相比，Access 2010 引入了新的功能：

（1）全新的用户界面。Access 2010 沿用了 Office 2007 中引入的功能区和导航窗格，并新增了 Backstage 视图，将过去深藏在复杂的菜单和工具栏中的命令和功能显示出来。增强的全新用户界面，使用户能够轻松使用。

（2）更强大的对象创建工具。使用"创建"选项卡可以快速创建基于数据库对象的新窗体、报表等。使用"布局"视图，可以在浏览数据时更改设计。

（3）新的数据类型和控件。多值字段、附件数据类型、增强的"备注"字段、日期/时间字段的内置日历控件等新增的数据类型和控件可以帮助用户更加灵活的处理数据。

（4）改进的数据显示。用增强的排序和筛选工具、数据表中的总计和交替背景色设置、条件格式数据显示功能等可帮助用户更快地创建数据库对象，更轻松地分析数据。

（5）增强的安全性。Access 2010 继承了并改进了 Access 2007 的安全模型。使 Access 中的信任机制与 Microsoft Office 信任中心集成。通过设置受信位置，方便地信任安全文件夹中的所有数据库，可以加载禁用代码或宏的数据库应用程序，以提供更安全的"沙盒"（即，不安全的命令不得运行）运行模式。

（6）查故障的更佳方式。Access 2010 还有一系列有助于发现计算机崩溃原因的诊断测试机制。这些诊断测试可以直接解决部分问题，也可以确定其他问题的解决方法。

（7）增强的校对工具。Access 2010 中还引入了拼写检查器等校对工具，提供了全局性的拼写检查项，并共享了 Web 数据定义词典。

## 5.1.2　Access 2010 的安装版本

现在常见的 Office 2010 安装程序有 64 位和 32 位两个版本，默认情况下应该安装 32 位版本的 Office 2010，即使计算机运行的是 64 位版本的 Windows 也是如此。Office 2010 使用 WOW64（操作系统兼容性环境）为运行于 64 位操作系统上的 32 位版本的 Office 2010 程序提供支持。通过使用 32 位版本的 Office 2010，用户可以继续使用现有 32 位的第三方 Office 加载项。防止与其他 32 位应用程序之间潜在的兼容性问题，建议大多数用户选择 32 位版本的 Office 2010。

## 5.1.3　Access 2010 操作界面

Access 2010 用户界面的三个主要组件是 Backstage 视图、功能区和导航窗格。其中，Backstage 视图是功能区的"文件"选项卡上显示的命令集合；功能区是一个包含多组命令且横跨程序窗口顶部的带状选项卡区域，代替了从前的菜单和工具栏；导航窗格是 Access 2010 程序窗口左侧的窗格，列表所有可以使用的数据库对象，取代了早期 Access 版本中的数据库窗口。这三个元素提供了用户创建和使用数据库的环境。另外，还有选项卡式工具栏、状态栏、浮动工具栏、帮助工具栏等等。

**1. Backstage 视图**

Backstage 视图是功能区的"文件"选项卡上显示的命令集合，包含很多以前出现在 Access 早期版本"文件"菜单中的命令。Backstage 视图还包含适用于整个数据库文件的其他命令。例如创建新数据库、打开现有数据库、通过 Share Point Server 将数据库发布到 Web；还可以执行很多文件和数据库维护任务，压缩修复数据库、设置数据库管理权限、设置数据库访问密码等。

在打开 Access 2010 但还未打开数据库时看到的界面就是 Backstage 视图，如图 5-1 所示。

**2. 功能区**

打开数据库后，功能区显示在 Access 2010 主窗口的顶部，此处显示了活动命令选项卡中的命令。功能区是菜单和工具栏的主要替代部分，并提供了 Access 2010 中主要的命令界面。功能区的主要优势之一是，它将通常需要使用菜单、工具栏、任务窗格和其他用户界面组件才能显示的任务或命令集中在一个地方，方便操作。

功能区由一系列包含命令的命令选项卡组成。在 Access 2010 中，主要的命令选项卡包括"文件"、"开始"、"创建"、"外部数据"和"数据库工具"。每个选项卡都包含多组相关命令，可以用来操作相应的数据对象。

**图 5-1    Backstage 视图**

功能区上提供的命令还反映了当前活动对象的状态。例如，如果在数据表视图中打开了一个表，单击"创建"选项卡上的"窗体"，将根据活动表创建窗体。而且，某些功能区选项卡只在某些情形下出现。例如，只有在"设计"视图中已打开对象的情况下，"设计"选项卡才会出现。在功能区中还可以使用键盘快捷方式。Access 2010 兼容所有早期版本中的键盘快捷。按下 ALT 键时将在功能区中显示所有的键盘加速键，这些加速键指示用什么键盘快捷方式激活它上方的控件，如图 5-2 所示。

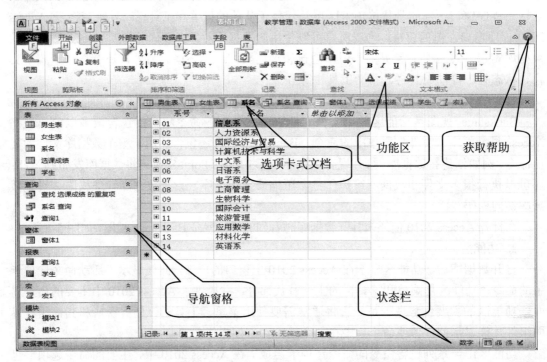

**图 5-2    Access 2010 数据库主界面**

Access 2010 功能区的主要内容如表 5-1 所示。

表 5-1　Access 2010 功能区

| 选项卡 | 主要命令 |
| --- | --- |
| 文件 | 打开 Backstage 视图 |
| 开始 | 选择不同的视图 |
| | 从剪贴板复制和粘贴 |
| | 设置当前的字体特性 |
| | 设置当前的字体对齐方式 |
| | 对备注字段应用格式文本格式 |
| | 使用记录（刷新、新建、保存、删除、汇总、拼写检查及更多） |
| | 对记录进行排序和筛选 |
| | 查找记录 |
| 创建 | 插入新的空白表 |
| | 使用表模板创建新表 |
| | 在 SharePoint 网站上创建列表，在链接至新创建的列表的当前数据库中创建表 |
| | 在设计视图中创建新的空白表 |
| | 基于活动表或查询创建新窗体 |
| | 创建新的数据透视表或图表 |
| | 基于活动表或查询创建新报表 |
| | 创建新的查询、宏、模块或类模块 |
| 外部数据 | 导入或链接到外部数据 |
| | 导出数据 |
| | 通过电子邮件收集和更新数据 |
| | 创建保存的导入和保存的导出 |
| | 运行链接表管理器 |
| 数据库工具 | 将部分或全部数据库移至新的或现有 SharePoint 网站 |
| | 启动 Visual Basic 编辑器或运行宏 |
| | 创建和查看表关系 |
| | 显示/隐藏对象相关性 |
| | 运行数据库文档或分析性能 |
| | 将数据移至 Microsoft SQL Server 或 Access（仅限于表）数据库 |
| | 管理 Access 加载项 |
| | 创建或编辑 Visual Basic for Applications（VBA）模块 |

**3. 导航窗格**

在打开数据库或创建新数据库时，数据库对象的名称将显示在导航窗格中。数据库对象包括表、窗体、报表、页、宏和模块。导航窗格取代了早期版本的 Access 中所用的数据库窗口（如果在以前版本中使用数据库窗口执行任务，那么现在可以使用导航窗格来执行同样的任务）。例如，如果要在数据表视图中将行添加到表，则可以从导航窗格中打开该表；若要对数据库对象应用命令，右键单击该对象，然后从快捷菜单中选择一个菜单项，快捷菜单中的菜单项因对象类型而不同。

### 4. 选项卡式文档

Access 2010 中可以用选项卡式文档代替重叠窗口来显示数据库对象，这样便于日常的交互使用，如图 5-2 所示。通过设置 Access 2010 自定义选项可以启用或禁用选项卡式文档。具体设置过程如下：

（1）单击"文件"选项卡，然后单击"选项"。

（2）将出现"Access 选项"对话框。

（3）在左侧窗格中，单击"当前数据库"。

（4）在"应用程序选项"部分的"文档窗口选项"下，选择"选项卡式文档"。

（5）选中或清除"显示文档选项卡"复选框。清除复选框后，文档选项卡将关闭。

（6）单击"确定"按钮。

"Access 选项"对话框如图 5-3 所示。

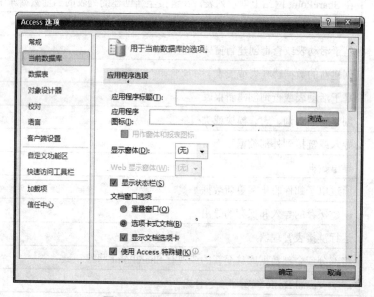

图 5-3　"Access 选项"对话框

注意，"显示文档选项卡"设置是针对单个数据库的，必须为每个数据库单独设置此选项；更改了选项卡式文档设置后，必须关闭数据库，然后重新打开，新设置才能生效。

### 5. 状态栏

与早期版本一样，Access 2010 中也会在窗口底部显示状态栏。继续保留此标准是为了显示状态消息、属性提示、进度指示等。在 Access 2010 中，状态栏也具有两项标准功能：视图/窗口切换和缩放。可以使用状态栏上的控件，在视图之间快速切换活动窗口。如果要查看支持可变缩放的对象，则可以使用状态栏上的滑块，调整缩放比例以放大或缩小对象。如图 5-2 所示。

在"Access 选项"对话框中，同样可以启用或禁用状态栏，具体方法和启用或禁用选项卡文档一样。

**6. 浮动工具栏**

在之前的 Access 版本中，设置文本格式通常需要使用菜单或显示"设置格式"工具栏。使用 Access 2010 时，可以使用浮动工具栏更加轻松地设置文本格式。选择要设置格式的文本后，浮动工具栏会自动出现在所选文本的上方。如果将鼠标指针靠近浮动工具栏，则浮动工具栏会渐渐淡入，而且可以用它来应用加粗、倾斜、字号、颜色等等。如果将指针移开浮动工具栏，则该工具栏会慢慢淡出。如果不想使用浮动工具栏将文本格式应用于选择的内容，只需将指针移开一段距离，浮动工具栏即会消失。

**7. 获取帮助**

如有疑问，可以按 F1 或单击功能区右侧的问号图标来获取帮助，如图 5-2 所示。还可以在 Backstage 视图中找到"帮助"选项。Access 2010 同样支持本地帮助信息和在线帮助。

# 5.2　创建数据库

## 5.2.1　数据库的建立

打开 Access 2010 时，Backstage 视图左侧将显示"新建"选项卡。"新建"选项卡提供了多种创建新数据库的方式。

（1）创建空白数据库。从头开始创建数据库。如果没有现成的模板，或对数据库有特别的设计要求，或需要在数据库中存放或合并现有数据，这将是一个很好的选择。

（2）使用 Access 2010 本地模板创建数据库。Access 2010 附带安装多个模板，模板按功能分类，已经包含多种表、窗体、报表、查询、宏和关系。是一种面向用户的解决方案。

（3）使用来自 Office.com 的模板创建数据库。除了 Access 2010 附带的模板之外，还可以在 Office.com 上找到更多模板。无需打开浏览器就可以从"新建"选项卡直接获得在线模板。

**1. 创建一个空白数据库**

【例 5-1】　不使用任何模板，创建一个空白数据库。过程如下：

（1）启动 Access 2010，打开 Backstage 视图；

（2）在"文件"选项卡上，单击"新建"，然后单击"空数据库"；

（3）在右窗格中"空数据库"下的"文件名"框中键入文件名，如图 5-4 所示。若要更改文件的默认位置，请单击"文件名"框右侧的浏览按钮，通过浏览窗口到某个新位置来存放数据库，然后单击"确定"。

（4）单击"创建"。Access 2010 将创建一个空数据库，该数据库含一个名为"表 1"的空表，该表已经在"数据表"视图中打开。游标将被置于"单击以添加"列中的第一个空单元格中，如图 5-5 所示。

（5）键入字段名称和数据类型以添加数据，或者粘贴来自其他数据源的数据。开始使用数据库。

图 5-4　创建空白数据库

图 5-5　新建数据库界面

需要说明的是：

● Access 2010 创建的数据库，默认扩展名为："accdb"；

● 字段名可以理解为二维表格各列的标题。其命名规则与内存变量的命名大同小异，唯一的区别是：字段名中可以包含空格。

### 2. 用模板创建数据库

Access 2010 附带了各种各样的模板，模板是可以拿来直接使用的数据库，其中包含执行特定任务时所需的所有表、查询、窗体和报表。用户可以直接使用这些模板，也可以只是用这些模板作为创建数据库的起点。例如，有些模板可用于跟踪问题、管理联系人或记录费用；有些模板则包含一些可以帮助演示其用法的示例记录。如果用户可以刚好找到完全符合需要的模板，则使用该模板可以加快创建数据库的进程。但是，如果模板不满足既定的数据格式，要修改模板的数据结构来适应需求，可能需要大量的工作。因此，最好选择从头创建一个数据库。

打开 Backstage 视图，单击"样本模板"，可以看到 Access 2010 本机自带的数据库模板。其中包括 5 个 Web 数据库模板和 7 个客户端数据库模板。Web 数据库表示数据库是为了发布到运行 Access Services 的 SharePoint 服务器上而设计，不过也可以用作标准客户端数据库。客户端数据库不是专门为了发布到 Access Services 上而设计，但可以通过共享网络文件夹或文档库中来进行网络共享。

具体如表 5-2 所示。

表 5-2　Access 2010 的本机模板

| 模板类型 | 模板名称 | 说明 |
|---|---|---|
| Web 数据库模板 | 资产 Web 数据库 | 跟踪资产，包括特定资产详细信息和所有者。分类并记录资产状况、购置日期、地点等 |
| | 慈善捐赠 Web 数据库 | 跟踪多个活动并报告每个活动期间收到的捐赠。跟踪捐赠者、与活动相关的事件及尚未完成的任务 |
| | 联系人 Web 数据库 | 管理团队协作人员（例如客户和合作伙伴）的信息。跟踪姓名和地址信息、电话号码、电子邮件地址，甚至可以附加图片、文档或其他文件 |
| | 问题 Web 数据库 | 创建数据库以管理一系列问题，例如需要执行的维护任务。对问题进行分配、设置优先级并从头到尾跟踪进展情况 |
| | 项目 Web 数据库 | 跟踪各种项目及其相关任务。分配任务并监视完成百分比 |
| 客户端数据库模板 | 事件 | 跟踪即将到来的会议、截止时间和其他重要事件。记录标题、位置、开始时间、结束时间以及说明，还可附加图像 |
| | 教职员 | 管理有关教职员的重要信息，例如电话号码、地址、紧急联系人信息以及员工数据 |
| | 营销项目 | 管理营销项目的详细信息，计划并监控项目可交付结果 |
| | 罗斯文 | 创建管理客户、员工、订单明细和库存的订单跟踪系统。其中含示例数据 |
| | 销售渠道 | 在较小的销售小组范围内监控预期销售过程 |
| | 学生 | 管理学生信息，包括紧急联系人、医疗信息及其监护人信息 |
| | 任务 | 跟踪个人或团队要完成的一组工作项目 |

【例 5-2】　用模板创建数据库的过程如下：

（1）如果 Access 2010 中已经打开了一个数据库，请先关闭它。在"文件"选项卡上单击"关闭数据库"。Backstage 视图将显示"新建"选项卡。

（2）点击"新建"选项卡，在主窗口中选择"样本模板"。将显示所有的本机模板。

（3）选择要使用的模板。模板图标显示在右侧的窗格中，位于"文件名"框的正上方，如图 5-6 所示。"文件名"框显示的是一个建议文件名，可以根据需要更改该文件名。还可以点击"浏览"按钮更改数据库文件的存储路径。

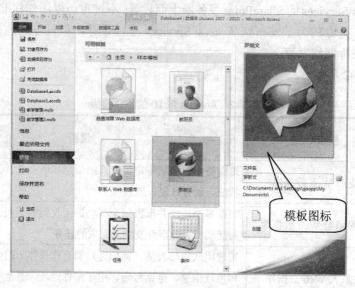

图 5-6　选择数据库模板

（4）单击"创建"。使用模板创建需要等待一段时间。

（5）Access 2010 将基于所选择的模板创建数据库，然后将该数据库打开。模板中常常已经包含此类型数据库应用中的表、查询、窗体、报表，等等，用户可以开始使用数据库对象，向其中输入数据，如图 5-7 所示。如果模板中包含示例数据，可以删除这些数据记录，如图 5-8 所示。

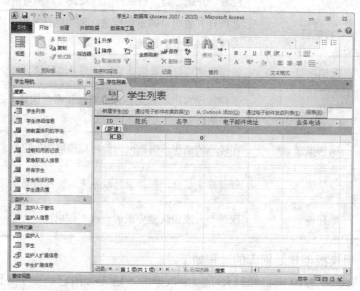

图 5-7　用"学生"数据库模板新建的数据库

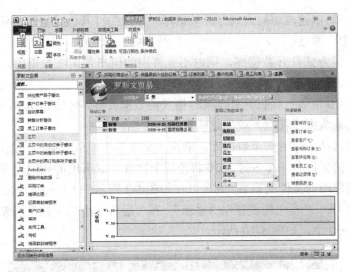

图 5-8　包含示例数据的新建数据库

## 5.2.2　数据库的打开与关闭

"文件"选项卡上，单击"打开"。在"打开"对话框中，通过浏览找到要打开的数据库，根据打开的需要完成以下步骤之一，如图 5-9 所示。

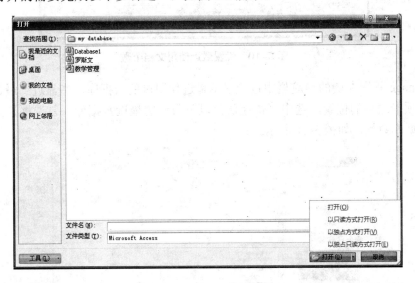

图 5-9　"打开"对话框

（1）若要以默认模式或者由管理策略所设置的模式打开数据库，则双击该数据库。

（2）若要打开数据库以在多用户环境中进行共享访问，以便所有用户都可以读写数据库，则单击"打开"。

（3）若要打开数据库进行只读访问，可查看数据库但不可编辑，则单击"打开"按钮旁边的箭头，然后单击"以只读方式打开"；此时共享用户仍然可以使用该数据库。

（4）若要以独占访问方式打开数据库，请单击"打开"按钮旁边的箭头，然后单击"以独占方式打开"。当以独占访问方式打开数据库时，试图打开该数据库的任何其他人将收到"文件已在使用中"消息。

（5）若要只读方式打开数据库，同时不允许别的用户使用该数据库，则单击"打开"按钮旁边的箭头，然后单击"以独占只读方式打开"。

用 Access 2010 可以直接打开外部文件格式的数据文件，例如 dBASE 或 Excel 文件。还可以直接使用其他数据库管理系统创建的数据源文件。

若要打开最近打开过的一个数据库，请在"文件"选项卡上单击"最近所用文件"，然后单击该数据库的文件名。Access 2010 将使用上次打开时所用的相同设置打开该数据库。如果未显示最近使用的文件的列表，则可以在如图 5-3 所示的"Access 选项"对话框中设置。选择"Access 选项"、"客户端设置"、"显示"，在"最近使用的文档"列表中输入要显示的文档数，最多为 50 个，如图 5-10 所示。

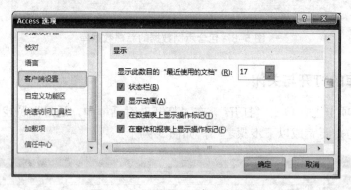

图 5-10　设置最近使用文档个数

Backstage 视图左侧的导航栏中也能显示最近使用过的数据库。在靠近"最近使用的数据库"选项卡底部的位置，选中"快速访问以下数量的最近数据库"复选框，然后调整要显示的数据库数量，如图 5-11 所示。

图 5-11　改变数据库显示数量

关闭数据库可以直接点击"文件"选项卡上的"关闭数据库"。

# 5.3　创建数据表

## 5.3.1　表的建立

这里说的数据表指的是数据库中的基本表，是数据库中存储数据的对象，也是所有查询、窗体、报表最根本的数据源。关系型数据库中的表采用二维表的数据结构，表中的每个字段都存储一定类型一定宽度的数据，并满足一定的数据有效性规则。创建基本表，实际上就是创建每个字段的信息，并为这些字段逐行添加数据的过程。在 Access 2010 中，有多种创建数据表的方法：

（1）用直接在表中输入数据的方法创建新表，每个字段的属性由 Access 2010 自动识别，默认定义。

（2）通过 SharePoint 网站来创建表，本地建立的新表通过网络链接到 SharePoint 网站建立的列表中去。

（3）通过外部数据导入，将其他格式的外部数据导入到数据库表中。

（4）通过表模板创建新表，用 Access 2010 的本地模板作为基础创建。

（5）通过字段模板创建新表，模板定义了各种字段的属性，可以直接使用。

（6）通过表设计器从头创建新表，在表设计视图中创建表，所有的字段设置必须由用户自己完成。

下面详细介绍后三种创建表的基本方法。

### 1. 使用表模板创建表

Access 2010 提供了表模板来提高表格的创建效率，下面以创建"联系人"表为例，介绍使用表模板创建基本表的步骤。

【例 5-3】　用表模板创建"联系人"表。

（1）启动 Access 2010，创建数据库。

（2）选择"创建"选项卡，选择最左侧的"应用程序部件"，在弹出的菜单中选择"联系人"。如图 5-12 所示。

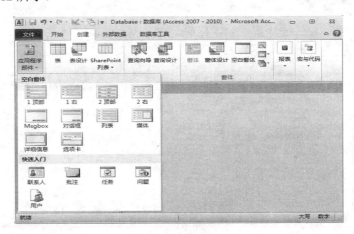

**图 5-12　表模板**

（3）单击窗体左侧的"联系人"表标题，即可输入数据，如图 5-13 所示。实际上随着数据表，还有与之相关的查询、窗体、报表对象一同建立。要对该表的数据结构做出修改，可以参考随后介绍的表设计视图。

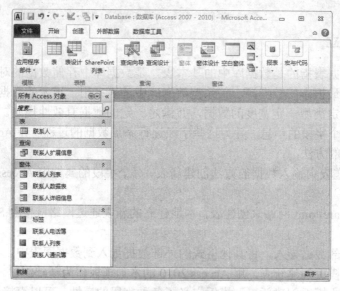

图 5-13　用模板创建的"联系人"表

**2. 使用字段模板创建表**

字段模板也是一种快速创建表格的方法，字段的数据类型已经在模板中定义好了，用户可以根据需要选择使用。用字段模板创建表的过程如下。

【例 5-4】　用字段模板创建表。

（1）启动 Access 2010，创建数据库。

（2）选择"创建"选项卡，选择"表格"组中的"表"选项，在主窗口中出现新表的数据表视图，表默认名为"表 1"。如图 5-14 所示。

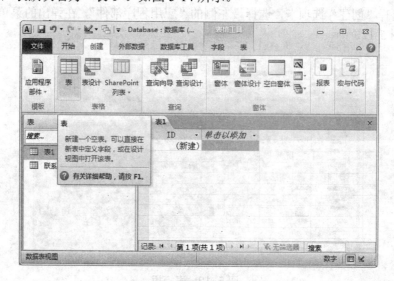

图 5-14　用字段模板创建表

（3）在数据表视图表 1 字段名位置"单击以添加"处，用鼠标点击，选择此字段的基本数据类型（数据类型见 5.3.2 节），如图 5-15(a)所示；如果要详细设置该字段的数据格式，可以选择功能区"表格"工具栏下的"字段"选项卡，在"添加和删除"组中，单击"其他字段"下拉菜单。如图 5-15(b)所示。

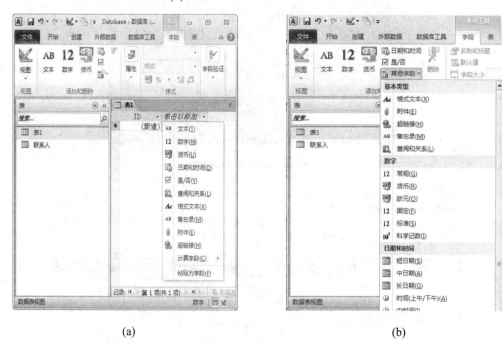

(a)　　　　　　　　　　　　　　　(b)

图 5-15　添加字段

### 3. 使用表设计视图创建表

无论是表模板还是字段模板，样式都非常有限，要满足用户多种多样的数据格式要求，必须学会使用表设计视图创建表。这种创建方式虽然比模板的方式要慢，但是，数据表的结构可以由用户自己设计定义，是最能体现用户需求的表创建方式。

下面以创建"学生"表为例详细说明。

【例 5-5】　用设计视图创建教学管理数据库中的"学生"表。

（1）启动 Access 2010，创建空数据库"教学管理"。

（2）选择"创建"选项卡，选择"表格"组中的"表设计"选项。如图 5-16 所示。主窗口中出现新表的表设计视图，表名默认为"表 1"，如图 5-17 所示。

（3）依次输入表的字段名称，并在"数据类型"列中选择正确的数据类型。

（4）在"常规"选项卡中依次为每个字段设置属性，主要包括字段大小、格式、掩码、有效性文本、默认值、索引等等，如图 5-18 所示。具体每个字段如何设置属性可以参见 5.3.2 节的内容。

（5）为表格设置主键。在学号字段上点击右键，在快捷菜单中选择"主键"。此时学号字段前出现一个主键标记（Key）。如果数据表的主键是由多个字段共同构成，同时选中这些字段，在选中区域的边框线上点击右键，在快捷菜单中选择"主键"。如图 5-19 所示。

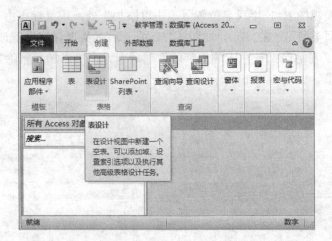

图 5-16　表设计视图按钮

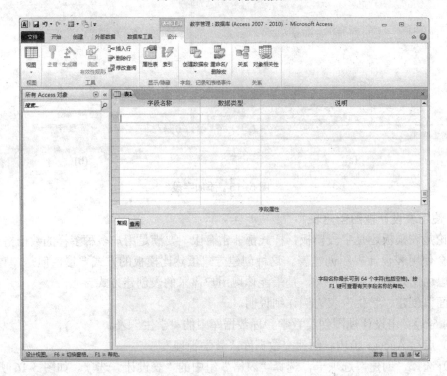

图 5-17　表设计视图

（6）点击屏幕左上角快速访问工具栏上的"保存"按钮，弹出"另存为"对话框，输入表名称"学生"，点击确定。此时导航区中出现学生表图标。如图 5-20 所示。

（7）双击导航区中的学生表，就进入了数据表视图，此时便可以录入数据。如图 5-21 所示。

至此，我们已经了解了创建数据表的一般方法。可见，在创建表的过程中，最重要的工作就是为表格的每一个字段定义数据类型、字段大小、字段格式等等。那么 Access 2010 数据库可以存储和管理多少种类型的数据呢？这些数据类型又有什么样的数据格式呢？接下来的一节，我们将重点介绍 Access 2010 的字段数据类型和数据格式。

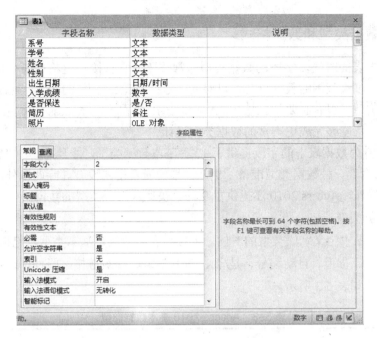

图 5-18　设计表字段和属性

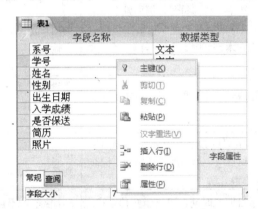

图 5-19　设置主键

图 5-20　保存数据表

图 5-21　数据表视图

### 5.3.2　字段数据类型和数据格式

在创建数据表的时候，字段的数据类型非常重要，它直接决定将来表中可以存储什么数据、可以存储多大范围的数据以及可以对表中数据做什么操作。因此，熟悉 Access 2010数据表字段的类型就很有必要了。此外，Access 2010 还在以往 Access 版本的基础上，增加了新的数据类型，能够完成更丰富的数据类型设计。

Access 2010 为数据表中的字段提供了 12 种基本数据类型，并且为其中"数字"、"日期/时间"和"是/否"三种数据类型准备了更加详细的显示格式设置。除此以外，为了某些常用的特殊数据操作，Access 2010 还提供了 9 种"快速入门"类型的数据。

#### 1. 基本数据类型

在表设计视图中定义字段类型的时候，下拉列表中的就是基本类型，包括文本、备注、数字、日期/时间、货币、自动编号、是/否、OLE 对象、超级链接、附件、计算和查阅向导 12 种类型。具体如表 5-3 所示。

表 5-3　Access 2010 基本数据类型

| 数据类型 | 用法 | 字段大小 |
|---|---|---|
| 文本 | 包括文本、数字、特殊符号，例如姓名、地址。表示标识符的字段即便全由数字组成也应该定义为文本型，例如电话号码、学号或身份证号等 | 由用户定义。最多 255 个字符，只保存输入的字符，不保存文本前后的空格 |
| 备注 | 长短不固定或长度很长的文本，例如备注或说明 | 通过用户界面输入上限为 65535 字节；以编程方式输入数据时为 2GB，不可定义 |
| 数字 | 可用于算术运算的数字数据。又细分为字节、整型、长整型、单精度、双精度、同步复制 ID 和小数几种 | 由用户定义。不同分类的存储上限分别是 1、2、4、8、12 或 16 个字节 |
| 日期/时间 | 可分别表示日期或时间，可显示 7 种格式 | 8 个字节，不可变 |
| 货币 | 用于货币计算，避免四舍五入。精确到小数点左方 15 位数及右方 4 位数 | 8 个字节，不可变 |
| 自动编号 | 在添加记录时自动插入的唯一顺序号(每次递增 1)或随机编号，可用作缺省关键字 | 4 个字节，不可变 |
| 是/否 | 字段只包含两个值中的一个，例如"是/否"、"真/假"、"开/关" | 1 位，不可变 |
| OLE 对象 | 对象的连接与嵌入，将其他格式的外部文件(二进制数据)对象链接或嵌入到表中。在窗体或报表中必须使用绑定对象框来显示 | 最大 1GB，不可定义 |
| 超级链接 | 存储超级链接的字段。超级链接可以是 UNC 路径或 URL 地址 | 最多 64000 个字符，不可定义 |
| 附件 | 附件可以链接所有类型的文档和二进制文件，不会占用数据库空间，Access 2010 还会自动压缩附件 | 取决于磁盘空间，不可定义 |

续表

| 数据类型 | 用法 | 字段大小 |
|---|---|---|
| 计算 | 显示根据同一表中的其他数据计算而来的值。可以用表达式生成器来创建 | 由参与计算的字段决定，不可定义 |
| 查阅向导 | 允许用户使用组合框选择来自其他表或来自值列表中的选项。在数据类型列表中选择此选项，将启动向导进行定义 | 与主键字段的长度相同，通常为 4 个字节，不可定义 |

在为字段定义基本类型和字段大小的时候必须注意几点：

（1）所有基本类型中，只有文本型的字段宽度和数字型的小数位数两种情况可由用户定义，例如姓名字段为文本型、定义字段宽度为 10 字符；入学成绩字段为数字型中的单精度型、小数位数为 1 位。

（2）用户定义的字段大小属性只是为了限定输入数据大小的上限而已，并不是说该字段中存储的数据一定要等于定义的大小，例如姓名字段存储的名字只要不超过 10 个字符即可；入学成绩只要在 $-3.4 \times 10^{38}$ 到 $+3.4 \times 10^{38}$ 之间即可。

（3）日期/时间、货币、自动编号、是/否四个数据类型的宽度是固定的，不允许用户定义。因此，在表设计视图中没有这几种数据类型的字段大小属性栏。例如出生日期字段只需设置数据类型为日期/时间，不需设置大小。

（4）其余 6 种类型字段大小虽不固定，但都是由 Access 2010 动态分配存储空间或者由外部数据链接嵌入。因此，也不允许更不需要用户来定义。例如照片字段为 OLE 型，只要图片小于 1G 即可，具体大小由图片本身决定。

**2. 三种字段数据格式**

在选定了数据类型的前提下，Access 2010 还允许几种基本类型的数据选择一种格式显示输出。注意，数据格式不同于数据类型，格式设置对存储的数据本身没有影响，只是改变数据在屏幕上输出或是打印的样式。选择数据格式可以确保数据表示方式的一致性、统一输出数据的样式。基本数据类型中的"数字"、"是/否"和"日期/时间"三种基本数据类型都具备自己独特的数据格式。

（1）数字型数据的输出格式（表 5-4）

表 5-4　数字类型数据格式

| 格式 | 显示说明 | 举例 |
|---|---|---|
| 常规 | 存储时没有明确进行其他格式设置的数字 | 3456.789 |
| 货币 | 一般货币值 | ￥3,456.79 |
| 欧元 | 存储为欧元格式的一般货币值 | €3,456.79 |
| 固定 | 数字数据 | 3456.79 |
| 标准 | 包含小数的数值数据 | 3,456.79 |
| 百分比 | 百分数 | 123.00% |
| 科学计数 | 计算值 | 3.46E+03 |

（2）是/否型数据的输出格式（表 5-5）

**表 5–5　是/否类型数据格式**

| 数据类型 | 显示说明 | 举例 |
|---|---|---|
| 复选框 | 一个复选框 | ☑ / ☐ |
| 是/否 | "是"或"否"选项 | YES/NO |
| 真/假 | "真"或"假"选项 | TRUE/FALSE |
| 开/关 | "开"或"关"选项 | ON/OFF |

（3）日期和时间型数据的输出格式（表 5-6）

**表 5–6　日期/时间类型数据格式**

| 格式 | 显示说明 | 举例 |
|---|---|---|
| 常规日期 | 没有特殊设置的日期/时间格式 | 2013-1-19 15:33:25 |
| 长日期 | 显示长格式的日期。具体取决于您所在区域的日期和时间设置 | 2013 年 1 月 19 日 |
| 中日期 | 显示中等格式的日期 | 13-01-19 |
| 短日期 | 显示短格式的日期。具体取决于您所在区域的日期和时间设置 | 2013-1-19 |
| 长时间 | 24 小时制显示时间，该格式会随着所在区域的日期和时间设置的变化而变化 | 15:33:25 |
| 中时间 | 12 小时制显示的时间，带"上午"或"下午"字样 | 下午 3:33 |
| 短时间 | 24 小时制显示时间但不显示秒，该格式会随着所在区域的日期和时间设置的变化而变化 | 15:33 |

### 3. 快速入门数据类型

快速入门与其说是字段类型，不如说是 Access 2010 提供的一种特殊的字段应用。有的快速入门类型字段是一个多字段的组合；有的可以在字段中显示下拉菜单限定字段的输入值。除了基本数据类型以外，Access 2010 还提供了 9 种特殊的快速入门类型的字段形式。

快速入门字段可以这样添加：打开数据表视图、功能区中"表格工具"选项卡的"字段"选项、"添加和删除"组中的"其他字段"栏。可以参见图 5-15(b)。在"其他字段"菜单的最下面就是 9 种快速入门字段。

Access 2010 快速入门字段的几种应用如表 5-7 所示。

**表 5–7　快速入门数据类型**

| 数据类型 | 用法 |
|---|---|
| 标记 | 最多显示三个标记的下拉菜单 |
| 地址 | 包含完整邮政地址的字段组。有地址、城市、省/市/自治区、邮政编码、国家/地区 5 个文本型字段 |
| 电话 | 包含商务电话、住宅电话、移动电话和传真号码的 4 个文本型字段 |
| 付款类型 | 包含现金、信用卡、支票、实物 4 个文本型字段 |
| 开始日期和结束日期 | 包括开始日期和结束日期 2 个日期型字段 |

| 数据类型 | 用法 |
| --- | --- |
| 类别 | 最多显示三个类别的下拉菜单 |
| 名称 | 包括姓氏、名字 2 个文本型字段 |
| 优先级 | 包含"低"、"正常"、"高"优先级选项的下拉菜单 |
| 状态 | 包含"未开始"、"进行中"、"已完成"、"已推迟"和"正在等待"选项的下拉菜单 |

**4. 教学管理数据库中四张表格的字段设置**

为了建立一个完整的教学管理数据库，共需要学生、系名、课程、选课成绩四张数据表。这四张表格的字段设置如表 5-8 所示。表格中的记录数据参见本章习题。

**表 5-8　教学管理数据库中四张表格的字段设置**

| 表名 | 字段名称 | 字段类型 | 字段大小 | 字段格式 |
| --- | --- | --- | --- | --- |
| 系名 | 系号 | 文本 | 2 | / |
| | 系名 | 文本 | 20 | / |
| 学生 | 系号 | 文本 | 2 | / |
| | 学号 | 文本 | 7 | / |
| | 姓名 | 文本 | 10 | / |
| | 性别 | 文本 | 1 | / |
| | 出生日期 | 日期/时间 | / | 短日期 |
| | 入学成绩 | 数字 | 单精度 | 常规 |
| | 是否保送 | 是/否 | / | 是/否 |
| | 简历 | 备注 | / | / |
| | 照片 | OLE | / | / |
| 课程 | 课程号 | 文本 | 3 | / |
| | 课程名 | 文本 | 10 | / |
| | 学时 | 数字 | 整型 | 常规 |
| | 学分 | 数字 | 整型 | 常规 |
| | 是否必修 | 是/否 | / | 是/否 |
| 选课成绩 | 学号 | 文本 | 7 | / |
| | 课程号 | 文本 | 3 | / |
| | 成绩 | 数字 | 单精度 | 常规 |

## 5.3.3　字段属性设置

除了设置每个字段的名称、数据类型、数据宽度、数据格式以外，Access 2010 还为字段提供了其他几种重要的属性设置，加强数据存储的安全性、有效性定义，以及维护数据的完整性和一致性。设置字段属性的目的是：

● 控制字段中的数据外观；
● 防止在字段中输入不正确的数据；
● 为字段指定默认值；

● 有助于加速对字段进行的搜索和排序。

定义字段属性实际上就是在为表格设置数据约束。下面介绍几种主要的字段属性设置。

**1. 掩码**

掩码是一种格式，由字面显示字符（如括号、句号和连字符）和掩码字符（用于指定可以输入数据的位置以及数据种类、字符数量）组成。输入掩码的作用是表示这一字段输入数据的具体要求。使用此属性可以为即将在此字段中输入的所有数据指定模式，有助于确保正确输入所有数据，保证数据中包含所需数量的字符。在表设计视图输入掩码文本框右侧的按钮上单击，即可打开有关生成输入掩码的帮助。

Access 2010 的掩码格式如表 5-9 所示。

表 5-9 掩码字符含义

| 字符 | 说明 |
| --- | --- |
| 0 | 代表一个数字，必选项 |
| 9 | 数字或空格，可选项 |
| # | 数字或空格，可选项 |
| L | 字母 A 到 Z，必选项 |
| ? | 字母 A 到 Z，可选项 |
| A | 字母或数字，必选项 |
| a | 字母或数字，可选项 |
| & | 任一字符或空格，必选项 |
| C | 任一字符或空格，可选项 |
| . : ; - / | 十进制占位符和千位、日期和时间分隔符。 |
| < | 使其后所有的字符转换为小写 |
| > | 使其后所有的字符转换为大写 |
| ! | 输入掩码从右到左显示 |
| \ | 使其后的字符显示为原义字符 |
| 密码 | 文本框中键入的任何字符都按原字符保存，但显示为星号(*) |

初学者面对如此复杂的掩码字符可能会无所适从，但实际上，数据库中对字段输入数据的模式限制往往没有那么严格，掌握好经常使用的几种掩码字符就足够应对一般的任务了。例如在系号字段中，表示 2 个字符都得是数字而且不能缺少，可以用掩码 "00"；如果系号的两个字符可以缺少的话，就能用掩码 "99"；姓名字段中最多 10 个字符可以缺少，可以用掩码 "CCCCCCCCCC"。 定义了姓名字段的掩码设置和输入情况如图 5-22 所示。

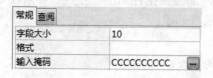

图 5-22 输入掩码

**2. 有效性规则和有效性文本**

有效性规则设置属于数据库有效性约束的一部分功能。有效性规则栏中要求用户输入一个逻辑表达式；而有效性文本栏中要求输入一段作为提示信息的文本。录入数据时 Access 2010 将字段的值代入该表达式进行计算，如果计算结果为真值则允许该值存入该字段；如果为假则拒绝该值录入该字段，并弹出对话框提示有效性文本栏中的提示信息。

例如，在性别一栏中输入有效性规则："男" Or "女"，有效性文本为："性别字段值应为男或女！"。如果在性别字段中输入"0"，则提示有效性文本。如图 5-23 所示。

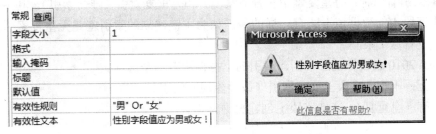

图 5-23　有效性规则设置

在学生表的设计中还可以为入学成绩字段设置有效性规则">=0 And <=750"。来规定入学成绩的输入范围。

**3. 默认值**

默认值是数据表中增加记录时，自动填入字段中的数据。例如，若图 5-23 中的"默认值"行定义为：男，则每向学生表添加一条记录，性别字段的值都自动存入汉字"男"。

**4. 设置索引**

如果经常依据特定的字段搜索表或对表的记录进行排序，则可以通过创建该字段的索引来加快执行这些操作的速度。在表中使用索引就如同在书中使用目录一样：要想查找某些特定的数据，先在索引中查找数据的位置。为一个字段创建的索引会生成一个索引序列，这个序列存储在数据库的索引文件中。一个字段的索引序列在逻辑上可以表示为一个有两列的表，分别存储索引内容和指针，如图 5-24 所示。

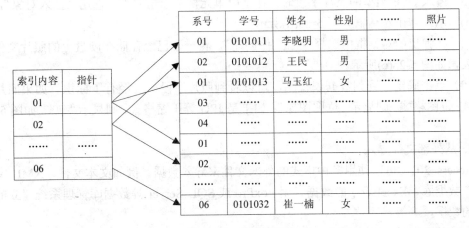

图 5-24　设置索引

当我们要检索"01"号系的学生时，或者要按照系号为学生表排序时，不用直接去检索学生表，只要找到系号字段的索引序列就行了。可以按照索引中"01"系号后面的指针，直接找到这个系的几个学生的记录。要知道，一个真正运行的商业数据库往往存储了海量的数据，经常整个内存都放不下一张表，动辄就对数据表检索是非常浪费时间和空间的，不亚于大海捞针，而索引文件往往都非常小，检索起来很容易。在数据库的实际应用中，一般会对所有字段都建立索引。

一般情况 Access 2010 会对主键字段自动创建索引，其他情况需要用户自己创建。Access 2010 中的索引有两种：有重复索引（普通索引）和无重复索引（唯一索引）。其中无重复索引要求本字段中的数据值不能有一样的，例如为主键建立的索引就是无重复索引；而有重复索引则没有这个限制。

Access 2010 表设计视图中创建索引的下拉框中有三个选项。

● 无：不在此字段上创建索引（或删除现有索引）。
● 有（有重复）：在此字段上创建普通索引。
● 有（无重复）：在此字段上创建唯一索引。

### 5.3.4　表中数据的输入

定义好数据表的字段名称、类型、宽度、格式和其他属性后，就可以向表中输入数据了。输入数据可以有几种方式。一是用数据表视图模式，手工单条录入数据，这种方式效率较低，不适于输入成批记录；另一种是用命令或屏幕操作的办法成批导入数据，这种方式效率高，适合一次输入大量数据。但无论采用哪种方式，输入的数据都必须满足各种字段属性的设置和数据约束。

**1. 用数据表视图输入**

【例 5-6】　用数据表视图方式输入学生表的数据。

步骤如下：

（1）打开教学管理数据库，在左侧导航区中双击学生表，直接打开数据表视图。

（2）依次录入合法的数据。输入完一条记录后，自动出现下一条空白记录等待输入。

（3）输入 OLE 类型的照片字段时，在字段单元格中点击右键、选用"插入对象"，如图 5-25(a)所示。弹出对话框如图 5-25(b)所示。

（4）在弹出的对话框中选择"由文件创建"，将一个已经存储在硬盘上的照片文件输入数据表，如图 5-25(c)所示。

（5）点击确定。回到数据表视图，可以看到照片字段中已经有了标识。如果照片文件是 BMP 位图格式，则显示"位图图像"；如果是 JPG 等压缩格式，则显示"包"。如图 5-25(d)所示。

**2. 从外部文件导入**

Access 2010 可以使用多种格式的外部文件来导入数据。例如文本文件、XML 文件、ODBC 数据库、Excel 表中的数据、用 FoxPro 或 SQL Server 等数据库管理系统建立的数据表中的数据，等等。

在准备数据导入之前要确保两件事：

● 确保数据源中的数据细节完全满足目标数据表的所有格式设置和数据约束。

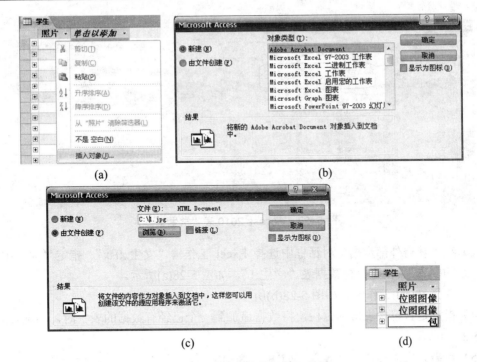

图 5-25　用数据表视图输入数据

● 确保目标数据库不是只读的，并且用户具有更改该数据库的权限。

例如，数据库中有一个"学生 1"表，其中存储了所有男生的信息；另有一个 Excel 工作簿"女生.xlsx"，其中存储了女生的信息。Excel 工作簿如图 5-26 所示。

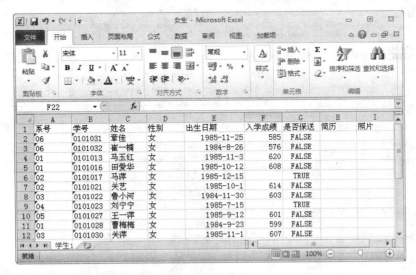

图 5-26　女生.xlsx

【例 5-7】　将 Excel 工作簿"女生.xlsx"中的数据导入"学生 1"表。

步骤如下：

（1）打开 Access 2010 数据表"学生 1"。选则功能区的"外部数据"选项卡、选择 Excel，如图 5-27 所示。

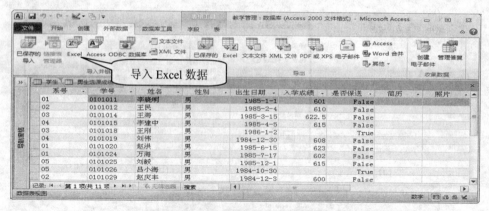

图 5-27　Access 2010 表"学生 1"

（2）在"获得外部数据"对话框中选择 Excel 工作簿"女生.xlsx"、指定"向表中追加一份记录的副本"、指定目标数据表"学生 1"，如图 5-28(a)所示。

（3）选择 Excel 工作区，如图 5-28(b)所示。

（4）指定是否包含表格标题栏，将数据追加到一个已经有数据的表中时，不选择此项，如图 5-28(c)所示。

（5）点击完成，实现数据导入，如图 5-28(d)所示。

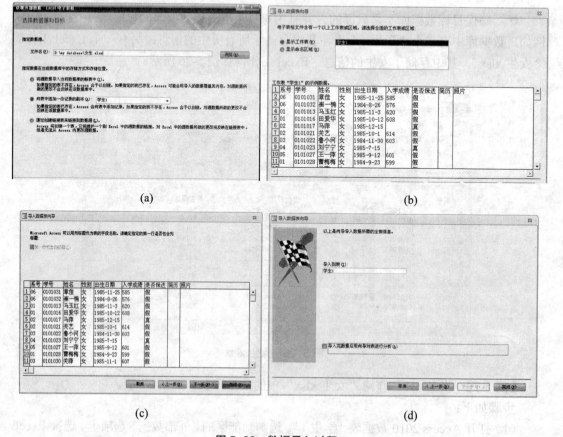

(a)

(b)

(c)

(d)

图 5-28　数据导入过程

### 5.3.5　表的关联关系

至此，教学管理数据库的四张表已经定义了数据表结构和数据约束，并且输入了数据。为了使整个数据库成为一个相关数据的完成集合，还必须为表与表之间设置关联关系，实现数据库的参照完整性约束机制。

【例 5-8】 为教学管理数据库建立参照完整性约束。

具体步骤是：

（1）确定父表和子表的关系，在数据库"一对多"的关联中，"一"方就是父表，"多"方就是子表。教学管理数据库中的四张表存在三对关系，分别是：

系名（父表）——学生（子表）

学生（父表）——选课成绩（子表）

课程（父表）——选课成绩（子表）

（2）为父表的关键字定义主键（创建数据表时若已定义，此步可省略）。注意：教学管理数据库中系名、学生、选课成绩和课程四张表的主键分别是系名.系号、学生.学号、选课成绩.学号和选课成绩.课程号、课程.课程号。

（3）选择功能区的"数据库工具"选项卡、"关系"组中的"关系"按钮。弹出"关系"窗口。在窗口上点击右键，选择"显示表"，弹出如图 5-29 所示对话框。

图 5-29　"显示表"对话框

（4）依次添加系名、学生、选课成绩、课程四张表格，如图 5-30 所示。

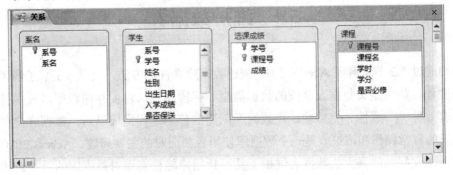

图 5-30　关系窗口

（5）用鼠标将父表的主键拖动至子表的外键处，弹出编辑关系对话框。

（6）在编辑关系对话框中选择实施参照完整性、级联更新、级联删除，如图 5-31 所示：

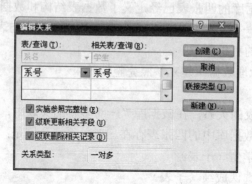

**图 5-31　"编辑关系"对话框**

（7）依次为三对数据表编辑关系。结果如图 5-32 所示。

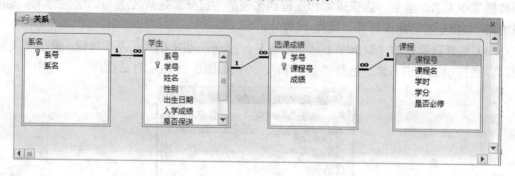

**图 5-32　教学管理数据库的参照完整性**

在建立了关联关系并设置了参照完整性约束后，数据表之间的数据产生了一种"联动"的效应。例如，当更新系名表中的"01"号系为"15"号系以后，学生表中所有原"01"号系学生的系号字段都自动更新成了"15"；又例如，在系名表中彻底删除了"01"号系的记录后，学生表中所有"01"号系的学生记录也一同被删除了。

至此，教学管理数据库的创建过程就基本完成了。

# 5.4　维护数据表

我们通过 5.2 节了解了 Access 2010 创建数据库文件的方法，又从 5.3 节了解了创建数据表的过程、如何定义数据表字段的数据类型和字段属性，以便存储数据以及保持数据库数据的有效性、一致性、完整性。在数据库创建的整个过程完成以后，数据库交付使用，对数据表的日常操作和维护就是一个数据库使用者要面对的主要问题。Access 2010 引入了一系列界面友好功能强大的数据表维护工具，让用户轻松实现对数据库的维护。本节将主要介绍数据表记录的排序和筛选。

### 5.4.1　记录的排序

这里说的记录排序，是在数据表视图中，按照某一个或多个字段的大小为记录设置显示顺序。关于排序必须注意以下两点：

● 记录排序实际上是按照某些字段的内容排序，排序字段可以是一个也可以是多个。

● 发生改变的只是记录在数据表视图中显示的逻辑顺序（即按指定字段或字段组有序排列后的顺序），数据库磁盘上存储的记录物理顺序并没有发生变化。

在 Access 2010 中，可以作为排序依据的字段类型有文本型、数字型、日期/时间型和是/否型，其他几种类型的字段不可排序。只按照一个字段进行排序叫做单级排序；按照多个字段进行排序叫做多级排序。无论是单级排序还是多级排序，待排序的表都应该首先用数据表视图模式打开。

**1. 单级排序**

在 Access 2010 中对数据表进行单级排序主要靠排序菜单项，共有三种方式可以实现。

【例 5-9】　使用功能区的排序菜单项。

具体步骤如下：

（1）在数据表视图中选中要排序的字段。

（2）选择功能区的"开始"选项卡。

（3）在"排序和筛选"组中选择 $^A_Z\downarrow$ 表示升序，选择 $^Z_A\downarrow$ 表示降序。该菜单项如图 5-33 所示。

**图 5-33　"排序和筛选"菜单项**

【例 5-10】使用筛选器的排序菜单项。

具体步骤如下：

（1）在数据表视图中选中要排序的字段。

（2）选择功能区的"开始"选项卡。

（3）在"排序和筛选"组中，选择"筛选器"。

（4）在弹出的"筛选器"菜单中，选择 $^A_Z\downarrow$ 表示升序，选择 $^Z_A\downarrow$ 表示降序。"筛选器"菜单如图 5-34 所示。

【例 5-11】　使用字段名快捷菜单的排序菜单项，为数据排列。

具体步骤如下：

（1）在数据表视图中，待排序的字段名称位置点击右键，弹出字段名快捷菜单，如图 5-35 所示。

（2）在该快捷菜单中，选择 $^A_Z\downarrow$ 表示升序，选择 $^Z_A\downarrow$ 表示降序。

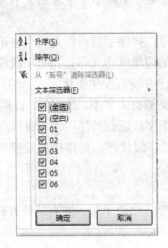

图 5-34　"筛选器"菜单　　　　　　　　图 5-35　字段名快捷菜单

### 2. 多级排序

在 Access 2010 中对数据表进行多级排序主要靠"高级筛选/排序"选项。

【例 5-12】　在数据表视图中为学生表排序,要求先按照系号升序排列,系号相同按照性别升序排列,性别也相同按照学号降序排列。

具体步骤如下:

(1)在数据表视图模式中打开学生表。选择功能区的"开始"选项卡。

(2)在"排序和筛选"组中,单击右下角"高级"的下拉按钮并选择"高级筛选选项"下拉项。

(3)主窗口中出现名为"学生筛选 1"的窗口,在窗口下方网格的"字段"栏中按顺序选择系号、性别、学号,并在对应的"排序"栏中按顺序选择"升序"、"升序"、"降序"。"学生筛选 1"窗口如图 5-36 所示。

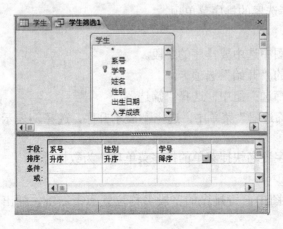

图 5-36　"学生筛选 1"窗口

（4）在"排序和筛选"组中，单击右下角"高级"的下拉按钮并选择"应用筛选"下拉项，在学生表的数据表视图中查看排序结果。如图 5-37 所示。

取消数据表的排序，可以使用"排序和筛选"组中的 按钮。

| 系号 | 学号 | 姓名 | 性别 | 出生日期 | 入学成绩 | 是否保送 | 简历 | 照片 |
|---|---|---|---|---|---|---|---|---|
| 01 | 0101024 | 万海 | 男 | 1985-7-17 | 602 | ☐ | | |
| 01 | 0101020 | 赵洪 | 男 | 1985-6-15 | 623 | ☐ | | |
| 01 | 0101011 | 李晓明 | 男 | 1985-1-1 | 601 | ☐ | | |
| 01 | 0101028 | 曹梅梅 | 女 | 1984-9-23 | 599 | ☐ | | |
| 01 | 0101016 | 田爱华 | 女 | 1985-10-12 | 608 | ☐ | | |
| 01 | 0101013 | 马玉红 | 女 | 1985-11-3 | 620 | ☐ | | |
| 02 | 0101029 | 赵庆丰 | 男 | 1984-12-3 | 600 | ☐ | | |
| 02 | 0101012 | 王民 | 男 | 1985-2-4 | 610 | ☑ | | |
| 02 | 0101021 | 关艺 | 女 | 1985-10-1 | 614 | ☐ | | |
| 02 | 0101017 | 马萍 | 女 | 1985-12-15 | | ☑ | | |
| 03 | 0101018 | 王刚 | 男 | 1986-1-2 | | ☑ | | |
| 03 | 0101014 | 王海 | 男 | 1985-3-15 | 622.5 | ☐ | | |
| 03 | 0101030 | 关萍 | 女 | 1985-11-1 | 607 | ☐ | | |
| 03 | 0101022 | 鲁小河 | 女 | 1984-11-30 | 603 | ☐ | | |
| 04 | 0101019 | 刘伟 | 男 | 1984-12-30 | 608 | ☐ | | |
| 04 | 0101015 | 李建中 | 男 | 1985-4-5 | 615 | ☐ | | |
| 04 | 0101023 | 刘宁宁 | 女 | 1985-7-15 | | ☑ | | |
| 05 | 0101026 | 吕小海 | 男 | 1984-10-30 | | ☑ | | |
| 05 | 0101025 | 刘毅 | 男 | 1985-12-1 | 615 | ☐ | | |
| 05 | 0101027 | 王一萍 | 女 | 1985-9-12 | 601 | ☐ | | |
| 06 | 0101032 | 崔一楠 | 女 | 1984-8-26 | 576 | ☐ | | |
| 06 | 0101031 | 章佳 | 女 | 1985-11-25 | 585 | ☐ | | |

图 5-37　排序结果

## 5.4.2　记录的筛选

要查找数据表中的一个或多个特定记录，可以使用筛选。用户给某些字段限定条件，满足该条件的记录可以保留在数据表视图中，其他记录则被隐藏。关于筛选操作必须注意以下三点：

● 筛选的条件设置对象虽然是字段，但筛选的结果却是以记录为单位的，也就是说，想通过筛选操作来隐藏某些字段是行不通的。

● 设置筛选条件的字段可以是一个，也可以是多个。

● 不满足条件的记录只是不在数据表视图中显示，并没有从数据库磁盘中删除。

Access 2010 的新功能之一就是增强的排序和筛选工具，最常用的筛选选项可以在菜单命令中轻松地找到。用户可以从字段的所有输入值中选择，可以基于输入的数据限制范围，还可以自己输入条件范围来限定条件。Access 2010 提供了使用筛选器筛选、基于选定内容筛选、使用窗体筛选和使用高级筛选四种筛选方式。

### 1. 使用筛选器筛选

【例 5-13】使用筛选器筛选学生表中的记录。

具体步骤如下：

（1）在数据表视图中选中要设置筛选条件的字段，例如选定系号字段。

（2）选择功能区的"开始"选项卡。

（3）在"排序和筛选"组中，选择"筛选器"。

（4）在弹出的"筛选器"菜单中，有 8 个复选框，分别是"全选"、"空白"和系号字段中所有已输入值的列表（这种表示方式与 Excel 类似）。选定"全选"表示筛选所有记录、选定"空白"表示筛选系号为空值的记录、其余的字段输入值列表可以复选。例如选定"01"和"03"，表示筛选这两个系的学生记录。筛选器如图 5-38 所示。

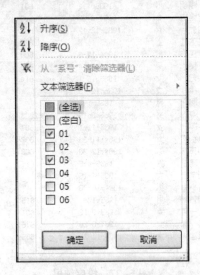

图 5-38　筛选器筛选

筛选结果如图 5-39 所示。

| 系号 | 学号 | 姓名 | 性别 | 出生日期 | 入学成绩 | 是否保送 | 简历 | 照片 |
|---|---|---|---|---|---|---|---|---|
| 01 | 0101011 | 李晓明 | 男 | 1985-1-1 | 601 | ☐ | | |
| 01 | 0101013 | 马玉红 | 女 | 1985-11-3 | 620 | ☐ | | |
| 03 | 0101014 | 王海 | 男 | 1985-3-15 | 622.5 | ☐ | | |
| 01 | 0101016 | 田爱华 | 女 | 1985-10-12 | 608 | ☐ | | |
| 03 | 0101018 | 王刚 | 男 | 1986-1-2 | | ☑ | | |
| 01 | 0101020 | 赵洪 | 男 | 1985-6-15 | 623 | ☐ | | |
| 03 | 0101022 | 鲁小河 | 女 | 1984-11-30 | 603 | ☐ | | |
| 01 | 0101024 | 万海 | 男 | 1985-7-17 | 602 | ☐ | | |
| 01 | 0101028 | 曹梅梅 | 女 | 1984-9-23 | 599 | ☐ | | |
| 03 | 0101030 | 关萍 | 女 | 1985-11-1 | 607 | ☐ | | |

记录: 第 1 项(共 10 项) 已筛选 搜索

图 5-39　筛选器筛选结果

Access 2010 还按照数据类型提供了文本、日期和数字三种数据类型筛选器，筛选器的选项根据数据类型自动变化。因此，当用户选定了要设置筛选条件的字段时，可以在筛选器中看到符合数据类型信息选项的级联菜单。在图 5-38 中可以看到符合系号字段的"文本筛选器"级联菜单项。三种数据类型筛选器的选项如表 5-10 所示。

表 5-10　三种数据类型筛选器的选项

| 筛选器类型 | 文本筛选器 | 日期筛选器 | 数字筛选器 |
|---|---|---|---|
| 筛选器选项 | 等于 | 等于 | 等于 |
| | 不等于 | 不等于 | 不等于 |
| | 开头是 | 之前 | 大于 |
| | 开头不是 | 之后 | 小于 |
| | 包含 | 期间 | 期间 |
| | 不包含 | 期间的所有日期 | |
| | 结尾是 | | |
| | 结尾不是 | | |

【例 5-14】　使用文本筛选器筛选学生表学号以"3"结尾的学生记录。

具体步骤如下：

（1）在数据表视图中选中学号字段。

（2）选择功能区的"开始"选项卡。

（3）在"排序和筛选"组中，选择"筛选器"。

（4）在弹出的"筛选器"菜单中，选择文本筛选器，在级联菜单中选择"结尾是"，弹出自定义筛选对话框。如图 5-40 所示。

图 5-40　自定义筛选对话框

（5）在对话框中输入 3，点击确定。筛选结果如图 5-41 所示。

图 5-41　筛选结果

## 2. 基于选定内容筛选

【例 5-15】　基于选定内容筛选学生表中出生日期不晚于李晓明出生日期的学生记录。

具体步骤如下：

（1）在学生表数据表视图中选中李晓明的出生日期#1985-1-1#。

（2）点击右键，选择"不晚于 1985-1-1"，筛选菜单和查询结果分别如图 5-42、图 5-43 所示。

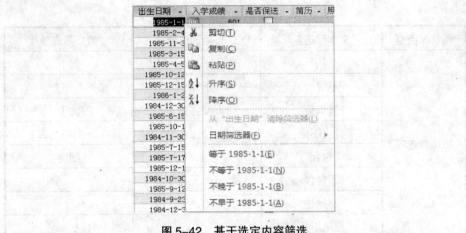

图 5-42　基于选定内容筛选

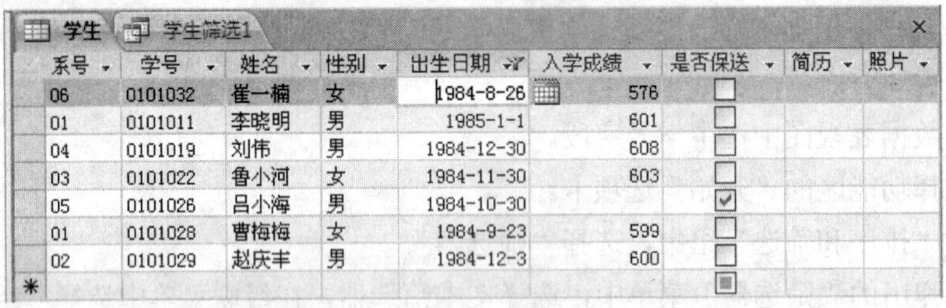

图 5-43　筛选结果

### 3. 使用窗体筛选

【例 5-16】　使用窗体筛选学生记录，要求显示 03 号系的男生和 01 号系的女生。

具体步骤如下：

（1）在数据表视图模式中打开学生表。选择功能区的"开始"选项卡。

（2）在"排序和筛选"组中，选择"高级"下拉按钮中的"按窗体筛选"选项。

（3）主窗口中出现名为"学生：按窗体筛选"的窗口，分别在系号下方选择"03"、性别下方选择"男"。如图 5-44(a)所示。

（4）选择窗口下方的"或"，并分别在系号下方选择"01"、性别下方选择"女"。如图 5-44(b)所示。

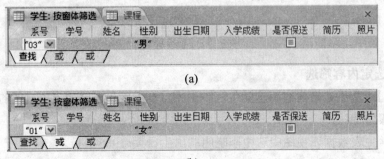

(a)

(b)

图 5-44　按窗体筛选窗口

（5）在"排序和筛选"组中，选择"高级"下拉按钮中的"应用筛选"。 查询结果如图 5-45 所示。

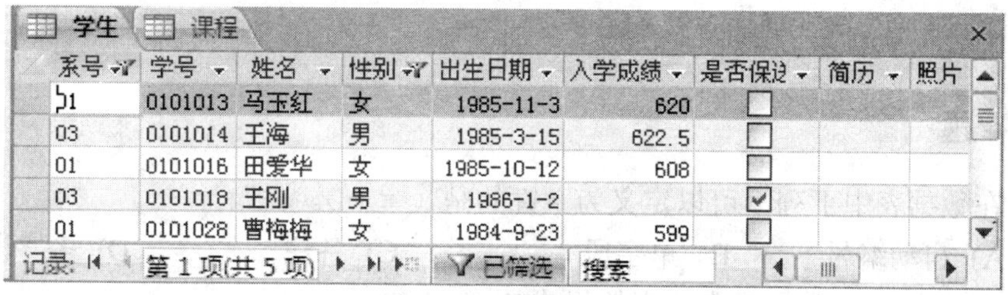

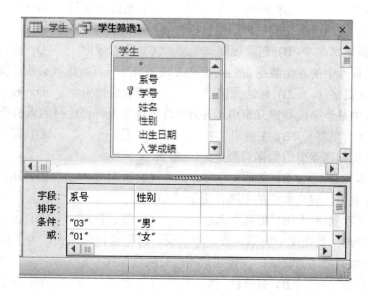

图 5-45　按窗体筛选结果

### 4. 高级筛选

高级筛选实际上就是将按窗体筛选的功能集成在同一个窗口中的操作。下面用高级筛选实现例 5-16。

【例 5-17】　用高级筛选功能实现例 5-16 的筛选。

具体步骤如下：

（1）在数据表视图模式中打开学生表。选择功能区的"开始"选项卡。

（2）在"排序和筛选"组中，选择"高级"下拉按钮中的"高级筛选/排序"选项。

（3）主窗口中出现名为"学生筛选 1"的窗口，在窗口下方网格的"字段"栏中分别选择系号、性别，在"条件"栏的系号下方选择"03"、性别下方选择"男"，在"或"栏的系号下方选择"01"、性别下方选择"女"。"学生筛选 1"的窗口如图 5-46 所示。

（4）在"排序和筛选"组中，选择"高级"下拉按钮中的"应用筛选"。查询结果如图 5-45 所示。

显示筛选结果的时候，"应用筛选"按钮变为"取消筛选"，再次点击可以取消数据表的筛选。

图 5-46　高级筛选

# 习题 5

## 一、选择题

1. 在数据表中下列不可以定义为主键的是（　　　）。

   A) 自动编号　　　　B) 单字段　　　　　　C) 备注　　　　　　D) 多字段

2. Access 2010 数据库中，表的组成是（　　　）。

   A) 字段和记录　　　B) 查询和字段　　　　C) 记录和窗体　　　D) 报表和字段

3. 在数据表中，可以定义 3 种主关键字，它们是（　　　）。

   A) 单字段、双字段和多字段　　　　　　　　B) 单字段、双字段和自动编号

   C) 单字段、多字段和自动编号　　　　　　　D) 双字段、多字段和自动编号

4. 数据表中字段的数据类型不包括（　　　）类型。

   A) 备注　　　　　　B) 自动编号　　　　　C) 日期/时间　　　D) 字体

5. 假设某数据库包含三张数据表：学生 S(学号，姓名，性别，年龄，身份证号)、课程 C（课号，课名）、成绩 SC（学号，课号，成绩），则表 SC 的主键为（　　　）。

   A) 课号和成绩　　　B) 学号和课号　　　　C) 学号和成绩　　　D) 学号和姓名及成绩

6. Access 2010 中表和数据库的关系是（　　　）。

   A) 数据库就是数据表　　　　　　　　　　　B) 一个数据库可以包含多个数据表

   C) 一个数据库只能含一个数据表　　　　　　D) 一个数据表可以包含多个数据库

7. 若处理一个值为 50000 的整数，应采用哪种基本数据类型描述更合适（　　　）。

   A) 整型　　　　　　B) 长整型　　　　　　C) 单精度　　　　　D) 文本

8. 如果字段内容为声音文件，则该字段的数据类型应定义为（　　　）。

   A) 文本　　　　　　B) 备注　　　　　　　C) 超级链链接　　　D) OLE 对象

9. 数据表之间的参照完整性规则不包括（　　　）。

   A) 更新规则　　　　B) 删除规则　　　　　C) 插入规则　　　　D) 检索规则

10. 要在数据库中的各个数据表之间建立关联关系，一方数据表必须建立（　　　）。

    A) 主关键字　　　　B) 候选关键字　　　　C) 普通索引　　　　D) 唯一索引

11. 数据表中某一字段要建立索引，其值允许出现重复，可选择的索引类型是（　　　）。

    A) 有（有重复）　　B) 主索引　　　　　　C) 无　　　　　　　D) 有（无重复）

12. 下列不能创建索引的数据类型是：（　　　）。

    A) 文本　　　　　　B) 货币　　　　　　　C) 日期　　　　　　D) OLE 对象

13. 在数据表中，建立索引的主要作用是（　　　）。

    A) 节省存储空间　　B) 提高查询速度　　　C) 便于管理　　　　D) 防止数据丢失

14. "教学管理"数据库中有系名表、学生表、课程表和选课表，为了有效地反映这四张表中数据之间的联系，在创建数据库时应设置（　　　）。

    A) 默认值　　　　　B) 有效性规则　　　　C) 索引　　　　　　D) 表之间的关系

15. 在建立数据表"商品信息"时，若将 "单价"字段的有效性规则设置为：单价>0，

则可以保证数据的（　　）。

　　A) 实体完整性　　B) 域完整性　　　　C) 参照完整性　　D) 表完整性

16. 在 Access 数据库的表设计视图中，不能进行的操作是（　　）。

　　A) 修改字段类型　B) 设置索引　　　　C) 增加字段　　D) 删除记录

## 二、填空题

1. Access 2010 数据库的文件扩展名是＿＿＿＿＿＿＿＿＿。

2. 若某数据表中含有电话号码字段，则该字段应选取的合理数据类型是＿＿＿＿＿＿＿。

3. Access 2010 的数据表中哪 4 个常见数据类型的宽度是固定的＿＿＿＿（1）＿＿＿＿、
＿＿＿（2）＿＿＿、＿＿＿（3）＿＿＿和＿＿＿＿（4）＿＿＿。

4. 存储图像的 OLE 型字段，宽度小于＿＿＿＿＿＿＿＿。

5. 学生表入学成绩字段的有效性规则定义为："＞=0 And ＜=750"，该规则对应的逻辑
表达式是＿＿＿＿＿＿＿。

## 三、操作题

1. 创建本章使用的"教学管理"数据库、四个数据表，并定义数据表之间的参照关系。
数据库参考资料如图 5-47 所示。

| 系号 | 学号 | 姓名 | 性别 | 出生日期 | 入学成绩 | 是否保送 | 简历 | 照片 |
|---|---|---|---|---|---|---|---|---|
| 01 | 0101011 | 李晓明 | 男 | 1985-1-1 | 601 | ☐ | | |
| 02 | 0101012 | 王民 | 男 | 1985-2-4 | 610 | ☐ | | |
| 01 | 0101013 | 马玉红 | 女 | 1985-11-3 | 620 | ☐ | | |
| 03 | 0101014 | 王海 | 男 | 1985-3-15 | 622.5 | ☐ | | |
| 04 | 0101015 | 李建中 | 男 | 1985-4-5 | 615 | ☐ | | |
| 01 | 0101016 | 田爱华 | 女 | 1985-10-12 | 608 | ☐ | | |
| 02 | 0101017 | 马萍 | 女 | 1985-12-15 | | ☑ | | |
| 03 | 0101018 | 王刚 | 男 | 1986-1-2 | | ☑ | | |
| 04 | 0101019 | 刘伟 | 男 | 1984-12-30 | 608 | ☐ | | |
| 01 | 0101020 | 赵洪 | 男 | 1985-6-15 | 623 | ☐ | | |
| 02 | 0101021 | 关艺 | 女 | 1985-10-1 | 614 | ☐ | | |
| 03 | 0101022 | 鲁小河 | 男 | 1984-11-30 | 603 | ☐ | | |
| 04 | 0101023 | 刘宁宁 | 女 | 1985-7-15 | | ☑ | | |
| 01 | 0101024 | 万海 | 男 | 1985-7-17 | 602 | ☐ | | |
| 05 | 0101025 | 刘毅 | 男 | 1985-12-1 | 615 | ☐ | | |
| 05 | 0101026 | 吕小海 | 男 | 1984-10-30 | | ☑ | | |
| 05 | 0101027 | 王一萍 | 女 | 1985-9-12 | 601 | ☐ | | |
| 01 | 0101028 | 曹梅梅 | 女 | 1984-9-23 | 599 | ☐ | | |
| 02 | 0101029 | 赵庆丰 | 男 | 1984-12-3 | 600 | ☐ | | |
| 03 | 0101030 | 关萍 | 女 | 1985-11-1 | 607 | ☐ | | |
| 06 | 0101031 | 章佳 | 女 | 1985-11-25 | 585 | ☐ | | |

记录: ◄ 第 1 项(共 22 项) ► ►I ►※ 无筛选器　搜索

(a)

| 系号 | 系名 |
|---|---|
| 01 | 信息系 |
| 02 | 人力资源系 |
| 03 | 国际经济与贸易 |
| 04 | 计算机技术与科学 |
| 05 | 中文系 |
| 06 | 日语系 |
| 07 | 电子商务 |
| 08 | 工商管理 |
| 09 | 生物科学 |
| 10 | 国际会计 |
| 11 | 旅游管理 |
| 12 | 应用数学 |
| 13 | 材料化学 |

记录: ◄ 第 1 项(共 14 项) ► ►I ►※ 无

(b)

| 课程号 | 课程名 | 学时 | 学分 | 是否必修 |
|---|---|---|---|---|
| 101 | 高等数学 | 54 | 5 | ☑ |
| 102 | 大学英语 | 36 | 3 | ☑ |
| 103 | 数据库应用 | 36 | 3 | ☑ |
| 104 | 邓小平理论 | 24 | 2 | ☑ |
| 105 | 第二外语 | 36 | 2 | ☐ |
| 106 | 软件基础 | 37 | 8 | ☑ |
| 107 | 管理学 | 45 | 3 | ☐ |
| 108 | 军事理论 | 32 | 2 | ☑ |
| 110 | 线性代数 | 54 | 3 | ☐ |

记录: ◄ 第 1 项(共 10 项) ► ►I ►※ 无筛选器　搜索

(c)

选课成绩

| 学号 | 课程号 | 成绩 |
|---|---|---|
| 0101011 | 101 | 95 |
| 0101011 | 102 | 70 |
| 0101011 | 103 | 82 |
| 0101012 | 102 | 88 |
| 0101012 | 103 | 85 |
| 0101012 | 104 | 81 |
| 0101013 | 105 | 83 |
| 0101014 | 101 | 88 |
| 0101014 | 106 | 90 |
| 0101015 | 105 | 80 |
| 0101015 | 106 | 80 |
| 0101016 | 101 | 78 |
| 0101016 | 103 | 98 |
| 0101016 | 105 | 75 |
| 0101017 | 102 | 85 |
| 0101017 | 103 | 89 |
| 0101018 | 104 | 92 |
| 0101018 | 105 | 81 |
| 0101019 | 103 | 86 |
| 0101019 | 106 | 85 |
| 0101020 | 101 | 95 |
| 0101020 | 102 | 85 |
| 0101020 | 104 | 97 |
| 0101022 | 103 | 77 |
| 0101023 | 101 | 79 |
| 0101023 | 102 | 87 |
| 0101023 | 104 | 84 |
| 0101024 | 101 | 91 |
| 0101024 | 102 | 88 |
| 0101024 | 105 | 0 |
| 0101025 | 102 | 85 |
| 0101025 | 105 | 75 |
| 0101026 | 102 | 89 |
| 0101026 | 103 | 91 |
| 0101027 | 101 | 93 |
| 0101027 | 104 | 92 |

记录: 第 1 项(共 43 项　无筛选器

(d)

**图 5–47　数据库参考资料**

2．对学生表按照系号升序、性别升序、学号降序的排列要求排序。

3．熟悉下列筛选操作：

（1）筛选“01”和“03”的学生记录。

（2）筛选学生表学号以“3”结尾的学生记录。

（3）筛选出年龄大于李晓明学生记录。

（4）筛选出 03 号系的男生和 01 号系的女生记录。

# 第 6 章 查询文件

用户建立数据库的目的就是为了存储和提取信息，信息的提取关键在于方便地查询统计数据库中的数据。因此，查询便成了数据库操作的主要内容。除了直接的查询操作外，对数据的追加、更新、删除等等操作也常常要首先确定需要追加、更新、删除的数据。因此，这些操作也通常以查询为基础。上一章我们介绍了建立数据库和表，以及如何对数据库中的数据进行维护和浏览，本章将介绍如何使用 Access 2010 提供的查询工具检索数据。

## 6.1  查询概述

### 6.1.1  查询的概念

通过上一章的学习我们已经了解到，使用 Access 2010 提供的筛选器、选择、高级筛选等工具可以对表格中的特定数据进行筛选。虽然使用这些工具可以找到所需要的记录，但最主要的问题是，筛选是一种实时的屏幕交互式操作，随着筛选结果的输出，筛选的操作也就结束了，整个过程不能以文件的形式存储在数据库磁盘上，如果下次要执行同样的或类似的筛选任务，只能将这一操作过程一一重现。如果需要反复查找大量数据，就要不断重复筛选操作，这显然非常繁琐而浪费，并且无法将其开发成应用程序发布给用户使用。为了便于用户在数据库中检索自己需要的数据，Access 2010 提供了一种能以文件形式存储的检索工具——查询。

所谓查询就是找到用户所需数据库子集的过程。Access 2010 根据用户定义的查询条件，在数据库中的一张或多张表中检索出满足条件的一组记录，这些记录只显示用户指定的所需字段。因此，用户建立查询时可以定义需要显示的字段及筛选条件，当运行查询时，只有那些指定的字段和符合筛选条件的记录才被检索出来。Access 2010 在磁盘上建立一个查询文件来存储这些检索需求。不论何时运行这个查询文件，Access 2010 都根据文件中保存的需求将相关数据组合起来建立一个动态数据集，也就是查询结果。这个动态数据集看起来像一张表，但它不是真正的表，不存储在数据库磁盘上，只在内存中临时存储和显示。当用户关闭这个动态数据集后，内存中的存储就可以清除了。因为这个动态数据集（查询结果）来源于数据库中的数据，当数据源发生改变后，再运行查询文件，查询结果就发生改变；反过来，当用户修改查询结果中的数据，查询结果从内存写回数据库磁盘时，同样也会改变数据源。

实际上，用户在前台运行了查询文件后，DBMS 自动在后台按照查询文件中的查询要求生成一条查询命令，该命令用数据库标准语言 SQL 语言写成，再通过执行这条 SQL 命令来实现查询操作。

Access 2010 中的查询一旦生成，可以作为窗体、报表，甚至是另一个查询的数据源。查询过程如图 6-1 所示。

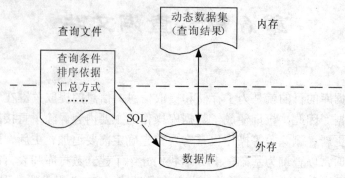

图 6-1 数据库查询过程示意图

## 6.1.2 查询的功能

在 Access 2010 中，查询不仅可以从一张或多张数据表中查看指定的字段和规定只显示符合条件的记录，还可以对查询结果进行排序、分组和执行分类汇总计算，并且可以将查询的结果可以保存到一张基本数据表中。Access 2010 查询的基本功能概括如下：

（1）指定一个或多个数据源；

（2）选择在查询结果中要显示的字段；

（3）设置条件筛选要在查询结果中显示的记录；

（4）设置排序依据组织查询结果；

（5）设置分组依据组织查询结果；

（6）设置汇总计算对查询结果进行数学统计；

（7）提供用户接口进行交互式查询；

（8）指定将查询结果保存到一个基本表；

（9）对数据源追加、更新、删除数据；

（10）建立交叉表形式的结果集；

（11）查找重复项记录；

（12）查找不匹配项记录。

## 6.1.3 查询的分类

为了完成上述查询功能，Access 2010 主要提供了两种查询方式。一种是屏幕操作方式，通过建立查询文件的可视化方法储存查询条件；另一种是程序方式，通过直接书写 SQL 命令的方式实现查询。本章着重介绍第一种方式即查询文件。SQL 语言的语法和使用将在下一章介绍。每一个查询文件都能转换成 SQL 命令来编译执行，但并不是所有直接书写的 SQL 命令都能用查询文件显示。这两种查询方式如图 6-2 所示。

Access 2010 的查询文件有多种形式，包括选择查询、参数查询、操作查询（动作查询）、交叉表查询、重复项查询、不匹配查询等。总结起来有 4 大类：选择查询、参数查询、操作查询和特殊用途查询。具体的分类和功能说明如表 6-1 所示。

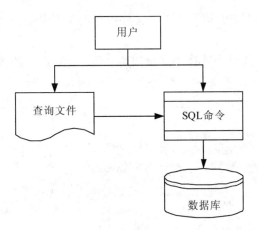

**图 6-2 数据库查询方式示意图**

**表 6-1 Access 2010 查询文件类型**

| 查询类型 | 查询方式 | 功能说明 | 举例 |
|---|---|---|---|
| 选择查询 | 选择查询 | 最基本的查询方式，指定记录和字段并对查询结果排序、分组、统计汇总 | 查询学生表中男生的学号和姓名，并按姓名升序排列 |
| 参数查询 | 参数查询 | 执行查询时提供参数的输入接口，实现用户交互式查询，本质上也是选择查询 | 按用户输入的系号查找学生信息 |
| 操作查询 | 生成表查询 | 查询结果生成一张新的基本表 | 用学生表中的男生记录生成新数据表学生 1 |
| | 追加查询 | 将查询结果插入一张基本表 | 将学生表中的所有女生记录插入学生 1 表 |
| | 更新查询 | 对查询结果进行更新，存入原基本表 | 给 102 号课成绩 80 以下的学生每人加 5 分 |
| | 删除查询 | 将查询结果从数据源中删除 | 删除大学英语的选课记录 |
| 特殊查询 | 交叉表查询 | 用交叉表的形式组织查询结果，本质上也是一种选择查询 | 横纵字段名分别为学号和课程号，交叉位置显示成绩 |
| | 重复项查询 | 查找指定字段的重复项 | 统计每个系的人数 |
| | 不匹配项查询 | 在一张表中查询和另一张表不相关记录 | 查找没有人选修的课程 |

## 6.1.4 Access 2010 查询文件创建和使用的一般过程

Access 2010 提供了两种方法建立查询，一种是使用"查询向导"；另一种是使用"查询设计"视图（查询设计器）建立查询。查询向导可以按照一定的模式引领用户创建查询，实现基本的查询操作，不需要使用者具备过多的数据库查询知识，最简单易行。但向导的功能比较单一，要想完成丰富多变的查询任务，必须使用"查询设计"视图。

下面我们通过一个例子来了解创建和使用 Access 2010 查询文件的一般过程。

【例 6-1】 创建表 6-1 中的第一个查询文件：查询学生表中的所有数据。并命名为"我的第一个查询文件"。

在 Access 2010 的主菜单中选择"创建"菜单项，此后展开的查询工具栏含有"查询向导"和"查询设计"两项，请选择"查询设计"。如图 6-3 所示。

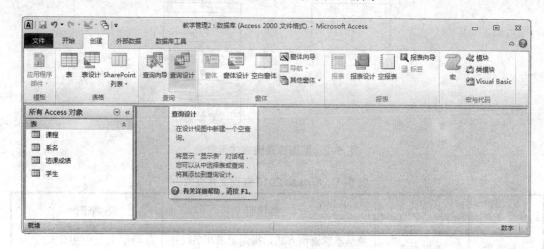

图 6-3　Access 2010 查询工具栏

这时出现查询文件的设计视图，随之弹出的还有"显示表"对话框。如图 6-4 所示。

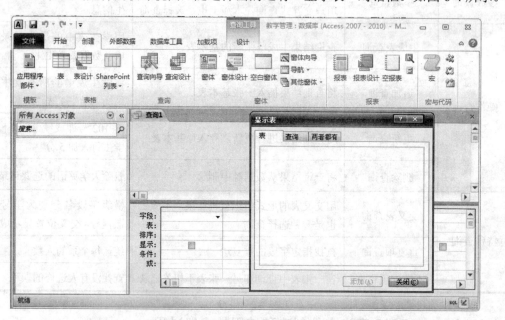

图 6-4　"显示表"对话框

选择查询需要使用的数据源表，此时双击表名"学生"。被选中的表出现在设计视图上半部分的数据源区。而下半部分的设计网格区是查询设计的主要内容，根据不同的查询需要，设置不同的查询条件，选择不同的查询类型完成查询文件的建立。此时可以在设计网格区"字段"栏目的第一个单元格上点击下拉菜单，选择"学生.*"，表示查询学生表的所有数据。

　　要运行查询文件实现查询操作,可以在查询视图打开的情况下,单击查询设计工具栏上的 ⚡运行 按钮。查询结果出现在原来的设计视图区域。回到设计视图窗口可以使用“视图”菜单下的“设计视图选项”,也可以在查询结果窗口的标题栏位置点击右键,在快捷菜单中选择“设计视图”。如图 6-5 所示。(为了对比清晰,图 6-5 做了处理,实际上两种不同的菜单是不可能同时出现的。)

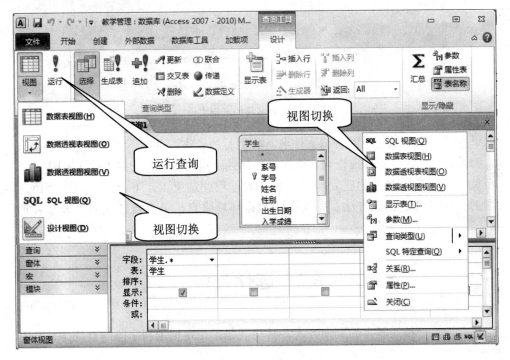

**图 6-5　视图切换**

　　这种方式创建的查询文件自动命名为“查询 1”。自定查询文件名称可以选择快速访问工具栏的“保存”按钮保存查询文件,或者直接关闭建立好的查询文件时,系统弹出“是否保存对查询‘查询 1’设计的更改?”对话框。选择“是”,系统弹出“另存为”对话框,在文本框中输入查询文件的名字“我的第一个查询文件”。如图 6-6 所示。

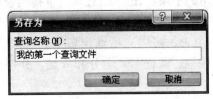

**图 6-6　“另存为”对话框**

　　文件保存后在 Access 2010 窗口左侧的导航区中显示该查询文件的名称,如果没有显示,请在导航区上方的下拉箭头上单击,在下拉菜单中选择“所有 Access 对象”。如图 6-7 所示。

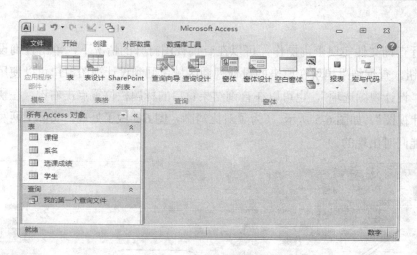

图 6-7　命名后的查询文件

　　如果直接双击导航栏中的查询文件名，将运行该查询，并显示查询结果；如果只是想打开查询设计视图进一步修改查询，请在文件标题上点击右键，选择"设计视图"。

　　至此，一个查询文件的建立和使用的一般过程就结束了。下面几节分别介绍几种不同类型的查询文件的创建方法。所使用的数据环境来自于第五章建立的"教学管理"数据库。

# 6.2　选择查询

　　选择查询是一种最基本的查询方式，其功能包括指定记录和字段的查询条件和对查询结果的排序、分组、统计汇总。

## 6.2.1　利用向导创建简单查询

　　【例 6-2】　利用简单查询向导创建查询：学生选课成绩单。

　　在图 6-3 所示的查询工具栏中选择建立"查询向导"，可以看到如图 6-8(a)所示的几种向导。其中，使用第一种"简单查询向导"即可创建一个选择查询文件。选择简单查询向导后，首先要确定查询中使用的字段，在"表/查询"下拉列表框中选择数据源，该数据源中的字段出现在下方"可用字段"列表框中，选定的字段出现在右面的"选定字段"列表框中。如果所需字段来自多个表，可以先后选定多张表格来一一添加。本例最终选取的字段是系名、学号、姓名、性别、课程名、学分和成绩，分别来源于四张表，如图 6-8(b)所示。

　　选好所需字段后，点击"下一步"，确定采用明细查询还是汇总查询。如果选择明细查询，将查出所选数据源中所有满足条件的记录，并且不对查询结果做统计汇总，如图 6-8(c)所示。

　　最后一步，为查询指定标题，在标题文本框中输入"学生选课成绩单"，如图 6-8(d)所示。点击"完成"，可以看到查询结果，如图 6-8(e)所示。

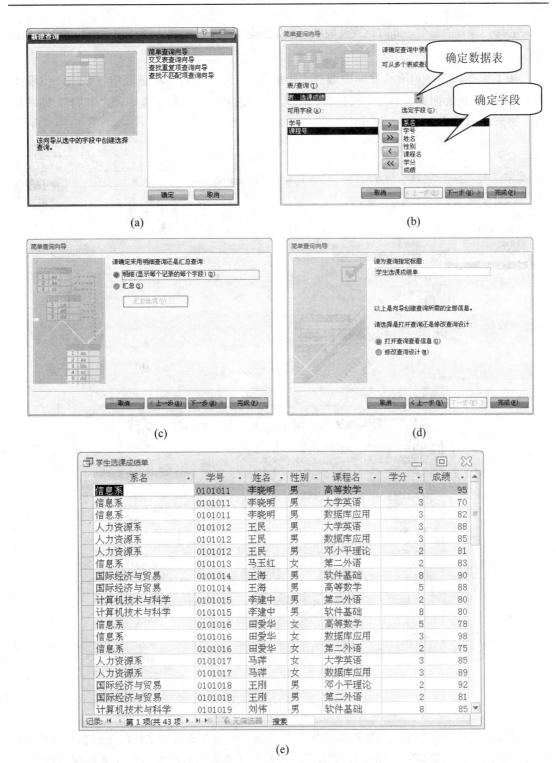

(a)

(b)

(c)

(d)

(e)

图 6-8 简单查询向导

如果要查询学生成绩的统计汇总，如查询学生选课的总学分和平均成绩。首先应该在字段选取的阶段去掉"课程名"字段，因为汇总成绩是要考察每个学生考试的总体情况，不关心每门课程的细节，此时这次选取的字段是系名、学号、姓名、学分和成绩，如图 6-9(a) 所示。

接下来在图 6-8(c)所示界面中选择"汇总"，点击下方的"汇总选项"按钮，出现如图 6-9(b)所示的界面。给学分字段选择"汇总"，即求和；给成绩字段选择"平均"，即求均值。最后查询的结果如图 6-9(c)所示。

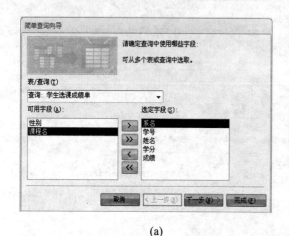

(a)

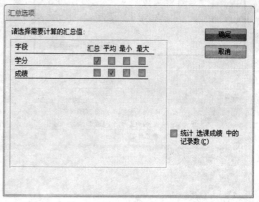

(b)

| 系名 | 学号 | 姓名 | 学分 之合 | 成绩 之平 |
|---|---|---|---|---|
| 国际经济与贸易 | 0101014 | 王海 | 13 | 89 |
| 国际经济与贸易 | 0101018 | 王刚 | 4 | 86.5 |
| 国际经济与贸易 | 0101022 | 鲁小河 | 3 | 77 |
| 国际经济与贸易 | 0101030 | 关萍 | 4 | 86.5 |
| 计算机技术与科学 | 0101015 | 李建中 | 10 | 80 |
| 计算机技术与科学 | 0101019 | 刘伟 | 11 | 85.5 |
| 计算机技术与科学 | 0101023 | 刘宁宁 | 10 | 83.33333333 |
| 人力资源系 | 0101012 | 王民 | 8 | 84.66666667 |
| 人力资源系 | 0101017 | 马萍 | 6 | 87 |
| 人力资源系 | 0101029 | 赵庆丰 | 7 | 92.66666667 |
| 信息系 | 0101011 | 李晓明 | 11 | 82.33333333 |
| 信息系 | 0101013 | 马玉红 | 2 | 83 |
| 信息系 | 0101016 | 田爱华 | 10 | 83.66666667 |
| 信息系 | 0101020 | 赵洪 | 10 | 92.33333333 |
| 信息系 | 0101024 | 万海 | 10 | 89.5 |
| 信息系 | 0101028 | 曹梅梅 | 2 | 91 |
| 中文系 | 0101025 | 刘毅 | 5 | 80 |
| 中文系 | 0101026 | 吕小海 | 6 | 90 |
| 中文系 | 0101027 | 王一萍 | 15 | 94 |

记录: 第1项(共19项) 无端选器 搜索

(c)

**图 6-9　汇总查询向导**

可以看出，用向导建立选择查询确实非常简单，但建立的查询文件的形式也极其单一。如果要想为查询结果按照考试平均分排序，或者只想查询计算机系或中文系的学生成绩，诸如此类的查询要求，在以上的向导中都没有体现。因此，向导的方式只适合初步建立查询文件，其余的设置要在接下来的查询设计视图模式中完成。下面，我们将介绍使用查询文件设计视图创建选择查询。

## 6.2.2　利用设计视图创建选择查询

查询设计视图可以独立的创建查询文件，也可以对向导创建的查询文件进行修改。

**1. 查询设计视图界面**

查询设计视图由上下两部分组成，上半部分是数据源区，主要显示查询数据源使用的数据表、表中的字段、表之间的关系；下半部分是设计网格区，负责设计查询的主要内容，如图 6-10 所示。

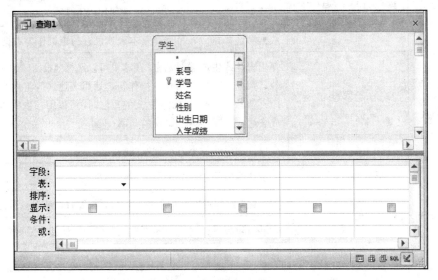

**图 6-10　查询设计视图界面**

设计网格默认有以下几个主要内容：

（1）字段　查询设计中所使用的字段名，从数据源区的表中选取；

（2）表　说明上方对应的该字段来自哪个数据源表；

（3）排序　查询结果是否按该字段排序，如果排序，是升序还是降序；

（4）显示　该字段在查询结果表中是否显示；

（5）条件　限定该字段的查询条件；

（6）或　当查询条件多于一个，且多个条件之间采用逻辑或运算时，将用到该网格。

在设计网格区域的过程中，将用到的工具按钮会显示在 Access 2010 上方的查询工具栏中，如图 6-11 所示。

**图 6-11　查询工具栏**

具体的按钮和功能如表 6-2 所示。

表 6-2   查询工具栏

| 工具类别 | 按钮 | 功能说明 |
|---|---|---|
| 结果 | 视图 | 弹出视图菜单，选择数据表视图、数据透视表视图、数据透视图视图、SQL 视图、设计视图 5 种模式 |
| | 运行 | 运行设计好的查询文件，点此按钮查看结果 |
| 查询类型 | 选择/生成表/追加… | 查询文件类型的选择，默认共有选择、生成表、追加、更新、交叉表、删除、联合、传递、数据定义 9 种 |
| 查询设置 | 显示表 | 数据源选择窗口，可选择基本表或已有的查询作为数据源 |
| | 生成器 | 弹出表达式生成器对话框，在这里可以选择 Access 2010 内置函数、数据库对象、常量、操作符、通用表达式等等内容，当用户不熟悉 Access 2010 表达式的写法时，可以用该生成器辅助生成表达式，减少语法错误的几率 |
| | 插入行/删除行 | 在设计网格的最下方增加或删除一行 |
| | 插入列/删除列 | 在设计网格的最右侧增加或删除一列 |
| | 返回 | 指定查询结果返回多少条数据，可以按照行数或是百分比指定 |
| 显示/隐藏 | 汇总 | 显示或隐藏设计网格中的"汇总"行，默认处于隐藏状态 |
| | 参数 | 弹出"查询参数"窗口 |
| | 属性表 | 显示或隐藏屏幕右侧的"属性表"浮动窗口，默认处于隐藏状态 |
| | 表名称 | 显示或隐藏设计网格中的"表"行，默认处于显示状态 |

## 2. 设计字段网格

下面用设计视图来完成例 6-2 的查询。

【例 6-3】 改写例 6-2：用设计视图查询学生选课成绩单。

（1）确定查询所需的数据表。点击工具栏中的"查询设计"按钮，建立一个空的查询文件，在弹出的"显示表对话框中"选择系名、学生、选课成绩、课程四张表格，如图 6-12 所示。

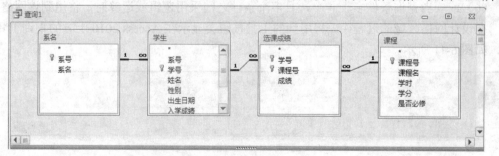

图 6-12   数据源区

注意，如果在设计数据库的时候已经为四张表建立了关联关系，那么添加的表格之间会自动按照设置好的关联显示连接线；如果还设置了表格之间的参照完整性，连线的父表

（主键）一端显示"1"，子表（外键）一端显示"∞"。如果没有事先设置，可以在数据源区设置关联关系，将父表的主键拖动至子表的外键处，这时出现一条两者之间的连线。要想进一步编辑关联关系可以单击这条连线，弹出如图 6-13 所示的"联接属性"对话框。

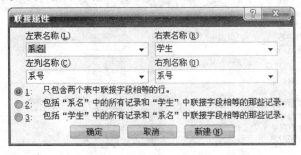

图 6-13　"联接属性"对话框

（2）确定查询结果中要包含的字段。在设计网格中的字段一行依次选择。在每个网格的下拉列表中，都可以看到所有数据源表中的所有字段，要选择一个表格中的所有字段请选择列表中的"表名.*"。字段选择的同时，网格第二行的"表"栏目中自动出现所选字段的所属表，如图 6-14 所示。

| 字段: | 系名 | 学号 | 姓名 | 性别 | 课程名 | 学分 | 成绩 |
|---|---|---|---|---|---|---|---|
| 表: | 系名 | 学生 | 学生 | 学生 | 课程 | 课程 | 选课成绩 |
| 排序: | | ▾ | | | | | |
| 显示: | ☑ | ☑ | ☑ | ☑ | ☑ | ☑ | ☑ |
| 条件: | | | | | | | |
| 或: | | | | | | | |

图 6-14　设计字段网格

（3）运行查询，就可以看到如图 6-8(e)所示的查询结果了。

**3. 设计排序网格**

【例 6-4】 改写例 6-3：查询结果按指定顺序显示。

要让例 6-3 中的查询结果按照系名升序排列，选择"系名"下方的排序网格，在下拉列表中选择"升序"。排序时可以设置多级排序字段，例如先按系名升序，再按性别降序，最后按姓名升序。注意，排序的级别按照"排序"网格从左至右的顺序设定，要想让"性别"排序先于"姓名"，就必须将网格中"姓名"一列移动到"性别"的右侧。可以直接使用鼠标拖动的方式交换网格列的位置，如图 6-15 所示。

| 字段: | 系名 | 学号 | 性别 | 姓名 | 课程名 | 学分 | 成绩 |
|---|---|---|---|---|---|---|---|
| 表: | 系名 | 学生 | 学生 | 学生 | 课程 | 课程 | 选课成绩 |
| 排序: | 升序 | | 降序 | 升序 | | | |
| 显示: | ☑ | ☑ | ☑ | ☑ | ☑ | ☑ | ☑ |
| 条件: | | | | | | | |
| 或: | | | | | | | |

图 6-15　设计排序网格

排序后的部分查询结果如图 6-16 所示。

| 系名 | 学号 | 性别 | 姓名 | 课程名 | 学分 | 成绩 |
|---|---|---|---|---|---|---|
| 国际经济与贸易 | 0101030 | 女 | 关译 | 第二外语 | 2 | 87 |
| 国际经济与贸易 | 0101030 | 女 | 关译 | 邓小平理论 | 2 | 86 |
| 国际经济与贸易 | 0101022 | 女 | 鲁小河 | 数据库应用 | 3 | 77 |
| 国际经济与贸易 | 0101018 | 男 | 王刚 | 邓小平理论 | 2 | 92 |
| 国际经济与贸易 | 0101018 | 男 | 王刚 | 第二外语 | 2 | 81 |
| 国际经济与贸易 | 0101014 | 男 | 王海 | 高等数学 | 5 | 88 |
| 国际经济与贸易 | 0101014 | 男 | 王海 | 软件基础 | 8 | 90 |
| 计算机技术与科学 | 0101023 | 女 | 刘宁宁 | 邓小平理论 | 2 | 84 |
| 计算机技术与科学 | 0101023 | 女 | 刘宁宁 | 高等数学 | 5 | 79 |
| 计算机技术与科学 | 0101023 | 女 | 刘宁宁 | 大学英语 | 3 | 87 |
| 计算机技术与科学 | 0101015 | 男 | 李建中 | 软件基础 | 8 | 80 |
| 计算机技术与科学 | 0101015 | 男 | 李建中 | 第二外语 | 2 | 80 |
| 计算机技术与科学 | 0101019 | 男 | 刘伟 | 软件基础 | 8 | 85 |
| 计算机技术与科学 | 0101019 | 男 | 刘伟 | 数据库应用 | 3 | 86 |

记录：第 1 项(共 43 项) 无筛选器 搜索

**图 6-16　查询结果三级排序**

数据库中常用来排序的各类型字段值的大小顺序如表 6-3 所示。

**表 6-3　不同字段类型的排序**

| 字段类型 | 排序说明 | 正确排序举例 |
|---|---|---|
| 文本 | 无论中文还是西文，按照字典顺序排序，页码排在后面的大于前面的 | "小学">"大学"<br>"abc">"ab"<br>"12"<"3" |
| 数字 | 按数字的实际大小排序 | 12>3 |
| 日期时间 | 时间靠后的日期大于以前的日期 | #2013-01-15# > #2012-12-15# |
| 是/否 | 假值大于真值 | FALSE > TRUE |

## 4. 设计条件网格

要限制某些字段的范围，应该使用条件网格。在相应字段的条件网格中输入条件表达式。设计网格中的"条件"和"或"两行都属于条件网格。输入在同一行的条件表示"并且（And）"逻辑关系；输入在不同行的条件表示"或者（Or）"逻辑关系。

【例 6-5】 改写例 6-4：只查询国经贸系或计算机系的学生成绩单。

该条件翻译成表达式：系名= "国际经济与贸易" Or 系名= "计算机技术与科学"

条件网格的写法有两种，一是直接在系名的条件网格中输入"国际经济与贸易" Or "计算机科学与技术"，二是分两行输入两个系名。输入时不用写引号，系统检测到这是一个文本型字段，会自动为字段值加上引号。两种条件设置方式分别如图 6-17(a)、(b)所示。

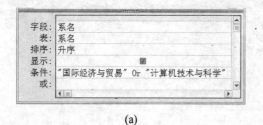

(a)

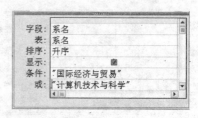

(b)

**图 6-17　条件网格的两种设计方式**

【例 6-6】　改写例 6-4：只查询国经贸系的女生和计算机系的男生成绩单。

该条件翻译成表达式如下：

系名= "国际经济与贸易" And　性别="女" Or　系名= "计算技术与科学" And　性别="男"

条件网格设计如图 6-18 所示。

图 6-18　条件网格的设计

查询结果如图 6-19 所示。

图 6-19　按条件查询结果

**5. 设计显示网格**

如果想在查询结果中隐藏某些字段，可以将该字段的"显示"网格中的复选框取消选定，这样，该字段的内容不会在结果中显示，但对该字段的排序、条件等设置效果不会消失。

例如，取消例 6-6 中性别字段的显示网格选定，查询结果中隐藏了性别列，但显示的学生记录和顺序没有改变。如图 6-20 所示。

图 6-20　隐藏带有条件设置的字段

### 6.2.3 查询中的表达式

在查询文件的建立过程中，有多处可以用到表达式。可以在条件网格设计中使用复杂的表达式，也可以用表达式自定义新的查询字段。

**1. 条件表达式**

在查询条件的设计中，可以使用各种各样的表达式实现查询的不同要求。一个条件表达式的计算结果应该是一个逻辑值，表达式的内容已经在第 4 中详细介绍过，这里不再赘述。第 4 章我们介绍的运算符有算术运算符、关系运算符、逻辑运算符，这里重点介绍几个特殊运算符的用法，参见表 6-4。

表 6–4 查询中的特殊运算符

| 运算符 | 功能说明 | 举例 |
|---|---|---|
| [NOT] BETWEEN…AND… | 指定字段值在（或不在）某个区间之内 | 成绩 Between 75 And 80 |
| [NOT] LIKE | 指定字段值与某个字符串模式匹配（或不匹配） | 姓名 Like "王*" |
| [NOT] IN | 指定字段值包含（或不包含）在某几个值当中 | 课程号 In ("101","102","103") |
| IS [NOT] NULL | 指定字段值是（或不是）空值 | 入学成绩 Is Null |

以下几个例子将说明特殊运算符的用法。

【例 6-7】 查找所有考试成绩在 75 到 80 分之间的学生学号、姓名、课程名和成绩。

本例的数据源应该是学生、选课成绩和课程。应注意，系名表不包含在数据源内，就不要将它也加入到查询中。查询的条件是一个区间，可以使用 Between 75 And 80 来表示。具体操作步骤如下：

（1）在数据源区中添加学生、选课成绩、课程三张表；

（2）选定学号、姓名、课程名、成绩四个字段；

（3）在成绩字段的条件网格中输入"Between 75 And 80"；

查询网格的设计和查询结果分别如图 6-21(a)、(b)所示。

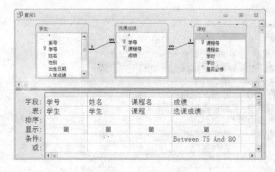

(a)                                        (b)

图 6–21 查询条件设置和查询结果

注意：查询的结果包含成绩为 75 分和 80 分的记录，因此，Between…And…运算符的限定区域是一个闭区间。该条件也可以表示为 ">=75 And <=80"。查询结果相同。其设计和查询结果分别如图 6-22(a)、(b)所示。

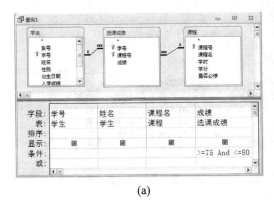

　　　　　　　　(a)　　　　　　　　　　　　　　　　　　(b)

**图 6-22　查询条件设置和查询结果**

要表达与 Between…And…相反的区间范围，可以使用 Not Between…And…。例如，将条件设置成 Not Between 75 And 80，查询的是成绩为 75 分以下或者 80 分以上的记录，且不包含 75 和 80。

【例 6-8】　查询所有姓 "王" 的同学的学号、姓名、性别。

如果使用传统的表达式方式来表示一个姓名的第一个字符是 "王"，可以用 Access 2010 的内置函数 Left，具体形式为：Left(姓名, 1)= "王"。但是要想对姓名的第一个字进行限制，就必须生成一个叫 Left(姓名, 1)的新字段。有没有办法在现有的 "姓名" 字段网格下，完成条件设置呢？

Access 2010 的查询中提供了更方便灵活的办法解决这一问题，就是使用特殊运算符 Like。使用 Like 运算符可以对字符型数据进行字符串匹配，例如 "A Like B"。如果 A 和 B 两个变量的字符串值完全一样，那么表达式取 True 作为运算结果，否则取 False。像 Windows 中的搜索操作一样，匹配字符串的时候可以使用通配符表示某种字符串模式。例如，使用问号 "？" 匹配任意一个字符，使用星号 "*" 匹配 0 个或多个字符的字符串，使用 "#" 匹配一个数字等等。Like 通配符的分类和具体说明如表 6-5 所示。

**表 6-5　Like 通配符**

| 通配符 | 功能说明 | 举例 |
|---|---|---|
| * | 表示 0 个或多个字符 | "王*"可以与王民、王海、王一萍匹配 |
| ? | 表示一个非空字符 | "王?"可以与王民、王海匹配，但不与王一萍匹配 |
| # | 表示一个数字 | "图 6-#"可以与图 6-1、图 6-2 匹配 |
| [ ] | 方括号内任何单个字符 | "[王万]海"可以与王海、万海匹配，但不与张海匹配 |
| ! | 排除方括号内任何单个字符 | "[!王万]海"可以与张海匹配，但不与王海、万海匹配 |
| - | 某个范围内的任何一个字符 | "0[2-4]"可以与 02、03、04 匹配，但不与 01、05 匹配 |

要表示姓名的第一个字是 "王"，可以用表达式 Like "王*"。建立该查询的具体过程如下：
（1）在数据源区中添加学生表；
（2）选定学号、姓名、性别三个字段；

（3）在姓名字段的条件网格中输入：Like "王*"。

查询网格的设计和查询结果分别如图 6-23(a)、(b)所示。

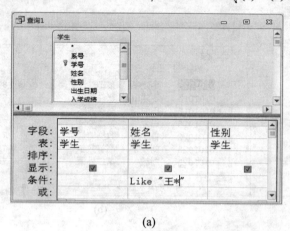
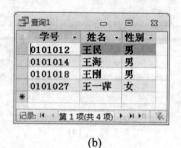

(a)　　　　　　　　　　　　　　(b)

**图 6-23　Like 条件设置和查询结果**

如果要查询不姓王的同学，条件可以使用：Like "[!王]*"；或者：Not Like "王*"

如果要限定全名只有两个字，条件可以用：Like "王？"。

【例 6-9】　查询选修 101 号课和 103 号课的全体学生的学号、姓名、课程名和成绩。

如果使用传统的表达式方式来表示，课程号的条件网格可以写成："101" Or "103"。也可以使用 Access 2010 的 In 运算符：In ("101","103")。

分析查询要求，查询的条件涉及到课程号字段，但最终的查询结果表中却不包含课程号字段。因此，在设计网格中要加入课程号一列以便设置查询条件。同时，要在其显示网格中取消复选框的选定。建立该查询的具体过程如下：

（1）在数据源区中添加学生、选课成绩、课程三张表；

（2）选定学号、姓名、课程号、课程名、成绩五个字段；

（3）在课程号字段的条件网格中输入：In ("101","103")；

（4）取消课程号字段的显示网格选定。

查询网格的设计和查询结果分别如图 6-24(a)、(b)所示。

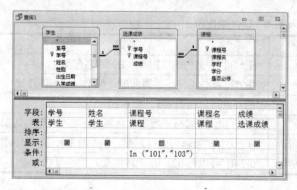

(a)　　　　　　　　　　　　　　(b)

**图 6-24　In 条件设置和查询结果**

【例 6-10】 列出入学成绩为空值的学生学号、姓名、入学成绩。

表示某字段值为空可以使用：Is Null 的形式，而不能写成：字段名=Null。建立该查询的具体过程如下：

（1）在数据源区中添加学生表；

（2）选定学号、姓名、入学成绩三个字段；

（3）在入学成绩字段的条件网格中输入：Is Null。

查询网格的设计和查询结果分别如图 6-25(a)、(b)所示。

(a)

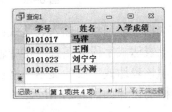

(b)

图 6-25 Is Null 条件设置和查询结果

### 2. 自定义字段

之前介绍的所有查询例题中，查询的列对象都是直接选自数据源表，在实际的数据库操作中，经常会遇到查询的列对象不是现有的字段，而需要用表达式计算生成的情况。这就需要使用者灵活运用各种类型的表达式自定义新字段，达到查询的目的。

【例 6-11】 查询所有学生的姓名和年龄。

年龄字段是学生表中不存在的，表中只存储了学生的出生日期，年龄可以通过出生日期计算得出，计算年龄的表达式是：Year(Date())-Year(出生日期)。新字段缺省命名为"表达式 1"，为了给新字段起一个恰如其分的名字，可以在表达式前增加："新字段名:"，建立该查询的具体过程如下：

（1）在数据源区中添加学生表；

（2）选定姓名字段；

（3）在一个空白的字段网格中输入表达式：Year(Date())-Year(出生日期)；

（4）在表达式前面指定新字段名："年龄:"。

查询网格的设计和查询结果分别如图 6-26(a)、(b)所示。

【例 6-12】 改写例 6-8：用 Left 函数查询所有姓"王"的同学的学号、姓名、性别。

建立该查询的具体过程如下：

（1）在数据源区中添加学生表；

（2）选定学号、姓名、性别三个字段；

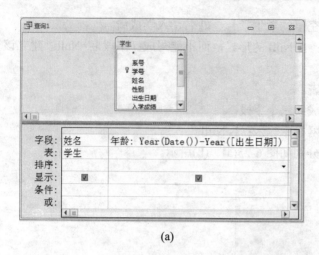 

　　　　　　　(a)　　　　　　　　　　　　　　　　　(b)

**图 6-26　年龄字段生成和查询结果**

　　（3）在空白字段网格中输入表达式：Left(姓名, 1)；

　　（4）在该表达式字段的条件网格中输入："王*"；

　　（5）取消该表达式字段的显示网格选定。

　　查询网格的设计如图 6-27 所示。

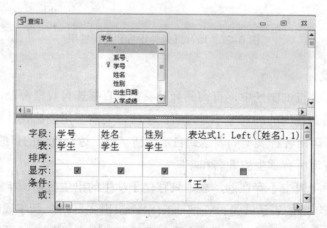

**图 6-27　用函数生成新字段**

### 3. 表达式生成器

　　表示复杂的查询条件，或是自定义新的字段，都可能会用到复杂的表达式。书写表达式的时候，不仅要注意正确的组织语法、正确的引用字段名、正确的判断数据类型，还要注意正确的拼写关键词、正确的使用英文标点符号等，不然，甚至一个空格都会导致对表达式的非法判定，初学者往往会被这些精确的细节弄得不知所措。

　　针对这个问题，Access 2010 提供了表达式生成器工具。该工具的功能主要包括：

　　（1）囊括了所有的 Access 2010 内置函数、数据库对象、常量、操作符、通用表达式等等供用户选择，用户可以通过简单的点击鼠标生成表达式元素的正确拼写和语法格式，避免键盘录入；

　　（2）在组织表达式的过程中提供实时的帮助信息，提示函数、运算符的使用方法，参数、字段的数据类型，等等。

当用户不熟悉 Access 2010 表达式的写法时，可以用该生成器辅助生成表达式，减少语法错误的几率。表达式生成器包含如表 6-6 所示主要的表达式元素。

**表 6-6 表达式生成器主要内容**

| 表达式元素 | 表达式类别 | 说明 |
|---|---|---|
| 函数 | 内置函数 | 包含基本的文本、日期、数字、类型转换、检查、（域）聚合函数，以及常规、财务、程序流程、错误处理、数组、数据库、消息函数等 |
|  | 自定义函数 | 数据库模块中由用户自定义的函数类型 |
|  | 外部函数 | 其他未包含在内置函数中的特殊函数，可以在线提供 |
| 数据库对象 | 表 | 提供基本表字段名备选 |
|  | 查询 | 提供查询表字段名备选 |
| 常量 | 专有名词常量 | ""(空字符串)、True、False、Null |
| 操作符 | 算术运算符 | +、-、*、/、\、^、Mod |
|  | 比较运算符 | >、<、>=、<=、<>、Between、In、Like |
|  | 逻辑运算符 | And、Or、Not 等 |
|  | 字符串运算符 | & |
| 通用表达式 | 页码 | 提供页码、页数备选 |
|  | 日期 | 提供各种格式的日期备选 |

Access 2010 表达式生成器在任何可以输入表达式的位置都能打开，不仅包括查询，在建立窗体、报表等数据库对象时也可以使用。具体方法是点击右键，在快捷菜单中选择"生成器"菜单项。表达式生成器界面如图 6-28 所示。

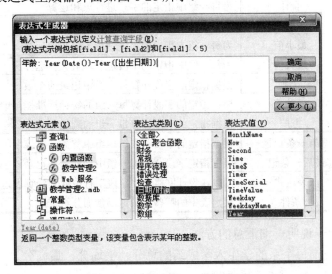

**图 6-28 "表达式生成器"界面**

至此，我们介绍了一般选择查询的方法，但是，以上的例子中只是对满足条件的行列值进行简单的检索，并没有根据这些检索值做更深一层次的分析和汇总。有时，用户可能对表中的每一条记录的具体细节并不十分关心，而更感兴趣的是从整体上把握数据表层之下蕴藏的信息。为了获得这些信息，要在查询中执行汇总统计。

### 6.2.4 查询汇总

汇总统计查询结果中的数据往往要对已选记录进行分组，然后在每个组的内部实现统计汇总。因此查询汇总的要点有两个：

（1）确定分组项

要确定按照什么依据对已选的数据进行分组（分组以行为单位）。分组的依据可以是某个字段，例如按照系号分组，那么同一个系号的学生就被分到了一组；分组依据也可以是某个表达式，例如 Year(出生日期)，那么同一年出生的学生就被分到了一组。如果在查询汇总的时候不设分组依据，那么所有已选的记录被认为是一个大组。

（2）确定统计汇项

分组的最终目的还是为了汇总，要指定对组内的哪些列、做什么汇总操作。常用的汇总操作由 Access 2010 内置函数中的聚合函数实现，例如 Sum( )求和、Avg( )求均值、Count( )计数，等等。

选择查询中汇总的方法是，在设计网格的任意位置点击右键，在弹出的快捷菜单中选择第一个菜单项"汇总"，设计网格中会多出一行，名为"总计"。在"总计"网格中可以说明已选字段是分组项、是汇总项、是自定义的新字段还是用作记录筛选的条件。

"总计"网格的总计项如表 6-7 所示。

表 6-7 总计网格的总计项目

| 总计项 | | 说明 |
|---|---|---|
| GROUP BY | 分组 | 用以指定分组字段 |
| SUM | 合计 | 为每一组中指定的字段进行求和运算 |
| AVG | 平均值 | 为每一组中指定的字段进行求平均值运算 |
| MIN | 最小值 | 为每一组中指定的字段进行求最小值运算 |
| MAX | 最大值 | 为每一组中指定的字段进行求最大值运算 |
| COUNT | 计数 | 根据指定的字段计算每一组中记录的个数 |
| STDEV | 标准差 | 根据指定的字段计算每一组的统计标准差 |
| VAR | 方差 | 根据指定的字段计算每一组的统计方差 |
| FIRST | 第一条记录 | 根据指定的字段获取每一组中首条记录该字段的值 |
| LAST | 最后一条记录 | 根据指定字段获取每一组中最后一条记录该字段的值 |
| EXPRESSION | 表达式 | 用以在设计网格的"字段"行中建立计算表达式 |
| WHERE | 条件 | 限定表中的哪些记录可以参加分组汇总 |

下面用几个例子说明查询汇总的方法。

【例 6-13】 查询每个系的学生入学成绩的总分、平均分、最高分、最低分，以及学生的总人数。

建立该查询的具体过程如下：

（1）新建选择查询，在数据源区中添加学生表。

（2）选定系号字段，学号字段，再选定 4 个入学成绩字段。

（3）在设计网格上点击右键，选择"汇总"菜单项。

（4）为系号字段设置总计项为“Group By”，为学号字段设置总计项为“计数”，分别为4个入学成绩字段设置总计项为“合计”、“平均值”、“最大值”、“最小值”。

运行查询。查询网格的设计如图6-29所示。

| | | | | | | |
|---|---|---|---|---|---|---|
| 字段: | 系号 | 入学成绩 | 入学成绩 | 入学成绩 | 入学成绩 | 学号 |
| 表: | 学生 | 学生 | 学生 | 学生 | 学生 | 学生 |
| 总计: | Group | 合计 | 平均值 | 最大值 | 最小值 | 计数 |
| 排序: | | | | | | |
| 显示: | ☑ | ☑ | ☑ | ☑ | ☑ | ☑ |
| 条件: | | | | | | |
| 或: | | | | | | |

图6–29　汇总查询设计网格

查询结果如图6-30所示。

查询1

| 系号 | 入学成绩之合计 | 入学成绩之平均值 | 入学成绩之最大值 | 入学成绩之最小值 | 学号之计数 |
|---|---|---|---|---|---|
| 01 | 3653 | 608.833333333333 | 623 | 599 | 6 |
| 02 | 1824 | 608 | 614 | 600 | 4 |
| 03 | 1832.5 | 610.833333333333 | 622.5 | 603 | 4 |
| 04 | 1223 | 611.5 | 615 | 608 | 3 |
| 05 | 1216 | 608 | 615 | 601 | 3 |
| 06 | 1161 | 580.5 | 585 | 576 | 2 |

记录: 第1项(共6项)　无筛选器　搜索

图6–30　汇总查询结果

（5）要为字段指定别名，在字段网格的字段名前面写“新字段名:”，冒号一定要用英文格式。

（6）运行查询。查询网格的设计和查询结果分别如图6-31、图6-32所示。

| | | | | | | |
|---|---|---|---|---|---|---|
| 字段: | 系号 | 总分: 入学成绩 | 平均分: 入学成绩 | 最高分: 入学成绩 | 最低分: 入学成绩 | 总人数: 学号 |
| 表: | 学生 | 学生 | 学生 | 学生 | 学生 | 学生 |
| 总计: | Group By | 合计 | 平均值 | 最大值 | 最小值 | 计数 |
| 排序: | | | | | | |
| 显示: | ☑ | ☑ | ☑ | ☑ | ☑ | ☑ |
| 条件: | | | | | | |
| 或: | | | | | | |

图6–31　为汇总字段指定别名

查询1

| 系号 | 总分 | 平均分 | 最高分 | 最低分 | 总人数 |
|---|---|---|---|---|---|
| 01 | 3653 | 608.83333 | 623 | 599 | 6 |
| 02 | 1824 | 608 | 614 | 600 | 4 |
| 03 | 1832.5 | 610.83333 | 622.5 | 603 | 4 |
| 04 | 1223 | 611.5 | 615 | 608 | 3 |
| 05 | 1216 | 608 | 615 | 601 | 3 |
| 06 | 1161 | 580.5 | 585 | 576 | 2 |

记录: 第1项(共6项)　无筛选器　搜索

图6–32　汇总查询结果

本例首先按照系号分组，同一个系的学生被分到了一个组中，再对每个小组分别计算人数和统计成绩。

【例 6-14】 列出最少选修了三门课程的学生姓名。

建立该查询的具体过程如下：

（1）新建选择查询，在数据源区中添加学生、选课成绩两张表；

（2）选定学号字段、姓名字段、课程号字段；

（3）在设计网格上点击右键，选择"汇总"菜单项；

（4）为学号和姓名字段设置总计项为"Group By"、课程号字段设置总计项为"计数"；

（5）取消学号字段的显示网格选定；

（6）为课程号的计数字段设置条件网格">=3"。

运行查询。查询网格的设计和查询结果分别如图 6-33(a)、(b)所示。

| 字段 | 学号 | 姓名 | 课程号 |
|---|---|---|---|
| 表 | 学生 | 学生 | 选课成绩 |
| 总计 | Group By | Group By | 计数 |
| 排序 | | | |
| 显示 | ☐ | ☑ | ☑ |
| 条件 | | | >=3 |
| 或 | | | |

(a)

查询1

| 姓名 | 课程号之计数 |
|---|---|
| 李晓明 | 3 |
| 刘宁宁 | 3 |
| 田爱华 | 3 |
| 万海 | 3 |
| 王民 | 3 |
| 王一萍 | 3 |
| 赵洪 | 3 |
| 赵庆丰 | 3 |

记录： ◄ 第1项(共8项) ► ►I

(b)

图 6-33　对组的条件筛选和查询结果

【例 6-15】 查询平均成绩大于 90 分的学生系名、学号、姓名及平均分，结果按照学号降序排列。

建立该查询的具体过程如下：

（1）新建选择查询，在数据源区中添加系名表、学生表和选课成绩表；

（2）选定系名、学号、姓名、成绩字段；

（3）在设计网格上点击右键，选择"汇总"菜单项；

（4）为系名、学号、姓名字段设置总计项为"Group By"，为成绩字段设置总计项为"平均值"；

（5）为成绩汇总项设置条件网格">90"；

（6）为学号字段设置"降序"。

运行查询。查询网格的设计和查询结果分别如图 6-34、图 6-35 所示。

| 字段 | 系名 | 学号 | 姓名 | 成绩 | |
|---|---|---|---|---|---|
| 表 | 系名 | 学生 | 学生 | 选课成绩 | |
| 总计 | Group By | Group By | Group By | 平均值 | |
| 排序 | | 降序 | | | |
| 显示 | ☑ | ☑ | ☑ | ☑ | ☐ |
| 条件 | | | | >90 | |
| 或 | | | | | |

图 6-34　对组的条件筛选

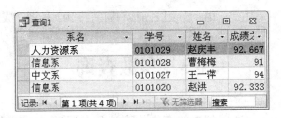

**图 6-35 查询结果**

如果对例 6-15 稍加修改,查询的平均成绩中不包含 102 号课呢?那就应该在分组之前,首先将 102 号课的选课记录从数据源中排除,再对学生分组,实现成绩汇总。此时求均值的成绩中已经不再包括 102 号课程了。具体的做法是添加一个课程号字段,令其条件网格为:<>"102",并将其总计项设置为"Where"。

【例 6-16】 查询除了 102 号课以外,其他各门课程平均成绩大于 90 分的学生系名、学号、姓名及平均分,结果按照学号降序排列。

建立该查询的具体过程如下:

(1)新建选择查询,在数据源区中添加系名表、学生表和选课成绩表;

(2)选定系名、学号、姓名、成绩、课程号字段;

(3)在设计网格上点击右键,选择"汇总"菜单项;

(4)为系名、学号、姓名字段设置总计项为"Group By",为成绩字段设置总计项为"平均值",为课程号字段设置总计项为"Where";

(5)为成绩汇总项设置条件网格">90",为课程号字段设置条件网格为:<>"102";

(6)为学号字段设置"降序";

(7)取消课程号字段的显示网格选定。

运行查询。查询网格的设计和查询结果分别如图 6-36、图 6-37 所示。

| 字段: | 系名 | 学号 | 姓名 | 成绩之平均值: | 课程号 |
|---|---|---|---|---|---|
| 表: | 系名 | 学生 | 学生 | 选课成绩 | 选课成绩 |
| 总计: | Group By | Group By | Group By | 平均值 | Where |
| 排序: | | 降序 | | | |
| 显示: | ☑ | ☑ | ☑ | ☑ | ☐ |
| 条件: | | | | >90 | <>"102" |
| 或: | | | | | |

**图 6-36 设置 Where 总计项**

| 系名 | 学号 | 姓名 | 成绩之平均值 |
|---|---|---|---|
| 人力资源系 | 0101029 | 赵庆丰 | 91.5 |
| 信息系 | 0101028 | 曹梅梅 | 91 |
| 中文系 | 0101027 | 王一萍 | 94 |
| 中文系 | 0101026 | 吕小海 | 91 |
| 信息系 | 0101024 | 万海 | 91 |
| 信息系 | 0101020 | 赵洪 | 96 |

记录: ◄ 第1项(共6项) ► ►◄ 无筛选器 搜索

**图 6-37 不包含 102 课的平均分**

和例 6-15 的查询结果相比，由于分组之前就排除了 102 号课，成绩的均值发生了改变。

# 6.3　参数查询

前面介绍的各种设计方法所创建的查询，无论是对行还是对列的限定条件，都是由数据库程序员事先设计好的，一旦提交给数据库管理员或者是用户使用，查询条件便不能再更改。例如，查询文件检索的数据是所有必修课的信息，要想检索选修课信息，就必须用查询设计视图修改查询条件的设置。

在实际的数据库开发项目中，数据库的设计者和使用者往往是不同的人，而且设计好的数据库应用程序必须经过打包封装，使用者要想修改原始程序往往是不可能的。就像我们不满意网络游戏中的某个情节，无法修改游戏程序一样。即便是程序设计者创建给自己使用，总是进入设计视图修改也很不方便。因此，为了提高数据库查询程序的通用性，Access 2010 提供了参数查询功能。参数查询本质上也是一种选择查询。

参数查询在设计的时候为条件设置参数，用一段提示信息代替想要用户输入的参数值，这段提示信息一定要用"[ ]"括起来。查询文件执行时将弹出对话框提示该信息，让用户输入具体的参数值，再将该值代入条件表达式完成查询。可以设置参数的位置包括设计网格中的"条件"网格和"或"网格。

下面用两个实例分别说明在一个选择查询中分别使用单个参数和多个参数的情况。

【例 6-17】　按照用户输入的年份，查询该年出生的学生的学号、系名、姓名、性别和出生日期。

建立该查询的具体过程如下：

（1）新建选择查询，在数据源区中添加系名表、学生表；

（2）选定学号、系名、姓名、性别和出生日期字段；

（3）在设计网格上插入一新列，自定义字段为：Year(出生日期)；

（4）为自定义字段的条件网格设置参数提示信息：[请输入学生的出生年份：]，注意大括号不能省略；

（5）取消自定义字段的显示网格选定。

查询网格的设计如图 6-38 所示。

图 6-38　参数查询设计网格

运行该查询时将首先弹出，如图 6-39 所示对话框。

此时，如果输入"1984"，查询结果将显示如图 6-40 所示。

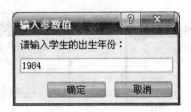

输入参数值
请输入学生的出生年份：
1984
确定
取消

图 6-39　“输入参数值”对话框

查询1
学号
系名
姓名
性别
出生日期
0101032　日语系　崔一楠　女　1984-8-26
0101019　计算机技术与科学　刘伟　男　1984-12-30
0101022　国际经济与贸易　鲁小河　女　1984-11-30
0101026　中文系　吕小海　男　1984-10-30
0101028　信息系　曹梅梅　女　1984-9-23
0101029　人力资源系　赵庆丰　男　1984-12-3
记录：第 1 项(共 6 项)
无筛选器
搜索

图 6-40　参数查询结果

【例 6-18】 按照用户输入的入学成绩上下限范围，查询学生的信息。

建立该查询的具体过程如下：

（1）新建选择查询，在数据源区中添加学生表；

（2）选定学生*、入学成绩字段；

（3）为入学成绩字段的条件网格设置参数提示信息：Between [请输入查询成绩下限：] And [请输入查询成绩上限：]，如果觉得条件网格宽度有限，可以打开表达式生成器输入，Between…And…运算符在“操作符”表达式元素栏里的“比较”表达式类别中；

（4）取消入学成绩字段的显示网格选定。

查询网格的设计如图 6-41 所示。

查询1
学生
*
系号
学号
姓名
性别
出生日期
入学成绩
字段：学生.*　入学成绩
表：学生　学生
排序：
显示：
条件：Between [请输入查询成绩下限：] And [请输入查询成绩上限]
或：

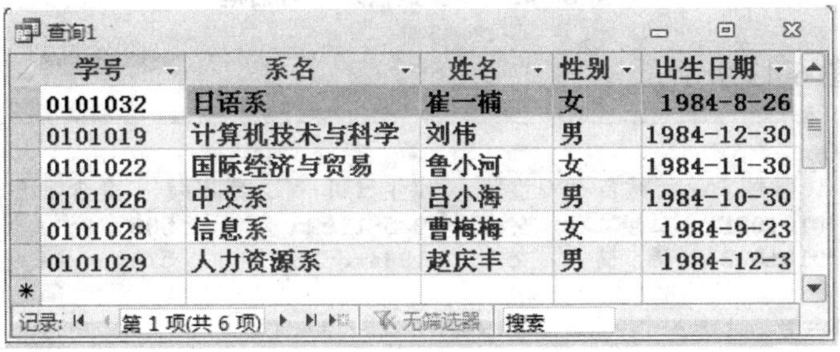

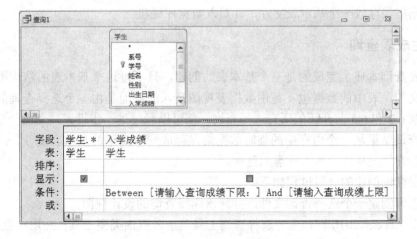

图 6-41　参数查询设计网格

运行查询，先后弹出如图 6-42(a)、(b)所示对话框，分别输入“550”和“590”。

图 6-42　"参数输入"对话框

查询结果如图 6-43 所示。

| 系号 | 学号 | 姓名 | 性别 | 出生日期 | 入学成绩 | 是否保送 | 简历 | 照片 |
|---|---|---|---|---|---|---|---|---|
| 06 | 0101031 | 章佳 | 女 | 1985-11-25 | 585 | | | |
| 06 | 0101032 | 崔一楠 | 女 | 1984-8-26 | 576 | | | |

图 6-43　参数查询结果

# 6.4　操作查询

在数据库的日常维护和使用过程中，常常要运行大量的数据修改操作。例如，插入记录、更新记录、删除记录。在数据库、数据表的建立和维护一章中，我们已经学会了使用表设计视图的方式插入、更新、删除数据。但是，如果对数据的修改是大批量的、有规律的，那么完全用人工的数据修改方式无疑十分笨拙而没有效率。Access 2010 的操作查询可以用一个查询文件就可实现成批数据的插入、更新和删除，还可以将以往查询的结果由一个临时数据集保存成一个基本表文件，并写入数据库磁盘。

## 6.4.1　生成表查询

生成表查询本质上完成的是一个基本表的创建，只不过这个基本表的结构不是由表设计视图定义的，表中的数据也不是由数据表视图录入的，而是由一个选择查询的查询结果而得。本章 6.2 和 6.3 节介绍的所有选择查询，都可以经过进一步设置，变成一个生成表查询，将其查询结果从一个内存中的临时数据集保存成一个真正的基本表文件。而生成表查询就是将查询结果从内存写入硬盘的过程。

生成表查询创建的一般过程如下：

（1）正确创建一个选择查询文件，打开该选择查询的设计视图；

（2）在 Access 2010 窗口上方选择查询工具菜单、查询类型工具栏选用"生成表"；也可以在设计视图设计网格以外的位置点击右键、查询类型的级联项中选用"生成表查询"；

（3）在弹出的生成表对话框中输入新表的表名和所属数据库名；

（4）点击菜单运行查询，之后在导航栏中查看新表。

　　注意，如果要将查询数据生成到一个已经存在的表中，表里原来的数据将被替代，且不可撤销，因此应该慎重选择。

　　下面用实例说明生成表查询创建的过程。

　　【例 6-19】　将所有人力资源系的男生选课信息存入一个新表，表名为"男生选课成绩单"，其中包括系名、学号、姓名、性别、课程名、学分、成绩字段。

　　建立该查询的具体过程如下：

　　（1）新建选择查询，在数据源区中添加系名、学生、选课成绩、课程四张表。

　　（2）选定系名、学号、姓名、性别、课程名、学分、成绩字段。

　　（3）为性别字段设置条件网格：="男"，为系名字段设置条件网格：="人力资源系"，设计视图如图 6-44 所示。

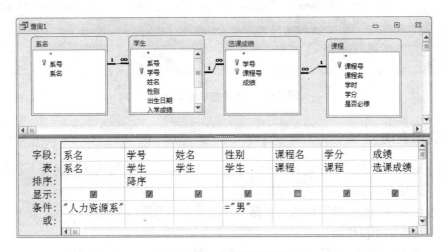

**图 6-44　查询设计视图**

　　（4）在查询类型工具栏中选择"生成表"；弹出如图 6-45 所示对话框。

**图 6-45　"生成表"对话框**

　　（5）在"表名称"文本框输入表名，选择让新表存储在当前数据库。如果要让新表存储在另一个数据库，请选择单选按钮，并在"文件名"文本框输入另外一个数据库文件的路径和名称。

　　（6）运行查询，弹出如图 6-46 所示对话框，点击"是"按钮。

　　（7）查看导航栏，出现一个新的基本表"男生选课成绩单"。新表的记录如图 6-47 所示。

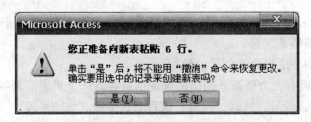

图 6-46　新表确认对话框

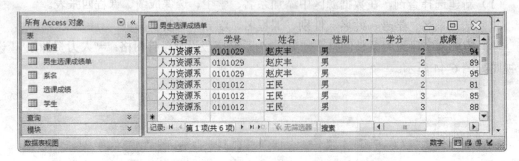

图 6-47　用导航栏查看新表

## 6.4.2　追加查询

追加查询的前提也是一个选择查询，它将这个选择查询的结果插入另一个已经存在的基本表中。追加查询应该满足几点要求：

（1）追加查询的数据源表和插入数据的目标表不能是同一个表；

（2）一旦追加不可撤销；

（3）新数据和目标表字段个数一样，且字段类型、字段大小一一对应；

（4）新数据不能违背目标表的数据约束。例如允许空值的字段才可以接受空值数据、新追加的关键字不能和原来的关键字有重复值等等。

追加查询创建的一般过程如下：

（1）正确创建一个选择查询文件，打开该选择查询的设计视图；

（2）在 Access 2010 窗口上方选择查询工具菜单、查询类型工具栏中选用"追加"；也可以在设计视图设计网格以外的位置点击右键、查询类型的级联项中选用"追加查询"；

（3）在弹出的追加对话框中输入新表的表名和所属数据库名称；

（4）点击菜单运行查询，之后在导航栏中打开表查看追加情况。

【例 6-20】　将所有中文系的男生追加到例 6-19 创建的男生选课成绩单表中。

建立该查询的具体过程如下：

（1）新建选择查询，在数据源区中添加系名、学生、选课成绩、课程四张表。

（2）选定系名、学号、姓名、性别、课程名、学分、成绩字段。

（3）为性别字段设置条件网格：="男"，为系名字段设置条件网格：="中文系"，设计视图如图 6-48 所示。

（4）在查询类型工具栏中选择"追加"，弹出如图 6-49 所示对话框。

（5）在"表名称"文本框输入或选定目标表名。

图 6-48 查询设计视图

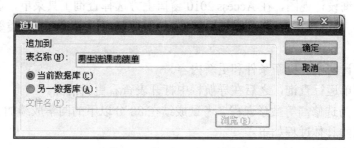

图 6-49 "追加"对话框

（6）运行查询，弹出如图 6-50 所示对话框，点击"是"按钮。

（7）查看导航栏，打开目标表"男生选课成绩单"。 新追加的记录如图 6-51 所示。

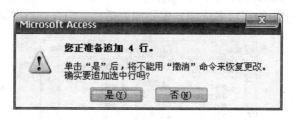

图 6-50 追加确认对话框

图 6-51 追加查询结果

### 6.4.3 更新查询

更新查询将改变设计网格的结构，去掉"排序"网格和"显示"网格，增加一个"更新到"网格。它将对满足条件的字段值进行修改，具体怎样修改由"更新到"网格说明。

同样更新查询也要注意以下几个方面：

（1）更新操作始终在一个表中完成；

（2）更新操作同样不可撤销；

（3）更新的数据不能违背原字段的字段类型、字段大小；

（4）更新的数据不能违背原表的数据约束。

更新查询创建的一般过程如下：

（1）打开查询设计视图，在 Access 2010 窗口上方选择查询工具菜单、查询类型工具栏中选用"更新"；也可以在设计视图设计网格以外的位置点击右键、查询类型的级联项中选用"更新查询"。

（2）设置设计网格的更新条件和更新内容。

（3）点击菜单运行查询，之后在导航栏中打开表查看更新情况。

【例 6-21】　为选修高等数学课程、考试成绩在 80 分以下的同学成绩加 5 分。

建立该查询的具体过程如下：

（1）打开设计视图，在查询类型工具栏中选择"更新"。

（2）在数据源区中添加课程、选课成绩两张表。

（3）选定成绩、课程名字段。

（4）为成绩字段设置更新到网格：[成绩]+5，为课程名字段设置条件网格：="高等数学"，注意，更新表达式中引用的字段名成绩一定要加方括号"[ ]"，设计视图如图 6-52 所示。

图 6-52　更新查询设计视图

（5）运行查询，弹出如图 6-53 所示对话框，点击"是"按钮。

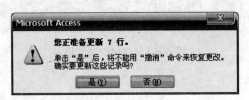

图 6-53　更新确认对话框

（6）查看导航栏，打开课程表和选课成绩表，比对查看高等数学的成绩是否更新。

### 6.4.4　删除查询

删除查询将改变设计网格的结构，去掉"排序"网格和"显示"网格，增加一个"删除"网格。它将对满足条件的记录进行删除。删除查询也要注意以下几个方面：

（1）删除网格有"From"和"Where"两个选项，"From"指明从哪个表删除记录，"Where"指明删除记录要满足的条件；

（2）删除操作同样不可撤销；

（3）删除查询删除的是整条记录，而不是字段。

更新查询创建的一般过程如下：

（1）打开查询设计视图，在 Access 2010 窗口上方选择查询工具菜单、查询类型工具栏中选用"删除"；也可以在设计视图设计网格以外的位置点击右键、查询类型的级联项中选用"删除查询"；

（2）设置设计网格的删除目标表和删除条件；

（3）点击菜单运行查询，之后在导航栏中打开表查看删除情况。

【例 6-22】 删除学生表中出生日期在 1984 年 6 月 1 日到 1985 年 12 月 1 日之间的学生信息。

建立该查询的具体过程如下：

（1）打开设计视图，在查询类型工具栏中选择"删除"；

（2）在数据源区中添加学生表；

（3）选定学生*、出生日期字段；

（4）为学生*字段设置删除项为 From，为出生日期设置删除项为 Where；

（5）为出生日期字段设置条件网格：Between #1984-06-01# And#1985-12-01#，设计视图如图 6-54 所示。

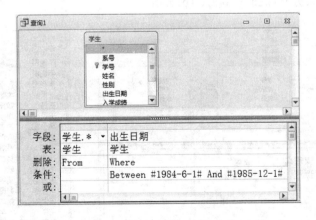

**图 6-54　删除查询设计视图**

（6）运行查询，弹出如图 6-55 所示对话框，点击"是"按钮。

（7）查看导航栏，打开学生表，比对查看是否删除。

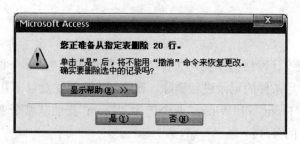

图 6-55　删除确认对话框

# 6.5　其他查询

## 6.5.1　交叉表查询

交叉表是一种不同于数据库二维表结构的数据表，它有行、列两个系列的字段名，行、列字段的交叉项中存储数据。课程表就是一种典型的交叉表，按行检索第几节课，按列检索星期几，交叉项显示课程名和上课时间地点。交叉表本质上也是一种选择查询，只不过用交叉表的形式组织查询结果。Access 2010 提供了向导和设计视图两种方式建立交叉表。

**1. 利用向导建立交叉表查询**

利用向导方式建立交叉表的重要前提是：行标题、列标题和交叉项数据必须同处在一个基本表或查询中，因此，用向导创建交叉表查询往往要事先组织数据源。

【例 6-23】 用向导方式创建一个交叉表查询，统计学生的姓名、选修课程名和考试成绩。

（1）创建选择查询

创建的选择查询含所有学生的姓名、选修课程名和成绩，命名为"考试情况查询"，其设计视图和查询结果分别如图 6-56(a)、(b)所示。

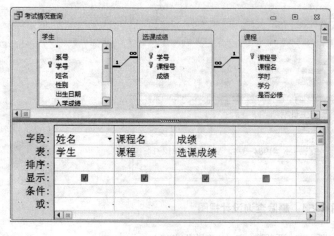

(a)　　　　　　　　　　　　　　　　　(b)

图 6-56　考试情况查询

（2）打开"创建"菜单的"查询向导"工具，选择"交叉表查询向导"。

（3）在数据源选择面板中选择"查询"单选项，并在组合框中选择"查询：考试情况查询"，如图 6-57(a)所示。

（4）选择姓名为行标题，如图 6-57(b)所示；选择课程名为列标题，如图 6-57(c)所示；选择成绩为交叉项，因为交叉项的成绩是唯一的，因此选用汇总函数"平均值"、"第一个"、"最后一个"等都可以，如图 6-57(d)所示。

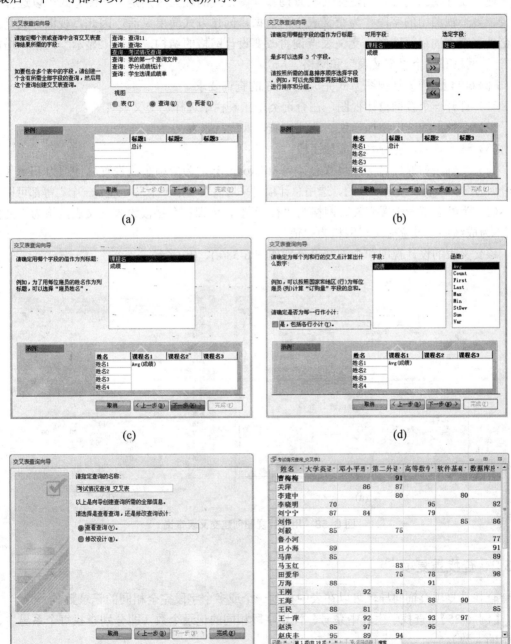

(a)　　　　　　　　　　　(b)

(c)　　　　　　　　　　　(d)

(e)　　　　　　　　　　　(f)

图 6-57　用向导创建交叉表查询

（5）确定交叉表查询的标题，保存该查询，如图 6-57(e)所示。

（6）运行该查询，查询结果如图 6-57(f)所示。该表有横纵两个标题，横着查找学生，竖着查找课程，交叉项的位置就是该学生该门课程的考试成绩，如果交叉项为空，说明该学生没有选修该课程。

**2. 用设计视图建立交叉表查询**

使用设计视图的方式创建交叉表查询和视图方式的最大区别是：视图方式可以选择多个表、多个视图中的字段作为交叉表中的数据，创建方式简单灵活。因此，视图方式是创建交叉表查询的最好选择。交叉表查询将改变设计网格的结构，去掉"显示"网格，增加"总计"网格和一个"交叉表"和网格。

【例 6-24】 用设计视图方式完成例 6-23 的查询要求。

（1）打开一个查询设计视图，在查询类型工具栏中选择"交叉表"；

（2）在数据源区中添加学生、选课成绩、课程三张表；

（3）选定姓名、课程名、成绩字段；

（4）为姓名和课程名字段设置总计项为 Group By，为成绩字段设置总计项为 Fisrt（同样，因为交叉项的成绩是唯一的，选用总计项"平均值"、"第一个"、"最后一个"等都可以）；

（5）为姓名字段设置交叉表网格为"行标题"，为课程名字段设置交叉表网格为"列标题"，为成绩字段设置交叉表网格为"值"。

该交叉表的设计视图和查询结果分别如图 6-58(a)、(b)所示。

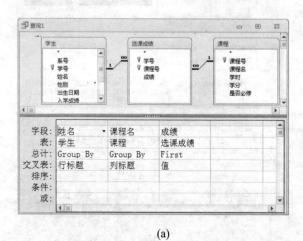
(a)

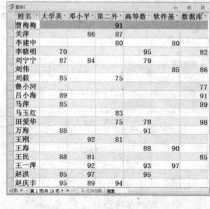
(b)

**图 6-58  用设计视图创建交叉表查询**

### 6.5.2  查找重复项

查找重复项查询向导，可以在表中找到一个或多个字段完全相同的记录数。

【例 6-25】 查找学生表中系号、性别字段相同的记录个数（即分别查找每个系男生、女生的人数）。

（1）打开"创建"菜单的"查询向导"工具，选择"查找重复项查询向导"，如图 6-59(a)所示；

（2）在数据源选择面板中选择"表"单选项，并在组合框中选择"表：学生"，如图 6-59(b)所示；

（3）选择包含重复信息的字段，在本例中应为系号和性别，如图 6-59(c)所示；

（4）选择要显示的其他字段，如果没有请不要选择，直接按"下一步"，如图 6-59(d)所示；

（5）确定该查询的标题，保存查询，如图 6-59(e)所示。

运行该查询，查询结果如图 6-59(f)所示。该表第三列显示了每个系男女生的人数。

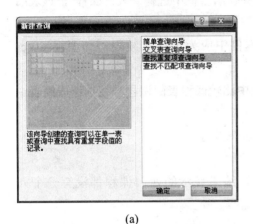

(a)

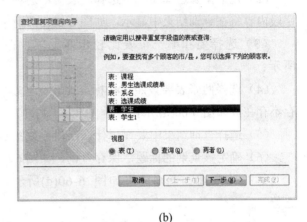

(b)

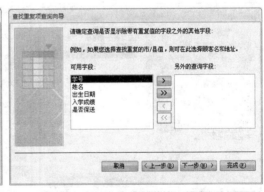

(c)　　　　　　　　　　(d)

(e)　　　　　　　　　　(f)

**图 6-59　查找重复项查询向导**

### 6.5.3　查找不匹配项

查找不匹配项查询向导，可以在表中找到与其他表中的信息不匹配的记录。

【例 6-26】 查找没有人选修的课程信息。

（1）打开"创建"菜单的"查询向导"工具，选择"查找不匹配项查询向导"，如图 6-60(a)所示；

（2）在数据源选择面板中选择"表"单选项，并在组合框中选择"表：课程"，该表的字段内容将在查询结果中显示，如图 6-60(b)所示；

（3）选择要和哪一个表比较步匹配项，在本例中应为选课成绩表，如图 6-60(c)所示；

（4）选择两张表要按照什么标准比较，在本例中比较课程表的课程号在选课成绩表中存不存在，如图 6-60(d)所示；

（5）选择查询结果中要显示什么字段，如图 6-60(e)所示；

（6）确定该查询的标题，保存查询，如图 6-60(f)所示。

运行该查询。查询结果如图 6-60(g)所示。该结果显示的四门课程都没有一个人选修。

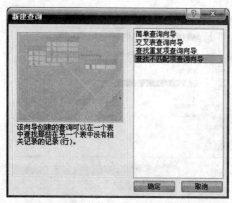

(a)

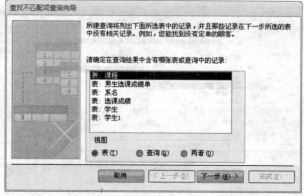

(b)

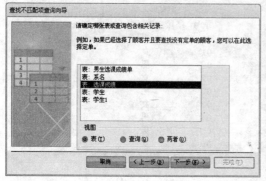

(c)

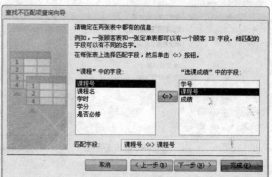

(d)

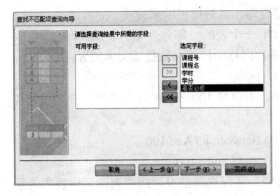

(e)

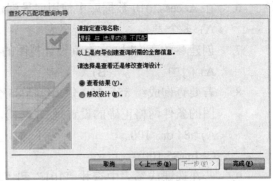

(f)

| 课程号 | 课程名 | 学时 | 学分 | 是否必修 |
|--------|--------|------|------|----------|
| 107 | 管理学 | 45 | 3 | ☑ |
| 108 | 军事理论 | 32 | 2 | ☑ |
| 109 | 体育 | 32 | 2 | ☑ |
| 110 | 线性代数 | 54 | 3 | ☐ |
| * | | | | ☐ |

记录: Ⅰ◀ 第 1 项(共 4 项) ▶ ▶Ⅰ ▶* 无筛选器 搜索

(g)

**图 6-60 查找重复项查询向导**

# 习题 6

## 一、选择题

1. 下列不属于操作查询的是（ ）。

   A) 参数查询　　　B) 生成表查询　　　C) 更新查询　　　D) 删除查询

2. 将表 A 的记录添加到表 B 中，若保持表 B 中原有的记录，可以使用的查询是（ ）。

   A) 选择查询　　　B) 生成表查询　　　C) 追加查询　　　D) 更新查询

3. 若在数据库中已有同名的表，要通过查询覆盖原表，应使用的查询类型是（ ）。

   A) 删除　　　　　B) 追加　　　　　C) 生成表　　　　D) 更新

4. 在 Access2010 中，查询的数据源可以是（ ）。

   A) 表　　　　　B) 查询　　　　　C) 表、查询和报表　　　D) 表和查询

5. 在 Access2010 的数据表中有字段"专业"，要查找包含"信息"两个字的记录，正确的查询条件表达式是（ ）。

   A) =left[专业],2)="信息"　　　　　B) like"*信息*"

   C) ="信息*"　　　　　D) Mid([专业],1,2)="信息"

6. 在 Access2010 数据库中使用向导创建查询，其数据可以来自（　　）。

　　A) 多个表　　　B) 一个表　　　C) 一个表的一部分　　D) 表或查询

7. 创建参数查询时，在查询设计视图的条件网格中应将参数提示文本放置在（　　）。

　　A) { }中　　　B) ( )中　　　C) [ ]中　　　　　　D) < >中

8. 若要查询成绩 85～100 分（包括 85 分，不包括 100 分）的学生信息，查询设计视图的条件网格正确的设置是（　　）。

　　A) >84 or <100　　　　　　　　　B) Between 85 And 100

　　C) In (85,100)　　　　　　　　　D) >=85 and <100

9. 若在选课成绩表中查找 "101" 和 "102" 课程选课情况，应在查询设计视图的条件网格中输入（　　）。

　　A) "101" and "102"　　　　　　　B) NOT　("101","102")

　　C) NOT IN ("101","102")　　　　　D) IN ("101","102")

## 二、填空题

1. 查询结果可以作为其他数据库对象的_____。

2. 查询与筛选的最主要区别是_____。

3. 查询概括起来可以分为 4 大类，分别是：_____(1)_____、_____(2)_____、_____(3)_____、和_____(4)_____。

4. 查询设计视图中设计网格区域的条件网格，输入在同一行的条件表示_____(1)_____逻辑关系；输入在不同行的条件表示_____(2)_____逻辑关系。

5. 查询设计视图中设计网格区域课程号字段对应的条件网格输入：In ("101" , "103")，其条件含义对应的逻辑表达式是：_____。

## 三、操作题

完成教程中各例题的查询，并按指定名称保存。在此基础上按下述要求，创建相应的查询文件。

1. 创建名为 "招生清单" 的查询文件，显示的数据项有：系名以及学生表中除系号字段之外的所有数据项，记录的输出顺序以系号升序显示。

2. 查询每门课程的选课信息，输出的数据项包含：课程号、课程名、学分、学号、姓名、（选课）成绩并按课程名升序排列，保存到 "选课清单" 查询文件。

# 第7章 数据库标准语言 SQL

本章将介绍关系型数据库通用的标准语言 SQL（Structured Query Language），直译为结构化查询语言。它是所有关系型数据库管理系统都支持的标准语言。通过前面介绍我们知道，常用的数据库管理系统有很多，在数据库技术发展之初，不同的数据库管理系统使用不同风格的操作界面，有的甚至开发了专用的命令体系。但是，就像人类的自然语言体系一样，虽然各地方可能有不同语系不同发音的方言，但在全国各个地方都通用的却是汉语普通话。最初各种数据库管理系统各自开发的命令或语言体系就是各种管理系统的"方言"，而 SQL 语言就是数据库领域的"普通话"。无论是 DB2、Oracl、SQL Server 等常见的企业级数据库管理系统，还是 Access 系列、Visual FoxPro 等桌面级数据库管系统，都支持 SQL 语言。使用 SQL 语言可以完成数据库的所有基本交互任务，包括数据结构的建立与修改、数据的日常维护与更新、数据的安全存取控制和数据一致性、完整性控制等。可见，学会并熟练使用 SQL 语言，将有助于读者在实际应用中面对各种不同的数据库管理系统平台。

本章以第 5 章建立的"教学管理"数据库为环境，从 SQL 语言的数据定义功能、数据查询功能、数据操作功能出发，分别讲解如何使用 SQL 语言建立和修改数据库和表，如何进行数据的查询，以及如何维护数据。

## 7.1 SQL 概述

### 7.1.1 SQL 的历史与发展

SQL 的前身是 SQUARE（Specifying Queries As Relational Expressesion）语言，最先应用在 IBM 的 System R 上。在 20 世纪 70 年代，由 Boyce 和 Chamberlin 修改成为 SEQUEL（Structured English Query Language）语言，简称 SQL。

1987 年，国际标准化组织 ISO 将 SQL 语言定为国际标准，推荐它为标准关系数据库语言。经过不断的补充和完善，ANSI 于 1989 年修订了这一标准，称为 SQL-89，也叫 SQL1。为了解决该标准与商业软件的冲突，ANSI 相继又发布了 SQL-92 版本，也叫 SQL2。1999 年，在原来的 SQL2 版本上增加了许多新特性的 SQL1999 问世，也叫 SQL3。1990 年，我国也颁布了《信息处理系统数据库语言 SQL》，将其确定为中国国家标准。

SQL 语言出现以来，由于它具有功能丰富、使用方式灵活、语言简洁易学等突出特点，因此在计算机界深受广大用户欢迎，许多数据库生产厂家都相继推出各自的支持 SQL 的软件或软件接口。1982 年发布的 DB2 是第一个引入 SQL 接口的大型商用数据库产品，接着是与 DB2 同时发展起来的 Oracl。目前，上述两个软件均已成为大型商用数据库的成功典范。不同的数据库管理系统虽然在 SQL 语言的某些技术细节或高级语法方面有差异，但几乎所有的数据库软件均支持 SQL 语言，而且在基本的数据查询和数据维护方面并无显著区别。

## 7.1.2 SQL 的特点

在数据库开发、维护、使用的过程中，无论是数据库程序员、数据库管理员还是数据库用户，都要面对 SQL 语言。总结起来，SQL 的特点有如下几个方面。

### 1. 非过程化

SQL 一种非过程化编程语言，它允许使用者不关心数据的具体组织方式、存放方法和数据结构，这也就是 SQL 可以作为数据库管理系统的"普通话"工作在不同数据库软件产品平台上的原因。当面对不同底层系统平台时，我们只需用 SQL 语言告诉数据库管理系统"What to do"（做什么），而具体"How to do"（怎么做）就不是我们需要关心的了，数据库管理系统会自行确定一个较好的任务完成方式。

例如，当数据库使用者需要在学生关系中查询属于"01"号系的学生时，只需要指出查询的条件是"系号='01'"，而具体的查询方法要视数据库的数据组织结构而定。在没有为学生表的系号字段建立索引的情况下，DBMS 可以依据记录的物理顺序（记录的输入顺序）一一搜索，遇到系号是"01"的记录就输出。在系号字段已经建立索引的情况下，可以直接按照索引标识的逻辑顺序（按指定关键字排序后的顺序），将 01 号系的记录直接输出。如图 7-1 所示。

图 7-1 利用索引查询

前一种方法不用事先建立索引文件，但查询时需要访问到许多不符合条件的记录，浪费查询时间；后一种方法需要为字段系号设置索引，但可以直接找到查询结果，查询效率高，节省时间。尤其在记录个数庞大的情况下，索引的方法更能体现数据库管理的优势。因此，在数据记录多的情况下，DBMS 会自动选取索引方式实现查询。这些复杂的工作不需要 SQL 语言的编写者来完成，全部由 DBMS 来决策和实现，这样就把用户从底层数据结构的依赖中解脱出来。

同时，SQL 的这种非过程化特点也使得 SQL 程序的可移植性增强，即当数据的存储结构发生改变时，SQL 语言编写的程序不需要做出调整；或者在一种数据库管理系统中编写的 SQL 程序可以应用到另一种 DBMS 中。例如，当图 7-1 中的索引文件丢失时，SQL 语言程序不会出错也不需要改变。又例如，在 Visual FoxPro 或 SQL Server 中编写的 SQL 源程序可以稍加改动就直接复制到 Access 2010 中使用。

**2. 面向集合**

SQL 是一种面向集合的数据库编程语言，这里说的集合也可以理解为关系数据库中的表。这就意味着 SQL 语言的操作对象是表，它的操作结果也以表格的形式输出。我们仍然以查询学生表中系号为"01"号的学生的系号、姓名、性别、出生日期为例，SQL 查询的对象是学生表，查询的结果也是以一张查询表的形式输出的。如图 7-2 所示。

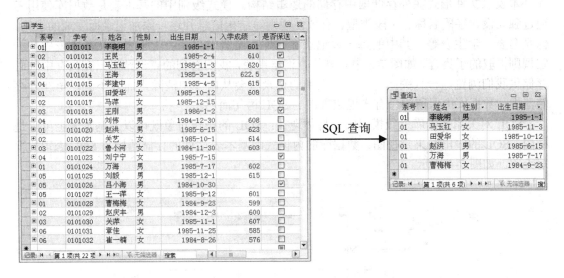

**图 7-2 面向集合的 SQL 操作**

由于 SQL 的操作对象和输出结果都是表，这种特性允许一条 SQL 语句的输出结果作为另外一条 SQL 语句的操作对象。所以，SQL 语言可以实现嵌套，这就使 SQL 的程序设计具有强大的功能和极大的灵活性。用其他语言编写的、大段复杂的分步骤操作的程序可以用一句 SQL 语句实现，虽然这条 SQL 语句可能会相当的长，但比起大篇幅的程序段还是简化了许多。

**图 7-3 SQL 语言的嵌套**

**3. 通用性强**

SQL 既是一种自含型的程序语言，又可以作为一种嵌入式语言嵌入到其他语言中使用。一般来说，SQL 有两种使用方式：

（1）在数据库管理系统的工具中使用

自含型的语言可以直接使用，SQL 语言在各种不同数据库软件提供的 SQL 语言执行界面中，都可以直接输入并执行。

（2）嵌入其他语言执行

在编写其他语言程序代码时，直接写入一段 SQL 语句，由高级语言的编译程序决定该段 SQL 语句用那种数据库编译器来编译。

这种特性使得 SQL 语言的通用性变强，例如 C#、Java、Python、Delphi 和 VB 等编程语言中都可以嵌入 SQL 语句。

#### 4. 支持数据库的三级模式

数据库的三级模式中，外模式对应各种查询表，模式对应数据库的基本表，内模式对应基本表以文件形式在外存储器中存储的逻辑结构。模式级别中的基本表是数据库使用者通过独立设计字段名称、字段类型、有效性规则等结构信息并逐一添加记录而生成的表格，像系名表、学生表等，其中的每一条记录都在外存储器中存储；查询表是从基本表中按一定规则提取的子集合。如图 7-2 中右侧的查询结果表，我们看到的查询结果只在内存中临时存储供我们浏览，一旦关闭该窗口，查询的记录就会从内存中清除，而且不会保留在外存储器中，数据库中保留的只有实现该查询的 SQL 语句而已。

SQL 对关系数据库三级模式的支持体现在：SQL 的操作对象既可以是基本表也可以是视图；SQL 的输出结果是视图；数据库的内模式即基本表文件的存储结构与 SQL 语句的编写无关。如图 7-4 所示。

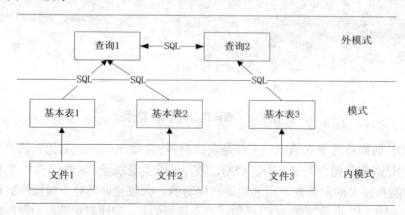

图 7-4　SQL 对数据库三级模式的支持

### 7.1.3　SQL 的功能

SQL 的全称是 Structured Query Language，直译为"结构化查询语言"。但不要认为 SQL 的功能就仅仅是数据的查询，本章前言曾提到，"使用 SQL 语言可以完成数据库的所有基本交互任务"。第 1 章我们曾经介绍了数据库管理系统的主要功能，因此，SQL 的完整功能也应该包括这些内容，具体表现在：

#### 1. SQL 数据定义功能

数据定义语言 DDL，用于描述数据库中各种数据对象的结构。例如，对数据库、表、索引、视图的建立、修改或删除都属于数据定义的范畴。此类常用的 SQL 语句有 Create（建立）、Alter（修改）、Drop（删除），后面可加 Database、Table、Index、View 等表示操作的对象。

**2. SQL 数据查询功能**

从实践中可知，对一个数据库的所有操作中，有 90%甚至更多的是查询操作，所以在这里将 SQL 的查询单独作为一个功能来介绍。SQL 的查询语句只有一个，可以由六个子句构成，分别是 Select、From、Where、Order By、Group By 和 Having。这六条字句根据查询需要增删组合，也可以嵌套联接，实现千变万化的查询操作。

**3. SQL 数据操作功能**

数据操作语言 DML，用于对数据库对象的日常维护。例如，对数据库中的数据进行插入、删除、修改等操作。此类常用的 SQL 语句有 Insert（插入）、Delete（删除）、Update（修改）。也有的资料中将 SQL 的查询功能归入数据操作功能中，称为广义的 DML，而将插入、删除、修改称为狭义的 DML，也叫数据更新。

**4. SQL 数据控制功能**

数据控制语言 DCL，用于维护数据库的安全性、完整性和事务控制。数据库中的数据是宝贵的共享资源，必须使用适当的安全保障机制确保数据不受破坏。SQL 对数据的控制功能主要体现在 Grant（授权）、Revoke（授权回收）几个命令上。

从以上的叙述中可以看出 SQL 语言的简洁和直接，虽然它的功能强大，可以实现的操作千变万化，但使用的核心命令却只有 9 个。如表 7-1 所示。

**表 7-1　SQL 基本功能和常用命令**

| 功能 | 命令 | 说明 |
|---|---|---|
| 数据定义 | CREATE | 创建一个新的数据库对象，包括数据库（Database）、表（Table）、索引（Index）、视图（View）。在创建对象的同时还可以添加子句对所创建对象进行数据约束，例如在创建表（Create Table）的同时定义其主键（Primary Key） |
|  | ALTER | 修改数据库对象的结构，包括数据库（Database）、表（Table）、视图（View）。可以选择 Add、Drop、Alter 三个子句之一对数据库对象的列或是数据约束进行增加、删除或修改 |
|  | DROP | 删除一个数据库对象，包括数据库（Database）、表（Table）、索引（Index）、视图（View）。在数据库中，被删除的数据对象是难以恢复的，因此删除操作应当慎重 |
| 数据查询 | SELECT | 从一个或多个基本表或视图中查询满足条件的记录，并可以对查询的结果进行分组、汇总或排序。是 SQL 语言中使用频率最高的命令语句 |
| 数据操作 | INSERT | 向一个基本表或视图中插入新的行，可以单行插入也可以成批插入，插入的新记录以追加的方式存储在表的末尾，并不改变原记录的物理顺序。用 Values 子句描述要插入的单行数据的细节；或者嵌套一条 Select 语句，将该语句查询出的多条记录全部追加 |
|  | UPDATE | 更新表格或视图中的某些数据内容。用 Set 子句说明要做怎样的更新；用 Where 子句说明要对满足什么条件的记录进行更新 |
|  | DELETE | 删除一个基本表或视图的某些记录，可以单行删除也可以成批删除。需要注意的是，当数据对象被设置了参照完整性约束的时候，对一个记录的删除可能会引起连锁反应 |
| 数据控制 | GRANT | 对数据库的不同用户授以不同级别的安全操作权限，实现对数据库的安全性控制 |
|  | REVOKE | 对数据库用户操作权限的回收，是 Grant 命令的逆操作 |

### 7.1.4　Access 2010 的 SQL 操作平台

本章将以第 5 章建立的"教学管理"数据库为实验环境，用实例讲解 SQL 命令的使用规则。该数据库中基本表的数据描述如下：

系名表　系名（系号 Char(2),系名 Char(14)），其中系号为主键。

学生表　学生（系号 Char(2),学号 Char(7),姓名 Char(8), 性别 Char(2),出生日期 Date,入学成绩 Real,是否保送 Logical,简历 Memo,照片 General），其中学号为主键。

选课成绩表　选课成绩（学号 Char(7),课程号 Char(3),成绩 Real），其中学号和课程号共同构成主键。

课程表　课程（课程号 Char(3),课程名 Char(20),学时 Smallint,学分 Smallint,是否必修 Logical），其中课程号为主键。

四张基本表的关联关系如图 5-32 所示。

Access 2010 在建立查询文件的基础上提供 SQL 语言的执行平台，键入 SQL 命令并执行的具体过程如下。

首先，在 Access 2010 的数据库中创建一个查询文件，如图 7-5 所示。

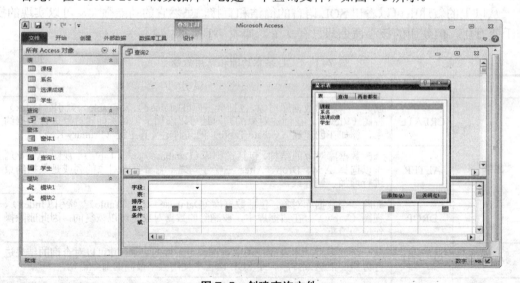

**图7-5　创建查询文件**

关闭随之弹出的"显示表"对话框。在查询文件的空白位置上单击鼠标右键，在弹出的快捷菜单中选择"SQL 视图"。查询窗口此时切换到 SQL 语言输入平台，可以在空白区域键入 SQL 语句。

在输入 SQL 命令时要注意以下几个问题：

（1）Access 2010 的语法规则规定，在一条 SQL 语句中间可以不换行，也可以根据需要多次换行，但语句的结束要加一个"；"作为本条 SQL 语句的结束标识。

（2）SQL 语句中所有的标点符号均要求使用英文格式。

（3）语句中使用的数据对象都不用指出存储的路径。

图 7-6 是输入 SQL 语句的示例。

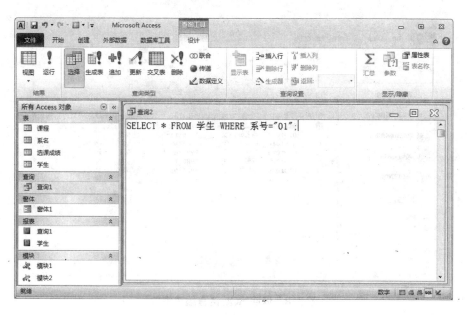

图 7-6　输入 SQL 语句

语句输入完成后，点击窗口左上角的 $\overset{!}{\text{运行}}$ 按钮执行该语句。如果该 SQL 语句是数据定义或数据操作语言，请打开对应的数据对象查看运行结果，是否实现了创建/插入/删除/修改的要求；如果该语句是数据查询，那么查询的结果将直接显示在本查询窗口中。如图 7-7 所示。

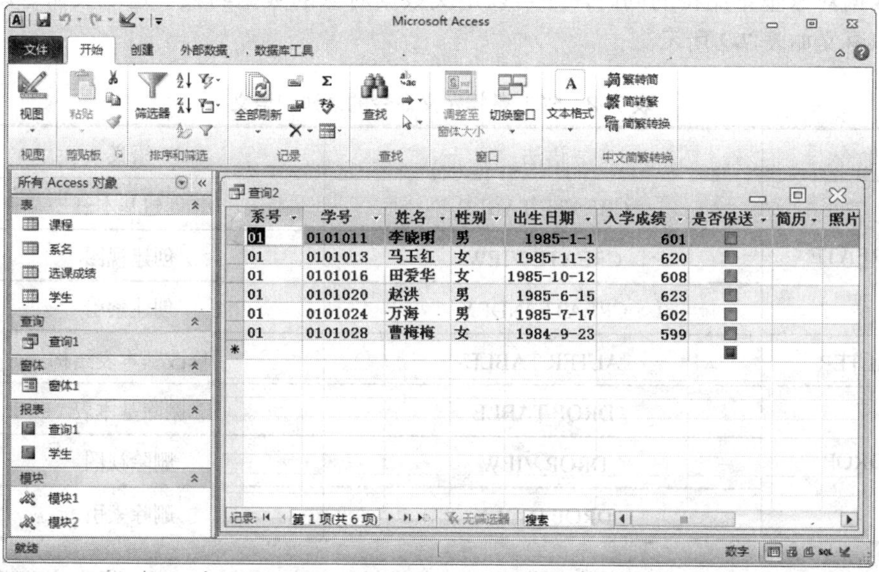

图 7-7　SQL 查询语句的输出结果

如果发现命令的执行结果有误，需要返回 SQL 视图窗口重新编辑，此时只需要点击窗口左上角的"视图"按钮，在下拉菜单中选择"SQL 视图"选项，即可返回图 7-8 所示的 SQL 语言编辑窗口。

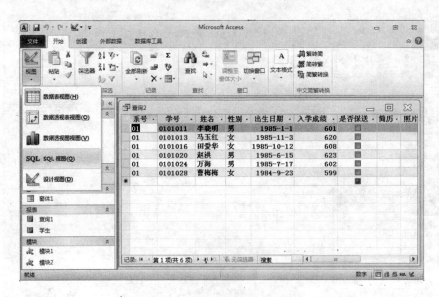

图 7-8 　返回 SQL 语言编辑窗口

# 7.2 　SQL 数据定义语言

SQL 数据定义共包含三个命令动词，可以实现对数据库、基本表、视图和索引的定义，在定义数据对象基本结构的同时，还可以定义数据对象的数据约束。这三大命令动词的基本语法和语义如表 7-2 所示。

表 7-2 　SQL 数据定义命令的语法和语义

| 命令 | 语法 | 语义 |
|---|---|---|
| CREATE | CREATE TABLE | 创建基本表 |
|  | CREATE VIEW | 创建视图 |
|  | CREATE INDEX | 创建索引 |
| ALTER | ALTER TABLE | 修改基本表结构 |
| DROP | DROP TABLE | 删除基本表 |
|  | DROP VIEW | 删除视图 |
|  | DROP INDEX | 删除索引 |

需要特别强调的是，作为 SQL 标准的官方解释，SQL2 和 SQL3 版本中都将数据库（Database）的创建、修改、删除归为 SQL 数据定义功能一类，但 Access 2010 中并不支持 Create Database、Alter Database 或 Drop Database 这样的命令。在 Access 2010 的 SQL 平台上键入这样命令会提示语法错误，Access 2010 要求用屏幕操作的可视化方式管理数据库。但这并不是说 Access 2010 中的 SQL 语言有功能上的缺失。事实上，当我们使用图形界面

的方式建立、删除一个数据库文件时，Access 2010 会生成一条相应的 SQL 命令，再由数据库编译器执行这条命令实现操作。

## 7.2.1　创建基本表

创建基本表的 SQL 语句基本语法结构如下：

CREATE TABLE <表名>

　　(<字段名> <数据类型> [(<数据宽度>)] [NULL | NOT NULL]

　　[<字段名> <数据类型> [(<数据宽度>)] [NULL | NOT NULL],

　　 <字段名> <数据类型> [(<数据宽度>)] [NULL | NOT NULL],

　　PRIMARY KEY (主键字段名),

　　UNIQUE (候选键字段名),

　　FOREIGN KEY (外键字段名) REFERENCES  父表名(父表主键字段名),...]);

为了表述清晰，该格式说明中用分行的形式表示，在实际操作中可以根据需要换行，也可以写成一行，因为这是一条完整的 SQL 语句，直到"；"才表示语句的结束。下面对 Create Table 语句的语法进行详细的介绍。

### 1. <表名>

Create Table 之后的<表名>指出了要创建的数据表名称。注意，在此处不需要指明表存储的路径，Access 2010 的所有数据对象（基本表、查询、窗体、报表等等）都不在存储器上生成独立的文件，全部存在在扩展名为.accdb 的数据库文件中。

### 2. 字段说明

从第二行语句开始说明基本表的结构，包括表中的字段信息和数据约束信息，这些信息必须用括号括起来。括号中至少要包含一条字段信息，从第三行开始，之后的语句都是可选的。这也说明了创建一张基本表的时候，数据约束信息不是必须的，但表中至少要有一个字段存在。字段说明主要描述字段名称、字段类型和字段宽度，对于字段宽度由系统默认的日期型、逻辑型、各种数值型等数据，其宽度之值省略。

下面以创建系名表为例加以说明：

【例 7-1】 用 SQL 语句创建系名表。

其语句结构为：

CREATE TABLE  系名

(系号  CHAR(2),系名  CHAR(14));

执行该语句后，在数据库对象的"表"一栏将会出现"系名"表。

### 3. 空值约束

Null 和 Not Null 是字段的空值约束，语法中两者之间的竖线"|"表示二者可选其一。如果为某一列加上 Not Null 约束，就意味着表格中这一列必须有值。如果添加记录时该字段值为空，或修改记录时将该字段的值改变为空，系统都会产生错误提示。此约束的默认值为 Null，即如果不特殊说明，那么该字段允许不输入数据时，系统将使用一个 Null 值填充该字段。例 7-1 中的系名表中的两个字段没有指明，则系统默认允许 Null 值。如果不允许系号字段出现空值，那么例 7-1 可以写为：

CREATE TABLE  系名

（系号　CHAR(2) NOT NULL,系名　CHAR(14) NULL);

由于该约束的对象针对单个字段，因此属于字段级别的约束机制。

#### 4. 主键约束

一张表的主键也就是关键字只能有一个，被定义为主键的字段非常重要，它不但是整张表格中每个记录的唯一独特标识，也是表与表之间建立一对多联接的重要依据。因此，我们在"教学管理"数据库中的所有表都必须指定自己的主键，才能在关联窗口中建立表与表之间的联接，为数据库日后的维护、查询操作提供依据。在 SQL 的表格定义命令中，用 Primary Key 指定一张表的关键字，称为主键约束。

还是以创建系名表为例，创建时定义"系号"字段为主键：

【例 7-2】 用 SQL 语句定义系号为主键。

其语句结构为：

CREATE TABLE　系名

（系号　CHAR(2),系名　CHAR(14),PRIMARY KEY (系号));

这就表示系号字段是系名表的主键。根据主键的定义，做主键的字段值不能重复也不能为空，指定系号为 Primary Key，就隐含着该字段不能为空的意思。因此，可以省略该字段的 Not Null 空值约束。

在语法上，可以直接将 Primary Key 标注在主键字段说明的后面，即例 7-2 也可以写成：

CREATE TABLE　系名

（系号　CHAR(2) PRIMARY KEY,系名　CHAR(14));

#### 5. 候选键约束

在一张表格中，具备主键资格的字段可能会有不止一个。例如，学生表中有字段学号、身份证号、姓名、性别，除了学号可以作为主键外，一名学生的身份证号也可以单独作为主键，唯一的标识一条学生的记录。根据一张表格的主键只能有一个的原则，我们只能选取一个作为主键，另外的可以声明为候选键，称为候选键约束。

以创建包含学号、身份证号、姓名、性别四个字段的学生 1 基本表为例，定义学号为主键，身份证号为候选键。

【例 7-3】 用 SQL 语句定义学号为主键，身份证号为候选键。

其语句结构为：

CREATE TABLE　学生

（学号　CHAR(7),身份证号　CHAR(18),姓名　CHAR(10), 性别　CHAR(2), PRIMARY KEY (学号), UNIQUE (身份证号));

同样，在语法上，也可以直接将 Unique 标注在候选键字段说明的后面，即例 7-3 也可以写成：

CREATE TABLE　学生

（学号　CHAR(7) PRIMARY KEY,身份证号　CHAR(18) UNIQUE, 姓名　CHAR(10), 性别　CHAR(2));

被定义了候选键约束的字段允许出现空值，但不允许重复。

#### 6. 参照完整性约束（外键约束）

参照完整性约束主要是为了说明所创建的表和其父表的关联关系，也叫外键约束。如果该表没有父表，则不需要定义外键约束。例如，学生表的父表是系名表，即一个系名记录关联着多条学生记录（一个系有多个学生），而一个学生记录只能关联一条系名记录（一个学生只能属于一个系）。这种一对多的关联关系是系名.系号=学生.系号，那么在创建学生表的时候就应该说明这一关系。

【例 7-4】　用 SQL 语句定义学生表的系号为外键。

其语句结构为：

```
CREATE TABLE  学生
(学号  CHAR(7),姓名  CHAR(10),性别  CHAR(2),出生日期  DATE,入学成绩  REAL,
是否保送  LOGICAL,系号  CHAR(2),简历  MEMO,照片  GENERAL,
PRIMARY KEY (学号),FOREIGN KEY (系号) REFERENCES  系名(系号));
```

定义外键约束后，相当于为系名表和学生表建立了参照完整性关系，当插入一条新的学生记录或修改记录时，其中的系号值必须是系名表中已经存在的系号（即学生不能就读于一个不存在的系），而当删除系名表中的一条记录时，对应系号的学生记录也随之删除（撤销一个系的时候，这个系的学生也一并解散）。

在 Access 2010 的 SQL 视图中执行了例 7-2 的语句再执行例 7-4，打开"数据库工具"菜单的 🗂 按钮，可以看到如图 7-9 所示的关联关系图示。

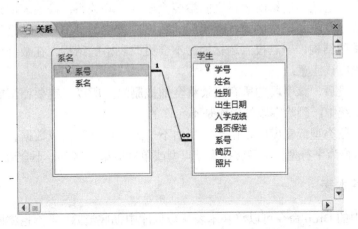

图 7-9　用 SQL 语句创建外键约束

另外，SQL 的数据约束还包括校验约束 Chech（也叫有效性规则约束）和默认值约束 Default。这两种约束语句在 SQL Server 环境下可以使用，但 Access 2010 环境下并不支持。因此，这里不再介绍。在 Access 2010 中设置字段的有效性规则和默认值可以使用表设计视图来完成。

## 7.2.2　修改基本表

在创建基本表后，还可以对创建的数据表设计结构做出修改，如增加或者删除字段、修改字段的数据类型和数据宽度等等。修改表结构命令的一般格式是：

```
ALTER TABLE  表名
ADD|ALTER |DROP [COLUMN] <字段名> <数据类型>[(数据宽度)];
```

下面的例 7-5 至例 7-8 分别介绍了使用 Alter Table 命令添加新字段、修改字段类型和宽度、删除字段的过程。

【例 7-5】 在学生表中添加一个"身份证号"字段、字符型、长度为 15。

ALTER TABLE 学生 ADD COLUMN 身份证号 CHAR(15) UNIQUE;

本例在添加字段的同时指定其列的数据约束为 Unique，该列被定义为候选键，其内容可以为空但不能有重复值。显然，空值约束 Not Null 和主键约束 Primary Key 不能在 Alter Table 命令中使用，因为刚添加的新字段中都是空值，违反约束规则。

【例 7-6】 修改学生表中"身份证号"字段，使其为字符型、长度为 18。

ALTER TABLE 学生 ALTER 身份证号 CHAR(18);

【例 7-7】修改学生表中"入学成绩"字段，使其从单精度型（Real）变为整型（Smallint）。

ALTER TABLE 学生 ALTER 入学成绩 SMALLINT;

【例 7-8】 删除学生表中的"身份证号"字段。

命令如下：

ALTER TABLE 学生 DROP COLUMN 身份证号;

需要特别注意的是，在一个处于运行状态的数据库系统中，修改一个基本表的结构往往会牵一发而动全身：修改一个字段的数据类型或减小数据宽度会造成数据的丢失或舍入错误；修改字段信息还可能影响表格之间参照完整性关联关系；修改表的结构还可能使上层运行的应用程序产生错误。因此，在实际的数据库工程项目中，在数据库的设计阶段就应当确定好表格的结构，一旦投入运行轻易不会更改表格的结构。在数据库的设计阶段修改表结构的时候应该注意：

● 删除字段后，该字段的所有记录将全部被删除，所以一定要谨慎操作。甚至在有的数据库管理系统中，删除字段的操作是不允许的。

● 修改字段类型或宽度时，由于类型的不一致，很可能造成数据丢失。但增加字段宽度、日期型转换为字符型、整型转换为浮点型或单精度型的修改，不会造成数据丢失。

## 7.2.3 删除基本表

SQL 语言中的 Drop 命令可以将基本表从数据库中彻底清除，当然也将同时删除与表相关的数据约束和索引。该命令的基本格式是：

DROP TABLE TABLENAME;

【例 7-9】 彻底删除学生表。

命令如下：

DROP TABLE 学生;

应该特别注意的是，表的删除操作是不可逆的，一旦删除不可恢复，使用删除命令时应该确定表的确不再使用。错误的使用 Drop Table 命令会带来灾难性的后果。

## 7.2.4 索引的创建与删除

数据库的性能一直是用户最关心的问题，而为数据表创建索引，是大大提高数据库检索效率的重要手段。如果将数据表比作一本书，记录就是这本书中的章节，那么索引就是书的目录。当我们在书中查找一个章节时，不必翻阅书中的每一页，只需按照目录直接翻到需要的一页。在查找数据表中的某些记录时，事先建立好的索引可以使我们快速的找到所需数据在磁盘上的物理位置，从而大大提查询的效率。

**1. 创建索引**

命令的一般格式：

　　CREATE INDEX <索引名称> ON <表名>(<索引字段名>)

【例 7-10】 为学生表的入学成绩字段创建索引。

命令如下：

　　CREATE INDEX 索引 1 ON 学生(出生日期);

"索引 1"是我们为新建索引起的名字，只要不与已经命名过的索引重名即可。创建索引后打开表设计器，可以在"出生日期"字段属性的"常规"选项卡中看到，索引一栏的内容已经变成"有（有重复）"。

就像我们在 7.1.2 节中介绍的一样，用户创建好索引以后，索引的更新、使用过程对用户是透明的，即用户不需要知道在检索时是否使用了索引、如何使用；在记录发生变化时如何更新，这些都由数据库管理系统确定。

**2. 删除索引**

命令的一般结构是：

　　DROP INDEX <索引名称> ON <表名>;

【例 7-11】 删除学生表的入学成绩字段索引。

命令如下：

　　DROP INDEX 索引 1 ON 学生;

# 7.3 SQL 数据查询语言

数据库中最常见的操作是数据查询。在实际应用中，用户可能会遇到各种各样的查询要求，SQL 语言用 Select 命令完成查询。Select 命令的语句格式既简单又丰富，可以满足这些查询要求。

## 7.3.1 SQL 查询语句的一般结构

命令的一般格式如下：

SELECT [*| DISTINCT] [(字段名 1[，字段名 2，… ]) ] [INTO 生成表名]

FROM 表名 1[，表名 2，…]

[WHERE 连接条件 [AND 连接条件 … ][AND 查询条件[AND|OR 查询条件 … ]]]

[GROUP BY 分组字段名]

[HAVING 分组条件表达式]

[ORDER BY 排序字段名 [DESC] [, 排序字段名 [DESC]…]];

整个语句的含义为：根据 Where 子句中的条件表达式，从 From 子句指出的一个或多个数据表中找出满足条件的记录，按 Select 子句中的字段列表，选出记录中的分量（多数情况下是数据表中的字段）形成结果表。如果有 Order By 子句，则结果表要根据指定的表达式按升序或降序（Desc）排序。如果有 Group By 子句，则将结果按字段名分组，根据 Having 指出的条件，选取满足该条件的组输出。用以上形式的语句，我们可以完成数据库中的任何查询任务。

Select 中各选项及子句的说明如下：

（1）Select 子句列举查询结果中包含的检索项，检索项可以是 From 子句中表的字段名、常量、函数、表达式。这些检索项可能来自一张表或几张表。如果不同表中有同名的检索项，通过在各项前加表别名予以区分。表别名与检索项之间用"."分隔。

星号"*"表示选取 From 子句中所列举数据表中的所有记录。

Distinct 指定消除查询结果中的重复行。每个 Select 子句只能用一次 Distinct 选项。

Into 后面可以跟一个数据表的名字，整条语句的查询结果就可以生成一个以此名命名的基本表，存放在当前数据库中。加入 Into 子句就相当于创建了一个生成表查询。如此句缺省，查询的结果只在内存中临时存储，用临时窗口的形式显示。

（2）From 子句指出查询的数据来源于哪几张表（或查询文件）。如果查询数据来自多张表，表名间用逗号分隔。当不同数据库中的表同名时，在表名前加数据库名。数据库名与表名之间用"!"分隔。

（3）Where 子句是条件语句，其中包含的条件有两种，一是连接条件，二是查询条件。在 From 子句指定的数据源表有两个以上时，要用 Where 子句指定多表之间主键=外键的连接条件。例如系名和学生两表的连接条件就是系名.系号=学生.系号。查询条件就是查询结果中记录应该满足的条件。

（4）Group By 子句将查询结果按指定的字段名分组，以备汇总用。

（5）Having 子句如果出现，一定要跟在 Group By 子句后使用。该子句指定每一分组所应满足的条件，只有满足条件的分组才能在查询结果中显示。同是条件语句，但它与 Where 子句不同，Where 子句用在分组前筛选满足条件的记录，而 Having 子句用在分组之后筛选满足条件的组。

（6）Order By 子句指明查询结果按什么字段排序，默认为升序，加 Desc 后缀为降序。该子句要放在整个 Select 语句的最后。

一个极小化的查询语句中，只有 Select 子句和 From 子句是必须的，因为至少要说明从哪些表中选取哪些字段输出。缺省 Where、Group By、Having 和 Order By 子句说明无条件的选取所有记录，无需分组和排序。各子句的功能可以概括如表 7-3 所示。

表 7-3    SQL 查询命令子句及其功能说明

| SQL 子句 | 功能说明 | 是否必需 |
|---|---|---|
| SELECT | 查询结果包含哪些字段 | 是 |
| FROM | 从哪些表中查询这些字段 | 是 |
| WHERE | 数据源表怎样连接，查询字段满足什么条件 | 否 |
| GROUP BY | 查询结果如何分组 | 否 |
| HAVING | 保留什么条件的分组 | 否 |
| ORDER BY | 查询结果如何排序 | 否 |

虽然上述 6 个子句组成的是一条完整的 SQL 语句，但为了增加程序的可读性，最好将每个子句分行写，在没有看到"；"之前，Access 2010 会自动忽略换行符。

## 7.3.2　SQL 查询语句和 Access 2010 查询文件的关系

本教程第 6 章介绍了查询文件，其中的选择查询就可以实现数据的检索，从本节介绍的内容可以看出，SQL-Select 语句的功能与建立选择查询文件相当，那么二者之间的关系是什么？查询文件可以完全代替 SQL-Select 语句么？

其实，查询文件也是通过 SQL 语句实现查询的，Access 2010 建立的每一个查询文件的背后，都由 Access 2010 自动生成一条与之对应的 SQL 语句，再由该 SQL 语句的编译执行得到查询文件的查询结果。不仅是选择查询，操作查询中的生成表查询、追加查询、更新查询、删除查询也都一样。选择查询生成 SQL-Select 语句；生成表查询生成一个带有 Into 子句的 SQL-Select 语句；追加查询生成一个 SQL-Insert 语句；更新查询生成一个 SQL-UpDate 语句；删除查询生成一个 SQL-Delete 语句。

查询文件只不过是 Access 2010 提供的一种屏幕操作方式，使数据库的查询和日常维护工作可视化，交互性更强。但是，查询文件不能完全代替 SQL 语句，原因有以下两点：

（1）查询文件只能完成部分查询任务，而 SQL 语言的功能更完善、更强大，查询文件在功能上是 SQL 语言的子集。

（2）查询文件是一种屏幕交互的使用方式，而 SQL 可以独立编程或者嵌入其他编程语言，实现数据库的应用程序开发。

下面我们以一个查询文件为例，说明选择查询的查询文件如何与 SQL-Select 语句的 6 个子句相对应，希望读者可以从查询文件入手，更快的理解 SQL-Select 语句的结构与用法。对应关系如图 7-10 所示。

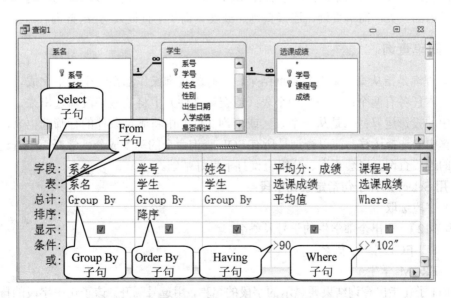

**图 7-10　查询文件与 SQL 查询 6 个子句的对应关系**

在查询文件设计视图界面的空白位置点击右键，选择"SQL 视图"，可以看到由该查询文件自动生成的 SQL 语句。当回到查询文件的设计视图模式修改查询设计后，生成的 SQL 语句也会随之发生改变。如图 7-11 所示。

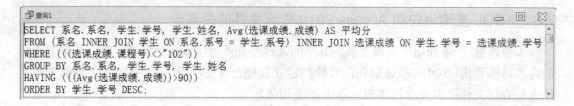

```
SELECT 系名.系名, 学生.学号, 学生.姓名, Avg(选课成绩.成绩) AS 平均分
FROM (系名 INNER JOIN 学生 ON 系名.系号 = 学生.系号) INNER JOIN 选课成绩 ON 学生.学号 = 选课成绩.学号
WHERE (((选课成绩.课程号)<>"102"))
GROUP BY 系名.系名, 学生.学号, 学生.姓名
HAVING (((Avg(选课成绩.成绩))>90))
ORDER BY 学生.学号 DESC;
```

**图 7-11　查询文件自动生成的 SQL 语句**

需要指出的是，上图中生成的 SQL 语句中 From 子句和 Where 子句的书写格式与前面介绍的略有不同，这是 SQL 语句关于表格关联的另一种表述方式，我们将在连接查询一节详细介绍。该条 SQL 语句的写法我们将在例 7-46 中介绍。

上述查询文件和 SQL 语句的执行结果完全相同，如图 7-12 所示。

| 系名 | 学号 | 姓名 | 平均分 |
|---|---|---|---|
| 人力资源系 | 0101029 | 赵庆丰 | 91.5 |
| 信息系 | 0101028 | 曹梅梅 | 91 |
| 中文系 | 0101027 | 王一萍 | 94 |
| 中文系 | 0101026 | 吕小海 | 91 |
| 信息系 | 0101024 | 万海 | 91 |
| 信息系 | 0101020 | 赵洪 | 96 |

**图 7-12　查询文件和 SQL 语句的查询结果**

下面我们本着从易到难的原则，介绍 SQL-Select 语句的使用技巧。为清楚起见，我们将其概括为四大类：简单查询、连接查询、嵌套查询（子查询）、分组查询。

### 7.3.3　简单查询

简单查询是指从查询条件到查询结果，所有的查询操作都在一个表中完成。一个简单查询的基本任务有两个：一是从一个表（或查询文件）中将某些字段筛选出来，相当于关系运算中的投影运算；二是从一个表（或查询文件）中将满足条件的行筛选出来，相当于关系运算中的选择运算。简单查询是所有 SQL 查询命令的基本成分，学好简单查询将为学习后面的连接查询、嵌套查询、分组查询打下良好基础。

**1. 用 Select 选择子句指定查询字段**

（1）字段选取

【例 7-12】　列出全部学生的学号及姓名。

　　　SELECT 学号, 姓名

　　　FROM 学生;

Select 子句指出查询结果要显示的字段的名称，用逗号隔开。该子句中字段的排列顺序直接决定查询结果输出时的字段显示顺序，如果将此例中的字段列表"学号、姓名"顺序对调，则查询结果显示姓名列在前而学号列在后。

From 子句指出数据源表的名称，在实际应用中，往往需要综合考虑，从整个查询计划中判断到底数据源是哪些表。

此例中的语句是一条最简单的 SQL 命令，只包含 SQL 语句中必不可少的两个成分：从

哪里（From）、选择（Select）什么。

【例 7-13】　列出学生表的所有行和列。

　　　　SELECT *

　　　　FROM　学生;

当字段列表中包含了数据源表中的所有字段时，可以用"*"号表示表的全部数据列，这个查询的结果就是从学生表中取出所存放的全部学生信息。

（2）用表达式生成自定义新字段

除了可以用数据表中现有的字段作为查询结果的检索项之外，还可以通过表达式计算生成新的字段值作为检索项。

【例 7-14】　列出所有学生的姓名和年龄。

　　　　SELECT　学生.姓名, YEAR(DATE())-YEAR(出生日期)

　　　　FROM　学生;

Select 子句中用一个函数表达式计算了学生的年龄，用 Date()函数返回当前系统日期，再用 YEAR()函数提取年份的方法使得该语句随着时间的推移保持正确，增加程序的通用性。查询结果中的新字段显示如图 7-13 所示。

图 7-13　自定义新字段

新的字段自动命名为"Expr1001"，如果还有新字段，自动命名为 Expr1002、Expr1003、…，依次类推。能够生成新的 Select 检索项的表达式可以是单独的常量、变量、函数，也可以是各种类型的表达式。更常用的 Select 函数主要是实现汇总功能的聚合函数，几个常见的聚合函数如表 7-4 所示。

表 7-4　Select 子句中的聚合函数

| 函数名称 | 函数功能 |
| --- | --- |
| SUM(字段名) | 计算字段值的总和 |
| AVG(字段名) | 计算字段值的平均值 |
| COUNT(字段名) | 计算字段值的个数 |
| COUNT(*) | 计算查询结果的总行数 |
| MAX(字段名) | 计算(字符、日期、数值型)字段值的最大值 |
| MIN(字段名) | 计算(字符、日期、数值型)字段值的最小值 |
| FIRST(字段名) | 字段中的第一个值 |
| LAST(字段名) | 字段中的最后一个值 |

Select 语句中使用聚合函数的目的主要是为了汇总查询结果中的数据项，这种操作往往不关心每个具体记录的细节是什么，而着眼于对数据整体的把握。如例 7-15 所示。

【例 7-15】 列出所有学生入学成绩的总分、平均分、最高分、最低分，以及学生总人数。

      SELECT "入学成绩汇总", SUM(入学成绩), AVG(入学成绩),

            MAX(入学成绩), MIN(入学成绩), COUNT(学号)

      FROM 学生;

查询结果如图 7-14 所示。

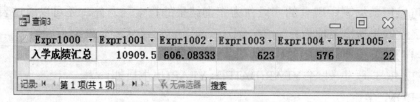

图 7-14 聚合函数的查询结果

该语句中查询的第一个字段是一个常量，随后的聚合函数参数为入学成绩。对入学成绩一列的数据进行汇总计算；COUNT 函数的参数为学号，对学生表中的学号个数进行统计，此处也可以将参数改为"*"，统计记录的个数。

（3）为字段定义别名

用表达式生成的字段没有自己的名称，系统自动生成的名称难以概括该字段的含义，如果想为上例中的新字段自定义别名，可以使用关键词 As。

【例 7-16】 为例 7-14 的新字段定义别名"年龄"。

      SELECT 学生.姓名, YEAR(Date())-YEAR(出生日期) AS 年龄

      FROM 学生;

执行该语句，查询窗口中的第三列字段名显示为"年龄"。

【例 7-17】 为例 7-15 的查询结果定义别名。

      SELECT "入学成绩汇总" AS 汇总, SUM(入学成绩) AS 总分,

            AVG(入学成绩) AS 平均分,MAX(入学成绩) AS 最高分,

            MIN(入学成绩) AS 最低分,COUNT(学号) AS 总人数

      FROM 学生;

自定义的字段别名如图 7-15 所示。

图 7-15 自定义字段别名聚合函数的查询结果

用户可以用这样的方法给查询结果中的字段指定新的名字，不仅适用于新生成的字段，也适用于原来表中的字段。

**2. 用 Where 条件语句指定查询记录**

（1）记录选取

Where 子句后要跟一个逻辑表达式。多个查询条件可以用 AND、OR 或 NOT 连接。查询时系统对 From 指定的数据源表进行逐条记录的扫描，凡是代入该表达式计算结果为真值的，该记录的相应字段就纳入查询结果，代入结果为假值的就排除。

【例 7-18】　列出"02"号系全部学生的学号及姓名。

　　　SELECT 学号，姓名
　　　FROM 学生
　　　WHERE 系号="02" ；

使用 Where 子句可以说明查询的限制条件，只选择出满足条件的那些记录的相应数据，例 7-18 查询结果如图 7-16 所示。

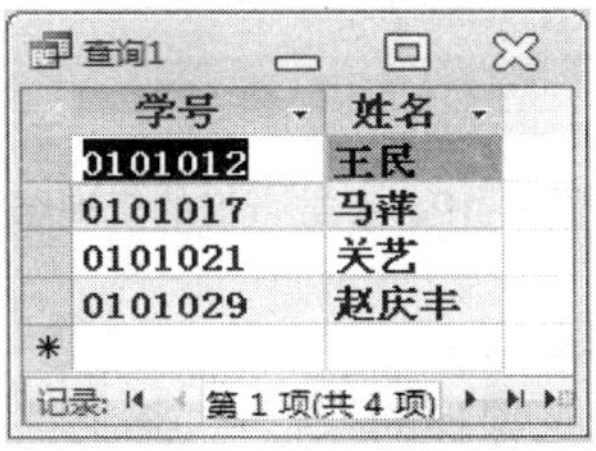

**图 7-16　使用条件语句**

【例 7-19】　查找保送生中男同学的信息。

　　　SELECT *
　　　FROM 学生
　　　WHERE 是否保送 AND 性别="男" ；

"是否保送"为逻辑型字段，这里的"是否保送"等价于"是否保送=TRUE"、"是否保送=-1"或"是否保送=YES"。查询结果如图 7-17 所示。

**图 7-17　保送的男生查询结果**

另外，Access 2010 中的 SQL 语句还提供了参数查询功能，可以在条件的任何位置输入一段提示信息，语句执行时将弹出对话框提示该信息，以方便用户输入具体的值，之后再将该值代入公式完成查询。相当于创建参数查询文件的功能。例如将例 7-19 改为如下语句：

　　　SELECT *
　　　FROM 学生
　　　WHERE 是否保送 AND 性别=请输入性别： ；

语句执行时先弹出如图 7-18 所示对话框提示，查询将按照用户的输入决定查询男生或女生的信息。如果输入“女”，查询结果如图 7-19 所示。

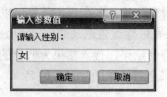

输入参数值
请输入性别：
女
确定
取消

图 7–18 “输入参数值”对话框

查询2
记录: 第 1 项(共 2 项)
无筛选器
搜索

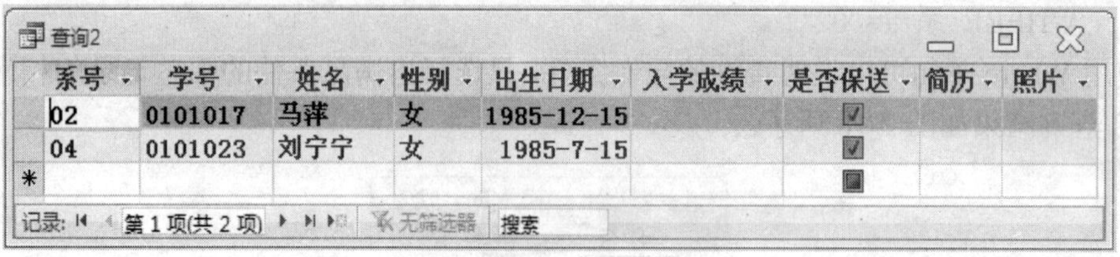

| 系号 | 学号 | 姓名 | 性别 | 出生日期 | 入学成绩 | 是否保送 | 简历 | 照片 |
|---|---|---|---|---|---|---|---|---|
| 02 | 0101017 | 马萍 | 女 | 1985-12-15 | | ☑ | | |
| 04 | 0101023 | 刘宁宁 | 女 | 1985-7-15 | | ☑ | | |
| * | | | | | | | | |

图 7–19 参数查询的查询结果

（2）DISTINCT 消除重复记录

【例 7-20】 列出所有学生已选课程的课程号。

```
SELECT DISTINCT 课程号
FROM 选课成绩;
```

选课成绩表中存储着所有学生选修的课程号，有多名学生都选修了同样的课程，如果 Select 单独选取课程号一列，将有许多重复行出现。因此，可以用 Distinct 去掉查询结果中完全一样的行。本例选择的结果为（101，102，103，104，105，106）。

（3）BETWEEN…AND…运算符

【例 7-21】 查找所有考试成绩在 75 到 80 分之间的选课信息。

```
SELECT *
FROM 选课成绩
WHERE 成绩 BETWEEN 75 AND 80;
```

查询结果如图 7-20 所示。

查询1
记录: 第 1 项(共 7 项)
无筛选器
搜索

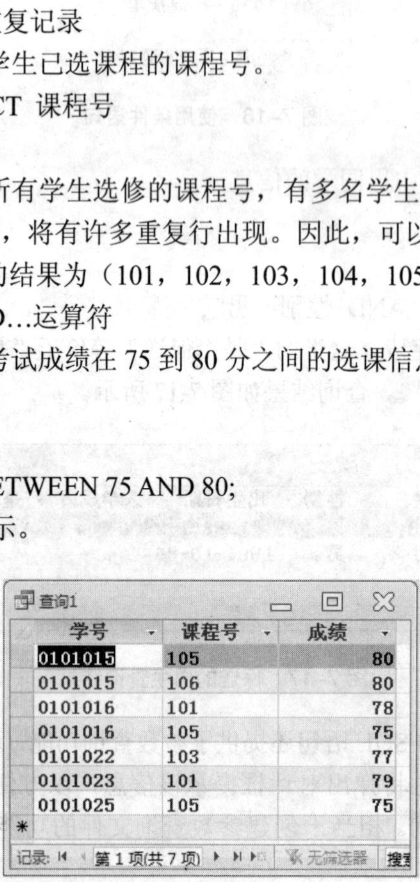

| 学号 | 课程号 | 成绩 |
|---|---|---|
| 0101015 | 105 | 80 |
| 0101015 | 106 | 80 |
| 0101016 | 101 | 78 |
| 0101016 | 105 | 75 |
| 0101022 | 103 | 77 |
| 0101023 | 101 | 79 |
| 0101025 | 105 | 75 |
| * | | |

图 7–20 条件区间

Between…And…运算符的功能与第 6 章的相同。

本例也可以写成：

SELECT *

FROM  选课成绩

WHERE  成绩>=75 AND  成绩<=80 ；

要表达与 Between…And…相反的区间范围，可以使用 Not Between…And…。

SELECT *

FROM  选课成绩

WHERE  成绩  NOT BETWEEN 75 AND 80 ；

该语句的条件相当于"成绩<75 Or  成绩>80"。

（4）LIKE 运算符

在查询中，Like 运算符可以对字符型数据进行字符串匹配，形如"A Like B"。如果 A 和 B 两个字符串完全一样，则表达式取 True，否则取 False。Like 运算符还提供了几种字符串匹配通配符，常用的包括使用问号"？"匹配任意一个字符，使用星号"*"匹配 0 个或多个字符的字符串，使用"#"匹配一个数字等等，具体可参考表 6-5。

【例 7-22】 列出所有姓"王"的同学的学号、姓名、性别。

SELECT  学号, 姓名, 性别

FROM  学生

WHERE  姓名  LIKE  "王*"；

查询结果如图 7-21 所示。

图 7-21  使用 Like 通配符的查询结果

也可以使用 Access 2010 的内置函数表达同样的查询条件，命令如下：

SELECT  学号, 姓名, 性别

FROM  学生

WHERE  LEFT(姓名,1)="王"；

以上查询将查出所有姓王的同学，该同学的全名可以是两个或三个字，如果要查询姓王的同学，全名共两个字的，应该使用一个"？"进行限制。结果中"王一萍"同学的记录将不包含在内。命令如下：

SELECT  学号, 姓名, 性别

FROM  学生

WHERE  姓名  LIKE  "王?"；

如果使用 Access 2010 内置函数表示，命令如下：

SELECT  学号, 姓名, 性别

FROM  学生

WHERE    LEFT(姓名,1)="王" AND LEN(姓名)=2 ;

Left 函数限定姓名的第一个字是"王", Len 函数限定姓名总长度是两个字符。通过以上对比可以看出, 使用 SQL 的专有运算符 Like 更加简单直观, 而用内置函数则比较繁琐。因此, 在实际应用中, 如果可以用 SQL 专有的关键词解决问题, 就不推荐使用内置函数。

同样可以使用 Not Like 表示与 Like 相反的含义。如下面命令将查询出学生表中所有不姓王的同学的信息。

SELECT    学号, 姓名, 性别

FROM    学生

WHERE   姓名   NOT LIKE    "王*";

（5）IN 运算符

在查询中, 经常会遇到要求表的字段值是某几个值中的一个。此时, 用 In 运算符。

【例 7-23】 列出选修 101 号课和 103 号课的全体学生的学号和成绩。

SELECT   学号, 课程号, 成绩

FROM    选课成绩

WHERE   课程号   IN ("101","103") ;

它等价于:

SELECT *

FROM    选课成绩

WHERE   课程号="101" OR   课程号="103" ;

查询结果如图 7-22 所示。

| 学号 | 课程号 | 成绩 |
| --- | --- | --- |
| 0101011 | 101 | 95 |
| 0101011 | 103 | 82 |
| 0101012 | 103 | 85 |
| 0101014 | 101 | 88 |
| 0101016 | 101 | 78 |
| 0101016 | 103 | 98 |
| 0101017 | 103 | 89 |
| 0101019 | 103 | 86 |
| 0101020 | 101 | 95 |
| 0101022 | 103 | 77 |
| 0101023 | 101 | 79 |
| 0101024 | 101 | 91 |
| 0101026 | 103 | 91 |
| 0101027 | 101 | 93 |

图 7-22   In 运算符的查询结果

同样可以使用 Not In 来表示与 In 完全相反的含义, 意为字段值不等于括号中的任何一个。

SELECT   学号, 课程号, 成绩

FROM   选课成绩

　　　WHERE　课程号　NOT IN ("101"，"103")；

它等价于：

　　　SELECT　学号，课程号，成绩

　　　FROM　选课成绩

　　　WHERE　课程号<>"101" AND　课程号<>"103"；

（6）IS NULL 运算符

Is Null 的功能是测试属性值是否为空值，适用于创建数据表时定义了允许空值约束的字段。在查询时应使用 "字段名 Is Null" 的形式，而不能写成 "字段名=Null"。

【例 7-24】 列出入学成绩为空值的学生的学号、姓名、入学成绩。

　　　SELECT　学号，姓名，入学成绩

　　　FROM　学生

　　　WHERE　入学成绩 IS NULL；

查询结果如图 7-23 所示。

图 7-23　空值字段查询

同样可以使用 Is Not Null 来表示与 Is Null 完全相反的含义，意为字段值不等于空值。

　　　SELECT　学号，姓名，入学成绩

　　　FROM　学生

　　　WHERE　入学成绩 IS NOT NULL；

SQL-Select 语句的查询方式很丰富，在 Where 子句中可以用算术运算符、关系运算符、逻辑运算符及特殊运算符构成较复杂的条件表达式。这些常用的运算符与第 4 章和查询文件中出现的运算符一致。现将 Where 子句中常用的运算符做出总结，如表 7-5 所示。

表 7-5　Where 子句中的常用运算符

| 运算符类型 | 运算符 |
| --- | --- |
| 算术运算符 | +, -, *, /…… |
| 关系运算符 | >, <, =, >=, <=, !=, <> |
| 逻辑运算符 | AND, OR, NOT |
| 特殊运算符 | [NOT]　BETWEEN…AND…　（区间运算） |
|  | [NOT]　LIKE　（匹配运算） |
|  | [NOT]　IN　（包含运算） |
|  | IS　[NOT]　NULL　（检测空值运算） |

### 3. 用 Order By 子句排序查询结果

SQL 语句的查询结果可以用 Order By 子句根据需要排序，当有多个排序系列时，按系列的先后顺序一一列举。

【例 7-25】 查询入学成绩 550 分以上的学生信息，查询结果先按照系号升序排列，同一个系的学生按照性别升序排列，性别相同的按照入学成绩由高到低排列。

```
SELECT *
FROM 学生
WHERE 入学成绩>=550
ORDER BY 系号, 性别, 入学成绩 DESC；
```

查询结果如图 7-24 所示。

| 系号 | 学号 | 姓名 | 性别 | 出生日期 | 入学成绩 | 是否保送 | 简历 | 照片 |
|---|---|---|---|---|---|---|---|---|
| 01 | 0101020 | 赵洪 | 男 | 1985-6-15 | 623 | | | |
| 01 | 0101024 | 万海 | 男 | 1985-7-17 | 602 | | | |
| 01 | 0101011 | 李晓明 | 男 | 1985-1-1 | 601 | | | |
| 01 | 0101013 | 马玉红 | 女 | 1985-11-3 | 620 | | | |
| 01 | 0101016 | 田爱华 | 女 | 1985-10-12 | 608 | | | |
| 01 | 0101028 | 曹梅梅 | 女 | 1984-9-23 | 599 | | | |
| 02 | 0101012 | 王民 | 男 | 1985-2-4 | 610 | | | |
| 02 | 0101029 | 赵庆丰 | 男 | 1984-12-3 | 600 | | | |
| 02 | 0101021 | 关艺 | 女 | 1985-10-1 | 614 | | | |
| 03 | 0101014 | 王海 | 男 | 1985-3-15 | 622.5 | | | |
| 03 | 0101030 | 关萍 | 女 | 1985-11-1 | 607 | | | |
| 03 | 0101022 | 鲁小河 | 女 | 1984-11-30 | 603 | | | |
| 04 | 0101015 | 李建中 | 男 | 1985-4-5 | 615 | | | |
| 04 | 0101019 | 刘伟 | 男 | 1984-12-30 | 608 | | | |
| 05 | 0101025 | 刘毅 | 男 | 1985-12-1 | 615 | | | |
| 05 | 0101027 | 王一萍 | 女 | 1985-9-12 | 601 | | | |
| 06 | 0101031 | 章佳 | 女 | 1985-11-25 | 585 | | | |
| 06 | 0101032 | 崔一楠 | 女 | 1984-8-26 | 576 | | | |

记录: 第 1 项(共 18 项) 无筛选器 搜索

图 7-24 查询结果排序

由本例可以看出，记录的系号字段从 01 到 06 排列，同一个系的记录先排男生后排女生，同一个系同一性别的学生按照入学成绩从高到低排列。

关于排序的语法总结如下：

（1）当有多个排序项时，各项之间也使用逗号隔开。

（2）排序项的 Desc 后缀是用来指明显示结果的顺序是降序；升序可以用后缀 Asc 表示，也可以缺省。

（3）排序项列表可以是 Select 子句中的一个字段名，也可以是 Select 子句中排序项的排名位置，如 1 表示 Select 子句中第一项，2 表示 Select 子句中第二项。例 7-25 还可表示为：

```
SELECT *
FROM 学生
WHERE 入学成绩>=550
ORDER BY  1, 4, 6 DESC；
```

（4）如果没有使用 Order By 子句，返回的数据将按照表中数据的物理存储顺序排列。

## 7.3.4　连接查询

从数据库的定义中可以知道，数据库是"结构化"、"相关"的数据集合。数据库中每个数据表仅存储了一部分的数据，多个数据表之间按照关联关系连接，共同表述一个完整的数据集合。在多数情况下，单独使用一个表是无法查询到所有数据的，这时就需要 SQL 语言能从多个表中查询数据，这就是我们要介绍的连接查询。

连接查询是多表查询，能用一条 SQL 语句将多个表中的数据按照表的一对多关系结合到一起。进行连接操作时，用于连接的字段是非常重要的，表与表之间到底依靠哪个字段产生联系，这需要用户对数据表的结构、各个数据表之间的连接关系非常熟悉。

**1. 连接查询的一般过程**

连接查询本质上就是简单查询（单表查询）的一种变形，先将各个数据源表连接到一起，形成一张完整表，这时查询过程中要用到的所有数据就存在于一张表当中了，再基于这张连接表做一个单表查询即可。

【例 7-26】　查询所有男同学的系名、姓名、性别和出生日期。

查询的结果包含系名信息和学生信息，说明要用到系名和学生两张表，用连接查询的方法要经过以下两步。

第一步，建立连接。在内存大小允许的情况下，将系名表和学生表在内存中做连接操作，相当于关系运算中的连接运算。连接的条件是系名表中的系号和学生表中系号相同的记录建立连接，用条件表达式描述就是："系名.系号=学生.系号"，即"父表.主键=子表.外键"。连接时可以根据查询条件，只连接"性别='男'"的记录。

连接的结果形成一张完整的大表，习惯上称为虚表。这个表也只存在于内存中，并不真正存入数据库的磁盘。图 7-25 所展示的是这张虚表的组成原理。

| 系号 | 学号 | 姓名 | 性别 | 出生日期 | 入学成绩 | 是否保送 | 简历 | 照片 |
|---|---|---|---|---|---|---|---|---|
| 01 | 0101011 | 李晓明 | 男 | 1985-1-1 | 601 | FALSE | | |
| 02 | 0101012 | 王民 | 男 | 1985-2-4 | 610 | FALSE | | |
| 01 | 0101013 | 马玉红 | 女 | 1985-11-3 | 620 | FALSE | | |
| 03 | 0101014 | 王海 | 男 | 1985-3-15 | 622.5 | FALSE | | |
| 04 | 0101015 | 李建中 | 男 | 1985-4-5 | 615 | FALSE | | |
| 01 | 0101016 | 田爱华 | 女 | 1985-10-12 | 608 | FALSE | | |
| 02 | 0101017 | 马萍 | 女 | 1985-12-15 | | TRUE | | |
| 03 | 0101018 | 王刚 | 男 | 1986-1-2 | | TRUE | | |
| 04 | 0101019 | 刘伟 | 男 | 1984-12-30 | 608 | FALSE | | |
| 01 | 0101020 | 赵洪 | 男 | 1985-6-15 | 623 | FALSE | | |
| 02 | 0101021 | 关艺 | 女 | 1985-10-1 | 614 | FALSE | | |
| 03 | 0101022 | 鲁小河 | 男 | 1984-11-30 | 603 | FALSE | | |
| 04 | 0101023 | 刘宁宁 | 女 | 1985-7-15 | | TRUE | | |
| 01 | 0101024 | 万海 | 男 | 1985-7-17 | 602 | FALSE | | |
| 05 | 0101025 | 刘毅 | 男 | 1985-12-1 | 615 | FALSE | | |
| 05 | 0101026 | 吕小海 | 男 | 1984-10-30 | | TRUE | | |
| 05 | 0101027 | 王一萍 | 女 | 1985-9-12 | 601 | FALSE | | |
| 01 | 0101028 | 曹梅梅 | 女 | 1984-9-23 | 599 | FALSE | | |
| 02 | 0101029 | 赵庆丰 | 男 | 1984-12-3 | 600 | FALSE | | |
| 03 | 0101030 | 关萍 | 女 | 1985-11-1 | 607 | FALSE | | |
| 06 | 0101031 | 章佳 | 女 | 1985-11-25 | 585 | FALSE | | |
| 06 | 0101032 | 崔一楠 | 女 | 1984-8-26 | 576 | FALSE | | |

| 系号 | 系名 |
|---|---|
| 01 | 信息系 |
| 02 | 人力资源系 |
| 03 | 国际经济与贸易 |
| 04 | 计算机技术与科学 |
| 05 | 中文系 |
| 06 | 日语系 |

**图 7-25　内存中的连接操作**

第二步，简单查询。在图 7-26 所示的虚表中执行字段的筛选，即投影操作，将要查询的系名、姓名、性别和出生日期四个字段选出，相当于关系运算中的投影运算。该简单查询的结果我们要的最终结果，如图 7-27 所示。

| 系名.系号 | 系名 | 学生.系号 | 学号 | 姓名 | 性别 | 出生日期 | 入学成绩 | 是否保送 | 简历 | 照片 |
|---|---|---|---|---|---|---|---|---|---|---|
| 01 | 信息系 | 01 | 0101011 | 李晓明 | 男 | 1985-1-1 | 601 | ☐ | | |
| 02 | 人力资源系 | 02 | 0101012 | 王民 | 男 | 1985-2-4 | 610 | ☐ | | |
| 03 | 国际经济与贸易 | 03 | 0101014 | 王海 | 男 | 1985-3-15 | 622.5 | ☐ | | |
| 04 | 计算机技术与科学 | 04 | 0101015 | 李建中 | 男 | 1985-4-5 | 615 | ☐ | | |
| 03 | 国际经济与贸易 | 03 | 0101018 | 王刚 | 男 | 1986-1-2 | | ☑ | | |
| 04 | 计算机技术与科学 | 04 | 0101019 | 刘伟 | 男 | .984-12-30 | 608 | ☐ | | |
| 01 | 信息系 | 01 | 0101020 | 赵洪 | 男 | 1985-6-15 | 623 | ☐ | | |
| 01 | 信息系 | 01 | 0101024 | 万海 | 男 | 1985-7-17 | 602 | ☐ | | |
| 05 | 中文系 | 05 | 0101025 | 刘毅 | 男 | 1985-12-1 | 615 | ☐ | | |
| 05 | 中文系 | 05 | 0101026 | 吕小海 | 男 | .984-10-30 | | ☑ | | |
| 02 | 人力资源系 | 02 | 0101029 | 赵庆丰 | 男 | 1984-12-3 | 600 | ☐ | | |

**图 7-26　内存中的连接结果**

查询1

| 系名 | 姓名 | 性别 | 出生日期 |
|---|---|---|---|
| 信息系 | 李晓明 | 男 | 1985-1-1 |
| 人力资源系 | 王民 | 男 | 1985-2-4 |
| 国际经济与贸易 | 王海 | 男 | 1985-3-15 |
| 计算机技术与科学 | 李建中 | 男 | 1985-4-5 |
| 国际经济与贸易 | 王刚 | 男 | 1986-1-2 |
| 计算机技术与科学 | 刘伟 | 男 | 1984-12-30 |
| 信息系 | 赵洪 | 男 | 1985-6-15 |
| 信息系 | 万海 | 男 | 1985-7-17 |
| 中文系 | 刘毅 | 男 | 1985-12-1 |
| 中文系 | 吕小海 | 男 | 1984-10-30 |
| 人力资源系 | 赵庆丰 | 男 | 1984-12-3 |

记录: 第 1 项(共 11 项　无筛选器　搜索

**图 7-27　连接查询结果**

请读者思考一下，上述过程是实现连接查询的唯一方法吗？这种方法效率高吗？还有没有别的做法更加优化呢？实际上，上述过程只是连接查询过程各种可能性中的一种，而且并不是最聪明的一种。根据不同的系统优化选择，该过程也可能有不同的顺序。例如，先将每个表的有用字段、有用记录筛选出来，再进行连接，这样可以减小在内存中操作的数据量，可以提高连接效率。尤其是在有用字段、有用记录占总行列数比例非常小的时候，这种效果越发明显。

**2. 连接查询的两种语法**

实现连接的语法可以分为两种，一种是传统连接语法，一种是 SQL 连接语法。

（1）传统的连接语法：From…Where…语法

用传统的连接语法，实现例 7-26 查询的 SQL 语句如下所示：

```
SELECT 系名, 姓名, 性别, 出生日期
FROM 系名, 学生
WHERE 系名.系号=学生.系号 AND 性别="男";
```

该语法的特点是，在 From 子句中列举所有表名，用逗号隔开；在 Where 子句中除了查询条件（性别="男"）外，增加表格的连接条件（系名.系号=学生.系号）。对更多的表格进行连接查询时，多个连接条件用 AND 运算符连接。

【例 7-27】　查询选修大学英语课的学生名单。

SELECT 姓名

　　　FROM　学生, 选课成绩, 课程

　　　WHERE 学生.学号=选课成绩.学号

　　　　　AND 课程.课程号=选课成绩.课程号

　　　　　AND 课程名="大学英语";

【例 7-28】　查询全体学生的学号、系名、姓名、选修课程名和考试成绩。

SELECT 学生.学号, 系名, 姓名, 课程名, 成绩

　　　FROM　系名, 学生, 选课成绩, 课程

　　　WHERE 系名.系号=学生.系号

　　　　　AND 学生.学号=选课成绩.学号

　　　　　AND 课程.课程号=选课成绩.课程号;

　　以上三个查询例子中，分别用到了两张表、三张表和四张表的连接。四张表有三组连接关系，对应三个连接条件。要想熟练的写出这些连接条件，必须对数据的关联关系加以分析，两个表间的关联字段，一般都是主键和外键。

　　在传统的连接语法示例中可以看出，Select 子句只有学号前面加了表名，而其他字段只写了字段名。这是因为查询结果中只有学号字段在系名、学生表中都存在，为了避免二义性，必须指明从哪个表中选取学号，由于连接条件中有"系名.系号=学生.系号"，因此改为系名.学号效果相同。但如果不加指明，系统提示如图 7-28 所示的消息，说明 From 子句中有多个表中都有学号字段。

图 7-28　字段二义性系统提示

　　在一个多表查询的 SQL 语句中，无论那个子句中出现具有二义性的字段，都必须在前面标注表名加以限定。

　　查询结果如图 7-29 所示。

　　观察查询结果，可以看到在连接查询后，很多字段中都出现了重复值。例如，李晓明选修了三门课程，他的学号、系名、姓名就重复显示了三遍，这是不是我们提到过的数据的"冗余"呢？数据冗余不是数据库的大敌吗？

　　就像前文提到的，数据库的查询操作生成的是一个"查询表"，查询表是虚表，它只在内存中临时存储，并不会真正存储在磁盘上。当我们关闭查询窗口或关闭数据库管理系统的时候，该临时表就清除了，在磁盘上存储的只有实现查询的一条 SQL 语句而已。因此，连接查询并不会造成数据库的冗余。

查询1

| 学号 | 系名 | 姓名 | 课程名 | 成绩 |
|---|---|---|---|---|
| 0101011 | 信息系 | 李晓明 | 高等数学 | 95 |
| 0101011 | 信息系 | 李晓明 | 大学英语 | 70 |
| 0101011 | 信息系 | 李晓明 | 数据库应用 | 82 |
| 0101012 | 人力资源系 | 王民 | 大学英语 | 88 |
| 0101012 | 人力资源系 | 王民 | 数据库应用 | 85 |
| 0101012 | 人力资源系 | 王民 | 邓小平理论 | 81 |
| 0101013 | 信息系 | 马玉红 | 第二外语 | 83 |
| 0101014 | 国际经济与贸易 | 王海 | 软件基础 | 90 |
| 0101014 | 国际经济与贸易 | 王海 | 高等数学 | 88 |
| 0101015 | 计算机技术与科学 | 李建中 | 第二外语 | 80 |
| 0101015 | 计算机技术与科学 | 李建中 | 软件基础 | 80 |
| 0101016 | 信息系 | 田爱华 | 高等数学 | 78 |
| 0101016 | 信息系 | 田爱华 | 数据库应用 | 98 |
| 0101016 | 信息系 | 田爱华 | 第二外语 | 75 |
| 0101017 | 人力资源系 | 马萍 | 大学英语 | 85 |
| 0101017 | 人力资源系 | 马萍 | 数据库应用 | 89 |
| 0101018 | 国际经济与贸易 | 王刚 | 邓小平理论 | 92 |
| 0101018 | 国际经济与贸易 | 王刚 | 第二外语 | 81 |
| 0101019 | 计算机技术与科学 | 刘伟 | 软件基础 | 85 |
| 0101019 | 计算机技术与科学 | 刘伟 | 数据库应用 | 86 |
| 0101020 | 信息系 | 赵洪 | 邓小平理论 | 97 |
| 0101020 | 信息系 | 赵洪 | 高等数学 | 95 |
| 0101020 | 信息系 | 赵洪 | 大学英语 | 85 |
| 0101022 | 国际经济与贸易 | 鲁小河 | 数据库应用 | 77 |

记录: 第 1 项(共 44 项　无筛选器　搜索

**图 7–29　四张表连接的查询结果**

（2）SQL 连接语法：From…Join…On…语法

该语法在 From 子句中提供了关键字 Join…On…。在 From 一个子句中就描述了数据源表和连接关系。用 Access 2010 的查询文件自动生成的 SQL 语句，采用的就是这种语法结构，就像图 7-12 显示的那样。

将例 7-26 用 From…Join…On…语法改写，形式如下：

```
SELECT 系名.系名, 学生.姓名, 学生.性别, 学生.出生日期
FROM 系名 INNER JOIN 学生 ON 系名.系号 = 学生.系号
WHERE 学生.性别="男" ;
```

将例 7-27 用 From…Join…On…语法改写，形式如下：

```
SELECT 学生.姓名
FROM 课程 INNER JOIN (学生 INNER JOIN 选课成绩 ON 学生.学号=选课成
        绩.学号) ON 课程.课程号=选课成绩.课程号
WHERE 课程.课程名="大学英语" ;
```

将例 7-28 改写，形式如下：

```
SELECT 学生.学号, 系名.系名, 学生.姓名, 课程.课程名, 选课成绩.成绩
FROM 课程 INNER JOIN ((系名 INNER JOIN 学生 ON 系名.系号 = 学生.系
        号) INNER JOIN 选课成绩 ON 学生.学号 = 选课成绩.学号) ON
        课程.课程号 = 选课成绩.课程号;
```

本节介绍的两种连接语法形式在 Access 2010 中都适用，具体选择那种写法，可以根据个人的习惯。为了统一，后面例题中均采用传统的 From…Where…语法形式。

**3. 表的别名**

尽管加表名前缀防止了二义性，但输入时很麻烦。解决的方法是，可在 From 子句中定义临时标记，在查询的其他部分使用这些标记。这种临时标记称为"别名"。这样做的另一个好处是，当表名发生改变时，仅需要修改 From 子句中的一处，其他用别名地方不用变化。当然，在数据库中改变表名称的情况十分罕见。

前面我们介绍过 Select 子句中字段别名的用法，From 子句中给表起别名的具体用法如下。

【例 7-29】　查询选修 102 号课的学生的学号、姓名、成绩。

　　SELECT　S.学号, 姓名, 成绩

　　FROM　学生 S, 选课成绩 C

　　WHERE　S.学号=C.学号　AND C.课程号="102"；

注意，表别名的创建与字段别名的创建之间有一定差别：对字段创建别名时，要用 As 关键字；而对表创建别名时，不需要使用任何关键字，只需在 From 子句的表名之后直接指定别名即可。

在一种极端的情况下，使用别名是必要的选择。

【例 7-30】　查询同时选修了 102 号课和 103 号课的学生学号。能不能把查询写成如下形式呢？

　　SELECT　学号

　　FROM　选课成绩

　　WHERE　课程号="102" AND　课程号="103"；

上面语句的查询结果为空，因为查询是以记录为单位筛选的，一条选课记录中只有一个课程号，这个课程号绝对不可能同时等于 102 和 103，因此没有记录入选。那么能不能把查询条件写成"Where　课程号="102" Or　课程号="103""呢？这次的查询结果也不对，这样查出的是选修 102 或 103 其中任一门课的学生，查不出同时选修两个课的结果。正确的写法如下：

　　SELECT　X.学号, X.课程号, X.成绩, Y.课程号, Y.成绩

　　FROM　选课成绩 X, 选课成绩 Y

　　WHERE　X.学号=Y.学号　AND X.课程号="102" AND Y.课程号="103"；

结果只有四个同学同时选修了这两门课程，查询结果如图 7-30 所示。为了清楚，在字段列表中还分别加入了两门课程的课程号和成绩，例如 0101011 同学的 102 号课考了 70 分，他的 103 号课考了 82 分。

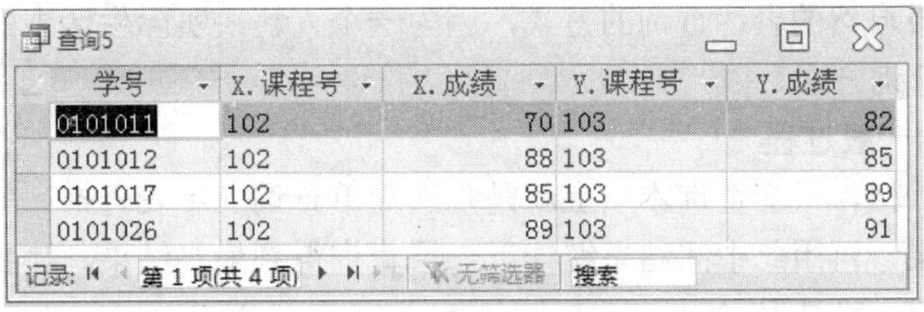

| 学号 | X.课程号 | X.成绩 | Y.课程号 | Y.成绩 |
|---|---|---|---|---|
| 0101011 | 102 | 70 | 103 | 82 |
| 0101012 | 102 | 88 | 103 | 85 |
| 0101017 | 102 | 85 | 103 | 89 |
| 0101026 | 102 | 89 | 103 | 91 |

记录: ◄ 第 1 项(共 4 项) ► ►I　无筛选器　搜索

**图 7-30　自体连接的查询结果**

选课成绩表中描述的都是单门课的选课信息，要想知道同时选修两门课程的学生学号，

可以将选课成绩表按学号进行自体连接，连接的结果是一个人选修课程的两两组合，在其中找到 102 和 103 号课程的组合即可。这时就需要用别名区分同一张表在内存中的两个副本。

**4. 非等值连接**

【例 7-31】 查询选修 102 号课的同学中，成绩大于学号为"0101017"同学该门课成绩的那些同学的选课信息。

> SELECT   X.学号,X.成绩
> FROM    选课成绩 X, 选课成绩 Y
> WHERE    X.成绩>Y.成绩  AND X.课程号=Y.课程号
>                    AND Y.课程号="102" AND Y.学号="0101017"

查询结果如图 7-31 所示。

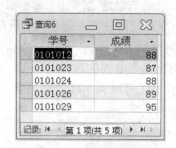

图 7-31　非等值连接的查询结果

例 7-31 中，将选课成绩表同样看作 X 和 Y 两张独立的表，Y 表中选出的是学号为"0101017"同学的 102 号课成绩，X 表中选出的是选修 102 号课学生的成绩，X.成绩＞Y.成绩反映的是不等值连接。

## 7.3.5 嵌套查询

本章 7.1.2 节介绍的 SQL 语言面向集合的特点说明，SQL 查询的输入（查询对象）和输出（查询结果）都是二维表的形式。一条 SQL 语句的查询结果可以作为另一条 SQL 语句的查询对象或查询条件，因此，这是一种天生适合嵌套结构的语言。

嵌套查询，是两个或两个以上独立的 SQL 语句层层包含的结构，被包含的 SQL 语句叫内层查询（子查询），包含其他语句的 SQL 语句叫外层查询。内层查询可以嵌套在外层查询的 Where 子句、From 子句、Having 子句中，其中以 Where 子句中嵌套的最为常见。使用子查询符合我们最自然的表达查询的方式，因为一个人解决实际生活中的检索任务时，通常会选用嵌套的查询方式。

**1. 嵌套查询的一般过程**

和连接查询一样，嵌套查询本质上就是几次简单查询（单表查询）的叠加。内层查询只能得到中间结果，再用此中间结果继续下一层查询得到最终结果。让我们用一个查询实例说明嵌套查询的一般过程。

【例 7-32】 查询所有选修大学英语课的同学的学号。

查询的唯一线索是大学英语，课程名称在课程表中，查询结果的学号在选课成绩表中，

其间隐含着一个查询的中间结果：课程号。

第一步，根据课程名称：大学英语，查询英语课的课程编号，这是一个简单查询。

SELECT　课程号

FROM　课程

WHERE　课程名 = "大学英语"；

大学英语的课程号是 102。

第二步，用课程号 102 去选课成绩表中置换出选修该课程的学生学号，这也是一个简单查询。

SELECT　学号

FROM　选课成绩

WHERE　课程号 = "102"；

查询过程如图 7-32 所示。

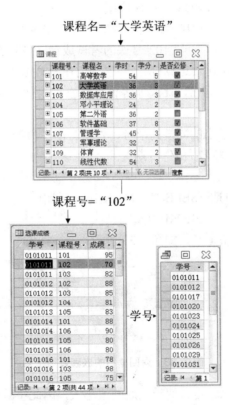

图 7-32　嵌套查询的一般过程

将以上两个步骤的 SQL 语句嵌套起来，先进行的查询是内层查询，后进行的是外层查询。嵌套后的语句如下：

SELECT　学号

FROM　选课成绩

WHERE　课程号 =

(SELECT　课程号

FROM　课程

WHERE　课程名 = "大学英语") ;

**2. 返回单个值的子查询**

如果子查询的查询结果只有一行一列，那么它就是返回单个值的查询。一般这样的子查询比较容易处理，内外层查询的连接运算符可以用普通的比较运算符"="、">"、"<"、"<>"等。上例就是一个典型的返回单值的子查询，大学英语课的课程号是一个唯一的值，外层查询就可以用"课程号="来连接。

【例 7-33】用嵌套查询改写例 7-31 查询选修 102 号课的同学中,成绩大于学号为"0101017"同学该门课成绩的那些同学的选课信息。

SELECT　学号, 成绩

FROM　选课成绩

WHERE　课程号= "102" AND 成绩> (SELECT　成绩

FROM　选课成绩

WHERE　学号="0101017" AND 课程号= "102") ;

内层查询先查出 0101017 同学 102 号课的考试成绩（内查询的结果为单值, 此时外查询的连接运算符才可以使用比较运算符）, 外层查询在所有 102 号课的考试成绩中筛选比这个值大的, 即为所求。可以看出, 比起非等值连接查询, 使用嵌套查询的方法似乎更容易理解。

【例 7-34】　查询年龄最小的同学的学号、姓名、出生日期。

SELECT　学号, 姓名, 出生日期

FROM　学生

WHERE　出生日期=(SELECT　MAX(出生日期)

FROM　学生) ;

查询结果是唯一的一条记录, 如图 7-33 所示。

图 7-33　返回单值的嵌套查询结果

注意, 日期型数据的比较是日期越往后的值越大, 因此年龄最小的同学出生日期最大。

【例 7-35】　查询和李晓明同一个系的其他学生的名单。

SELECT　姓名

FROM　学生

WHERE　系号= (SELECT　系号

FROM　学生

WHERE　姓名="李晓明") AND 姓名<> "李晓明" ;

为了查询和李晓明同一个系的学生, 内层查询先查出了李晓明的系号, 外层查询用这个系号查出了该系的学生，为了在结果中排除李晓明本人，外层查询的条件还加入了"姓名<>"李晓明""，两个条件用 And 连接，其中内层查询嵌套在了第一个条件中。

**3. 返回多个值的子查询**

如果某个子查询返回值不止一个，就不能简单的用比较运算符连接内外层查询，因为比较运算大多都是典型的双目运算，要求它的前后的操作数都必须唯一。这时就需要用到一些特殊的命令谓词，常用的有[Not] In、Any、All。

（1）IN 谓词的用法

这里命令谓词 In 的用法类似于介绍 Where 子句时提到的 In 运算符。当内层查询返回多个值，In 表示和其中某一个值相等。让我们在例 7-32 的基础上再加一层嵌套，查询选修大学英语课的学生姓名。原来查询学生学号只需要课程号一个中间结果，现在查询姓名就需要学号作为第二层中间结果，去学生表中将姓名置换出来。此时查询涉及到三张表格，需要三层嵌套。

【例 7-36】 查询所有选修大学英语课的同学的姓名。

```
SELECT   姓名
FROM    学生
WHERE   学号 IN(SELECT   学号
                FROM    选课成绩
                WHERE   课程号=(SELECT   课程号
                                FROM   课程
                                WHERE   课程名= "大学英语")) ;
```

对比两个层次的连接符号可以看出，第一层嵌套内层返回值唯一，因此使用"="连接；第二层嵌套返回了多个选修大学英语课的学生学号，因此用"In"连接。

查询结果如图 7-34 所示。如果用"="替换了上述语句中的 In，系统将给出如图 7-35所示的提示信息。

图 7-34　三层嵌套查询结果　　　　　图 7-35　子查询返回结果不唯一的错误提示

【例 7-37】 用嵌套查询完成例 7-29 类似的功能：查询选修 102 号课的学生的学号、姓名。

```
SELECT   学号, 姓名
FROM    学生
WHERE  学号=( SELECT   学号
```

FROM　选课成绩

WHERE　课程号="102") ;

【例 7-38】　用嵌套查询改写例 7-30：查询同时选修了 102 号课和 103 号课的学生学号。

SELECT　学号

FROM　选课成绩

WHERE　课程号="103" AND　学号　IN (SELECT　学号

FROM　选课成绩

WHERE　课程号="102") ;

或者写成：

SELECT　学号

FROM　选课成绩

WHERE　课程号="102" AND　学号　IN (SELECT　学号

FROM　选课成绩

WHERE　课程号="103") ;

这两种写法的结果都对，其含义为：在选修 102 号课的学生中找出选修了 103 号课的学生；或者在选修 103 号课的学生中找出选修了 102 号课的学生。结果同为选修了两门课的学生学号。

表示与 In 完全相反的含义可以使用 Not In，有时使用 Not In 可以巧妙解决一些棘手的查询问题，常常是别的语句无法替代的。

【例 7-39】　查询未选修 103 号课程的学生信息。能不能写成如下形式呢？

SELECT　*

FROM　学生

WHERE　学号　IN ( SELECT　学号

FROM　选课成绩

WHERE　课程号<>"103") ;

这样处理实际上查询的是："除了 103 号课以外还选修了其他任意一门课程的人"。原因仍然是一样的，查询是以记录为单位进行扫描的，当找到任何一条记录的课程号不是 103 时，该学生就被选择了，但这样并不能保证该学生在其他记录行中没有选修 103 号课的情况。因此不能简单的从字面翻译查询语句。正确的写法如下。

SELECT　*

FROM　学生

WHERE　学号　Not IN ( SELECT　学号

FROM　选课成绩

WHERE　课程号="103") ;

该问题利用了典型的反向思维，无法直接查询未选修 103 号课程的学生，可以反其道而行之，先找到选修了该课程的学生，再从学生表的所有学生中将他们排除，剩下的即为所求。

查询结果找到了所有 15 名未选修过 103 课程的同学，如图 7-36 所示。

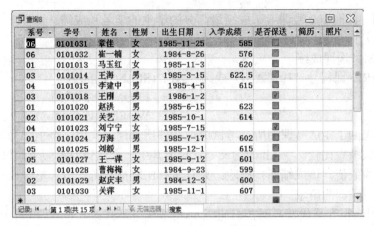

图 7-36　使用 Not In 的查询结果

（2）Any 谓词的用法

和 In 的用法类似，Any 和 All 命令谓词也可以用来解决子查询返回多个值的问题，在很多情况下，Any 和 All 并不是不可替代的。

【例 7-40】　查询不是 102 号课考试成绩最低分的学生的学号和成绩。

SELECT　学号, 成绩

FROM　　选课成绩

WHERE　课程号="102" AND　成绩＞ANY (SELECT　成绩

FROM　选课成绩

WHERE　课程号="102") ;

内层查询返回了 102 号课的所有考试成绩，外层查询每次用一个 102 号课的成绩与所有 102 号课的成绩做比较。＞Any 的含义是：只要其中一个比较取得真值，那么对整个内层查询的比较就为真值，该成绩即为所求。

＞Any 的用法很容易代替，例 7-40 也可以写成如下形式：

SELECT　学号, 成绩

FROM　　选课成绩

WHERE　课程号="102" AND　成绩>(SELECT MIN(成绩)

FROM　选课成绩

WHERE　课程号="102") ;

查询结果如图 7-37 所示。

图 7-37　使用 ANY 的查询结果

（3）All 谓词的用法

【例 7-41】　查询 102 号课考试成绩最高分的学生的学号和成绩。

　　SELECT　学号, 成绩
　　FROM　　选课成绩
　　WHERE　课程号="102" AND　成绩>=ALL (SELECT　成绩
　　　　　　　　　　　　　　　　　　　　　　FROM　选课成绩
　　　　　　　　　　　　　　　　　　　　　　WHERE　课程号="102") ;

　　内层查询返回了 102 号课的所有考试成绩, 外层查询每次用一个 102 号课的成绩与所有 102 号课的成绩做比较。>=All 的含义是: 只要其中一个比较取得假值, 那么对整个内层查询的比较就为假值, 该成绩即被排除; 只有所有比较都取得真值, 整个内层查询的比较就为真值, 该成绩即为所求。

　　>=All 的用法很容易代替, 例 7-41 也可以写成如下形式:

　　SELECT　学号, 成绩
　　FROM　　选课成绩
　　WHERE　课程号="102" AND　成绩=(SELECT MAX(成绩)
　　　　　　　　　　　　　　　　　　　FROM　选课成绩
　　　　　　　　　　　　　　　　　　　WHERE　课程号="102") ;

查询结果如图 7-38 所示。

图 7-38　使用 All 的查询结果

关于命名谓词 Any 和 All 的用法, 可以参考表 7-6。

表 7-6　Any 和 All 的用法

| > ANY | 大于子查询结果中的某个值, 相当于>Min( ) |
|---|---|
| < ANY | 小于子查询结果中的某个值, 相当于<Max( ) |
| >= ANY | 大于等于子查询结果中的某个值, 相当于>=Min( ) |
| <= ANY | 小于等于子查询结果中的某个值, 相当于<=Max( ) |
| = ANY | 等于子查询结果中的某个值, 相当于 In |
| <> ANY | 无意义 |
| > ALL | 大于子查询结果中的所有值, 相当于>Max( ) |
| < ALL | 小于子查询结果中的所有值, 相当于<Max( ) |
| >= ALL | 大于等于子查询结果中的所有值, 相当于>=Max( ) |
| <= ALL | 小于等于子查询结果中的所有值, 相当于<=Min( ) |
| = ALL | 无意义 |
| <> ALL | 不等于子查询结果中的任何一个值, 相当于 Not In |

从表 7-6 可以看出，多数情况下 Any 和 All 的用法都是可以替代的。在实际应用中可以根据习惯选择。

**4. 比较连接查询和嵌套查询**

作为 SQL 查询语句的两种重要的形式，连接查询的嵌套查询既有区别又有相似，前面的例题中有很多用两种查询方式都可以实现。初学者往往会纠结什么时候该用连接查询，什么时候该用嵌套查询。比较两者的特点可以得出：

（1）多数情况下，连接查询和嵌套查询可以互换。

（2）Access 2010 的查询文件自动生成的查询语句都是连接查询，遇到查询要求，可以先考虑连接查询，再考虑嵌套查询。

（3）当查询数据源用到一张表的两个副本时，一般用嵌套查询更加清晰明确。

（4）嵌套查询最终的查询结果只能从最外层的查询数据源中选取，查询结果要求包含不同表的字段时，应该考虑连接查询。

## 7.3.6　分组查询

**1. 用 Group By 子句分组**

在例 7-15 中，我们介绍了查询中聚合函数的用法，为学生表中的所有人做了成绩汇总。试想一下，查询要求发生了改变：要求以系为单位，分别统计每个系学生的总分、平均分、最高分、最低分和人数。如果用已经介绍过的知识来解决这个问题，我们可以为每个系分别建立一个查询，共分 6 次来汇总数据。但这种方法无疑非常繁琐。有没有办法在一条 SQL 语句中完成 6 组查询呢？SQL 的 Group By 子句便解决了这个问题。

Group By 子句可以将数据源先分组再查询，分组的对象是记录，类似 Excel 中“分类汇总”的概念。Group By 后面指出按照什么字段为依据进行分组，该字段取值相同的记录分成一组，然后对每一组分别进行相同的查询，这种查询多数情况下会使用聚合函数统计汇总。

【例 7-42】 改写例 7-15：列出每个系的学生入学成绩的总分、平均分、最高分、最低分，以及学生的总人数。

```
SELECT 系号, SUM(入学成绩) AS 总分,
           AVG(入学成绩) AS 平均分,MAX(入学成绩) AS 最高分,
           MIN(入学成绩) AS 最低分,COUNT(学号) AS 总人数
FROM 学生
GROUP BY 系号;
```

查询结果如图 7-39 所示。

查询8

| 系号 | 总分 | 平均分 | 最高分 | 最低分 | 总人数 |
|---|---|---|---|---|---|
| 01 | 3653 | 608.83333 | 623 | 599 | 6 |
| 02 | 1824 | 608 | 614 | 600 | 4 |
| 03 | 1832.5 | 610.83333 | 622.5 | 603 | 4 |
| 04 | 1223 | 611.5 | 615 | 608 | 3 |
| 05 | 1216 | 608 | 615 | 601 | 3 |
| 06 | 1161 | 580.5 | 585 | 576 | 2 |

记录: 第 1 项(共 6 项)　无筛选器　搜索

图 7–39　分组查询结果

在书写分组查询语句时，最重要的无疑是确定 Group By 的后面应该写什么。Access 的 SQL 语言规定：Select 子句中除聚合函数以外的字段都必须作为分组字段写入 Group By 子句。

【例 7-43】 查询每个学生的学号、姓名、平均分，并按平均分降序排列。

```
SELECT 学生.学号,姓名,AVG(成绩) AS 平均分
FROM 学生, 选课成绩
WHERE  学生.学号=选课成绩.学号
GROUP BY  学生.学号, 学生.姓名
ORDER BY  3  DESC ;
```

查询结果如图 7-40 所示。

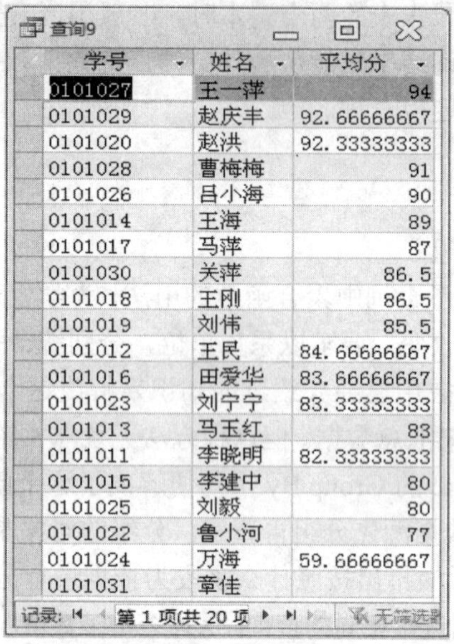


| 学号 | 姓名 | 平均分 |
|---|---|---|
| 0101027 | 王一萍 | 94 |
| 0101029 | 赵庆丰 | 92.66666667 |
| 0101020 | 赵洪 | 92.33333333 |
| 0101028 | 曹梅梅 | 91 |
| 0101026 | 吕小海 | 90 |
| 0101014 | 王海 | 89 |
| 0101017 | 马萍 | 87 |
| 0101030 | 关萍 | 86.5 |
| 0101018 | 王刚 | 86.5 |
| 0101019 | 刘伟 | 85.5 |
| 0101012 | 王民 | 84.66666667 |
| 0101016 | 田爱华 | 83.66666667 |
| 0101023 | 刘宁宁 | 83.33333333 |
| 0101013 | 马玉红 | 83 |
| 0101011 | 李晓明 | 82.33333333 |
| 0101015 | 李建中 | 80 |
| 0101025 | 刘毅 | 80 |
| 0101022 | 鲁小河 | 77 |
| 0101024 | 万海 | 59.66666667 |
| 0101031 | 章佳 | |

**图 7-40 按平均分排序**

注意，也可以用“Order By AVG(成绩) Desc”表示按照平均成绩降序排列；而在 Access 2010 中用别名“平均分”来表示排序字段是非法的。

请思考：可否在 Select 列表中加入课程号？这样做在语法上没有问题，但却没有实际意义，查询将每个学生的考试成绩分成一组，在组内求平均值，查询结果中每名同学只有一条记录，分组汇总后不再关心每一课程的具体情况。

**2. 用 Having 子句限定分组条件**

【例 7-44】 列出最少选修了三门课程的学生姓名。

分析该查询，应该由三个步骤完成。首先应查询每个学生的选课数，其次筛选出选课数大于等于 3 的学号，最后用学号从学生表中置换出姓名。下面我们用 SQL 语句模拟分析每一步应该完成的任务，最后再写出完整的 SQL 语句。

（1）典型的分组查询。按学生分组，统计每组的课程数。这很容易完成，语句如下：

```
SELECT 学号, COUNT(*)
FROM  选课成绩
GROUP BY  学号;
```

这一步的查询结果如图 7-41 所示。

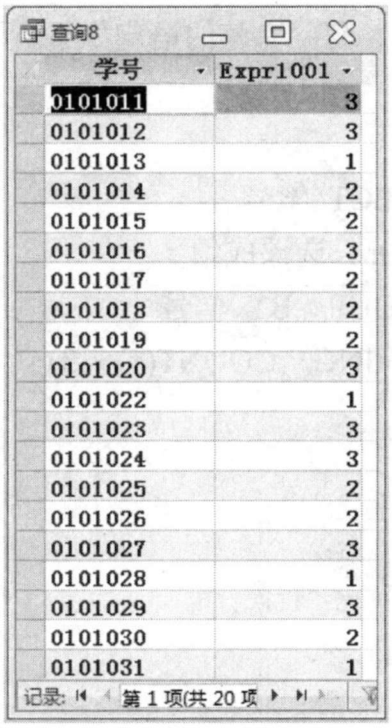

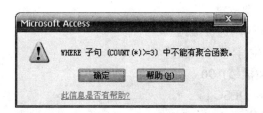

**图 7-41    分组查询结果**

（2）筛选课程数大于等于 3 的记录，这一步看似很好完成，可不可以写成如下形式呢？

```
SELECT    学号, COUNT(*)
FROM    选课成绩
WHERE    COUNT(*)>=3 ;
GROUP BY    学号
```

执行该语句，系统提示如图 7-42 所示。

**图 7-42    Where 子句中使用聚合函数的错误提示**

这是因为没有区别 Having 子句和 Where 子句。Where 子句的筛选对象是记录，在 Group By 子句分组之前进行，只有满足 Where 子句限定条件的记录才能被分组；而 Having 子句的筛选对象是组，在 Group By 子句分组之后进行，只有满足 Having 子句限定条件的那些组才能在结果中被显示。在上例中，课程数大于等于 3 的限定显然是针对分组的，因此 Count(*)>=3 的条件应该写在 Having 子句中。正确的语句如下：

```
SELECT    学号, COUNT(*)
FROM    选课成绩
GROUP BY    学号
```

　　　　HAVING　COUNT(*)>=3 ;

这一步的查询结果如图 7-43 所示。

（3）用筛选出的学号置换出姓名，完整的语句如下所示：

　　　SELECT　姓名

　　　FROM　学生

　　　WHERE　学号　IN (SELECT　学号

　　　　　　　　　　　FROM　选课成绩

　　　　　　　　　　　GROUP　BY 学号

　　　　　　　　　　　HAVING　COUNT(*)>=3) ;

查询结果如图 7-44 所示。

　　　图 7-43　分组后筛选结果　　　　　图 7-44　至少选修 3 门课的学生

　　在例 7-43 的基础上增加分组限定条件，要求学生的每门课的成绩都大于 90 分，如例 7-45 所示。

【例 7-45】　改写例 7-43：查询每门课程都大于 90 分的学生学号、姓名及平均分。

　　　SELECT　学生.学号,学生.姓名,AVG(成绩) AS　平均分

　　　FROM　学生, 选课成绩

　　　WHERE　学生.学号=选课成绩.学号

　　　GROUP BY　学生.学号, 学生.姓名

　　　HAVING　MIN(成绩)>90

　　　ORDER BY　3　DESC ;

查询结果如图 7-45 所示。

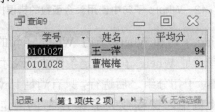

　　　　　图 7-45　成绩都大于 90 的学生

　　最后我们再回到本节的开始，看看图 7-11 所示的 SQL 语句如何实现。

【例 7-46】　查询除了 102 号课以外，其他各门课程平均成绩大于 90 分的学生系名、学号、姓名及平均分，结果按照学号降序排列。

SELECT 系名, 学生.学号, 姓名, AVG(成绩) AS 平均成绩

FROM 系名, 学生, 选课成绩

WHERE 系名.系号=学生.系号 AND 学生.学号=选课成绩.学号

          AND 课程号<>"102"

GROUP BY 学生.学号, 姓名,系名

HAVING AVG(成绩)>90

ORDER BY 学生.学号 Desc;

查询结果如图 7-12 所示。

**3. 用表达式作分组字段**

在某些特殊的查询要求下，不能按照表中原有的字段直接分组，这时可以使用表达式作为分组字段。

【例 7-47】 统计每个分数段的考生人数，结果按分数区间降序排列。

定义每 10 分为一个分数段，各个分数区间为 100 分、90 到 99、80 到 89、70 到 79、……依此类推。统计每个分数区间的人数，应该按照分数区间为依据进行分组。可是选课成绩表中只有具体成绩信息，要计算分数区间则必须使用表达式。这里使用整除运算符 "\"，分别计算每个成绩的十位数，将 "成绩\10" 作为分组依据。

SELECT 成绩\10 AS 分数区间, COUNT(成绩) AS 考生人数

FROM 选课成绩

WHERE 成绩 IS NOT NULL

GROUP BY 成绩\10

ORDER BY 1 DESC ;

查询结果如图 7-46 所示。

为了让查询结果更具可读性，还可以对分数区间字段的表述进一步处理，让其显示 "90 分数段"、"80 分数段"、……。为此在成绩的十位数后用运算符 "&" 拼接字符串 "0 分数段"。

SELECT 成绩\10 & "0 分数段" AS 分数区间, COUNT(成绩) AS 考生人数

FROM 选课成绩

WHERE 成绩 IS NOT NULL

GROUP BY 成绩\10

ORDER BY 1 DESC

查询结果如图 7-47 所示。

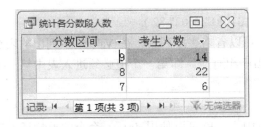

图 7-46 每个分数段的考生人数

图 7-47 可读性强的每个分数段的考生人数

# 7.4　SQL 数据操作语言

SQL 的数据操作命令包括对表中记录的插入（Insert）、数据内容的更新（UpDate）和记录的删除（Delete）。这三条语句都不可逆，即不能用"撤销"等命令还原。因此必须谨慎操作。

## 7.4.1　在表中插入记录

插入记录的 SQL 命令有两种格式，一种适用于单条记录的手工插入，另一种适用于成批记录的插入。

### 1. 使用 Values 关键字添加一条记录

该命令的一般结构是：

INSERT INTO　表名[(字段名 1[，字段名 2，…]) ]

　　　　　　　VALUES (表达式 1[，表达式 2，…]);

【例 7-48】 学生"0101031"选修了一门编号"102"的课程，应该向选课成绩表中插入一条选课记录。

命令如下：

INSERT INTO　选课成绩(学号,课程号) VALUES ("0101031","102" );

从例 7-48 可以看出 Insert Into...Values 语句的语法：

（1）在表名之后的括号中列举要插入新数据的字段列表；Values 后面的括号中列举要插入的新数据表达式，该表达式的值一定要与字段列表的排列顺序一一对应；字段列表如果缺省，表示插入所有字段。

（2）字段列表中未列出的字段插入空值，因此这些未列出的字段必须有默认值或设置允许空值的约束。

（3）插入的数据表达式必须满足表的数据格式。例如数据类型要一致、数据宽度不超过规定的范围。

（4）插入的数据表达式必须满足表的数据约束。例如选课成绩表的主键是学号和课程号，那么插入的学号、课程号就不能和原有的记录相同，保证主键约束；再例如选课成绩表的父表是学生表，那么插入的新学号必须是学生表中已经存在的，保证其参照完整性约束（外键约束）。

【例 7-49】 如果同时知道该名同学的这门课考试成绩为 82 分，向表中插入记录的命令应改为：

INSERT INTO　选课成绩　VALUES ("0101031","102",82 );

当一个表的所有字段都在字段列表中时，可以省略字段列表，在 Values 中列出的表达式列表，其顺序必须与创建基本表时的字段顺序相对应。即第一个值必须进入表中第一字段，第二个值进入表中第二字段，以此类推。

### 2. 嵌套一个 Select 语句添加多条记录

要想从源表中成批的将记录插入到目标表中去，就可以使用 Insert 命令的批量插入功能，具体方法是嵌套一个 Select 语句，将 Select 语句的查询结果成批插入目标表。此插入命令的执行相当于创建一个追加查询类型的查询文件。该命令的一般结构是：

　　　　INSERT INTO　目标表名[(字段名 1[，字段名 2，…])]
　　　　SELECT (字段名 1[，字段名 2，…])]
　　　　FROM　源表名
　　　　[WHERE　条件表达式 1 [AND | OR　条件表达式 2…]];

【例 7-50】　例如有一个和学生表结构完全一样的基本表学生 1，里面存放了学生表中的所有男生记录，这时，要将学生表中的所有女生记录也插入到学生 1 中去。

　　命令如下：

　　首先创建新表学生 1，在 Select 子句中使用 Into 关键字：

　　　　SELECT　*　INTO　学生 1
　　　　FROM　学生
　　　　WHERE　性别="男"；

　　接着将女生记录也插入学生 1 表：

　　　　INSERT INTO　学生 1
　　　　SELECT　*
　　　　FROM　学生
　　　　WHERE　性别="女"；

　　说明：

（1）嵌套的 Select 语句可以是 7.3 节介绍的标准 SQL 查询语句；

（2）目标表的字段列表和 Select 语句返回的字段必须个数一致并且一一对应；

（3）相应字段之间数据类型也要保持一致，或者可以由数据库系统自动转换；

（4）源表和目标表不能是同一张表；

（5）如果目标表定义了数据约束，那么 Select 语句返回的记录数据必须满足所有约束信息。

　　虽然插入操作的命令动词是 Insert，但新记录却是以追加的方式存储在表的末尾，并不改变原记录在磁盘上存放的物理顺序；如果表格设置了索引，那么新插入的记录会改变索引的顺序。

## 7.4.2　在表中更新记录

　　SQL 记录更新命令的执行相当于创建一个更新查询类型的查询文件。更新记录的 SQL 命令的一般格式是：

　　　　UPDATE　表名
　　　　SET　字段名 1 = 表达式 1
　　　　[,字段名 2 = 表达式 2…]
　　　　[WHERE　条件表达式 1 [AND | OR　条件表达式 2…]];

【例 7-51】　请为选课成绩表中所有选修"101"课程并且考试成绩在 80 分以下的同学的成绩加 5 分。

　　命令如下。

　　　　UPDATE　选课成绩

　　　　SET　成绩=成绩+5

　　　　WHERE　课程号="101" AND　成绩<80;

从例 7-51 可以看出 UpDate ... Set ... Where 语句的语法：

（1）Set 之后的表达式指出字段的新值，新的值可以是一个常量也可以是表达式。

（2）Where　子句是条件表达式短语，指明满足哪些条件的记录才可以更新，如果省略 Where 子句，则对表中所有记录进行更新。

在更新命令的 Where 子句中也可以嵌套 SQL 语句。

【例 7-52】　请为选修高等数学课、考试成绩在 80 分以下的同学成绩加 5 分。

命令如下：

　　　　UPDATE　选课成绩

　　　　SET　成绩=成绩+5

　　　　WHERE　课程号=(SELECT　课程号

　　　　　　　　　　　　FROM　课程

　　　　　　　　　　　　WHERE　课程名="高等数学")　AND　成绩<80;

### 7.4.3　在表中删除记录

SQL 记录删除命令的执行相当于创建一个删除查询类型的查询文件。删除记录的 SQL 命令的一般格式是：

　　　　DELETE　FROM 表名　[WHERE <条件表达式>];

【例 7-53】　删除学生表中出生日期在 1984 年 6 月 1 日到 1985 年 12 月 1 日之间的学生信息。命令如下：

　　　　DELETE　FROM　学生

　　　　WHERE　出生日期　BETWEEN #1984-06-01# AND #1985-12-01# ;

从例 7-53 可以看出 Delete From... Where 语句的语法：

（1）Delete 语句仅仅删除表中的记录，不会删除表、表结构或数据约束；

（2）Delete 语句不能删除单个列的值，而是删除整个记录，单个列的值应该用 UpDate 修改。

（3）与 Insert 语句一样，Delete 删除记录时也会产生参照完整性问题。例如，在建立了参照完整性约束的情况下，删除学生表中的一条学生记录时，选课成绩表中与此学号相关的选课信息都将被删除。

（4）Where　子句可以指定删除特定条件的记录，如果省略 Where 子句，则删除表中所有记录。

在删除命令的 Where 子句中也可以嵌套 SQL 语句。

【例 7-54】　删除未被选修选修的课程信息。

命令如下：

　　　　DELETE FROM　课程

　　　　WHERE　课程号　Not IN (SELECT DISTINCT　课程号

　　　　　　　　　　　　　　FROM　选课成绩);

# 习题 7

## 一、选择题

1. 使用 Like 运算符，查询姓"江"学生的子句正确的是（　　）。
   A) "*江"　　　　　B) "*江*"　　　　　C) "?江"　　　　　D) "江*"

2. 工资表结构：工资（职工号 C，基本工资 N，工龄工资 N，实发工资 N)。现将所有职工的基本工资提高 10%；工龄工资提高 5%，按照有关工资的变动，重新计算实发工资字段值，下面命令正确的是（　　）。
   A) Update 工资 set 实发工资 = 基本工资*1.1+工龄工资*1.05
   B) Update 工资 set 实发工资= 基本工资+工龄工资;
   　　　　基本工资 = 基本工资*1.1，工龄工资 = 工龄工资*1.05
   C) Update 工资 set 基本工资 = 基本工资*1.1;
   　　　　工龄工资 = 工龄工资*1.05，实发工资 = 基本工资+工龄工资
   D) Update 工资 set 基本工资 = 基本工资*1.1;
   　　　　实发工资 = 基本工资+工龄工资，工龄工资 = 工龄工资*1.05

3. 若要将"图书"表中所有单价低于 20 元的图书销售单价上调 1.5 元,正确的 SQL 语句是（　　）。
   A) Updat 图书 set 单价=1.5 Where 单价<20
   B) Update 图书 Set 单价=单价+1.5 Where 单价<20
   C) Updat From 图书 set 单价=1.5 Where 单价<20
   D) UpdatE From 图书 set 单价=单价+1.5 Where 单价<20

4. 在 SQL 语言的 Select 语句中，用于指明查询结果排序的子句是（　　）。
   A) From　　　　　B) While　　　　　C) Group By　　　　　D) Ooder By

5. SQL 查询语句中，用来实现关系的投影运算的短语是（　　）。
   A) Where　　　　　B) From　　　　　C) Select　　　　　D) Group By

6. 以下关于空值的叙述中，错误的是（　　）。
   A) 空值表示字段还没有确定值
   B) Access 使用 NULL 来表示空值
   C) 空值等同于空字符串
   D) 空值不等于数值 0

7. 有如下 SQL-Select 语句：
   Select * From 工资表　Where 基本工资<=2000 And 基本工资>=1500
   下列语名中与该语句等价的是（　　）。
   A) Select * From　工资表　Where　基本工资　Between 1500 And 2000
   B) Select * From　工资表　Where　基本工资　Between 2000 And 1500
   C) Select * From　工资表　Where　基本工资　In(1500, 2000)

    D) Select * From   工资表   Where   基本工资

       In (Select  基本工资  From  工资表  Where 基本工资>=1500 Or  基本工资<=2000)

8. 在 Access 数据库中创建一个新表，应该使用的 SQL 语句是（      ）。

    A) Create Table                 B) Alter Table

    C) Create Index               D) Create Database

9. 在下列查询语句中，与

    Select * From  学生  Where InStr([简历],"篮球")<>0

    功能相同的语句是（      ）。

    A) Select * From  学生 Where  简历  Like"篮球"

    B) Select * From 学生 Where  简历  Like"*篮球"

    C) Select * From 学生 Where  简历  Like"*篮球*"

    D) Select * From 学生 Where  简历  Like"篮球*"

## 二、填空题

1. 在 SQL Select 语句中，如果需要输出计算字段（函数或表达式的值），其计算字段的字段名用＿＿＿＿＿＿＿＿子句定义。

2. 在 SQL 语句中，＿＿＿＿＿＿＿＿命令可以向表中输入记录。

3. 在 SQL 查询语句中，用＿＿＿＿＿＿＿＿子句消除重复出现的记录行。

4. 在 SQL 查询语句中，表示条件表达式用 Where 子句，分组用＿＿＿＿(1)＿＿＿＿子句，排序用＿＿＿＿(2)＿＿＿＿子句。

5. 在 Order By 子句的选择项中，Desc 代表＿＿＿＿(1)＿＿＿＿输出；省略 Desc 时，则代表＿＿＿＿(2)＿＿＿＿输出。

6. 在 SQL 查询语句中，定义一个区间范围的特殊运算符是＿＿＿＿(1)＿＿＿＿，检查一个属性值是否属于一组值中的特殊运算符是＿＿＿＿(2)＿＿＿＿。

7. 在 SQL 查询语句中，字符串匹配运算符用＿＿＿＿(1)＿＿＿＿，匹配符＿＿＿＿(2)＿＿＿＿表示零个或多个字符，＿＿＿＿(3)＿＿＿＿表示任何一个字符。

## 三、操作题（根据图书销售数据库，用 SQL 语句完成以下查询）

1. 查询小说类图书的销售情况，输出数据包括顾客号、订购日期和数量。

2. 查询赵鸣购买图书的情况，输出购买图书的书号、订购日期和数量。

3. 查询所有购买小说类图书的顾客姓名。

4. 查询一次购买 300 册以上图书的顾客名及书名。

5. 查询购买了小说或生活类图书的顾客名。

6. 查询每位顾客的购书清单，输出顾客名、书名、订购日期及应付款。

7. 查询李倩玉所购图书的清单，输出所有书名、订购日期及应付款。

8. 列出每本书的销售总数量，输出书号、书名及销售数量，并按销售量降序排列。

9. 统计每位顾客购买图书的总数量、总销售额，并按总销售额降序排列。（图书销售数据库资料如图 7-48 所示。）

图书

| 书号 | 书名 | 出版社 | 书类 | 作者 | 出版日期 | 库存 | 单价 |
|---|---|---|---|---|---|---|---|
| 00001 | 红与黑 | 上海译文出版 | 小说 | 司汤达 | 12-Feb-92 | 2000 | 25.87 |
| 00002 | 笑面人 | 人民文学出版 | 小说 | 雨果 | 09-Mar-79 | 5500 | 32 |
| 00003 | 巴黎圣母院 | 上海译文出版 | 小说 | 雨果 | 09-Aug-92 | 5000 | 24 |
| 00004 | 佛陀的前生 | 法音杂志社 | 百科 | 于展 | 22-Jun-95 | 500 | 5.5 |
| 00005 | 老北京的风俗 | 北京燕山出版 | 生活 | 常人春 | 26-Apr-94 | 400 | 6 |
| 00006 | 谜苑百花 | 建材工业出版 | 百科 | 肖易农 | 21-Oct-97 | 1000 | 26 |
| 00007 | 茶花女 | 译林出版社 | 小说 | 小仲马 | 18-Jun-94 | 4000 | 8.5 |
| 00008 | 呼啸山庄 | 人民文学出版 | 小说 | 勃朗特 | 09-Aug-90 | 5000 | 12.8 |

记录: 第 1 项(共 8 项)　无筛选器　搜索

(a) 图书表

顾客

| 顾客号 | 顾客名 | 电话 |
|---|---|---|
| 0001 | 南开大学 | 23504896 |
| 0002 | 王强 | 23504788 |
| 0003 | 郭其荣 | 24519845 |
| 0004 | 李倩玉 | 27450044 |
| 0005 | 兰岚 | 27834562 |
| 0006 | 赵鸣 | 26384576 |

记录: 第 1 项(共 6 项)　无筛选器

(b) 顾客表

销售

| 顾客号 | 书号 | 订购日期 | 数量 |
|---|---|---|---|
| 0006 | 00003 | 2009-3-12 | 100 |
| 0004 | 00003 | 2010-2-5 | 100 |
| 0006 | 00003 | 2012-8-20 | 50 |
| 0005 | 00005 | 2009-12-21 | 100 |
| 0005 | 00005 | 2010-11-14 | 12 |
| 0006 | 00006 | 2011-4-17 | 200 |
| 0004 | 00007 | 2008-6-2 | 500 |
| 0002 | 00007 | 2010-2-13 | 100 |
| 0003 | 00008 | 2007-11-23 | 1000 |

记录: 第 1 项(共 9 项)　无筛选器　搜索

(c) 销售表

**图 7–48　图书销售数据库**

# 第 8 章　结构化程序设计

这一章我们要向大家介绍一种更常用和更高效的 VBA（Visual Basic for Application）模块方式。模块是将 VBA 代码的声明、语句和过程作为一个整体处理并保存的集合，是基本语言的一种数据对象，数据库中的所有对象都可以在模块中进行引用。利用模块可以创建自定义函数、子过程，以及事件过程。

VBA 是 VB 的子集，VB 是微软公司推出的可视化编程语言，语法简单但是功能强大，微软公司将他的一部分代码结合到 Office 中，形成了 VBA。

结构化程序设计是 20 世纪 80 年代通用的程序设计方法，是人们在软件开发中总结出来的一种行之有效的设计方法。结构化程序设计的基本思想是将一个复杂的规模、较大的程序系统划分为若干个功能相关又相对独立的一个个较小模块，甚至可以再把这些模块划分为更小的子模块。但它是面向过程的。

面向对象的程序设计是近年来程序设计方法的主流方式。它克服了面向过程程序设计方法的缺点，是程序设计在思维和方法上的巨大进步。开发者在面向对象的程序设计中，工作的中心不是程序代码的编写，而是重点考虑如何引用类、如何创建对象具体地说就是描述对象的属性、如何利用对象简化程序设计。借助 VBA 为面向对象程序设计提供的一系列辅助设计工具，用户可以很容易地把程序代码与用户界面连接起来。这样，应用程序就可以拥有非常友好的人机界面，响应用户的输入并执行相应的程序代码。因此，把面向对象程序设计与结构化程序设计结合在一起，用户可以方便地在 VBA 上开发一个数据库应用系统。在下一章，我们会详细介绍面向对象设计的基本概念。

本章将介绍结构化程序设计的各种控制结构以及如何对应用程序进行调试与编译。大家只有学好了这一章，才能在面向对象的程序设计中给对象编写出正确的事件和方法控制流程，并最终设计出让用户满意的数据库管理系统。

## 8.1　VBA 编程环境

Access 2010 所提供的 VBA 开发界面称为 VBE（Visual Basic Editor，VB 编辑器），它为 VBA 程序的开发提供了完整的开发和调试工具。

**1. 开启 VBA**

在 Access 2010 应用程序中，在功能区里选择"创建"选项卡，并单击"宏与代码"组中"模块"按钮，即可打开 VBA，如图 8-1。

**2. VBA 窗口组成**

VBA 窗口可大体分为如图 8-2 中所示的六部分：标题栏、菜单栏、工具栏、工程资源管理器、属性窗口和代码窗口。

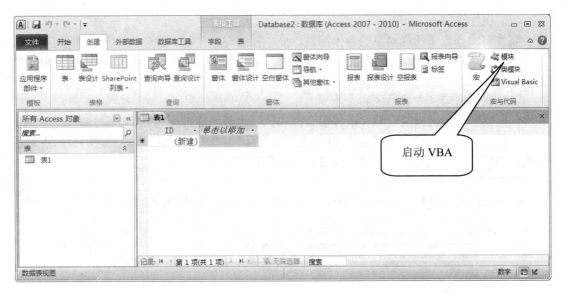

图 8-1　启动 VBA

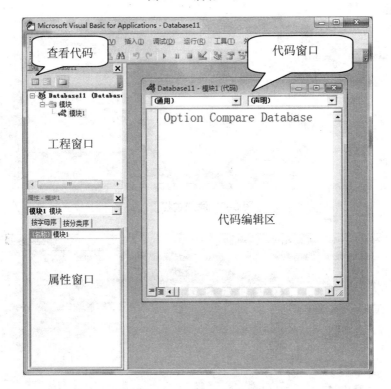

图 8-2　VBA 窗口组成

其中标题栏、菜单栏和工具栏非常常见，不再赘述。

（1）工程资源管理器

工程资源管理器又称为工程窗口。在其中的列表框中列出了应用程序中所有的模块文件。单击"查看代码"按钮可以打开相应代码窗口，单击"查看对象"按钮可以打开相应对象窗口，单击"切换文件夹"按钮可以隐藏或显示对象分类文件夹。

（2）属性窗口

属性窗口列出了所选对象的各个属性，分"按字母序"和"按分类序"两种查看方式，可以直接在属性窗口中编辑对象的属性。此外，还可以在代码窗口内用 VBA 代码编辑对象的属性。

（3）代码窗口（主显示区）

代码窗口是由对象组合框、事件组合框和代码编辑区 3 部分构成。

在代码窗口中可以输入和编辑 VBA 代码。实际操作时，可以打开多个代码窗口查看各个模块的代码，且代码窗口之间可以进行复制和粘贴。

### 3. 程序的调试

在进入图 8-2 界面后，选择"插入"菜单中的"过程"，如图 8-3 所示。

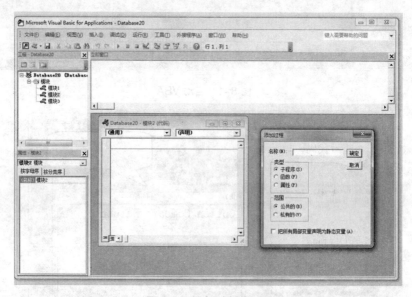

图 8-3　添加过程（1）

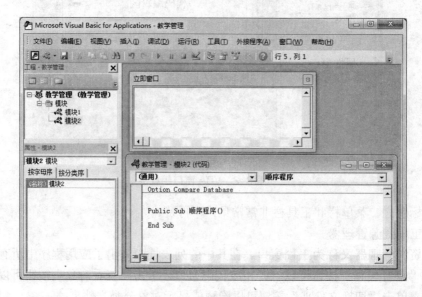

图 8-4　添加过程（2）

在"添加过程"对话框中，选择类型"子过程"，输入你想要的过程名字，如 "顺序程序"，则代码窗口中，会出现如图 8-4 所示的界面。这时，光标停留在过程中间，就可以输入程序，如图 8-5 所示。

输入程序过程中，如果违反了命令的语法规则，换行时会立即提示编译错误信息，语法修改正确后，选择"运行"菜单的运行选项，或者直接选择快捷工具栏中的"运行宏"，就可以在立即窗口中，看到输出结果。如图 8-6 所示。

程序调试过程中的更多技巧，请参阅 8.8 节。

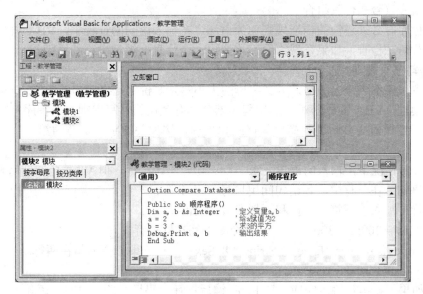

图 8-5　输入代码

图 8-6　运行结果

# 8.2　程序简述

**1. 程序概述**

所谓程序简单地讲就是语句或操作命令的有序集合。VBA 中的语句是执行具体操作的命令，每个语句以回车键结束。程序语句是 VBA 关键字、属性、函数、运算符以及 VBA 可识别的指令符号之任意组合。

书写程序时必须遵循的构造规则称为语法。在输入语句的过程中，VBA 将自动对输入的内容进行语法检查，如果发现错误，将弹出一个信息框提示出错的原因。

**2. 语句书写规则**

（1）源程序不区分大小写，英文字母的大小写是等价的（字符串除外）。但是为了提高程序的可读性，VBA 编译器对不同的程序部分都有默认的书写规则，当程序书写不符合这些规定时，编译器会自动进行简单的格式化处理，例如关键字、函数的第一个字母自动变为大写。

（2）一般情况下，输入的语句要求一行一句，一句一行。但 VBA 允许使用复合语句，即把几个语句放在一行中，各语句间用冒号 ":" 分隔；一条语句也可分若干行书写，但在要续行的行尾加入续行符（空格和下划线），例如：

x = 100: y = 200: z = 300　　　　　'三条命令书写在同一行

Dim Code As Integer, Name As String * 8, Sex _　　　　'一条命令书写在两行

As Boolean, Birthday As Date

（3）如果一条语句输入完成，按 Enter 键后该行代码呈红色，说明该语句有错误，应该及时改正。

与传统的程序设计语言一样，VBA 也具有结构化程序设计的三种结构：顺序结构、选择结构和循环结构。下面来分别介绍。利用这三种基本的控制结构，我们就能够描述任何复杂的数据处理系统的运行过程，通过运行程序来实现信息的自动化处理。

# 8.3　顺序结构及常用命令

## 8.3.1　赋值语句

赋值语句是程序设计中最基本的语句，其命令格式为：

<变量名> = <表达式>

其中，<变量名>可以是普通变量，也可以是对象属性。"="表示的不是相等，表示的是将等号右边的"表达式"赋值给等号左边的变量或者对象属性；原则上<表达式>运算结果的类型要与变量的类型一致。例如：

Dim Code As Integer, Name As String * 8, Sex As Boolean, Birthday As Date

Code = 100

Name = "李晓明"

Sex = True

Birthday = #7/8/1994#

使用赋值语句时，需要注意：

（1）赋值语句兼有计算与赋值的双重功能，它首先计算"="右边表达式的值，然后将值赋给左边的变量。如图 8-7 所示。

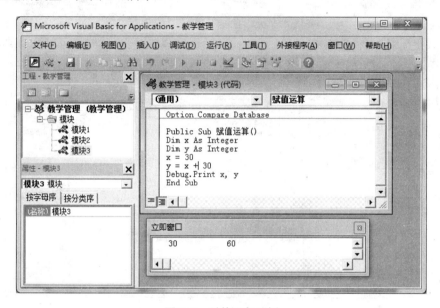

图 8-7 赋值语句示例

（2）在赋值时，如果右边表达式类型与左边变量类型不同，系统将作如下处理：当表达式和变量都是数值型而精度不同时，强制转换为左边变量的精度，如图 8-8 所示。y 是整型变量，将 y 赋值给双精度变量 x 时，将 y 的值 30 转换为双精度然后再赋给 x,而 y 的类型不变，y 的值也不变。

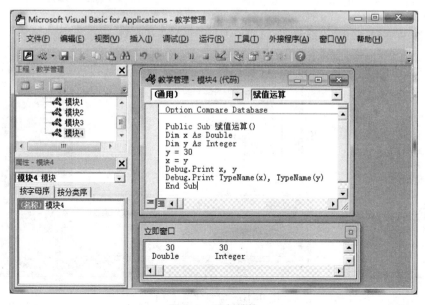

图 8-8 强制转换

（3）当"="右边表达式是数字字符串，"="左边变量是数值类型，表达式自动转换成数值类型再赋值，但当表达式有非数字字符或空串时，则出错，如图 8-9 所示。赋值语句 y=x+30 中的表达式 x+30，会做如下处理：将 x 的值带入表达式形成"30"+30，之后字符串"30"转换为数值 30，最后运算加法，并赋值给 y。

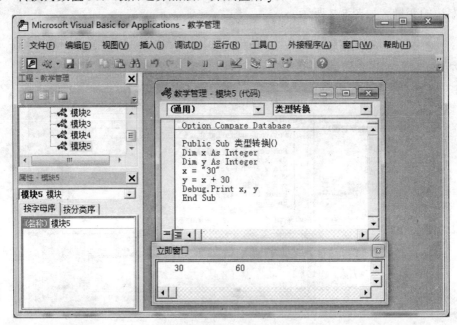

图 8-9　字符转换（1）

（4）任何非字符型表达式赋值给字符变量时，自动转换成字符类型。如图 8-10 所示。

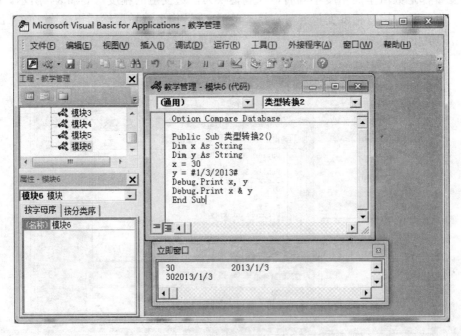

图 8-10　字符转换（2）

（5）不能在一条赋值语句中，同时给多个变量赋值。如图 8-11 所示的情况，程序将会报错，不能运行；而如图 8-12 所示的结果，程序虽然能够运行，但并不是完成同时给两个变量赋值，程序按照系统内定的规则来编译程序运行。

**图 8-11　非法赋值示例**

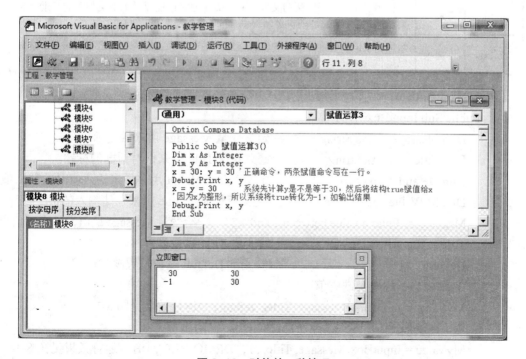

**图 8-12　赋值的一种情况**

## 8.3.2　InputBox() 函数

功能：运行 InputBox() 函数将弹出一个对话框，在对话框来中显示标题和提示信息。用户在输入框中输入内容或按下按钮，InputBox() 函数将用户输入字符串返回给一个变量。

命令格式：

InputBox(prompt[,title] [,default] [,xpos] [,ypos] [, helpfile, context])

注意：中括号[]里为可选项 InputBox() 函数语法中的参数说明见表 8-1。

表 8-1　InputBox 函数参数说明

| 参数 | 特性 | 描述 |
|---|---|---|
| Prompt | 必需项 | 字符串表达式，作为显示在对话框中的消息。prompt 的最大长度大约为 1024 个字符，由所用字符的宽度决定。如果 prompt 的内容超过一行，则可以在每一行之间用回车符（Chr(13)）、换行符（Chr(10)）或回车与换行符的组合（(Chr(13) & Chr(10)) 将各行分隔开来 |
| Title | 可选项 | 在对话框标题栏中显示的字符串表达式。若省略 title，则将应用程序名放在标题栏中 |
| Default | 可选项 | 显示文本框中的字符串表达式，在没有其他输入时作为缺省值。如果省略 default 项，则文本框为空 |
| xpos | 可选项 | 数值表达式，成对出现，指定对话框的左边与屏幕左边的水平距离。如果省略 xpos 项，则对话框会在水平方向居中 |
| ypos | 可选项 | 数值表达式，成对出现，指定对话框的上边与屏幕上边的距离。如果省略 ypos 项，则对话框被放置在屏幕垂直方向距下边大约三分之一的位置 |
| Helpfile | 可选项 | 字符串表达式，识别帮助文件，用该文件为对话框提供上下文相关的帮助。如果已提供 helpfile，则也必须提供 context |
| Context | 可选项 | 数值表达式，由帮助文件的作者指定给某个帮助主题的帮助上下文编号。如果已提供 context，则也必须要提供 helpfile |

【例 8-1】　InputBox() 函数参数应用示例，变量名是根据需要由编程者确定的。

```
Public Sub InputBox 示例()
    Dim Message     As String       '定义变量 Message 用来做提示信息
    Dim Title       As String       '定义变量 Title 用来做对话框的标题
    Dim Default     As String       '定义变量 Defalult 用来做未输入值时的默认值
    Dim MyValue     As String       '定义变量 MyValue 用来存储输入的值
    Message = "Enter a value between 1 and  3"    '给变量 Message 赋值设置提示信息
    Title = "InputBox Demo"         '给变量 Title 赋值设置标题
    Default = "1"                   '给变量 Default 赋值设置缺省值
    '显示信息、标题及缺省值。
    MyValue = InputBox(Message, Title, Default)  '运行效果见图 8-13
    '使用帮助文件及上下文。"帮助"按钮便会自动出现
    MyValue = InputBox(Message, Title, , , , "DEMO.HLP", 10)   '运行效果见图 8-14
    '在 100, 100 的位置显示对话框
```

MyValue = InputBox(Message, Title, Default, 100, 100)
　'在指定像素点（100，100）处显示 InputBox 对话框
End Sub

本例用以说明使用 InputBox() 函数来显示用户输入数据的不同用法。如果省略 xpos 及 ypos 坐标值，则会自动将对话框放置在屏幕的正中位置。如果用户单击"确定"按钮或按下"Enter"键，则变量 MyValue 保存用户输入的数据。如果用户单击"取消"按钮，则返回一零长度字符串。

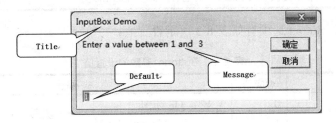

图 8-13　InputBox 函数运行效果（1）

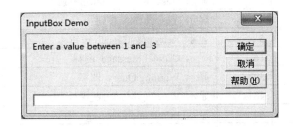

图 8-14　InputBox 函数运行效果（2）

### 8.3.3　MsgBox() 函数

功能：运行 MsgBox() 函数将弹出消息对话框。在对话框中显示消息，等待用户单击按钮，并返回一个 Integer 型的数据告诉程序用户选择哪了一个按钮。

命令格式：

MsgBox(prompt[, buttons] [, title] [, helpfile, context])

注意：中括号[]里为可选项。MsgBox() 函数语法中的参数说明见表 8-2。

表 8-2　MsgBox 函数参数说明

| 部分 | 特性 | 描述 |
| --- | --- | --- |
| Prompt | 必需项 | 字符串表达式，作为显示在对话框中的消息。prompt 的最大长度大约为 1024 个字符，由所用字符的宽度决定。如果 prompt 的内容超过一行，则可以在每一行之间用回车符 (Chr(13))、换行符 (Chr(10)) 或是回车与换行符的组合 (Chr(13) & Chr(10)) 将各行分隔开来 |
| Buttons | 可选项 | 数值表达式是值的总和，指定显示按钮的数目及形式，使用的图标样式，缺省按钮是什么以及消息框的强制回应等。如果省略，则 buttons 的缺省值为 0 |

| 部分 | 特性 | 描述 |
|---|---|---|
| Title | 可选项 | 在对话框标题栏中显示的字符串表达式。若省略 title，则将应用程序名放在标题栏中 |
| Helpfile | 可选项 | 字符串表达式，识别用来向对话框提供上下文相关帮助的帮助文件。如果提供了 helpfile，则也必须提供 context |
| Context | 可选项 | 数值表达式，由帮助文件的作者指定给适当的帮助主题的帮助上下文编号。如果提供了 context，则也必须提供 helpfile |

在表 8-2 中，Button 选项有如表 8-3 所示设置值。

表 8-3　Buttons 参数的设置值

| 常数 | 对应值 | 描述 |
|---|---|---|
| VbOKOnly | 0 | 只显示 OK 按钮 |
| VbOKCancel | 1 | 显示 OK 及 Cancel 按钮 |
| VbAbortRetryIgnore | 2 | 显示 Abort、Retry 及 Ignore 按钮 |
| VbYesNoCancel | 3 | 显示 Yes、No 及 Cancel 按钮 |
| VbYesNo | 4 | 显示 Yes 及 No 按钮 |
| VbRetryCancel | 5 | 显示 Retry 及 Cancel 按钮 |
| VbCritical | 16 | 显示 Critical Message 图标 |
| VbQuestion | 32 | 显示 Warning Query 图标 |
| VbExclamation | 48 | 显示 Warning Message 图标 |
| VbInformation | 64 | 显示 Information Message 图标 |
| VbDefaultButton1 | 0 | 第一个按钮是缺省值 |
| VbDefaultButton2 | 256 | 第二个按钮是缺省值 |
| VbDefaultButton3 | 512 | 第三个按钮是缺省值 |
| VbDefaultButton4 | 768 | 第四个按钮是缺省值 |
| VbApplicationModal | 0 | 应用程序强制返回。应用程序一直被挂起，直到用户对消息框作出响应才继续工作 |
| VbSystemModal | 4096 | 系统强制返回。全部应用程序都被挂起，直到用户对消息框作出响应才继续工作 |
| VbMsgBoxHelpButton | 16384 | 将 Help 按钮添加到消息框 |
| VbMsgBoxSetForeground | 65536 | 指定消息框窗口作为前景窗口 |
| VbMsgBoxRight | 524288 | 文本为右对齐 |
| VbMsgBoxRtlReading | 1048576 | 指定文本应为在希伯来和阿拉伯语系统中的从右到左显示 |

第一组值（0 ～ 5）描述了对话框中显示的按钮的类型与数目；第二组（16, 32, 48, 64）描述了图标的样式；第三组（0, 256, 512）说明哪一个按钮是缺省值；而第四组（0, 4096）则决定消息框的强制返回性。将这些数字相加以生成 Buttons 参数值的时候，每组只能取用一个数字。

注意：这里的常数全都是 Visual Basic for Applications（VBA）指定的，程序代码的任一位置都可以使用这些常数名称，不必使用实际数值。

MsgBox() 函数执行后将产生一个数字型结果，其返回值如表 8-4 所示。

表 8-4　MsgBox 的返回值

| 常数 | 值 | 描述 |
|------|-----|------|
| VbOK | 1 | OK |
| VbCancel | 2 | Cancel |
| VbAbort | 3 | Abort |
| VbRetry | 4 | Retry |
| VbIgnore | 5 | Ignore |
| VbYes | 6 | Yes |
| VbNo | 7 | No |

【例 8-2】　MsgBox() 函数示例。

本例使用 MsgBox() 函数，在具有"是"及"否"按钮的对话框中显示一条严重错误信息。示例中的缺省按钮为"否"，MsgBox() 函数的返回值视用户单击哪一个按钮而定。

```
Public Sub Msg()
    Dim Msg,Style,Title,response,MyString As String
    Msg = "Do you want to continue ?"      '给变量 Msg 赋值，定义信息
    Style = vbYesNo + vbCritical + vbDefaultButton2     '给变量 Style 赋值定义按钮
    Title = "MsgBox Demonstration"      '给变量 Title 赋值，定义标题
    response = MsgBox(Msg, Style, Title)
    If response = vbYes Then      '用户按下"是"
        MyString = "Yes"      '完成某操作
    Else      ' 用户按下"否"
        MyString = "No"      '完成某操作
    End If
End Sub
```

If 语句的详细说明请参阅 8.4 节。简单地讲用户单击了按钮"是"，程序就执行 If…Else 之间的命令，若单击了按钮"否"，则执行 Else…End 之间的命令。

当运行上述程序时，将出现如图 8-15(a) 所示的对话框。命令：

Response = MsgBox(Msg, Style, Title)

中 MsgBox() 的参数 Msg、Title 功能与 InputBox() 函数相同。程序第 3 行参数赋值：

Style = VbYesNo + VbCritical + VbDefaultButton2

其中的参数 VbYesNo（也可以书写为 4，见表 8-3）表示消息框中将出现了两个按钮，一个是"是"，另一个是"否"；参数 VbCritical（可以用 16 代替）表示对话框中将出现❌图标（如果将 VbCritical 选项换成 VbInformation 或 64，则运行结果如图 8-15(b) 所示）；最后一个参数 VbDefaultButton2 或 256 表示第二个按钮为默认按钮。按照表 8-3 选项和数字的对应，style 变量也可以定义为 Style = 4 + 16 + 256。

操作消息对话框时，如果单击了"是"按钮，则对话框的返回值为 Vbok 或者是 1，次返回值保存到变量 Response 中，程序根据用户选择按钮的情况选择执行不同的操作。

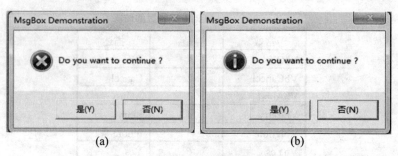

图 8–15 MsgBox() 函数运行效果

注意：当 MsgBox()函数的参数只有第一项也就是只有提示项，而没有其他参数时，不需要将函数的返回值付给某一个变量，如例 8-4，直接用作输出语句。

### 8.3.4 顺序结构程序

顺序结构是程序中最简单、最基本、最常用的结构。用户只需先把处理过程的各个步骤详细列出，然后把有关命令按照处理的逻辑顺序自上而下地排列起来，就形成了顺序程序结构。VBA 会按照程序排列的顺序，一条命令接一条命令地依次执行。程序运行时，每条命令都要执行一次，且只执行一次。

【例 8-3】 顺序结构程序示例：求 3 的平方。

```
Public Sub  顺序程序()
    Dim a, b As Integer        '定义变量 a,b
        a = 2                  '给 a 赋值为 2
        b = 3 ^ a              求 3 的平方
        Debug.Print a, b       '输出结果
End Sub
```

说明：

（1）一个 VBA 程序以通常是以 Sub <过程名>开头、以 End Sub 结尾。（Public 是过程访问限定符，本章过程都以 Public 开头，详细内容后面章节讲述）。

（2）一个过程包含很多条语句，单引号"'"为注释符，后面的内容是对语句的说明，程序执行时并不运行注释的内容。

（3）debug.print 在立即窗口中输出表达式的值，当输出多个表达式，使用逗号"，"或者分号"；"来做间隔符，也可以先运算后输出，例如 debug.print a+b，则输出 a+b 的运算结果。

（4）程序的执行流程见图 8-16。

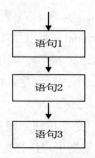

图 8-16　顺序结构执行流程

【例 8-4】　利用 InputBox() 函数输入原始数据、MsgBox() 函数输出运算结果。

```
Const PI = 3.14159      '3.14159 有特殊含义，定义为符号常量提高程序可读性
Public Sub area()
    Dim s As Double      '变量 s 用来存储面积，定义成双精度的
    Dim r As Double      '变量 r 半径，定义成双精度的
    r = Val(InputBox("请输入半径值"))    '由 InputBox 输入的半径值存储在 r 里
    s = PI * r * r
    MsgBox ("圆的面积为" & Str(s))        '由 MsgBox 函数输出圆面积
End Sub
```

注意：本例中使用了 Const 来定义符号常量（符号常量的相关内容见 4.2.2 节），如果需要改变 PI 的精度或者是值，只需要在 Const 定义时修改，程序中无论出现都少次 PI，其他位置均可以保持不变，这使得程序编辑更加便捷。根据 MsgBox() 函数命令格式的规定，该函数可以只有一个参数即 Prompt 部分。本程序就是利用 MsgBox() 函数的这个参数输出结果，其中的表达式："圆的面积为" & Str(s)，通过 & 运算符，将字符串常量"圆的面积为"和函数 Str(s)连接在一起成为一个新的字符串来做 MsgBox() 函数的 Prompt 参数。变量 s 是数值型的，想和字符串连接在一起，就要通过 Str() 函数将它转换为字符型，这是非常常用的输出运算结果的方法。

在一个结构化的程序当中，程序的结构一般可以分为三个部分：输入部分，处理数据部分和输出部分。在第 8 章中，我们经常使用两种方式使程序获得数据，第一种是给变量或者数组在程序中直接赋值，例 8-3 即为这种方式。第二种方式是使用 InputBox() 函数由键盘来输入数据，例 8-4 就是使用第二种方式。

同样，程序中经常使用的输出方式也有两种。第一种是使用 MsgBox() 函数来输出数据，第二种经常使用的方式就是使用 debug.print 命令在立即窗口中输出数据。例 8-3 使用了 debug.print 命令来输出；例 8-4 使用了 MsgBox() 函数来输出。（随着学习的不断深入，特别是学习了第 9、10 章之后，读者将会发现真正的输出往往不仅仅使用上述两种方式，但在第 8 章中，这是两种很简便的方式。）

# 8.4　分支结构

在现实中，需要我们用计算机解决的问题中，常常需要根据情况不同，来选择不同的处理方法。分支结构就是根据条件语句的值，来选择程序执行的不同分支。在 VBA 中有两种条件语句，IF 语句和 Select Case 语句，两种语句具有多种形式，如单分支，双分支和多分枝。

## 8.4.1　分支选择语句 If

### 1. 单分支

格式一：

```
If   <表达式>   Then
```

<语句序列>/<语句>

End If

格式二：

　　If　<表达式>　Then　　<语句序列>/<语句>

功能：命令中 If 后面的表达式可以是关系表达式也可以是逻辑表达式。它表示的是一种条件。程序运行时，先计算<条件表达式>的值，当<条件表达式>的值为 True 时，执行<语句序列>中的语句，然后运行 If 语句的下一条语句；否则，直接执行 If 语句的下一条语句。

单分支结构的执行流程如图 8-17 所示。

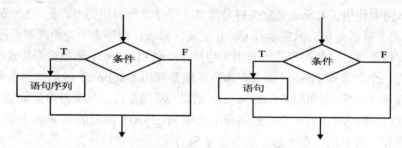

图 8-17　单分支结构执行流程

【例 8-5】　发送快递时，若包裹重量不超过 1 公斤，快递费为 12 元，如果超过 1 公斤，则超重部分每公斤收费 10 元，计算快递费的程序如下：

```
Public Sub example()
    Dim weight,money As Single
    weight = Val(InputBox("please input the weight"))
    money = 12 + (weight - 1) * 10
    If weight <= 1 Then
        money = 12
    End If
    Debug.Print "the money is:", money
End Sub
```

**2. 双分支**

格式一：

　　If　<表达式> Then
　　　　<语句序列 1>/<语句 1>
　　Else
　　　　<语句序列 2>/<语句 2>
　　End If

格式二：

　　If<表达式> Then　　<语句序列 1>/<语句 1> Else <语句序列 2>/<语句 2>

功能：先计算 If 后面<条件表达式>的值，当<条件表达式>的值为 True 时，执行<语句序列 1>/<语句 1>中的语句；否则，执行<语句序列 2>/<语句 2>中的语句。执行完<语句序列 1>/<语句 1>或<语句序列 2>/<语句 2>后都将执行 If 语句的下一条命令。

双分支结构的执行流程如图 8-18 所示。

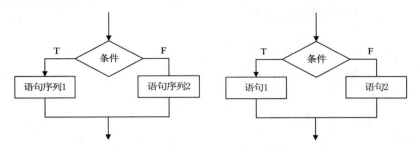

图 8-18　双分支结构执行流程

【例 8-6】　同样是计算快递费，使用双分支书写程序如下：

```
Public Sub example()
    Dim weight,money    As Single
    weight = Val(InputBox("please input the weight"))
    If weight <= 1 Then
    money = 12
    Else
    money = 12 + (weight - 1) * 10
    End If
    Debug.Print "the money is:", money
End Sub
```

【例 8-7】　计算分段函数：

$$y = \begin{cases} \sin x + \sqrt{x^2+1}, & x \neq 0 \\ \cos x - x^3 + 3x, & x = 0 \end{cases}$$

```
Public Sub example()
    Dim x, y As Single
    x = Val(InputBox("x="))
    If x <> 0 Then
        y = Sin(x) + sqr(x * x + 1)
    Else
        y = Cos(x) - x ^ 3 + 3 * x
    End If
    Debug.Print "y=", y
End Sub
```

**3. 多分支语句 If…Then…ElseIf**

格式：

```
If   <表达式 1>   Then
        <语句序列 1>
```

```
        [ElseIf <表达式 2>   Then
            [<语句序列 2>]]
                    ⋮
        [ElseIf  <表达式 n>
            [<语句序列  n>]]
        [Else
            [<语句序列 n+1>]]
    End If
```

多分支结构的执行流程如图 8-19 所示。

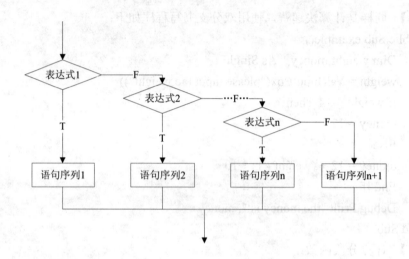

**图 8-19   多分支结构执行流程**

【例 8-8】已知变量 ch 中存放了一个字符，判断该字符是字母字符、数字字符还是其他字符。判定条件表示为：

```
    If UCase(ch) >= "A" And UCase(ch) <= "Z" Then
            MsgBox (ch + "是字母字符")          '考虑大小写字母
    ElseIf ch >= " 0" And ch <= "9" Then         '数字字符
            MsgBox (ch + "是数字字符")
    Else          '除上述字符以外的字符
            MsgBox (ch + "是其他字符")
    End If
```

程序当中不管有几个分支，依次判断，当某条件满足，执行相应的语句，其余分支不再执行；若条件都不满足，且有 Else 子句，则执行该语句块，否则什么也不执行。注意：ElseIf 不能写成 Else If。

## 8.4.2   多路分支选择语句 Select Case

Select Case 语句又称多路分支语句，它是根据多个表达式列表的值，选择多个操作中的一个执行。

```
Select Case <测试表达式>
    Case <表达式值列表 1>
    <语句序列 1>
    Case <表达式值列表 2>
    <语句序列 2>
            ⋮
    Case <表达式值列表 n>
    <语句序列 n>
     [Case Else
    <语句序列 n+1>]
End Select
```

功能：该语句执行时，根据<测试表达式>的值，从上至下依次检查 n 个<表达式值列表>。如果<测试表达式>的值与<测试表达式列表 i >的值相匹配，则选择执行<语句序列 i >中对应的命令，之后自动跳转到 End Select 并继续向下，运行 End Select 下面那条命令。当所有 Case 中的<表达式值列表>均不与<测试表达式>的值相匹配时，若程序中含有 Case Else 项，则执行<语句序列 n+1>、再执行 End Select 及后面的语句；否则，直接执行 End Select 的下一条语句。

每个 Case 中的<表达式值列表>与 Select　Case 后<测试表达式>的类型必须相同。其表示方式有以下 4 种形式：

（1）表达式，例如："A"。

（2）一组用逗号分隔的枚举值，例如 2,4,6,8。

（3）表达式 1　To　表达式 2，例如 60　To　100。

（4）Is 关系运算符表达式，例如 Is < 60。

多路分支结构执行流程如图 8-20 所示。

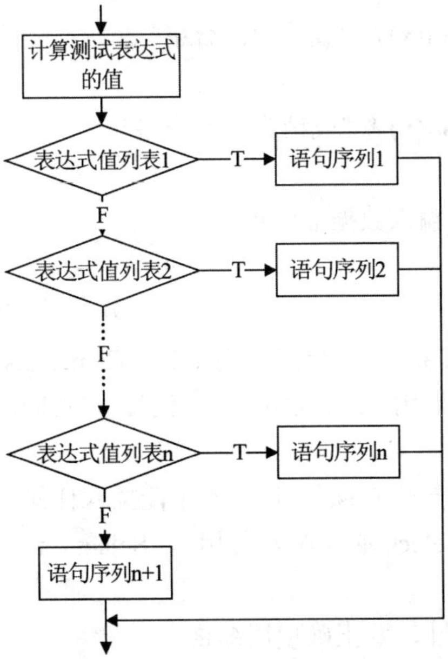

**图 8-20　多路分支结构执行流程**

【例 8-9】 将例 8-8 的判定条件改用 Select Case 语句实现：

```
Select Case ch
        Case "a" To "z"，"A" To "Z"
            MsgBox( ch + "是字母字符")
        Case "0" To "9"
            MsgBox (ch +"是数字字符")
        Case Else
            MsgBox( ch + "是其他字符")
End Select
```

【例 8-10】 由键盘输入一个成绩，输出这个成绩属于哪个等级。

```
Public Sub Example ()
    Dim x As Integer
    x = Val(InputBox("请输入成绩"))
    Select Case x
        Case Is > 100
            MsgBox "输入数据非法!"
        Case Is >= 90
            MsgBox Str(x) & "成绩为：优"
        Case Is >= 80
            MsgBox Str(x) & "成绩为：良"
        Case Is >= 70
            MsgBox Str(x) & "成绩为：中"
        Case Is >= 60
            MsgBox Str(x) & "成绩为：合格"
        Case Is >= 0
            MsgBox Str(x) & "成绩为：不及格"
        Case Else
            MsgBox "输入数据非法!"
    End Select
End Sub
```

表示复杂条件时 Select Case 多路分支结构比 If…Then…ElseIf 语句直观，程序可读性强。但不是所有的多分支结构均可用 Select Case 语句代替 If…Then…ElseIf。

注意：

（1）在 Select Case 和第一个 Case 子句之间不能插入任何语句。

（2）Select Case 和 End Select 必须配对使用，且 Select Case，Case，Case Else 和 End Select 子句必须各占一行。

（3）为增加程序的可读性，要正确使用缩进。

（4）在 Select Case 语句的<语句序列>中可嵌套 Select Case 语句。

【例 8-11】　已知坐标点(x，y)，判断其落在哪个象限。

代码一

```
If x > 0 And y >0   Then
    MsgBox("在第一象限")
ElseIf x < 0 And y > 0 Then
    MsgBox("在第二象限")
ElseIf x < 0 And y < 0 Then
    MsgBox("在第三象限")
ElseIf x > 0 And y <0 Then
    MsgBox("在第四象限")
End If
```

代码二

```
Select Case x,y
    Case x > 0 And y > 0
        MsgBox("在第一象限")
    Case x < 0 And y > 0
        MsgBox("在第二象限")
    Case x < 0 And y < 0
        MsgBox("在第三象限")
    Case x > 0 And y <0
        MsgBox("在第四象限")
End Select
```

代码二错误，原因是：

（1）Select Case 后不能出现多个表达式；

（2）Case 后不能出现变量及有关运算符，只能是语法中规定的 3 种格式。

## 8.4.3　分支的嵌套

通过上面的介绍，我们注意到：If 与 End If，Select Case 与 End select 分别标志选择结构的开始与结束，它们必须成对出现，否则程序的逻辑结构将会出现混乱。各种选择结构中的语句常以缩进方式书写，以便于程序清晰易读。在下面的例子中，我们又会看到：选择结构不仅自身可以嵌套，而且还能相互嵌套。在嵌套时不能交叉，必须将某种控制结构从开始到结束整体完整地放在另一个控制结构的某个条件之下的语句序列中，而且还可以一层层嵌套下去。

【例 8-12】　程序的功能为：输入三角形的三条边 a，b，c 的值，根据其值判断能否构成三角形。若能，则显示三角形的性质：等边三角形、等腰三角形、直角三角形、任意三角形。

先给出使用分支结构完成判断能否构成三角形功能的程序。

```
Public Sub 判断三角形()
    Dim a, b, c As Single
    'InputBox() 函数输入值是字符串，要转化为数值型
    a = Val(InputBox("请输入第一条边长"))
    b = Val(InputBox("请输入第二条边长"))
    c = Val(InputBox("请输入第三条边长"))
    If a + b > c And a + c > b And b + c > a Then
        MsgBox ("能构成三角形")
    Else
        MsgBox ("不能构成三角形")
    End If
End Sub
```

在这个程序的基础上，增加判断三角形性质的功能，采用分支嵌套的程序如下：

```
Public Sub 判断三角形()
```

```
Dim a, b, c As Single
'InputBox() 函数输入值是字符串，要转化为数值型
a = Val(InputBox("请输入第一条边长"))
b = Val(InputBox("请输入第二条边长"))
c = Val(InputBox("请输入第三条边长"))
If a + b > c And a + c > b And b + c > a Then
    MsgBox ("能构成三角形")
    '********判断三角形性质*****
    If a = b And b = c Then
      MsgBox ("是等边三角形")
    ElseIf a = b Or b = c Or a = c Then
      MsgBox ("是等腰三角形")
    ElseIf Sqr(a * a + b * b) = c Or Sqr(a * a + c * c) = b Or Sqr(b * b + c * c) = c
Then
      MsgBox ("是直角三角形")
    Else
      MsgBox ("是其他三角形")
    End If
    '**********判断性质结束*****
Else
    MsgBox ("不能构成三角形")
End If
End Sub
```

# 8.5　循环结构

在实际应用中，我们经常遇到有规律的、需要重复执行的问题。这就需要使用循环结构。如果没有循环结构，程序就会非常冗长，也可能永远写不完。如果按循环结构来组织程序，就会非常容易。循环结构能做到由指定条件的当前值来控制程序中某一部分语句序列的重复执行。VBA 提供了四种循环语句，它们是 For...Next、Do While...Loop、Do Until...Loop 和 While...Wend。

## 8.5.1　For 循环

For 循环也称为计数循环，其命令格式为：
```
For <循环变量>=<初值> To <终值> [Step <步长表达式>]
        <语句序列>
        [Exit For]
        <语句序列>
```

Next

功能说明：VBA 首先计算循环变量的初值、终值和步长，并给循环变量赋初值。之后再将循环变量与终值进行比较，如果没有超过终值，即小于或者等于终值（当步长值为正数时）或大于或者等于终值（当步长值为负数时），就执行 For 与 Next 之间的<语句序列>习惯上称之为循环体，否则就跳过 For 与 Next 之间的循环体，执行 Next 后面的语句。

程序执行过程中，每循环一次后，当遇到 Next 时，循环变量就会自动递增一个步长值（步长值可以缺省，缺省时步长为 1），然后程序返回到 For 命令行，并将循环变量的当前值与终值继续进行比较。此后重复前面的步骤，直到循环变量的值大于或小于终值，才终止循环。可见 For 循环是通过判断循环变量的取值是否在指定范围之中来确定循环体是否重复执行。如图 8-21 所示。

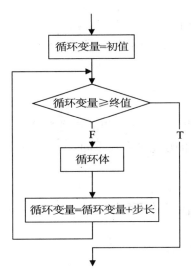

图 8-21  For 循环执行流程

如果编程时知道循环的次数或循环变化的规律，则使用 For 循环语句就很方便。一般情况下，For…Next 循环体中最好不要修改循环变量的值，否则循环执行的次数将不是预想的结果，而会随之改变。在 For 语句循环体中，Exit For 命令的功能是强制退出循环，运行 Next 下面那条命令。

【例 8-13】 立即窗口中，同一行输出四个"*"。

实现程序如下：

```
Public Sub example()
    Dim i As Integer
    For i = 1 To 4 Step 1
        Debug.Print "*";    '被输出的表达式后面加分号，表示接着输出，不换行
    Next
    Debug.Print   "end"
End Sub
```

分析本例：当 i=1 时，小于终止值 4,所以运行循环体并在第一个位置输出"*"，遇到 Next 命令，循环变量 i 增加步长值（＝1）由 1 变成 2，并返回 For 语句。当 i=2 时，小于终止值 4,所以运行循环体时，在接下来一个位置上输出"*"，遇到 Next 命令，变量 i 增加步长值由 2 变成 3，继续返回 For 语句。……，当 i=4 时，等于终止值 4,仍然要运行循环体并在接下来一个位置输出"*"，再次遇到 Next 命令，变量 i 增加步长值由 4 变成 5，仍然要返回 For 语句。当 i=5 时，大于终止值 4,循环结束，运行 Next 下面的命令，输出："End"，然后运行 End Sub 命令，程序结束。注意：步长值为正数，则循环结束时，循环变量的值一定是大于终值的（步长值为负数则相反）。

【例 8-14】 在立即窗口中，同一行输出字符串："1 2 3 4"。

实现此功能的程序如下：

```
Public Sub example()
    Dim i As Integer
    For i = 1 To 4 Step 1
        Debug.Print i;        '注意要加分号
    Next
    Debug.Print "end"
End Sub
```

例 8-13 与例 8-14 的流程相同，输出结果的构成方式是一样的，所以循环结构一样；但是输出的内容不同，所以具体的输出命令也不同。

## 8.5.2　Do While 循环语句

Do While 循环也称为当循环，有两种命令格式。

（1）第一种命令格式

```
Do While   <条件表达式>
        <语句序列>
        [Exit Do]
        <语句序列>
Loop
```

功能：当 VBA 执行到循环起始语句 Do While <条件表达式>时，先计算条件表达式的值。若条件表达式取值为逻辑真，则执行 Do 与 Loop 之间的语句序列（即循环体）。执行到循环结束语句 Loop 时，程序返回到循环起始语句 Do While，并再次计算条件表达式的值。之后重复上述步骤，直到判断条件表达式取值为假，跳出循环体即结束循环，执行 Loop 的下一条语句。其流程图如图 8-22(a)所示。

说明：

①循环结构中 Do While 与 Loop 必须成对出现，Loop 的作用是使程序流程回到循环开始处。

②可选项[Exit Do]是强制退出循环语句，执行它能立即跳出循环，执行 Loop 的下一条语句。

③循环是否继续取决于条件表达式的当前取值。一般情况下循环体中应含有改变条件表达式取值的语句，否则将造成死循环。

【例 8-15】　求 1+2+3+ … + 10。

```
Public Sub Example()
    Dim i,s As Integer
    s = 0                  '求累加和的变量
    i = 1                  '循环变量赋初值
    Do While i <= 10       '循环条件
        Debug.Print i      '此处输出变量 i 的值是方便理解循环的过程
        s = s + i          '求累加,即循环不变式
        Debug.Print s;     '输出 s 的结果,理解每次累加结果的变化
        i = i + 1          '改变循环变量的值
    Loop
    Debug.Print s          '循环体外输出结果
End Sub
```

【例 8-16】　求 10! 。

```
Public Sub Example()
    Dim i,s As Integer
    s = 1                  '求阶乘的变量
    i = 1                  '循环变量赋初值
    Do While i <= 10       '循环条件
        Debug.Print i      '此处输出变量 i 的值是方便理解循环的过程
        s = s * i          '求累乘,即循环不变式
        Debug.Print s;     '输出 s 的结果,理解每次累加结果的变化
        i = i + 1          '改变循环变量的值
    Loop
    Debug.Print s          '循环体外输出结果
End Sub
```

总结上面例 8-15 和例 8-16,我们注意到:在进入当循环以前,必须组织好循环的初始部分。例如求和的累加器(内存变量 S)要赋值为 0,而求乘积的累积器(内存变量 I)要赋值为 1。循环条件表达式中的控制变量也要根据不同情况赋初值,因为循环的次数是和条件表达式中的控制变量所赋的初值密切相关的。循环的主体部分即循环体,包括了在循环中要完成的操作命令,也包括了循环条件控制变量的修改部分。例如,上面两个例子中的命令:i = i + 1,它在循环体中的书写顺序也与循环的初始赋值有关。请大家考虑,如果在循环的初始部分给变量 i 赋值为 0,Do While 后的条件表达式应当如何写?循环体中的两条命令的顺序是否应当交换?

（2）第二种命令格式

```
Do
    <语句序列>
    [Exit Do]
    <语句序列>
Loop While   <条件表达式>
```

执行流程见图 8-22(b)。第一种命令格式先判断条件,条件为 True,然后执行;第二种命令格式先执行一次循环体,然后判断条件表达式。第一种命令格式,循环体可能一次也不

运行，第二种命令格式循环体至少运行一次。

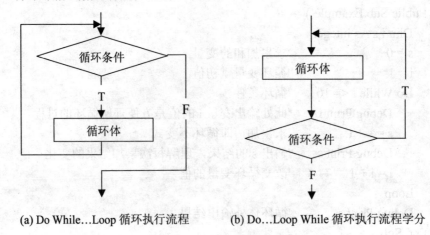

(a) Do While…Loop 循环执行流程　　　(b) Do…Loop While 循环执行流程学分

图 8-22　当循环执行流程

### 8.5.3　Do Until 循环语句

Do Until 循环也称为直到循环，有两种命令格式。

（1）第一种命令格式

Do　Until　　<条件表达式>
　　　　<语句序列>
　　　　[Exit Do]

Loop

功能：8.5.2 节中的 While 表示条件表达式值为 True 时就执行循环体；而这里的 Until 正好想反。当 VBA 执行到循环起始语句 Do Until <条件表达式>时，先计算条件表达式的值。若条件表达式取值为逻辑假，则执行 Do 与 Loop 之间的语句序列（即循环体）。执行到循环结束语句 Loop 时，程序返回到循环起始语句 Do Until，并再次计算条件表达式的值。之后重复上述步骤，直到判断条件表达式取值为真，跳出循环体即结束循环，执行 Loop 的下一条语句。

（2）第二种命令格式

Do
　　　　<语句序列>
　　　　[Exit Do]

Loop Until　　<条件表达式>

功能：当 VBA 执行到循环时，先执行一次语句序列，再测试条件表达式的值。若条件为逻辑假，则再次执行 Do 与 Loop 之间的语句序列（即循环体）。重复前面的步骤，直到判断条件表达式取值为真，跳出循环体结束循环，执行 Loop Until 的下一条语句。Do Until ... Loop 与 Do ... Loop Until 循环的流程图如图 8-23 所示。

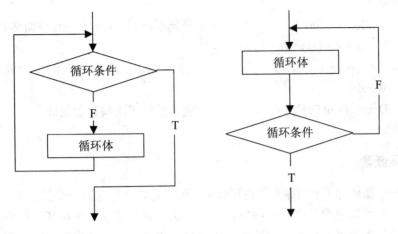

(a) Do Until...Loop 循环执行流程    (b) Do...Loop Until 循环执行流程

**图 8-23  直到循环执行流程**

【例 8-17】  2005 年 1 月，我国人口达到了 13 亿，按照现有人口年增长率 0.8%计算，多少年后，我国人口会达到现有人口的两倍。

```
Public Sub Example()
    Dim n%, x!
    x = 13
    n = 0
    Do
        x = x * 1.008
        n = n + 1
    Loop Until x >= 26
    Debug.Print ("用循环求得的年数为：" & n & "人数为：" & x)
End Sub
```

## 8.5.4  While…Wend 循环语句

While…WEnd 循环也属于当循环，其命令格式：

```
While    <条件表达式>
         <语句序列>
WEnd
```

功能：While 循环的执行流程与 Do While…Loop 相同。两种循环的不同之处是 While 循环没有中断循环功能，即没有 Exit 命令。

【例 8-18】  计算式子 s=1-1/2+1/3-1/4+1/5-1/6+…的结果。

```
Public Sub WhileWend()
    Dim i As Integer
    Dim s As Double
    i = 1                              '循环变量初值
```

```
        s=0
        While i <= 100                    '开始循环时，i 小于 100 使循环开始
            s = s + (-1) ^ (i + 1) / i
            i = i + 1                      'i 不断增加，最后大于 100，才能使循环结束
        Wend
        Debug.Print "s="; s               '输出的样子由编程者设计
    End Sub
```

### 8.5.5　循环嵌套

如果在一个循环体（不妨称为外循环体）中可以完整地包含另一个循环（称为内循环），这内循环中，又可以包含另内一个循环，如此下去，就形成了多重循环，也称为循环的嵌套。按循环所处的位置，可以相对地叫做外循环与内循环。循环嵌套层次不限，但内层循环必须完全嵌套在外层循环之中。如果外层循环中只包含了内层循环的一部分，就会出现交叉循环，造成逻辑混乱，这是不允许的。图 8-24 表示的是合法循环嵌套，图 8-25 是非法交叉循环。

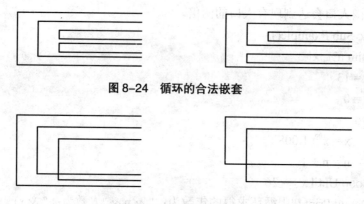

图 8-24　循环的合法嵌套

图 8-25　非法交叉循环

下面的几个程序说明了如何利用嵌套循环来处理问题。请大家留意，进入每一层循环前的初值处理和每一层循环次数的变化以及对结果格式的影响。

【例 8-19】　用两重循环显示三行数据，每行显示三个 "*"，每个 "*" 之间有一个空格。此例说明循环嵌套如何工作。本例运行过程如图 8-26 所示。运行结果如图 8-27(a)。

```
    Public Sub Example()
    Dim i, j As Integer
    For i = 1 To 3
        For j = 1 To 3
            Debug.Print "* ";
        Next j
        Debug.Print        '不加分号，换行
    Next i
    End Sub
```

| 外层循环变量 i | 内层循环变量 j | 本次循环输出情况 |
|---|---|---|
| i=1 | j=1 | * |
|  | j=2 | * * |
|  | j=3 | * * * |
| i=2 | j=1 | * * *<br>* |
|  | j=2 | * * *<br>* * |
|  | j=3 | * * *<br>* * * |
| i=3 | j=1 | * * *<br>* * *<br>* |
|  | j=2 | * * *<br>* * *<br>* * |
|  | j=3 | * * *<br>* * *<br>* * * |

图 8-26　例 8-19 两重循环运行过程

(a) 例8-19　　　　　　　　　(b) 例8-20

图 8-27　运行结果

【例 8-20】 将例 8-19 程序稍加改动，将内层循环改为 j 从 1 到 i，其运行过程如图 8-28 所示。运行结果如图 8-27(b)。

```
Public Sub Example()
    Dim i, j As Integer
    For i = 1 To 3
        For j = 1 To i
            Debug.Print "* ";
        Next j
        Debug.Print
    Next i
End Sub
```

分析：例 8-19 和例 8-20 对比，输出的内容不变都是星号，所以输出命令一样；两例中都是输出三行，所以外层循环一样，换行命令一样；每一行输出的星号个数不同，所以内层循环命令不同。

| 外层循环变量 i | 内层循环变量 j | 本次循环输出情况 |
|---|---|---|
| i=1 | j=1 | * |
| i=2 | j=1 | *<br>* |
| | j=2 | *<br>* * |
| i=3 | j=1 | *<br>* *<br>* |
| | j=2 | *<br>* *<br>* * |
| | j=3 | *<br>* *<br>* * * |

图 8-28　例 8-20 运行过程

【例 8-21】　无格式显示九九表，每一行显示一条结果，9×9 共 81 行。

```
Public SUB Example()
    Dim i, j As Integer
    For i = 1 To 9
      For j = 1 To 9
          Debug.Print i & "×" & j & "=" & i * j        '不加分号，换行输出
      Next j
    Next i
End Sub
```

【例 8-22】　按矩阵形式显示九九表，9 行 9 列。

```
Public Sub Example()
    Dim i, j As Integer
    For i = 1 To 9
      For j = 1 To 9
        Debug.Print i & "×" & j & "=" & i * j & Space(8 – Len (i & "×" & j & "=" & i * j));
      Next j
      Debug.Print                '换行
    Next i
End Sub
```

【例 8-23】　按左下三角形式显示九九表，9 行，列数从 1 到 9 变化。

```
Public Sub Example()
    Dim i, j As Integer
    For i = 1 To 9
      For j = 1 To i
        Debug.Print i & "×" & j & "=" & i * j & Space(8 - LEN(i & "×" & j & "=" & i * j));
      Next j
```

```
Debug.Print            '换行
    Next i
End Sub
```

# 8.6 数 组

前面所使用的字符串型、数值型、逻辑型等数据类型都是简单类型。它们都是通过命名一个变量来存取一个数据。然而，在实际应用中，经常需要处理同一类型的成批数据。例如，我们前面多次使用过的教学管理数据库，为了处理一个班学生的一门课的成绩，需要按顺序存储一系列数据值，这就需要使用到数组。数组不是一种数据类型，而是一组有序基本类型变量的集合，数组的使用方法与内存变量相同，但功能远远超过内存变量。

## 8.6.1 数组定义

正如我们刚刚提过，数组不是一种数据类型，而是一组按照一定顺序排列的基本类型内存变量，其中各个内存变量称为数组元素。数组元素用数组名及其在数组中排列位置的下标来表示，下标的个数称为数组的维数。

**1. 数组特点**

（1）数组是一组相同类型元素的集合；

（2）数组中各元素有先后顺序，它们在内存中按排列顺序连续存储在一起；

（3）所有的数组元素是用一个变量名命名的集合体。而且，每一个数组元素在内存中独占一个内存单元，可视同为一个内存变量。

**2. 数组声明**

（1）声明静态数组

DIM 数组名（[<下标的下界 1> TO] 下标的上界 2

[，[<下标的下界 2> TO] 下标的上界 2,……]）[AS 类型/类型符]

功能：定义静态数组的名称、数组的维数、数组的大小、数组的类型。下标下限缺省情况下视为 0，例如：

Dim A(4) As Integer

定义了 5 个整型数构成的数组，数组元素为 a(0)至 a(4)，如图 8-29。

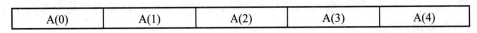

| A(0) | A(1) | A(2) | A(3) | A(4) |
|------|------|------|------|------|

图 8-29 一维数组，下标下界为 0

Dim A(1 to 4) As Integer

定义了 4 个整型数构成的数组，数组元素为 a(1)至 a(4)，如图 8-30。

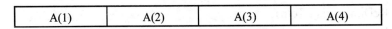

| A(1) | A(2) | A(3) | A(4) |
|------|------|------|------|

图 8-30 一维数组，下标下界为 1

VBA 支持多维数组，可以在数组下标中加入多个数值，并以逗号分开，来建立多维数组。最多可以定义 60 维。例如：

Dim x(2,3) As Integer

以上数组中定义了 12 个元素，数组元素如图 8-31。

| x(0，0) | x(0，1) | x(0，2) | x(0，3) |
| x(1，0) | x(1，1) | x(1，2) | x(1，3) |
| x(2，0) | x(2，1) | x(2，2) | x(2，3) |

图 8-31　一维数组，下标下界为 0

Dim x(1 to 2,1 to 3) As Integer

以上数组中定义了 6 个元素，如图 8-32 所示。

| x(1，1) | x(1，2) | x(1，3) |
| x(2，1) | x(2，2) | x(2，3) |

图 8-32　二维数组，下标下界为 1

当然，同变量定义一样，也可以一条命令，定义多个数组，例如：

Dim　x(3),y(5) as integer

Dim　x(3) as integer, y(5) as string

（2）声明动态数组

建立动态数组有两步操作：

其一：用 Dim 语句声明动态数组

Dim 数组名()

功能：定义动态数组的名称，但不指明数组元素数目。

其二：用 ReDim 语句声明动态数组的大小

REDIM [PRESERVE] 变量名（下标的上界） [AS 类型/类型符]

功能：定义动态数组的大小。每次使用 redim 语句都会使原来数组中的值丢失，可以在 redim 语句后面加 preserve 参数用来保留数组中的数据。例如：

Dim x() As Long

　⋮

ReDim x(2,3)

【例 8-24】 要求由键盘输入学生人数和每个学生的成绩，计算的平均分和高于平均分的人数放在数组的最后。

```
Public Sub 动态数组()
    Dim mark() As Integer
    Dim n As Integer
    n = Val(InputBox("请输入学生人数："))
    ReDim mark(1 To n)
    Dim aver!, i%
    aver = 0
```

```
    For I = 1 To n                '输入成绩，求分数和
        mark(i) = Val(InputBox("请输入成绩"))
        aver = aver + mark(i)
    Next i
    ReDim Preserve mark(1 To n + 2)
    mark(n + 1) = aver / n        '求平均分
    mark(n + 2) = 0
    For i = 1 To n                '统计高于平均分的人数
        If mark(i) > mark(n + 1) Then
            mark(n + 2) = mark(n + 2) + 1
        End If
    Next i
    MsgBox ("平均分:" & mark(n + 1) & "高于平均分人数:" & mark(n + 2))
End Sub
```

## 8.6.2 数组处理

### 1. 数组的输入

【例 8-25】 利用循环结构，逐个输入二维数组元素的值。

```
Public Sub Example()
    Dim x(3,4)，i，j    As Integer
    For I = 0 To 3
        For j = 0 To 4
            x(I,j) = Val(InputBox("输入" &  I  &"," &  j  & "元素"))
        Next j
    Next i
End Sub
```

### 2. 数组的输出

【例 8-26】 利用循环结构，逐个输出数组元素。

```
Public Sub Example()
    Dim sc%(4, 4), i%, j%
    For I = 0 To 4
        For j = 0 To 4
            sc(I, j) = I * 5 + j        '系统设计元素值用这种方式产生
            Debug.Print Space(4 – Len(Trim(sc(I, j)))) & sc(I, j);
        Next j
        Debug.Print
    Next i
End Sub
```

### 3. 数组的应用

数组比较典型应用就是排序。排序是将一组数按递增或递减的次序排列，现实中随时随地都会用到排序。在计算机应用中，排序有很多种方法，常用的有选择排序法、冒泡排序法、插入排序法、合并排序法等。下面以选择排序法为例，对存放在数组中的 6 个数，用选择排序升序排列。

N 个数的序列，用选择法按递增次序排序的步骤：

（1）内循环：从 n 个数中找出值最小的数的下标；退出循环后最小数与第 1 个数交换位置；通过这一轮排序，第 1 个数已确定好。

（2）除已排序的数外，其余数再按步骤(1)的方法选出最小的数，与未排序数中的第 1 个数交换位置。

（3）重复步骤（2），最后构成递增序列。

排序过程如图 8-33 所示。其中右边数据中有下划线的的数表示每一轮找到的最小数的下标位置，与欲排序序列中最左边斜体的数交换后的结果。

| a(0) | a(1) | a(2) | a(3) | a(4) | a(5) | 原始数据 | 7 5 8 2 1 6 |
|------|------|------|------|------|------|----------|-------------|
| a(0) | a(1) | a(2) | a(3) | a(4) | a(5) | 第1轮比较 | 1 5 8 2 7 6 |
|      | a(1) | a(2) | a(3) | a(4) | a(5) | 第2轮比较 | 1 2 8 5 7 6 |
|      |      | a(2) | a(3) | a(4) | a(5) | 第3轮比较 | 1 2 5 8 7 6 |
|      |      |      | a(3) | a(4) | a(5) | 第4轮比较 | 1 2 5 6 7 8 |
|      |      |      |      | a(4) | a(5) | 第5轮比较 | 1 2 5 6 7 8 |

图 8-33　选择排序法过程

【例 8-27】　由键盘给数组元素输入数据，使用选择排序法进行排序。

```
Public Sub Example()
    Dim a(5), i, j As Integer
    '由键盘输入待排序的 6 个数，存入数组中
    For i = 0 To 5
        a(i) = Val(InputBox("please input the next number"))
    Next i
    '将输入数据显示出来，这部分不是必须有的内容，为了运行结果更清晰
    For i = 0 To 5
        Debug.Print a(i) & "    ";
    Next
    Debug.Print
    '排序过程
    For i = 0 To 5 - 1        '进行 n-1 轮比较
        iMin = i       '对第 i 轮比较，初始假定第 i 个元素最小
        For j = i + 1 To 5       '选最小元素的下标
            If a(j) < a(iMin) Then iMin = j
```

```
Next j
t = a(i)          '选出的最小元素与第 i 个元素交换
a(i) = a(iMin)
a(iMin) = t
For k = 0 To          '每排序一趟，输出一次结果
    Debug.Print a(k) & "    ";
Next k
Debug.Print
Next i
End Sub
```

【例 8-28】　如果使用冒泡法排序，排序过程如图 8-34 所示。

| | | | | | | 原始数据 | 8 6 9 3 2 7 |
|---|---|---|---|---|---|---|---|
| a(0) | a(1) | a(2) | a(3) | a(4) | a(5) | 第1轮比较 | 6 8 3 2 7 9 |
| a(0) | a(1) | a(2) | a(3) | a(4) | | 第2轮比较 | 6 3 2 7 8 9 |
| a(0) | a(1) | a(2) | a(3) | | | 第3轮比较 | 3 2 6 7 8 9 |
| a(0) | a(1) | a(2) | | | | 第4轮比较 | 2 3 6 7 8 9 |
| a(0) | a(1) | | | | | 第5轮比较 | 2 3 6 7 8 9 |

**图 8-34　冒泡排序法过程**

基本思想是：

（1）从第一个元素开始，对数组中两两相邻的元素比较，将值较小的元素放在前面，值较大的元素放在后面，一轮比较完毕，一个最大的数沉底成为数组中的最后一个元素，一些较小的数如同气泡一样上浮一个位置。

（2）n 个数，经过 n-1 轮比较后完成排序。

排序过程实现程序如下（输入输出如例 8-27）：

```
Public Sub Example()
For i= 0 To n - 1          'n 个数，进行 n-1 趟比较
    For j = 0 To n - i - 1    '在每一趟比较对 n-i 个元素中两两相邻比较，大数沉底
    If A(j) > A(j + 1) Then
        t = A(j)
        A(j) = A(j + 1)
        A(j + 1) = t
    End If
    Next j
Next i
End Sub
```

# 8.7 函数与过程

在现实世界中，Access 2010 要处理的问题往往非常复杂。解决这样的问题，人们通常将一个大的、复杂的问题分解成若干小的、简单的问题来解决。当小的、简单问题解决后，大的、复杂的问题就容易解决了，这种解决问题的思路称为模块化。模块化容易实现分工协作，利于团队开发；可使程序更加简练，可读性更强，便于调试和维护。利用这种思想，VBA 提供了模块和过程概念。一个应用系统包含多个模块，一个模块可包含多个过程。

VBA 过程可以细分为以下几种：

（1）以 Sub 保留字开始，称为 Sub 过程；

（2）以 Function 保留字开始，称为函数过程；

（3）以 Property 保留字开始，称为属性过程；

（4）以 Event 保留字开始，称为事件过程。

本节主要介绍用户自己定义的函数 Function 和过程 Sub。

【例 8-29】 如果不引入过程的设计概念，则按照下面的公式计算 $c$ 的值：

$$c=\frac{M!}{N!(M-N)!}$$

由于公式中出现了三个阶乘，所以关于计算阶乘的程序段重复出现三次，如图 8-35 所示。很显然，如果公式中出现 100 个阶乘，那么我们让关于计算阶乘的程序段也重复出现 100 次，就绝对不能容忍了。因此，必须把计算阶乘的功能独立出来，使之成为一个子程序。我们使用 Sub 过程改写例 8-29，程序清单见图 8-26 所示。将阶乘过程定义为 Sub 过程，就可以反复调用（这就叫作“代码复用”）。

```
Database32 - 模块1 (代码)
(通用)                组合数
Option Compare Database
Sub 组合数()
Dim m, n As Integer
Dim i As Integer
Dim j, c As Long
m = InputBox("Please  input  整数M:  ")
n = InputBox("Please  input  整数N  (N<M): ")
i = 1: j = 1
Do While i <= m
  j = j * i
  i = i + 1
Loop
c = j
i = 1: j = 1
Do While i <= n
  j = j * i
  i = i + 1
Loop
c = c / j
i = 1: j = 1
Do While i <= m - n
  j = j * i
  i = i + 1
Loop
c = c / j
Debug.Print "C=", c
End Sub
```

图 8-35 非过程调用模式计算排列组合

## 8.7.1　过程调用

**1. 定义 Sub 过程**

命令格式：

　　[Public|Private][Static] Sub <子过程名>([<参数表>])

　　　　<局部变量或常数定义>

　　　　<语句序列>

　　　　[Exit Sub]

　　　　<语句序列>

　　End Sub

功能：定义一个以<子过程名>为名的 Sub 过程。Sub 过程名不返回值，而是通过形参与实参的传递得到结果，调用时可得到多个参数值。

**2. 创建 Sub 过程**

Sub 过程是一个通用过程，它不属于任何一个事件过程。因此，它不能在事件过程中建立（事件过程见第十章相关内容）。通常 Sub 过程是在标准模块中，或在窗体模块中创建的。

操作步骤如下：

（1）在窗体模块的通用部分利用定义 Sub 过程的语句建立 Sub 过程。

（2）在标准模块中，利用定义 Sub 过程的语句，建立 Sub 过程。

**3. 调用 Sub 过程**

命令格式：

　　　　　　　　　　　子过程名　[<参数表>]

或：

　　　　　　　　　　　Call　　子过程名([<参数表>])

功能：调用一个已定义的 Sub 过程。

说明

（1）<子过程名>的命名规则与变量名规则相同。

（2）<参数表>中的参数称为形参，表示形参的类型、个数、位置，定义时是无值的，只有在过程被调用时，实参传送给形参才能获得相应的值。

（3）<参数表>中可以有多个形参，他们之间要用"，"隔开，每一个参数都要按如下格式定义：

　　　　　　　　　　[ByVal|ByRef]　变量名[()] [as 类型]

默认 ByRef，表示形参是按地址传递；若加 ByVal 关键字，则表示形参是按值传递。有关形参、实参的定义以及传递方式请参阅下一小节。

（4）如果定义过程时没有使用 Public，Private 或者 Static 进行指定，Sub 过程默认为 Public 类型。Public 定义的过程为公有过程，可以被任何过程调用。Private 和 Static 定义的过程为局部过程，只能在定义它的模块中被其他过程调用。Private 子过程结束后该过程占用的内存单元被释放；而 Static 子过程退出后，过程中变量的值仍被保留。所占内存单元没有释放。当再次进入子程序后，原来的变量值可继续使用。详细例子参看第十章相关内容。

（5）Exit Sub 语句使程序流程立即从一个 Sub 过程中退出，接着程序从调用该 Sub 过程的语句的下一条命令继续执行。

（6）所有可执行代码都必须属于某个过程，不能在其他 Sub，Fuction 或 Property 过程中定义 Sub 过程。

在 Sub 过程中使用的变量的作用范围问题，可参阅本节"变量的作用范围"部分。

【例 8-30】 使用 Sub 过程，求排列组合数

$$c = \frac{M!}{N!(M-N)!}$$

程序代码如图 8-36 所示。

```
Database32 - 模块1 (代码)
(通用)                                    jc2
Option Compare Database
Public j As Integer
Sub 组合数()
Dim m, n As Integer
Dim c As Integer
m = InputBox("Please input  整数M:  ")
n = InputBox("Please  input  整数N  (N<M):")
Call jc2(m)
c = j
Call jc2(n)
c = CLng(c) / j
Call jc2(m - n)
c = c / j
Debug.Print c
End Sub
Public Sub jc2(ByVal x As Integer)
Dim i As Integer
i = 1: j = 1
Do While i <= x
   j = j * i
   i = i + 1
Loop
End Sub
```

图 8-36　过程调用模式计算排列组合

程序运行的流程如图 8-37 所示。

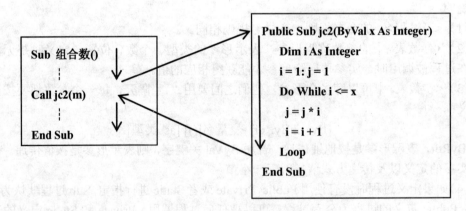

图 8-37　过程调用流程

## 8.7.2　参数传递

在调用过程中，一般主调过程与被调用过程之间有数据传递，即将主调过程的实参传递给被调过程的形参，然后执行被调用过程体，也可将形参的结果返回给实参。

**1. 形参与实参**

在参数传递中，一般实参与形参是按位置传送的，与参数名没有关系。实参必须与形参保持个数相同，位置与类型一一对应。

**2. 传值与传地址**

实参与形参的结合方式有两种，传值（ByVal）和传地址（ByRef）。

（1）传值

传值方式的过程是当调用一个过程时，系统将实参的值复制给形参，实参与形参断开联系；在过程体内对形参的任何操作不会影响到实参。示例如图 8-38 所示。

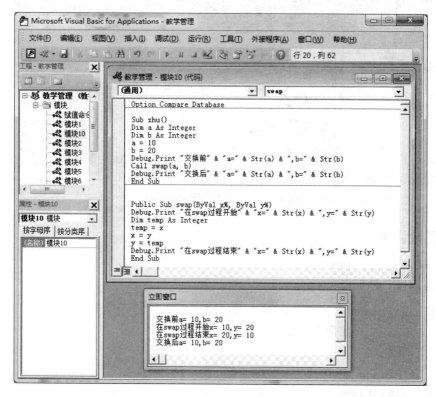

**图 8-38　按值传递参数示例**

（2）传地址

传址方式参数结合过程：当调用一个过程时，它将实参的内存地址传递给形参。也就是实参和形参使用同一块内存空间。因此在被调过程体中对形参的任何操作都变成了对相应实参的操作，实参的值就会随形参的改变而改变。示例如图 8-39 所示。

（3）传递方式的选择

要将被调过程中的结果返回给主调程序，则形参必须是传址方式。这时实参必须是同类型的变量名（包括简单变量、数组名、结构类型等），不能是常量、表达式。

若不希望过程修改实参的值，则应选用传值方式，减少各过程间的关联。形参是数组时都是地址传递（无论表示成值传递或地址传递）。

图 8-39　按地址传递参数示例

### 8.7.3　函数调用

**1. 定义 Function 过程**

命令格式：

　　[Public|Private][Static]Function 　<函数名>([<参数表>])[As<类型>]

　　　　<局部变量或常数定义>

　　　　<语句序列>

　　　　[Exit Function]

　　　　<语句序列>

　　　　函数名=返回值

　　End Function

　　功能：定义一个以<函数名>为名的 Function 过程。Function 过程通过形参与实参的传递得到结果，返回一个函数值。如下面例 8-31，函数定义过程中，变量 x 就是形式参数。当在 Sub 组合数（）过程中调用 jc(m)时，实参 m 的值传递给形参 x。x 获得数据后，函数 jc 进行运算，函数的最后运算结果，通过函数同名变量 jc（即 End　Function 之前的命令）传递给调用函数的表达式：c = jc(m)/jc(n)/jc(m-n)。

**2. 创建 Function 过程**

　　同 Sub 过程一样，Function 过程是一个通用过程，它不属于任何一个事件过程。因此，它也不能在事件过程中建立。Function 过程可在标准模块中，或在窗体模块中创建。

### 3. 调用 Function 过程

调用 Function 过程的语句格式如下：

函数名（&lt;参数表&gt;）

功能：调用一个已定义的 Function 过程，我们不妨将 Function 定义的函数称为自定义函数，以便于与系统提供的库函数和过程加以区别。

说明：

（1）&lt;函数名&gt;的命名规则与变量名规则相同。但它不能与系统的内部函数同名，不能与其他通用过程同名，也不能与已定义的全局变量和本模块中同模块级变量同名。

（2）在函数体内部，&lt;函数名&gt;可以当变量使用。函数的返回值就是通过给&lt;函数名&gt;的赋值语句来实现的，在函数过程中至少要对函数名赋值一次。

（3）As &lt;类型&gt;是指函数返回值的类型，若省略，则函数返回变体类型。

（4）&lt;参数表&gt;中的形参的定义与 Sub 过程完全相同。

（5）Exit Function 语句与 Exit Sub 类似，使程序流程立即从一个函数过程中退出，返回调用该函数时的切入点并继续执行。

（6）如果定义函数过程时没有使用 Public，Private 或者 Static 进行指定，Function 过程默认为 Public 类型。Public 定义的函数为公有函数，可以被任何过程调用。Private 和 Static 定义的函数为局部函数，只能在定义它的模块中被其他过程调用。详细例子参看第 10 章相关内容。

（7）所有可执行代码都必须属于某个过程，不能在其他 Sub、Function 或 Property 过程中定义 Function 过程。

（8）在函数过程中使用的变量的作用范围问题，可参阅 8.7.4 节内容。

【例 8-31】　利用函数过程来计算排列组合数，程序如图 8-40 所示。

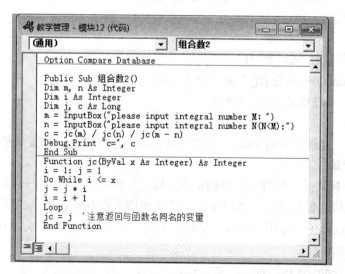

图 8-40　函数调用模式计算排列组合

如例 8-31 中所示，同样完成阶乘功能。由此可见解决一个具体问题可以使用函数过程，也可以使用 Sub 子过程。两种方式仅是程序的格式、变量的运用不同。在实际应用中，这种类似的问题是选择函数还是选择过程呢？

把某功能定义为函数过程还是子过程，没有严格的规定。一般若程序有一个返回值时，函数过程直观；当有多个返回值时，习惯使用子过程。

自定义函数过程与过程调用的区别：自定义函数过程必须有返回值，函数名有类型约定。子过程名没有值或者说不需要返回值，过程名没有类型约定，不能在子过程体内对子过程名赋值。

### 8.7.4　变量的作用范围

变量的作用域就是变量在程序中的有效范围。

能否正确使用变量，搞清变量的作用范围是非常重要的，一旦变量的作用域被确定，使用时就要特别注意它的作用范围。当程序运行时，各对象间的数据传递就是依靠变量来完成的。变量的作用范围定义不当，对象间的数据传递就会失败。变量的作用域是一个不可忽视的问题，特别是基于面向对象程序设计理念进行应用系统开发时尤为重要。

通常将变量的作用域分为：过程级变量，窗体、模块级变量，全局级变量三类。

**1. 过程变量**

过程变量只有在声明它们的过程中才有效，也称为局部变量。局部变量只能用 Dim 或 Static 关键字来声明。例如

　　Dim Temp As Integer

　　Static S As Integer

用 Dim 声明的变量只在过程执行期间才存在，过程一结束，该变量也就消失了，而用 Static 声明的局部变量，则在整个应用程序运行期间一直存在，即使过程结束，变量值也仍然保留着。只是不能在过程外访问，所以又称为静态变量。

静态变量的使用方法：

（1）定义

　　Static　变量名　[As　类型]

　　Static Function　函数名([参数了列表])[As　类型]

　　Static Sub　过程名([参数列表])

（2）说明

若在函数名、过程名前加 Static，则表示该函数、过程内的局部变量都是静态变量。

**2. 模块级变量**

VBA 中一个模块是一组程序对象的集合，每一个模块包含若干个过程、函数。VBA 模块包括：标准模块、窗体模块、类模块等。模块级变量在其所在模块的所有过程中可用，但在其他模块的代码中不可用。可以在模块顶部的声明部分用 Dim 或 Private 关键字声明模块级变量。例如：

　　Private Temp As Integer

在声明模块级变量中，Dim 和 Private 之间没有什么区别，但用 Private 更好一些，因为可以很容易地把它们和用 Public 声明的全局变量区别开来。这使代码更容易理解。

注意：在过程、函数内部不能用 Private 定义变量，如：

　　Private Sub Example()

```
            Private a As Integer
        End Sub
```

**3. 全局变量**

为了使模块中声明的变量在其他模块中也有效，需要用 Public 关键字进行声明。经过 Public 关键字声明的变量是全局变量，其值可用于应用程序的所有模块和过程。只能在模块的声明段中用 Public 关键字声明公用变量，例如：

```
        Public Temp As Integer
```

这时变量 Temp 在整个应用程序的所有模块中都有效，都是可以访问的。

注意：在过程、函数内不能使用 Public 定义变量，如：

```
        Private Sub Example()
            Public a As Integer
        End Sub
```

说明：在例 8-30 中，变量 j 声明为 Public 型。因为在两个过程中都是用了这个变量，如果在 jc2() 中定义，则在组合数 () 这个过程中，无法得到 jc2() 中计算的值。反过来同样，所以要把 j 定义为全局变量。当然在本例中，将变量就声明为 Private,也可以达到效果。

【例 8-32】　在下面一个标准模块文件中不同级的变量声明：

```
        Public Pa As integer              '全局变量
        Private   Mb   As string *10      '窗体/模块级变量
        Sub   F1( )
          Dim   Fa   As integer           '过程级变量
            ⋮
        End Sub
        Sub   F2( )
          Dim   Fb   As Single            '过程级变量
            ⋮
          For i=1 to 10
             Dim k%
               ⋮
          Next i
        End Sub
```

有关变量作用范围的问题，我们会在第 10 章窗体部分通过丰富的实例加以补充说明。

# 8.8　VBA 程序调试

程序调试是查找和解决 VBA 程序代码错误的过程，VBA 提供了很多交互的、有效的程序调试工具。

### 8.8.1 常见的错误类型

程序运行时只要发生错误，VBA 就会给出错误提示信息，所以弄清楚这些错误信息的含义是非常重要的。在 VBA 中，程序可能发生错误的类型有几百种，但归纳起来主要有三类错误：语法错误、运行错误和逻辑错误。

**1. 语法错误**

当用户在代码窗口中编辑代码时，VBA 会直接对程序进行语法检查，并使错误的代码变成红色，语法错误是最容易发现和纠正的，最常见的语法错误有：

（1）命令或符号名拼写错误，这是最容易犯的一种语法错误。有时候由于前面一行忘记写续行符，也会认为是这类错误。

（2）字符串两边的引号不配对。

（3）表达式中的括号不配对，包括引用函数时括号不配对。

（4）在选择或循环结构中，特别是在它们的各种嵌套结构中，语句的开始和结尾不配对。例如有 3 个 If，但是只有 2 个 End If，或者有交叉循环。在 VBA 中，这种错误称为"嵌套错误"。

（5）使用了中文方式的符号。

**2. 运行错误**

运行错误指 VBA 编译通过后，运行代码时发生的错误。这类错误往往是由指令代码执行了一些非法操作引起的。例如，类型不匹配、试图打开一个不存在的文件等。出现这类错误时程序会自动中断，并给出有关的错误信息，如图 8-41 所示，变量 a 定义为整型，却赋值为字符串，所以报错。

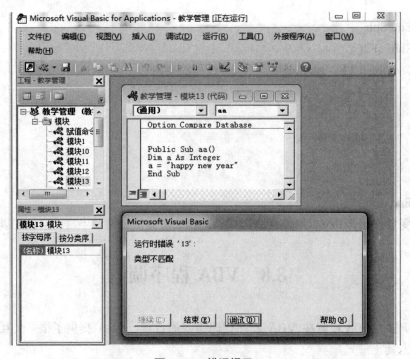

图 8-41 错误提示

### 3. 逻辑错误

逻辑错误是指命令符合语法规定，但程序操作的内容与预定的要求不匹配等原因所造成的错误。例如，在 for…next 循环结构中，步长值为正数，循环变量终值却别初值要小。由于 VBA 在编译时不会自动检测逻辑错误，所以逻辑错误比起语法错误，检测和纠正比较困难。

严重的逻辑错误会导致死循环或死机，这类错误的纠正过去主要靠程序设计者的经验积累。下面我们会介绍如何使用调试工具来处理。

## 8.8.2　常用的调试技术

### 1. 逐步执行 VBA 代码的方式

（1）逐语句执行

如果希望单步执行每一行程序代码，包括被调用过程中的程序代码，则可使用"调试"菜单中的"逐语句"选项，或者使用键盘上的"F8"键。在执行该命令后，VBA 运行当前语句，并自动转到下一条语句，同时将程序挂起。

有时，在一行中有多条语句，它们之间用冒号隔开。在使用"逐语句"命令时，将逐个执行该行中的每条语句，而断点只是应用程序执行的第一条语句。

（2）逐过程执行

如果希望执行每一行程序代码，并将任何被调用过程作为一个单位执行，则可单击"调试"菜单里面的 "逐过程"按钮。

逐过程执行与逐语句执行的不同之处在于：当执行代码调用其他过程时，逐语句是从当前行转移到该过程中，在此过程中一行一行地执行；而逐过程执行则将调用其他过程的语句当做统一的语句，将该过程执行完毕，再进入下一语句。

（3）跳出执行

如果希望执行当前过程中的剩余代码，则可单击工具条上的"跳出"按钮。在执行跳出命令时，VBA 会将该过程未执行的语句全部执行完，包括在过程中调用的其他过程，并且都是一步完成。执行完过程，程序将返回到调用该过程的过程，至此"跳出"命令执行完毕。

（4）运行到光标处

选择"调用"菜单的"运行到光标处"命令，VBA 就会运行到当前光标处。当用户可确定某一范围的语句正确，而对后面语句的正确性不能保证时，就可用该命令运行程序到某条语句，再在该语句后逐步调试。

（5）设置下一条语句

在 VBA 中，用户可自由设置下一步要执行的语句。要在程序中设置执行的下一条语句，可以右键单击，并在弹出的菜单中选择"设置下一条语句"命令。需要注意的是这个命令必须在程序挂起时使用。

### 2. VBA 程序断点设置方式

设置断点是调试程序的一个重要方法，这样可以使程序的调试分段完成，以便逐步缩小程序发生逻辑错误的范围，定位错误点。一般在可能有问题的程序语句或适合分段的地方设置断点，使程序在这个断点暂时停止运行，然后分析检查程序运行的结果是否与用户预期的一致。如果不一致，就应当再细分段调试，甚至逐条跟踪程序每一行代码的运行结果。

　　在 VBA 中，程序代码左侧有一竖条浅灰色条带，在要设置断点的语句出单击此竖条，或者将光标停留在该语句，按"F9"键，都可以将该语句设置为断点。此时竖条会出现红色圆点，语句处于红色高亮状态。当程序执行到该语句时，该语句处于黄色高亮状态，表示程序已经被挂起。如图 8-42 所示。

图 8-42　断点设置示例

### 3. 查看变量的值

（1）在本地窗口中查看数据

　　运行程序时，在"视图"菜单选择"本地窗口"，就可以在本地窗口中显示表达式、表达式值和表达式类型三部分内容。如图 8-43 所示。

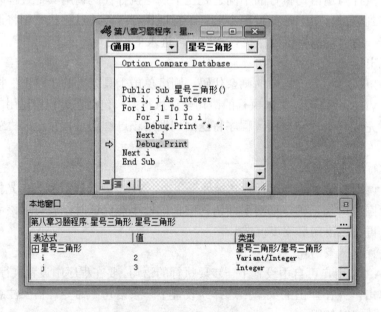

图 8-43　本地窗口中查看数据

（2）在监视窗口中查看数据

　　运行程序时，在"视图"菜单选择"监视窗口"，就可以单击鼠标右键并选择"添加监视"选项，如图 8-44 所示。在监视窗口中添加要监视的表达式如图 8-45 所示。此时监视窗

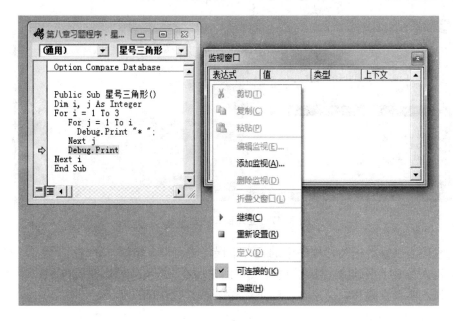

图 8-44　打开监视窗口

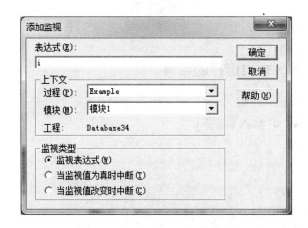

图 8-45　监视窗口中添加监视

口就可以显示表达式、表达式值、表达式类型和上下文四部分内容。如图 8-46 所示。

　　（3）在立即窗口中查看数据

当语句处于挂起状态时，在立即窗口中输入"？变量名"，就可以查看变量的取值。如图 8-47 所示。

图 8-46　监视窗口中查看数据

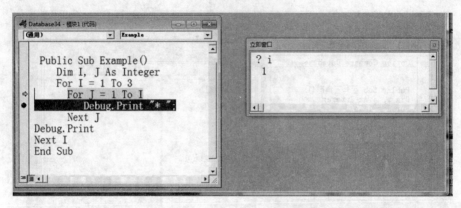

图 8-47　立即窗口中查看数据

随着程序复杂性的提高，程序中的各种错误伴随而来，错误（Bug）和调试（Debug）是每个编程人员必定遇到的。对于初学者，遇到错误不用害怕，利用 VBA 丰富的调试工具，来找到错误，学会查找和纠正错误，就是提高编程水平最好的方法。

# 习题 8

## 一、阅读下面的程序，求出运行的结果

```
1.   Dim x As Integer
     x = Val(InputBox("输入数据"))
     If x > 30 Then
         x = x * 2
     Else
         If x > 20 Then
             x = x * 5
         Else
             If x > 10 Then
                 x = x * 10
             End If
             x = x + 1
         End If
         x = x + 2
     End If
     MsgBox ("结果：") & Str(x)
```
求当 x 的值依次输入：35、25、15、5 时程序的输出结果。

```
2.   Dim a, b, i As Double
     a = 0
```

```
    b = 0
    For i = 1 To 8
       If i Mod 2 <> 0 Then
          a = a - i
       Else
          b = b + i
       End If
    Next
    Debug.Print "i="; i, "a="; a, "b="; b
3.  Dim n As Integer
    n = 0
    For x = 6 To 4.5 Step -0.5
       n = n + 1
    Next x
    Debug.Print x, n
4.  Dim s, i As Integer
    s = 0
    For i = 1 To 9 Step 3
       s = s + i
       If s > 10 Then
          Exit For
       End If
    Next i
    Debug.Print s,i
5.  Dim x, y As Integer
    x = 1 : y = 0
    Do While x < 10
       If x Mod 2 = 0 Then
          x = x + 1
       Else
          x = x + 3
       End If
       y = y + x
    Loop
    Debug.Print x, y
6.  Dim c, x As Integer
    x = 3
    While x < 8 And x > 2
       c = 2
```

```
        While c < x
            Debug.Print c * x
            c = c + 3
        Wend
        x = x + 2
    Wend
```

7.  ```
    Dim a(1 To 4), i, j, s As Integer
    For i = 1 To 4
        a(i) = i
    Next
    s = 0 : j = 1
    For i = 4 To 1 Step -1
        s = s + a(i) * j : j = j * 10
    Next
    Debug.Print s, i, j
    ```

8.  ```
    Dim i, j, x(10) As Integer
    For i = 1 To 10
        x(i) = 12 - i
    Next
    j = 6
    Debug.Print x(2 + x(j))
    ```

9.  ```
    Public Sub Example()
    Dim i, c, t As Integer
    i = 2: c = 2: t = 2
    While i < 4
        Call pr(c, t)
        Debug.Print   c
        i = i + 1
    Wend
    Debug.Print t
    End Sub
    Public Sub pr(x, y)
    x = x * 2 : y = y + x
    End Sub
    ```

10. ```
    Dim a, b, c, d As Integer
    a = 1: b = 2: c = 1: d = 2
    Call xx(a, b, c, d)
    Debug.Print d
    a1 = 1: a2 = 3: a3 = 1: a4 = 3
    Call xx(a1, a2, a3, a4)
    ```

```
Debug.Print a4
Call xx(6, 8, 10, d)
Debug.Print d
End Sub
Public Sub xx(x1, x2, x3, x4)
x4 = x2 * x2 - 4 * x1 * x3
Select Case x4
    Case Is < 0
        x4 = 100
    Case Is > 0
        x4 = 200
    Case Is = 0
        x4 = 10
End Select
```

## 二、按要求对程序填空

1. 下面程序实现如下分段函数，请填空。

$$y= \begin{cases} 2x+1 , & x \leqslant 1 \\ 2x+10 , & 1<x \leqslant 10 \\ 2x+20 , & x>10 \end{cases}$$

```
Dim x, y As Integer
x = Val(InputBox("Please Input :"))
If x <= 1 Then
    y = 2 * x + 1
        ＿＿＿＿＿（1）＿＿＿＿＿
    If ＿＿＿＿＿（2）＿＿＿＿＿
        y = 2 * x + 10
    Else
        y = 2 * x + 20
    End If
        ＿＿＿＿＿（3）＿＿＿＿＿
Debug.Print y
```

2. 以下程序的功能是：计算连续输入的 10 个数中负数、偶数和奇数的个数，请依据上述功能要求将程序补充完整。

```
Dim i, x, fs, os, js As Integer
fs = 0: os = 0: js = 0
For i = 1 To 10
    x = Val(InputBox("请输入第" + Str(i) + "个数"))
    If x < 0 Then
```

```
                    (1)
        End If
        If          (2)          Then    'x 是偶数
            os = os + 1
        Else
                 (3)
        End If
    Next
    Debug.Print "负数有: "; fs; "个, 偶数有: "; os; "个, 奇数有: "; js; "个"
```

## 三、按要求编写完整的程序

1. 编写程序求 100~200 之间既能被 3 整除又能被 5 整除的正整数个数, 并显示这些数。

2. 计算 $s = 1 - 2 + 3 - 4 + 5 - 6 + 7 - \cdots + n$。

3. 输入两个正整数 $m$ 和 $n$, 求其最大公约数和最小公倍数。

4. 输出 100 以内的所有素数 (质数)。

# 第9章　窗体设计

窗体是 Access 2010 数据库中一个非常重要的操控对象。通过窗体用户可以方便地输入数据、编辑数据、显示统计和查询数据。因此，窗体是人机交互时最常用的窗口。生活中十分常见的自助存取款系统、自助购票系统等等，其操作界面大多都是利用窗体结构实现的。因此，我们也可以看出窗体的设计最能展示设计者的能力与个性，好的窗体结构能使用户方便地进行数据库操作。此外，利用窗体可以将整个应用程序组织起来，控制系统流程，形成一个完整的应用系统。

## 9.1　窗体简介

简单地讲，窗体就是一个软件系统中的交互界面或窗口。在数据库应用系统中，用户通过窗体使用数据库，完成对数据的所有操作。图 9-1 为窗体示例——"登录界面"。

图 9-1　窗体示例 1

这个窗体的主体部分包含三个成分：用于输入用户名和密码的两个文本框和一个命令按钮。读者很自然就能想到，输入用户名、密码并单击"确定"按钮后系统会验证密码的正确性、密码正确后又要进入下一级操作界面……。由此可见进行窗体设计时，设计者要根据窗体完成的功能规划窗体的结构，也可以说规划窗体中包含的对象；如果设计某个对象实现复杂的功能，可以使用控件向导或者编写所需的程序代码。

第 6、7 章我们介绍了数据查询功能，并通过多种手段完成各种查询要求。如图 9-2 示例是利用窗体实现数据查询。从该图所示的功能中读者就不难发现，窗体在数据查询时也具有非常强的实用性。

通过图 9-1、图 9-2 两个示例，相信读者已经能够体会到窗体的作用。在第 9 章中我们将介绍窗体的基本设计过程，通过这部分内容使读者了解并掌握窗体对象的设计方法。功能更强大、更完善的窗体设计将在第 10 章中介绍。

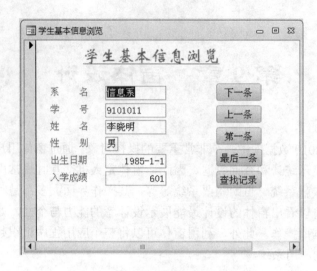

图 9-2　窗体示例 2

## 9.2　创建窗体

在窗体的创建手段上，Access 2010 提供了比低版本 Access 功能更强大而又简便的方式。低版本 Access 大多只能通过"窗体向导"和"设计视图"等创建窗体，而 Access 2010 提供了更多智能化的自动创建窗体的方式。

在 Access 2010 的功能区"创建"选项卡下的"窗体"组中，我们可以看到创建窗体有多种方法，如图 9-3 所示。

图 9-3　窗体设计工具界面

其中每个工具的主要功能如下：

（1）窗体

使用当前选定的数据表或者查询文件作为窗体的数据来源，自动创建一个窗体。该窗体的结构采用 Access 2010 默认的格局。

（2）窗体设计

进入窗体的设计视图亦即在窗体设计器中创建窗体。这是用户按自己的需求创建自有风格窗体的一种常用手段，也可以说，其他方式创建的窗体布局大多都是系统默认的，风格比较单一，而"窗体设计"可以创建、编辑、美化窗体的结构，使设计出的窗体布局更具有个性化风格（我们前面给出的两个示例就是使用这种模式创建的），因此该方式是窗体设计中非常重要的一个工具。

（3）空白窗体

首先建立一个空的、没有任何对象的窗体，然后再将选定数据表的字段添加到空窗体中，并设计每个窗体对象的特性。

（4）窗体向导

使用系统向导创建窗体。

（5）其他窗体

选择此按钮，会出现一个如图 9-4 所示的选择菜单，这里提供了更多的选择，以便创建不同风格的窗体。

图 9-4　窗体设计工具界面

本小节我们将重点介绍利用"窗体"、"空白窗体"、"窗体向导"和"其他窗体"等方式创建窗体的详细过程及其效果；"窗体设计"方式因其使用时的灵活性，我们将单独重点介绍。

## 9.2.1　"窗体"功能简介

【例 9-1】　使用学生表做窗体数据源、利用"窗体"功能创建窗体。

启动 Access 2010，打开"教学管理"数据库，选择"学生"表，单击功能区的"创建"选项卡并选择"窗体"组中的"窗体"按钮，如图 9-5 所示。

当按下"窗体"按钮后，Access 2010 会自动生成一个窗体，该窗体的布局情况如图 9-6 所示。

读者可以看到该窗体中不仅显示了当前数据源学生表的所有字段，还输出了与学生表存在一对多关系的选课成绩表的相关记录。实际上选课成绩表数据是以一个子窗体形式呈

图 9-5　窗体设计

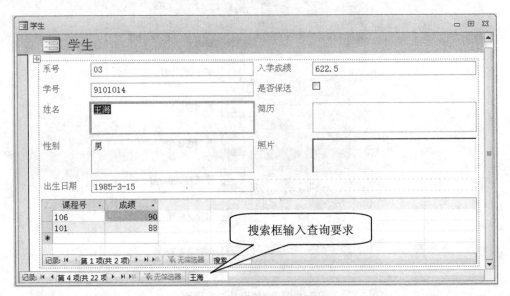

图 9-6　窗体按钮窗体样式

现的。除此之外，窗体的下部（主子窗体均有）包含窗体导航按钮。导航按钮包括"第一条记录" ◄ 、"下一条记录" ► 、"上一条记录" ◄ 、"尾记录" ►◄ 、"新（空）空录" ►◄ 、"查询记录"等按钮。通过这些导航按钮完成记录的浏览。

　　如果在主窗体的"搜索"文本框中输入"万海"，当前主窗体的记录便会跳到第 4 条，并显示万海同学的相关信息。

　　读者不妨分别使用系名表和课程表做窗体数据源，即先选定系名表或课程表，然后单击"窗体"按钮，通过观察运行的结果，对该方式的功能一定会有更深的体会。

　　该方法创建窗体十分便捷，但窗体布局效果不尽人意，用户可以利用这里的"窗体"按钮生成基本窗体格局后，再使用"窗体设计"进一步美化，以满足实际需求。

### 9.2.2　"空白窗体"功能简介

　　启动"空白窗体"功能后，将产生如图 9-7 所示的操作设计界面。

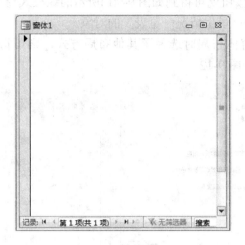

**图 9–7 空白窗体设计**

此时窗体中包含的所有对象需要使用者自行定义，对象的添加、删除、编辑等操作大多都与 9.4.4 节"窗体控件"类似，区别是"空白窗体"的布局比较单一，"窗体控件"创建的窗体格局更加丰富多彩。

### 9.2.3 "窗体向导"功能简介

使用"窗体向导"能够非常方便的创建各式各样布局的窗体，对于初学者来说非常方便快捷。此方法不仅简单易学，又可以避免出现错误。

【例 9-2】 使用学生表，通过"窗体向导"，创建各种样式的窗体。

（1）选择"创建"选项卡中的"窗体向导"、在向导第一步即"请确定窗体上使用哪些字段"时，在"表/查询"列表框中选定"学生"表，并将除了照片和简历之外的所有字段选入到"选定字段"列表中，如图 9-8(a)所示。

（2）进入下一步定义窗体的布局样式，我们以第一项"纵栏表"为例，即如图 9-8(b)所示。

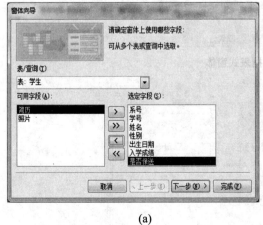

(a)

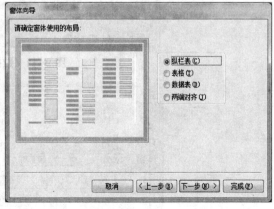

(b)

**图 9–8 选择表和字段**

（3）定义窗体标题："学生情况一览表"，如图 9-9(a)所示。

（4）单击"完成"按钮就可得到如图 9-9(b)所示的纵栏式窗体。此后会在数据库窗体对象中保存一个窗体名为"学生情况一览表"的对象。

如果我们在确定窗体布局时选择了其他布局方式，则可得到不同结构的窗体，参见图 9-10、如图 9-11、如图 9-12。

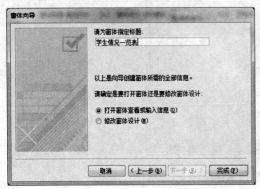

(a)

(b)

图 9-9    窗体标题

图 9-10    表格式窗体

图 9-11    数据表式窗体

图 9-12    两端对齐窗体

需要说明的是，第一步选择数据项时，指定的字段可以来源一个数据表，也可以来自多个数据表，甚至数据可以来自查询。

【例 9-3】　利用"窗体向导"创建包含系名、学号、姓名等学生基本数据项的窗体。

（1）在向导第一步确定数据源时先选定系名表及系名字段，如图 9-13(a)所示，再继续选定学生表及所需字段，如图 9-13(b)所示。

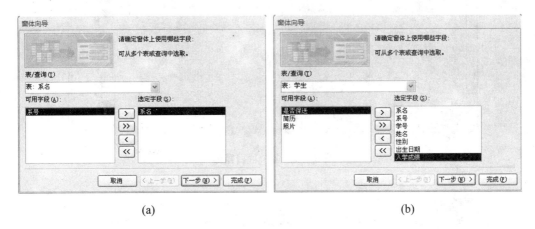

(a)　　　　　　　　　　　　　　　　　(b)

**图 9-13　多数据源的选定**

（2）如果数据库中创建了包含上述字段的查询，此时也可以直接使用这个查询文件作为窗体的数据源。

假设我们已经创建了"学生基本信息"查询文件，该查询包含图 9-13(b)中所示的字段。窗体设计过程执行到图 9-13 所示步骤，单击"表/查询"下拉列表按钮，就会发现"学生基本信息"查询文件显示在其下拉列表中。单击该文件，并将其所有字段移动到"选定字段"列表框即可。也就是说，当一个窗体所需的数据源来自多个数据表时，我们不妨将所需的数据项保存到一个查询文件中。而窗体设计过程中，查询文件将与数据表一样被视为独立的数据源对象。这样处理会是窗体设计，甚至是后面的报表设计，在选择数据项时更加简单便捷。由此大家也能体会到查询文件能够为数据库中更高级的对象服务。

## 9.2.4　"其他窗体"功能简介

"其他窗体"提供了多种风格的窗体结构，使窗体设计效果更加丰富多彩。另外，对于创建好的窗体，还有多种呈现方式即不同的视图工作模式。关于各种视图的说明，我们将在 9.3 节详细介绍。以下各例均以窗体视图或者布局视图方式呈现窗体的设计结果。

**1．多个项目**

首先选定学生表，然后选择"其他窗体"下拉列表中的"多个项目"选项后，系统立即自动产生如图 9-14 所示的窗体。该窗体中包含指定数据表的所有字段，并以记录条目方式呈现结果。

**2．数据表**

选定学生表、选择"其他窗体"下拉列表中的"数据表"选项后，自动产生的窗体如图 9-15 所示。与上图比较，我们可以看出来，照片字段的显示方式有所不同。

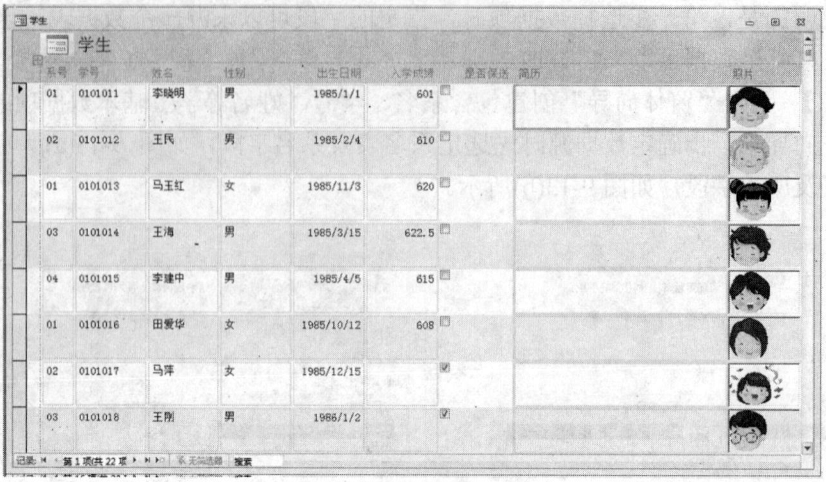


图 9–14　多个项目窗体

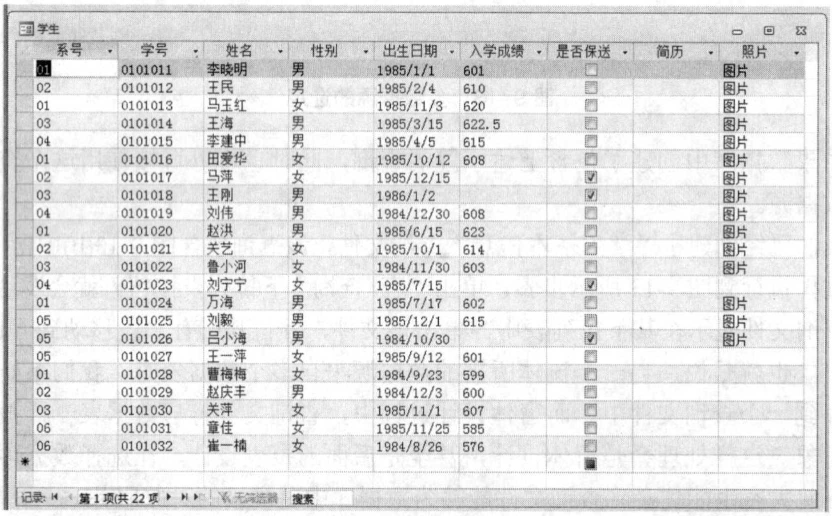

学生

| 系号 | 学号 | 姓名 | 性别 | 出生日期 | 入学成绩 | 是否保送 | 简历 | 照片 |
|---|---|---|---|---|---|---|---|---|
| 01 | 0101011 | 李晓明 | 男 | 1985/1/1 | 601 | ☐ | | 图片 |
| 02 | 0101012 | 王民 | 男 | 1985/2/4 | 610 | ☐ | | 图片 |
| 01 | 0101013 | 马玉红 | 女 | 1985/11/3 | 620 | ☐ | | 图片 |
| 03 | 0101014 | 王海 | 男 | 1985/3/15 | 622.5 | ☐ | | 图片 |
| 04 | 0101015 | 李建中 | 男 | 1985/4/5 | 615 | ☐ | | 图片 |
| 01 | 0101016 | 田爱华 | 女 | 1985/10/12 | 608 | ☐ | | 图片 |
| 02 | 0101017 | 马萍 | 女 | 1985/12/15 | | ☑ | | 图片 |
| 03 | 0101018 | 王刚 | 男 | 1986/1/2 | | ☑ | | 图片 |
| 04 | 0101019 | 刘伟 | 男 | 1984/12/30 | 608 | ☐ | | 图片 |
| 01 | 0101020 | 赵洪 | 男 | 1985/6/15 | 623 | ☐ | | 图片 |
| 02 | 0101021 | 关艺 | 女 | 1985/10/1 | 614 | ☐ | | 图片 |
| 03 | 0101022 | 鲁小河 | 女 | 1984/11/30 | 603 | ☐ | | 图片 |
| 04 | 0101023 | 刘宁宁 | 女 | 1985/7/15 | | ☑ | | |
| 01 | 0101024 | 万海 | 男 | 1985/7/17 | 602 | ☐ | | 图片 |
| 05 | 0101025 | 刘毅 | 男 | 1985/12/1 | 615 | ☐ | | 图片 |
| 05 | 0101026 | 吕小海 | 男 | 1984/10/30 | | ☑ | | 图片 |
| 05 | 0101027 | 王一萍 | 女 | 1985/9/12 | 601 | ☐ | | |
| 01 | 0101028 | 曹梅梅 | 女 | 1984/9/23 | 599 | ☐ | | |
| 02 | 0101029 | 赵庆丰 | 男 | 1984/12/3 | 600 | ☐ | | |
| 03 | 0101030 | 关萍 | 女 | 1985/11/1 | 607 | ☐ | | |
| 06 | 0101031 | 章佳 | 女 | 1985/11/25 | 585 | ☐ | | |
| 06 | 0101032 | 崔一楠 | 女 | 1984/8/26 | 576 | ☐ | | |
| * | | | | | | | | |

记录: 第 1 项(共 22 项 无筛选器 搜索

图 9–15　数据表窗体

**3. 分割窗体**

选定学生表、选择“其他窗体”下拉列表中的“分割窗体”，自动产生的窗体如图 9-16 所示。

“分割窗体”将整个窗体分成上下两部分，每一部分的大小都可以调整。窗体的上半部分显示当前记录，下半部分显示当前数据表的所有记录，并标注上半部的当前记录。

**4. 模式对话框**

与前面几种方式不同，“其他窗体”下拉列表中的“模式对话框”，并不直接显示数据表里的内容，它实际上是一个未完成的窗体，需要通过后面介绍的窗体设计器进一步设计来完成一个特定功能，这一点与“空白窗体”有异曲同工之处。“模式对话框”创建的窗体最初形式如图 9-17 所示。

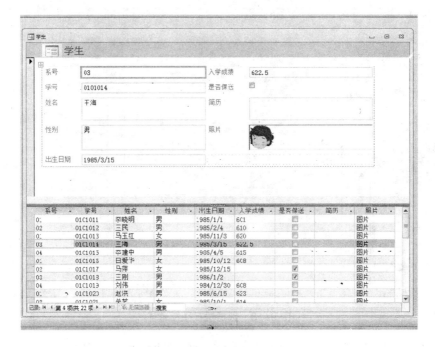

图 9-16　分割窗体

图 9-17　模式对话框窗体

此后需要用户向窗体中添加指定对象，并详细描述窗体的布局。

**5. 数据透视图**

【例 9-4】通过数据透视图显示每个专业的学生人数。

（1）选定学生表、选择"其他窗体"下拉列表中的"数据透视图"选项，出现如图 9-18 所示操作界面。

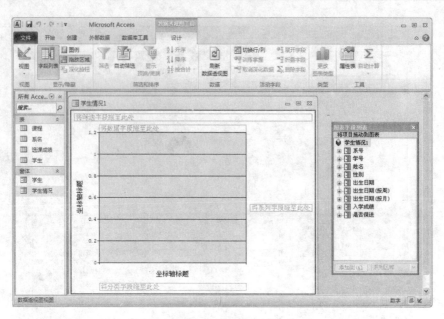

图 9-18　数据透视图操作 1

（2）将"系号"字段拖到如图 9-19 所示的两个位置即可得到数据透视图窗体。

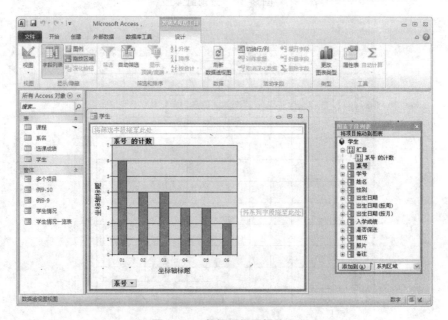

图 9-19　数据透视图操作 2

## 6. 数据透视表

【例 9-5】　以数据透视表的方式，分别显示每个专业男生的学号与姓名以及女生的学号与姓名。

（1）选定学生表、选择"其他窗体"下拉列表中的"数据透视表"，出现如图 9-20 所示的操作界面。

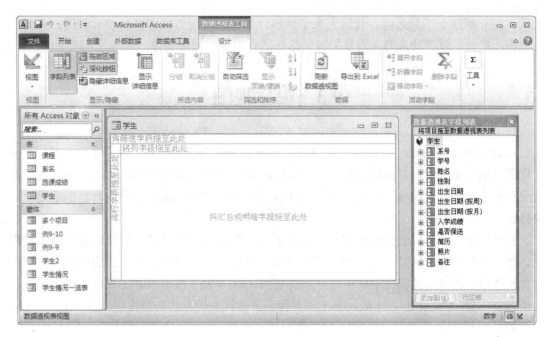

**图 9-20 数据透视表操作 1**

（2）将"性别"字段拖到水平位置、"系号"字段拖到垂直位置、"学号"和"姓名"字段拖到中心数据位置，便可得到如图 9-21 所示的数据透视表窗体。这一过程与 Excel 中创建透视表的步骤类似。

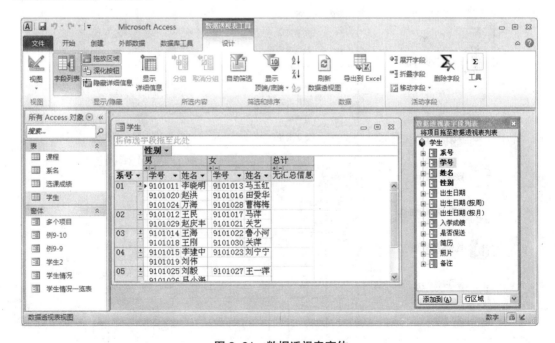

**图 9-21 数据透视表窗体**

通过这几个示例，读者会发现上面所创建的各种窗体布局大多是系统默认的。如果要设计出符合各种需求、设计风格更多样化、格局更丰富的窗体，就需要使用功能更强大的工具。在介绍这个工具之前，我们先来了解窗体的各种呈现方式即各种窗体视图，熟悉每种视图的特性，以帮助人们在需要的时候选择适合的视图设计窗体。

# 9.3　窗体视图

Access 2010 同 Office 软件包里的 Word、PowerPoint 等软件一样，具有多种视图。不同的视图显示效果不同，工作方式也不同，这样就大大方便了用户的工作。第 5、6 章我们都已经看到数据表、查询文件均有不同的视图模式，每一种视图模式也都有自己的适用性，窗体也不例外。

打开任意一个已经创建好的窗体，或者利用"窗体设计"即窗体设计器设计窗体过程中，都可以单击功能区最左边视图组的"视图"按钮 ↘、右键单击打开的窗体、右键单击窗体设计器，在弹出的快捷菜单中选择相应视图（图 9-22）就可以在不同的视图之间进行切换。还有一种方式就是使用 Access 工作界面最下方状态栏上的切换按钮，这与 Word、Excel 等类似。

注意：视图的内容会随着窗体布局和窗体数据源的不同而不同。

图 9-22　不同视图及效果

下面简要介绍每种视图的主要功能或特性。

**1. 窗体视图**

　　窗体视图是窗体的工作视图，更准确地说是窗体进入使用状态后所呈现出来的视图，也可以称为工作视图。该视图一是用来显示数据表记录中的内容，另一个更主要的目的就是呈现窗体的实际设计效果。当我们设计好窗体后，就可以选择窗体视图来查看它的实际运行状态。下面的图 9-23 就是一个窗体的运行效果。

图 9-23　窗体视图

　　在"窗体视图"下，除了可以改变窗体大小以外（当然我们也可以把窗体设计成不可以改变大小的模式），不能对窗体的结构即布局做任何修改。如果要修改窗体的格局，或者修改窗体中某些控件的特性即属性，需要切换到"设计视图"下方可进行。

　　由此可见，"窗体视图"与"设计视图"是创建窗体时最常用的两种视图，而且经常反复在这两者之间切换，边设计边观察效果。

**2. 布局视图**

　　"布局视图"界面和"窗体视图"界面几乎一样，区别仅在于，"布局视图"状态下，窗体中的每个控件都可以移动位置，实现对现有的控件进行重新布局，但是不能向窗体中添加新的控件。而"窗体视图"模式下，窗体中的控件是不允许编辑的。

**3. 设计视图**

　　"设计视图"是我们工作中最经常使用的一种视图。它用于设计和修改窗体的结构及美化窗体。有关"设计视图"的更详细内容将在下一节介绍。

　　前面我们所列举的例子，大多都采用了系统默认的格局。实际上每种效果都可以使用设计视图进一步地修改和完善。在实际工作中，我们常常使用前面提到的各种快捷方式创建窗体，再使用窗体设计器亦即"设计视图"进行个性化处理。例如图 9-23 所呈现的窗体其设计视图如图 9-24 所示。

**4. 数据表视图**

　　"数据表视图"是以二维表格的形式，一次显示数据表中的多条记录。如图 9-25 所示。本例中，我们仅选择了学生表的五个字段，所以数据表视图也只显示这五个指定字段。

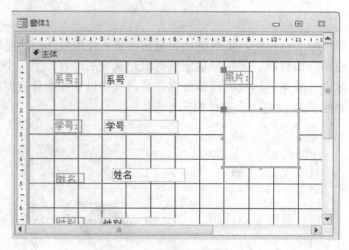

图 9-24 窗体设计视图

| 系号 | 学号 | 姓名 | 性别 | 照片 |
|---|---|---|---|---|
| 01 | 0101011 | 李晓明 | 男 | 图片 |
| 02 | 0101012 | 王民 | 男 | 图片 |
| 01 | 0101013 | 马玉红 | 女 | 图片 |
| 03 | 0101014 | 王海 | 男 | 图片 |
| 04 | 0101015 | 李建中 | 男 | 图片 |
| 01 | 0101016 | 田爱华 | 女 | 图片 |
| 02 | 0101017 | 马萍 | 女 | 图片 |
| 03 | 0101018 | 王刚 | 男 | 图片 |
| 04 | 0101019 | 刘伟 | 男 | 图片 |
| 01 | 0101020 | 赵洪 | 男 | 图片 |
| 02 | 0101021 | 关艺 | 女 | 图片 |
| 03 | 0101022 | 鲁小河 | 女 | 图片 |
| 04 | 0101023 | 刘宁宁 | 女 | |
| 01 | 0101024 | 万海 | 男 | 图片 |

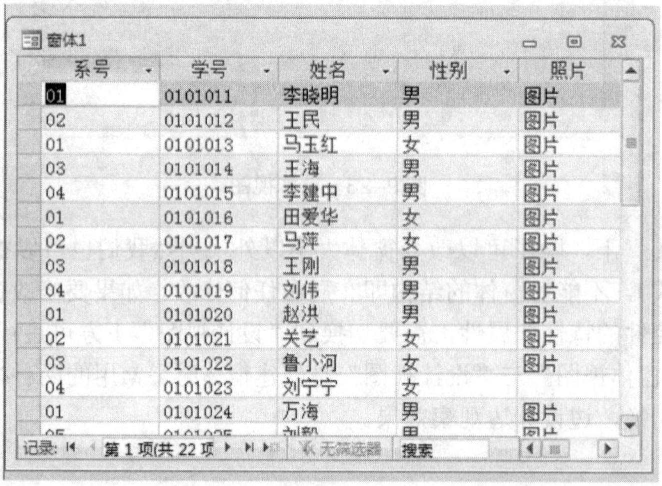

图 9-25 数据表视图

**5. 数据透视表视图**

“数据透视表视图”与前面介绍的数据透视表是一样的，不过此时只能使用窗体里面固有的字段做统计依据数据项。

**6. 数据透视图视图**

与前面介绍的数据透视图类似，但此时只能使用窗体里面固有的字段做统计依据数据项。

## 9.4 使用窗体控件创建窗体

前面我们已经多次提到，使用窗体向导等设计模式，只能设计一些功能简单的操作界面。但实际需求中往往需要设计更加复杂的窗体，以满足应用系统功能上的要求。此时，我们就需要利用 Access 2010 提供的窗体设计器亦即"窗体设计"工具，它比窗体向导等操作模式的功能更强大。通过窗体设计器不仅可以从头设计一个窗体，还常常用于编辑和修改已经设计好了的窗体。

在具体介绍窗体设计器使用方法之前，有必要了解窗体设计器的具体结构、窗体设计过程中用到的基本概念。

### 9.4.1　窗体设计器简介

#### 1. 窗体设计器的基本结构

当打开窗体设计器时（单击功能区"创建"选项卡、选择"窗体"组中的"窗体设计"即可），在设计器中只有"主体"节这一个子工作区（图 9-26）。实际上，在设计器里还可以打开"窗体页眉"和"窗体页脚"两个窗体节（这两个工作区的作用见本节"各子工作区功能简介"部分）。

如果需要调用这两个窗体节，常用鼠标右键单击"主体"窗体节，之后选择快捷菜单中的"窗体页眉/页脚"选项，即可在"主体"节上下两端展开"窗体页眉"和"窗体页脚"两个子工作区（亦称为"窗体页眉"节和"窗体页脚"节）。

**图 9-26　只有主体的窗体**

展开"窗体页眉"或"窗体页脚"工作区后，用户可以将鼠标移动到窗体窗口的边框或者每个工作区的边界来改变各工作区的大小。例如，如果希望改变子工作区大小，只要将鼠标指向工作区左侧垂直标尺区域中的滑块上方或子工作区标题栏上方，当光标变成"上下箭头"形状时，即可拖动鼠标改变子工作区的大小。

窗体设计器除了主体、窗体页眉和窗体页脚意外，还可以增加"页面页眉"和"页面页脚"（如图 9-27，这两个工作区的作用见这两个工作区的作用见本节"各子工作区功能简介"部分）。

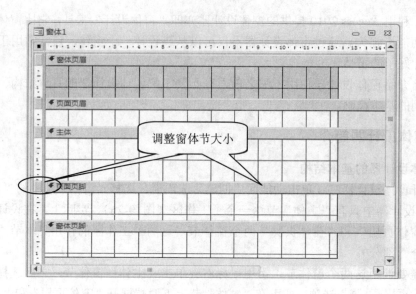

图 9-27 带所有工作区的窗体

## 2. 各子工作区功能简介

（1）"窗体页眉"

其中的内容只会出现在窗体的顶部。在使用窗体以换屏方式浏览多条记录时，窗体页眉中的对象并不随记录的翻页而滚动，一直显示在屏幕上方。

（2）"窗体页脚"

"窗体页脚"与"窗体页眉"对应，这里的内容会出现在窗体的底部，它的主要用途也是用作每页公用内容的提示，功能和显示方式与窗体的页眉很类似。

（3）"页面页眉"

这里设计的内容仅在打印时输出，运行窗体时屏幕上并不显示页面页眉中的对象，它的作用是用于设置窗体打印时的页头信息。例如：每一页的标题、图像等内容。

（4）"页面页脚"

与页面页眉一样，页面页脚中的内容也仅在打印时输出，运行窗体时不显示。这里可以设计打印日期、页码以及用户要在每一页下方显示的内容。

（5）"主体"

"主体"是窗体的主要部分，绝大部分控件（窗体中的对象）和信息都在主体部分设计。主体中的每个控件及内容随记录的翻页都会被重新刷新，除此之外，主体工作区还可以包含计算性的字段等数据源中不曾保存的数据。

## 9.4.2 常用窗体控件简介

如果想在窗体的设计视图中创建独特功能的窗体，就要掌握构成窗体的基本元素，也就是控件。窗体是由各种控件组成的，我们在窗体上添加这些控件，并设置其属性、编写事件代码（关于事件代码将在第十章详细介绍），就可以创建出各种各样功能强大的窗体。

当选择某个窗体的设计视图或者在创建窗体菜单中选择了"窗体设计"或者"空白窗体"时，控件菜单就会出现在功能区，如图 9-28 所示。

图 9-28　窗体控件

一般情况，控件工具条的大小会随屏幕尺寸自动调整。

**1. 窗体控件分类**

按照控件和数据源的关系，控件可以分为三类：

（1）绑定控件

与窗体或者子窗体的数据源中的一个字段绑定，以便显示窗体数据来源（数据表或查询）中的数据。Access 2010 自身的绑定控件包括文本框、组合框和列表框、子窗体以及图形对象框。

（2）未绑定的控件

用以显示与窗体数据源无关的数据，例如可以利用未绑定的文本框显示当前时间等。

（3）计算控件

使用表达式作为控件的数据来源。通常，数据来源表达式可以是对某一个字段值进行运算的表达式，也可以是其他表达式。

**2. 窗体控件的主要功能简介**

在表 9-1 中我们仅列出控件的名称、显示图标以及控件的主要功能。有关各控件更详细的说明及应用实例参见 9.4.4 节。

表 9-1　控件功能列表

| 控件名称 | 控件图标 | 控件功能 |
|---|---|---|
| 选定对象 | | 选定一个或多个对象以便移动和改变控件的大小。在创建了一个控件之后，选定对象按钮被自动选定 |
| 标签 | *Aa* | 创建一个标签控件，用于显示不希望用户改动的文本，如复选框上面或图形下面的标题文字 |
| 文本框 | abl | 创建文本框控件，用于输入或编辑文本，也可显示来自数据源的数据 |
| 按钮 | xxxx | 创建命令按钮控件，用于执行一组特定命令 |
| 组合框 | | 是文本框和列表框的组合，用来创建组合框控件，用户可以从列表项中选择一项或自己输入一个值 |
| 列表框 | | 创建列表框控件，用于显示供用户选择的列表项。当列表项很多，不能同时显示时，列表可以滚动 |
| 子窗体 | | 子窗体控件将一个窗体嵌入到另一个窗体中 |

| 控件名称 | 控件图标 | 控件功能 |
|---|---|---|
| 直线 | | 创建线条控件，用于在窗体上画各种直线 |
| 矩形 | | 创建形状控件，用于在窗体上画矩形 |
| 图像 | | 创建图像控件，用于显示一幅图像 |
| 复选框 | | 是一个独立的控件，显示是否值 |
| 选项按钮 | | 创建选项按钮控件，用于显示多个选项，用户只能从中选择一项 |
| 选项组 | | 可显示有限个选项的集合 |
| 切换按钮 | | 是一个独立控件，用于显示基础记录源中的"是否"值 |
| 选项卡 | | 选项卡控件包含多个页，可以将其他控件放在其中。当用户单击相应选项卡时，该页成为活动页 |
| 图表 | | 图表控件将启动一个"图表向导"将数据按图像格式显示 |
| 未绑定对象框 | | 未绑定对象框控件可用来显示不在 Access 2010 数据库表中存储的图片、图表或者任意 OLE 对象 |
| 绑定对象框 | | 绑定对象框控件可用来显示在 Access 2010 数据库表中存储的图片、图表或者任意 OLE 对象 |
| 分页符 | | 常用于报表的强制分页。（用于打印） |
| 超链接 | | 用于建立一个超级链接控件以链接 Internet 的某一 URL 地址 |
| 附件 | | 在对内容字段的附件数据类型进行操作时，可使用附件控件 |
| Web 浏览器 | | 可以显示来自于某个 Web URL 内容 |
| 导航控件 | | 添加基于选项卡的窗体，或者在子窗体中添加报表导航，使用 6 个内置的布局之一 |

**3. 窗体控件的常见操作**

（1）选择控件

①选中单个控件

单击某一个控件的任何地方都可以选中该控件，并显示控件的句柄（呈桔黄色矩形框左上角的图形标志）。

②选中多个控件

方法一：按住 Shift 的同时单击所有要选择的控件；

方法二：拖动鼠标使它经过所有要选择的控件即框定所需对象。

（2）取消选定控件

单击窗体上不包含任何控件的区域，即可取消对已选中控件的句柄。

（3）移动控件

方法一：当选中某个控件，并将鼠标指向选定框的边框，待出现上、下、左、右移动图标后，按住鼠标左键将选中对象拖到指定的位置即可。

需要说明的是，当控件是组合控件（即由多个子控件组成的控件）时，此方法移动的是整个控件组，而非其中的单个控件。读者可以借助文本框这个组合控件加以练习。

方法二：把鼠标放在控件左上角的移动句柄上，按住鼠标左键将选中对象拖到指定的位置即可。

需要说明的是，这种方法只能移动组合控件中的单个控件。

（4）对齐控件

在设计窗体布局时，有时要使多个控件排列整齐，此时可打开功能区"窗体设计工具"下的"排列标签"，选择"调整大小和排序"组中的"对齐"命令，即可将选中的多个控件按指定的方式对齐。

（5）复制控件

选中窗体中的某个控件或多个控件，选择功能区"剪贴板"组的"复制"按钮、确定复制后控件所在的工作区，并单击"剪贴板"组的"粘贴"按钮，即可将选中的控件复制到指定工作区的左上角。之后利用将控件移到指定位置、修改副本的相关属性，可大大加快控件的设计速度。

（6）删除控件

方法一：选中窗体中的某个控件或多个控件，按键盘中的"Delete"键，即可删除已选中的控件。

方法二：选中窗体中的某个控件或多个控件，单击"剪贴板"组的 "剪切"按钮，也可删除已选中的控件。

## 9.4.3　使用设计器设计窗体

【例 9-6】　利用窗体设计器创建空窗体，并定义窗体的基本属性。

（1）打开窗体设计器，创建只有主体的空窗体。

（2）打开属性窗格定义窗体属性：单击功能区"工具"组的"属性表"按钮，或者右键单击窗体设计器，并在弹出的快捷菜单中选择"表单属性"或"属性"。

由于窗体是由多个对象组成的集合，因此在定义属性之前必须确定具体对象。如图 9-29

所示的属性窗格中默认的操作对象是"窗体"。若单击对象名列表框的下拉按钮，即可列出当前窗体所含的全部对象。选定某个对象后再定义属性时，属性的取值仅对当前选定对象生效。读者可以试着选择不同的对象，就会发现具体的属性内容略有不同。因此，在使用属性窗格定义属性前，一定要先选定具体对象。

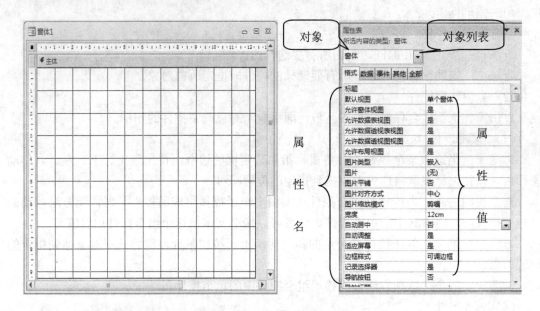

图 9-29  窗体属性设置

（3）本例中设置属性的对象为窗体、"导航按钮"属性为否，也就是说在窗体视图下即窗体运行时不显示导航按钮。读者也可修改其他属性如宽度、自动居中等，并切换到窗体视图观察窗体的运行效果，进一步体会不同属性的作用。

（4）保存窗体：窗体命名为"学生基本信息浏览"。

需要说明的是，属性的定义既可以用属性窗口完成，也可以用命令亦即程序完成。本章属性的定义全部采用前者，第 10 章我们将介绍用命令、程序方式来定义属性的具体过程。

注意：窗体中的每个对象即控件要有控件的名称；每个控件都可以定义多项属性，而每个属性也有属性名称。

表 9-2 列出了窗体常用属性说明。

表 9-2  窗体常用属性说明

| 属性 | 标示符 | 功能 |
|---|---|---|
| 标题 | Caption | 设置对象显示的文字信息 |
| 默认视图 | DefaultView | 缺省为"单一窗体"，当此窗体作为子窗体使用时，一般情况下要改为"连续窗体"或"数据表"，还有"数据透视表"与"数据透视图"很少用到。"单一窗体"是每页显示一个记录，"连续窗体"与"数据表"是可显示多条记录 |
| 图片 | Picture | 设置窗体背景图片 |

续表

| 属性 | 标示符 | 功能 |
|---|---|---|
| 图片类型 | PictureType | 包括后续几个属性都是设置图片显示模式的 |
| 宽度 | Width | 设置整个窗体的宽度。注意，这里只能设置窗体宽度，不能设置高度，窗体的高度的设置分到了各节的属性中 |
| 自动居中 | AutoCenter | 设置窗体打开时是否自动居于屏幕中央。如果设置为"否"，则打开时居于窗体设计视图最后一次保存时的位置 |
| 自动调整 | AutoResize | 设为"是"，窗体打开时可自动调整窗体大小，以保证显示完整信息 |
| 边框样式 | BorderStyle | 设为窗体的边框，可设置为细边框或不可调，当设置为无边框时，此窗体无边框及标题栏 |
| 导航按钮 | NavigationButtons | 设置窗体下方是否需要显示跳转记录的导航条 |
| 记录选择器 | RecordSelectors | 设置记录左边是否有一个选择记录的按钮，一般在"单一窗体"模式下是要选"否"的。需要特别注意的是：即便是设置了"否"，在窗体显示是同样可以用"Ctrl+A"选择记录 |
| 滚动条 | ScrollBars | 设置此窗体具有横/竖/无滚动条 |
| 控制框 | ControlBox | 设置窗体标题栏左边是否显示一个窗体图标，实际上这就是窗体控制按钮 |
| 关闭按钮 | CloseButton | 设置是否保留窗体标题栏最右端是否保留关闭窗体的按钮 |
| 最大最小化按钮 | MinMaxButtons | 设置窗体标题栏右边要显示的改变窗体尺寸的几个小按钮 |
| 网格线 X 坐标 | GridX | 设置窗体网格的密度，主要是对窗体设计中有用 |
| 网格线 Y 坐标 | GridY | 同上 |
| 记录源 | RecordSource | 可以是一个表或查询，也可以是 SQL 语句 |
| 筛选 | Filter | 设置窗体显示数据的筛选条件 |
| 排序依据 | OrderBy | 决定窗体显示记录的顺序 |
| 数据输入 | DataEntry | 如这里设置为是，那么此窗体只能用于添加新记录。换言之，就是每次打开都是转到新记录。当然，前提也是此窗体绑定记录源 |
| 允许添加 | AllowAdditions | 设置此窗体是否可添加记录，前提是此窗体绑定记录源 |
| 允许删除 | AllowDeletions | 设置此窗体是否可删除记录，前提是此窗体绑定记录源 |
| 允许编辑 | AllowEdits | 设置此窗体是否可更改数据，前提是此窗体绑定记录源 |
| 允许筛选 | AllowFilters | 此选项为"是"，筛选才有效 |

窗体设计过程中，最核心的内容就是为窗体选定所需的控件，并具体定义每个控件的属性、事件和方法（有关控件属性、事件和方法的更详细内容参见第 10 章）。从表 9-1 列出

的功能说明中，不难发现每个控件都适用不同的需求，因此，用户要根据窗体的实际需要选择合适的控件对象完成窗体的功能。下面我们以示例的方式介绍主要控件的基本属性及功能。

### 9.4.4　窗体控件

#### 1. 标签控件（Label）

标签控件 Aa 在窗体和第 12 章将要介绍的报表中都会出现。标签控件用于描述静态文本信息即在窗体运行过程中不发生变化的文字，如标题或者说明性文字。这些对外显示的文字存放在标签控件的标题（Caption）属性中。

标签控件常用的属性除了标题 Caption（描述标签显示的文本）以外，还经常要定义字体、字形、字号等（参见表 9-3）。另外，很多控件都具有相同的属性。后面我们再介绍新的控件时会将其特有的属性作为重点。表 9-3 中给出的属性大部分是控件的公有属性。

表 9-3　标签控件常用属性说明

| 属性 | 标示符 | 功能 |
| --- | --- | --- |
| 标题 | Caption | 设置对象显示的文字信息 |
| 可见 | Visible | 值为"是"窗体运行时控件正常显示，否则控件被隐藏 |
| 宽度 | Width | 设置控件的水平尺寸 |
| 高度 | Height | 设置控件的垂直尺寸 |
| 上边距 | Top | 设置控件距窗体顶部边框的距离 |
| 左边距 | Left | 设置控件距窗体左侧边框的距离 |
| 背景色 | BackColor | 设置控件的背景颜色。本属性对标签控件无效 |
| 前景色 | ForeColor | 设置输出文字的字体颜色 |
| 字体名称 | FontName | 设计控件显示文字的字体 |
| 字号 | FontSize | 设计控件显示文字的字号 |
| 名称 | Name | 设置控件的名称 |

【例 9-7】　在例 9-6 的空窗体中添加说明性文本内容。

（1）在窗体设计器中，选择功能区"控件"组中的标签控件 Aa ，并在窗体需要输出文字信息的位置拖动鼠标，框定出一个可编辑的文本框；

（2）输入窗体运行时需要显示的文字内容即 Caption 属性的值；

（3）定义该控件对象的属性：右键单击该标签控件并选择"属性"选项，或单击属性窗口中对象名列表框的下拉按钮（读者会发现，此时当前窗体包含 3 个对象：窗体、主体和新添加的名为 Label0 的标签控件），选择列表项中的 Label0 即可定义该控件的属性。读者不妨单击属性窗格"格式"选项卡，就会发现此时标题属性的变化。

需要说明的是，窗体中添加的对象都有默认的名称即对象名。对象的名称即 Name 属性的值。读者可以选择属性窗口中的"其他"选项卡，就会发现"其他"选项卡下"名称"属性的值为：Label0。

本章添加的所用对象其名称都是系统默认的，其格式为：

控件类别名 + 序号

第一个加入窗体的对象序号为 0，其后依次为 1、2、…。注意：某些控件自身是由多个成分构成的，也就是说这种控件本身又含有多个子控件，每个子控件都参与对象序号的排序。读者不妨添加文本框控件观察一下，文本框控件就是由两个成分：Text 和 Label 构成的。两个成分别进行编号。当窗体中删除某些控件后，再新添加控件时，序号继续按曾经添加过的对象个数排序。因此，窗体中控件的序号常呈现不连续的状体。

提醒大家，控件的标题 Caption 属性与名称 Name 属性是大多数控件都具有的两个最基本属性。简单的讲，对象的标题属性值即 Caption 的值是窗体运行时呈现在人们视觉中的内容，也就是说 Caption 的值会在窗体运行时显示在屏幕上；而 Name 属性的值是在计算机后台访问对象时使用的名称，类似于变量名。这两者之间有着本质区别。

（4）"属性"窗口的"格式"选项卡中定义文字宽度为 6 cm、字号设置为 18 等，如图 9-30 所示。

（5）切换到窗体视图即可观察设计效果。

图 9-30　标签控件

### 2. 文本框控件（Text 及 Label）

文本框控件▦允许用户在使用窗体时输入或者编辑其中的信息，也可以用于显示后台数据库中的数据，即文本框可以与某个数据源进行绑定，也可以不绑定。除此之外文本框还常常用于计算性信息的输入与输出。如果文本框用于显示某个表或是查询的数据源记录，或者显示变量或数组的值，则它是绑定的；如果用于用户输入或者显示计算结果那么它就是非绑定的。非绑定文本框的内容将不被保存，绑定文本框中的内容可以是只读状态（不允许修改后台数据），也可以是编辑状体（通过窗体的操作修改后台数据）。是否允许修改后台数据通过定义"是否锁定"属性即可实现（该属性见属性窗口的"数据"标签）。

文本框的常用属性除了表 9-3 中的标题（Caption）、名称 Name 等属性之外，其他属性都可以使用。常见的其他属性还可参考表 9-4。

表 9-4　文本框控件常用属性说明

| 属性 | 标示符 | 功能 |
|------|--------|------|
| 输入掩码 | InputMask | 设置文本框的掩码，例如定义掩码为"密码"则输入的信息将以"*"显示 |
| 默认值 | Value | 设置文本框中的显示信息 |
| 可用 | Enabled | 值为"True"控件呈可用状态，否则不可适用 |
| 是否锁定 | Locked | 值为"True"控件值为只读状态不可修改 |

另外，需要说明的是，文本框控件是一个组合控件，它是由两部分组成：一个是窗体运行时提供文字提示的标签 Label，我们不妨称为文本框中的标签成分，如图 9-1 中的"用户名："和"密　码："两个对象分别是两个文本框控件的标签 Label 成分。文本框控件的另一个组成成分是窗体运行时提供的可编辑文字的文本条框 Text，不妨称为文本框中的文本成分。

【例 9-8】　在例 9-7 的基础上，增加学生表中的指定字段。

在功能区的"工具"组中选择"添加现有字段"按钮，此时将出现如下所示的"字段列表"对话框，如图 9-31 所示。

添加指定字段的具体步骤是：在列表中选择字段、拖动鼠标左键并在窗体的适当位置单击，即可在当前位置上添加指定字段或者直接双击所需字段。请读者在添加一个字段后在属性窗格中观察新增窗体成员的标题 Caption 属性和对象名称 Name 属性的默认值。本例我们将依次选择系名表的系名字段和学生表的学号、姓名、性别、出生日期和入学成绩字段。

字段拖动完成，选择窗体视图即可查看效果（如图 9-32）。此时我们会看到窗体中将显示数据源学生表的当前记录值。当然，因为没有导航栏，所以只能查看当前一条记录数据。

本例中窗体对象的选定是在字段列表中选择的，而字段自然就和数据库当中的表是绑定的，所以以这种方式添加的文本框不需要人为再去设置绑定要求。

图 9-31　字段列表框

图 9-32　绑定的文本框

【例 9-9】　使用文本框向导，创建非绑定文本框，如图 9-1 中，输入用户名和密码的文本框都是非绑定的，具体步骤如下：

（1）在窗体设计器中，选择功能区"控件"组中的文本框控件，并在窗体需要文本框的位置拖动鼠标，这时弹出"文本框"向导。

（2）设置文本框标题的外观：字体为楷体、字号为 11 号、字体加粗处理等，如图 9-33。

（3）设置用户使用该文本框时的特性，例如光标停留在文本框时输入法是打开还是关闭等。如图 9-34 所示。

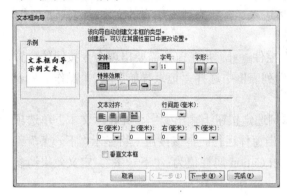 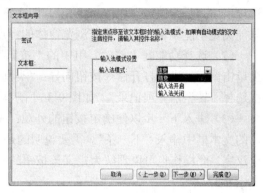

图 9-33　定义文本框格式　　　　　　　图 9-34　定义文本框输入法

（4）定义文本框的名称为"姓名"，如图 9-35 所示。

图 9-35　定义名称

注意：此处输入的"用户名"是该文本框标签成分的标题属性值，也是其文本成分的名称属性值。读者可以思考一下，此时窗体进入运行状态后，文本框的提示信息应该是其标签成分的标题"姓名"，而该成分的名称仍然是"Label9"；其文本成分的名称此时已经由"Text8"改为"用户名"。

（5）切换到窗体视图，观察效果。

此时窗体中"用户名"文本框虽然有文字提示，但是文本框中是没有具体数据值的。这是因为例 9-8 中三个文本框是与学生表绑定的，对象的值当然会来自于绑定的数据源。而这里的"用户名"文本框是非绑定的，需要运行时输入数据。

### 3. 命令按钮控件（Command）

在例 9-9 中，我们没有使用窗体导航栏，导致窗体不能浏览数据表的全部记录。如果要实现图 9-2 所示的效果，就要利用自定义的命令按钮控件 来实现。

　　命令按钮常用的属性有：表示按钮上输出信息的"标题"、表示坐标位置的"上边距"和"左边距"、表示按钮大小尺寸的"宽度"和"高度"、定义字体的相关属性等。大部分属性与前两个控件相同，这里不再赘述。

　　【例 9-10】　创建如图 9-2 所示具有记录浏览、查询功能的窗体。

　　（1）打开"学生基本信息浏览"窗体的设计视图、选定所有文本框、定义属性表"数据"选项卡中"是否锁定"属性为"是"。即令窗体进入运行状态后，所有的文本框为只读方式：只能浏览不能编辑。这是数据浏览窗体的特点。

　　（2）选择功能区"控件"组中的"按钮"控件 ，并在窗体需要出现命令按钮的位置上单击鼠标，进而打开命令按钮向导："类别"列表框中选择"记录导航"项、"操作"列表框选择"转至前一项记录"，如图 9-36 所示。

　　（3）进入下一步以便确定按钮的外观：本例选定按钮上输出文字、并在"文本"单选项后的文本框中输入"下一条"。需要说明的是，当窗体运行时，该按钮上将显示"下一条"三个汉字。此操作也可以理解为定义该按钮的标题 Cation 属性值为："下一条"。定义效果请参考图 9-37。

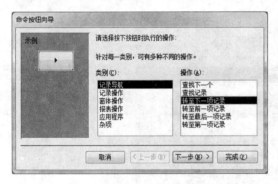

图 9-36　确定按钮功能

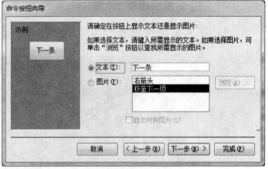

图 9-37　定义按钮外观

　　（4）指定按钮的名称，即定义该控件的 Name 属性，此例定义为 next，如图 9-38 所示。

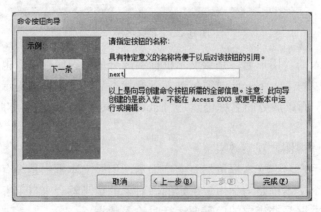

图 9-38　定义名称

　　单击"完成"按钮并切换至窗体视图，就会发现窗体中显示出一个标记了"下一条"汉字的命令按钮。

（5）按照同样的方式，制作其他四个功能按钮，完成效果见前面的图 9-2。

（6）窗体保存为："学生基本信息浏览"。

（7）窗体运行时"查找记录"按钮的使用：首先指定字段，假设单击姓名文本框并启动该按钮，之后将弹出类似 Word、Excel 中的"查找替换"对话框，其中"查找内容"文本框里输入的信息即为该字段的匹配值，例如若此时输入：王海，则表示查找姓名为"王海"的记录。

若启动查找功能之前单击的是学号文本框、之后仍然输入"王海"，则表示查找学号为"王海"的记录。因此，使用者在启动查找功能前，先要确定查找的依据是哪个字段。

采用此方法定义命令按钮比单纯使用向导所生成的按钮其功能上更强大一些。例用这个窗体，我们可以非常方便地浏览表中的内容，而且还可以完成修改、删除等编辑工作。

【例 9-11】　参考例 9-10 的布局创建具有添加、删除记录等功能的窗体。效果如图 9-39 所示。

图 9-39　信息编辑窗体

（1）将例 9-10 生成的"学生基本信息浏览"窗体复制为"学生基本信息编辑"。

● 右键单击信息浏览窗体并选择快捷菜单中的"复制"、右键单击导航窗格并选择"粘贴"、窗体名称命名为：学生基本信息编辑。

● 或者打开信息浏览窗体的设计视图、单击功能区的"文件"选项卡并选用"对象另存为"功能、在另存为对话框中确定窗体名称和类型、单击功能区的"开始"选项卡返回数据库处理状态。

（2）打开信息编辑窗体的设计视图、将标题为"学生基本信息浏览"的标签对象标题题修改为：学生基本信息编辑。

（3）将所有文本框的"是否锁定"属性修改为：否，以便编辑字段值。操作方法：选定所有文本框、单击属性窗格的"数据"选项卡即可。

（4）修改数据源：删除系名字段并在此处添加系号字段（本窗体使用单数据源），具体步骤：属性窗格中选定窗体为当前操作对象并修改"数据"选项卡中的"记录源"属性。单击该属性后的"…"按钮打开查询生成器、删除其中的系名表、添加系号字段。

（5）添加命令按钮控件："类别"列表框中选择"记录操作"项、"操作"列表框选择"添加新记录"，如图 9-40 所示。

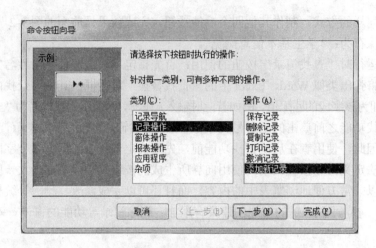

图 9-40　按钮功能定义

（6）进入下一步确定按钮的外观：选定"文本"单选项默认其后的文本框的提示信息为"添加记录"。

（7）该按钮名称命名为：add。

（8）再添加两个命令按钮，其一"记录操作"类别中的"删除记录"按钮、按钮名称可以命名为 del；其二是"窗体操作"中的"关闭窗体"按钮按钮名称命名为 clo；新增按钮均采用文本外观。

### 4. 列表框控件（List）

列表框控件常用于显示供用户选择的列表项。当列表项很多，不能同时显示时，列表框将产生滚动条。另外，列表框控件是一个组合控件，由标签 Label 及列表项 List 组成。

列表框常用的属性参见表 9-5。

表 9-5　列表框控件常用属性说明

| 属性 | 标示符 | 功能 |
| --- | --- | --- |
| 列数 | ColumnCount | 确定列表框中显示数据的列数，该数值与绑定字段数一致 |
| 列宽 | ColumnWidths | 在多列列表框中，可以使用 ColumnWidths 属性指定每一列的宽度。可读/写 String 类型。对于列表框或组合框，每列的 ColumnWidths 属性设置必须在 0 到 22 英寸（55.87 厘米）之间。宽度为 0 时将隐藏该列。如果设置的列宽过宽以致不能在组合框或列表框中完全显示，则最右边的列将隐藏并显示水平滚动条。如果将 ColumnWidths 属性设置留空，则 Microsoft Access 会将每列的宽度都设置为列表框或组合框总宽度除以列数的大小 |
|  | ColumnWidth | 获取或设置多列 ListBox 中每列的宽度。属性值为控件中每列的宽度（以像素为单位）。默认值为 0 |
| 列标题 | ColumnHeads | 值为"True"显示绑定数据项的字段名 |
| 行来源 | RowSource | 指定列表框中显示值的来源 |
| 行来源类型 | RowSourceType | 确定列表框中数据源类型 |

【例 9-12】　列表框基本属性练习。

（1）启动空报表设计视图：单击功能区的创建选项卡、选择"窗体"组的"窗体设计"按钮打开窗体设计器。

（2）添加列表框控件█ 启动控件向导。

（3）若单击"取消"按钮其直接退出向导并在窗体中添加两个对象：列表框控件 List0 和用于输出提示信息的标签控件 Label1，说明该控件也是由多个成分构成的对象。

（4）重新添加列表框控件进入向导第一步：确定列表框获取数据的方式（如图 9-41 所示）。

列表框获取数据的方式，可以是来自数据库中数据表或者查询文件的值，也可以由键盘输入列表项的值。这里我们选择第一项，表示列表框的数据源将来自表或查询文件。

（5）确定数据源：本例选择数据来自于课程表，如图 9-42 所示。

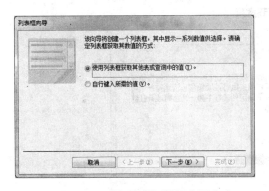

图 9-41　选择列表框数据来源方式

图 9-42　确定数据来源

（6）定义列表项的具体内容：选定课程号、课程名和学分三个字段，即列表框中将输出课程表课程号、课程名和学分这 3 列的数据值，如图 9-43 所示。

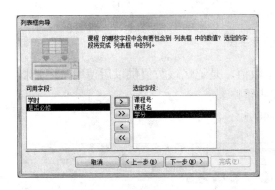

图 9-43　选择字段

图 9-44　确定排序字段

（7）定义列表项输出数据的排列顺序即定义在显示数据时，使用哪个字段进行排序，如图 9-44 所示。

（8）定义列表项的宽度即设置显示列表项时各项的宽度。方法是：拖动字段之间的分割线来即可调节大小。注意如图 9-45(a)隐藏了主键课程号。

（9）若未定义隐藏关键数据项，此时将要确定列表框操作时标示列表下属行的字段，见图 9-49；若调整列宽时隐藏了主键则直接进入如图 9-46 所示操作界面。

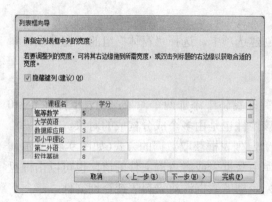 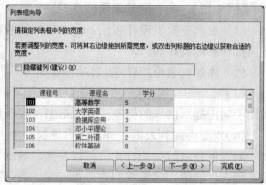

(a) (b)

图 9-45 调节宽度

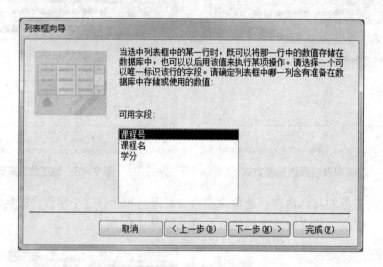

图 9-46 选择标示字段

（10）选择完标识值之后，选择如何处理这个数值，是记忆该数值供以后使用，还是将该值保存在这个字段中，如图 9-47 所示（详细说明暂略）。

（11）确定列表框 Label 成分的标题，如图 9-48 所示。

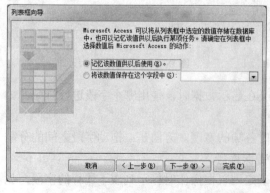 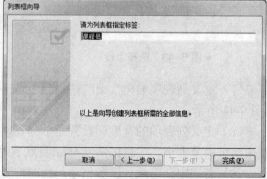

图 9-47 标识值处理　　　　　图 9-48 确定列表框标签成分的标题

完成后的设计效果及运行效果分别如图 9-49(a)、(b)所示。

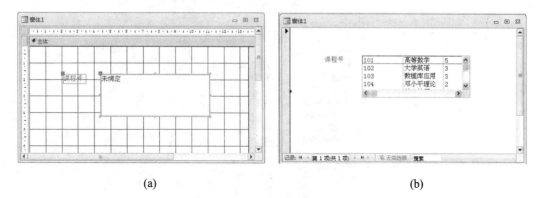

(a)　　　　　　　　　　　　　　　　　　(b)

**图 9-49　设计效果图**

读者打开属性窗口的对象列表，就会发现列表框原来 Label 成分的名称即 Name 属性已经发生了改变；选定该对象后单击"格式"选项卡，仔细观察其中标题的变化。Label 成分的 Caption 属性及 Name 属性的值由图 9-48 决定。

需要说明的是，实际应用中常常习惯将列表框的标签成分省略。读者自行删除即可。

【例 9-13】　列表框主要属性设置举例：下面每一步操作之后都可切换到"窗体视图"观察效果，这样更有助于理解属性的作用。

（1）将"格式"选项卡中的"列标题"属性修改为：是，每一列的"列宽"均约为 2.5 cm，列表框总宽度即"宽度"属性约为 8 cm，切换到"窗体视图"观察效果。

（2）列表框总宽度即"宽度"属性改为 5 cm，注意观察水平滚动条。

（3）添加第二个列表框、列表框数据来源方式选择"自行键入所需的值"（如图 9-50），输入列表框各列表项，默认列表框命名并结束向导。

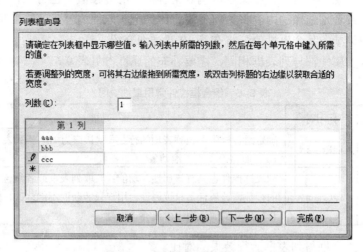

**图 9-50　自定义列表项**

（4）添加第三个列表框、启动向导后直接单击"取消"按钮返回窗体设计器，选定该控件 List 成分及 List4、"数据"属性卡中定义"行来源"和"行来源类型"属性，如图 9-51 所示。

图 9-51    自定义列表框的列表项

读者会发现步骤（3）和（4）创建的控件效果相同，需要说明的是，属性 RowSourceType 与 RowSource 总是配合使用。读者不妨打开 List0 的这两个属性，就会发现其：

RowSourceType 为："表/查询"、RowSource 为：SQL 查询语句

（5）选定第二个列表框的 List 成分即 List2、RowSourceType 属性定义为："字段列表"、RowSource 属性选择：学生，切换到窗体视图观察效果。

有关列表框更详细的功能请阅读第 10 章的相关内容。

**5. 组合框控件（Combo）**

组合框  的组成与列表框类似也是由两部分组成。一部分是标签 Label 成分，另一部分是组合框成分 Combo。其中组合框 Combo 成分具有文本框和列表框的功能。也就是说用户使用组合框时，既可以通过使用文本框输入组合框中的对象值，也可以在列表中选择某一项。输入的内容或者是选择的内容将如何使用，比如把输入的内容赋值给变量，或者将选择的内容存入表中记录的某个属性值，将在第 10 章详细介绍。

组合框的许多属性都与列表框相同，需要补充的属性参见表 9-6。

表 9-6    组合框控件常用属性说明

| 属性 | 标示符 | 功能 |
|---|---|---|
| 列表行数 | ListRows | 确定组合框中下拉列表项的行数，默认值为 16。当列表项实际行数大于 16 行时将产生垂直滚动条 |
| | ListCount | 列表框控件也具有该属性。功能：获取列表框或者组合框中列表框部分的行数，该属性是只读属性，用户只能获取不能修改，因此列表框或组合框控件的属性窗口中没有该属性 |

【例 9-14】 组合框与列表框运行效果的对比。

（1）启动空报表设计视图：单击功能区的创建选项卡、选择"窗体"组的"窗体设计"按钮打开窗体设计器。

（2）添加"组合框"控件 、启动向导后直接单击"取消"按钮。

（3）参见图 9-50 定义组合框中 Combo 成分的属性，即属性 RowSourceType 为："值列表"、属性 RowSource 为："aaa"，"bbb"，"ccc"（注意：输入的标题全部为西文符号）。

（4）切换到窗体视图并单击组合框的下拉按钮，观察运行效果。

通过此练习读者不难发现，组合框与列表框有许多相同的性质。列表框与组合框都有一个供用户选择的列表，二者的区别是：列表框任何时候都显示它的列表，而组合框通常只显示一项，当用户单击它的向下按钮时才显示可滚动的下拉列表。

【例 9-15】　创建绑定数据源的组合框。仿照例 9-12 添加组合框，数据源指定系名表、"选用字段"为系号和系名并隐藏系号列。步骤省略，读者自行练习。

注意：此例所创建的组合框其"行来源"RowSource 属性与"行来源类型"RowSourceType 属性的搭配结果与例 9-13 不同。

另外，绝大多数读者都使用过 IE 浏览器。在浏览网页、输入 URL 地址的部分就是一个组合框对象。而该组合框下拉列表项的构建方式有别于例 9-13 和例 9-14，具体地讲，该组合框的列表内容是组合框在使用时即窗体进入运行状态后，通过键盘输入模式存入并记录下来的。因为本章仅涉及利用向导模式创建、编辑控件，因此这种方式（即利用命令代码构建列表项）我们将在第 10 章中介绍。

**6. 子窗体控件（Child）**

通过子窗体  向导新建或者使用已有窗体，并将该窗体嵌入到另一个窗体中，形成窗体的嵌套。该对象实质上就是一个窗体，因此它具有正常窗体的一切属性。

【例 9-16】　初识子窗体。通过本例题使读者对子窗体的基本特性有所了解。

前面我们至少已经保存了"学生基本信息浏览"和"学生基本信息编辑"两个窗体。假设目前数据库仅有这个窗体，按如下步骤完成各项操作，并观察结果。

（1）选择功能区的"创建"选项卡、单击"窗体"组的"窗体设计"按钮启动空的窗体设计器。

（2）选用"窗体设计工具"卡"控件"组的"子窗体/报表"控件 工具，添加子窗体控件并启动子窗体向导，如图 9-52 所示。

（3）向导的第一步即数据来源时选用"使用现有的窗体"单选项，并指定"学生基本信息浏览"为当前子窗体的数据源，单击"下一步"按钮，如图 9-53 所示。

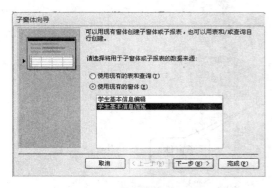

图 9-52　子窗体向导

图 9-53　子窗体命名

（4）"请指定子窗体或子报表的名称"对话框选取默认值，并单击"完成"按钮。当前窗体中添加子窗体控件后的效果如图 9-54 所示。

通过图 9-54(b)读者就会发现，这个窗体中包含另一个标题为"学生基本信息浏览"的子窗体。

（5）切换回该窗体的设计视图，并单击属性窗格中对象名的下拉按钮，就会发现窗体中增加了两个新的成分：一个是标题 Caption 属性为"学生基本信息浏览"、名称 Name 属性为"学生基本信息浏览 标签"的标签控件（注意观察属性窗格显示了"所选内容的类型：标签"），如图 9-55 所示。

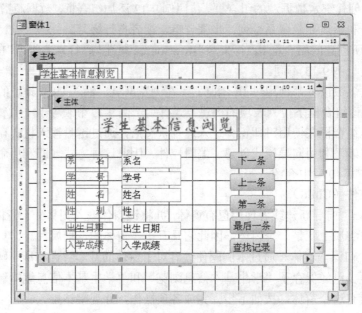

(a) 子窗体设计器结构

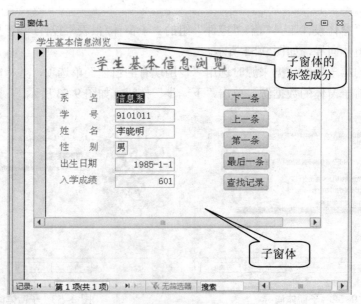

(b) 运行效果

图 9-54　子窗体示例

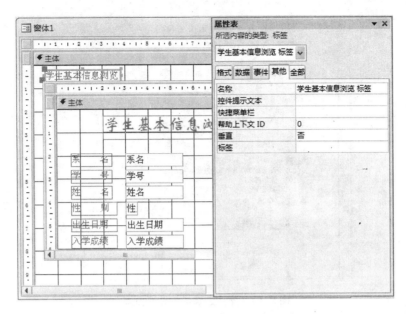

**图 9-55  子窗体控件的标签成分**

另一个是名称 Name 属性为"学生基本信息浏览"的子窗体/子报表控件（注意观察属性窗格显示了"所选内容的类型：子窗体/子报表(F)"），如图 9-56 所示。

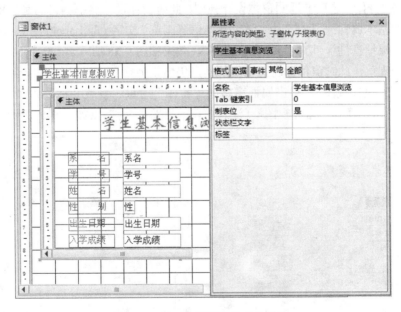

**图 9-56  子窗体控件的窗体成分**

需要说明的是这两个控件的 Name 属性值是在图 9-53 所示的操作时决定的，同时也决定了其标签成分的 Caption 属性值。

（6）关闭窗体设计器、并命名新创建的窗体文件文为：窗体 1。当运行"窗体 1"时，会调用"学生基本信息浏览"窗体。

【例 9-17】 创建一个学生选课成绩查询窗体，效果如图 9-57 所示。

图 9-57　学生选课成绩查询窗体

（1）打开"学生基本信息浏览"窗体将其另存为"学生选课成绩查询"：在"学生基本信息浏览"窗体设计视图下单击"文件"选项卡并选用"对象另存为"功能、在"另存为"对话框中输入新的窗体名称为"学生选课成绩查询"。

（2）单击"开始"选项卡返回窗体设计视图，此时窗体设计器中编辑的是新保存的窗体。修改该窗体的基本属性："主体"中"学生基本信息浏览"文字（即 Label0 的 Caption 属性值）为"学生选课成绩查询"，切换到"窗体视图"，效果如图 9-58 所示。

读者仔细观察，此时窗体标题栏输出的信息仍然是另存之前所保存的内容。

（3）返回"设计视图"、单击属性窗格中"窗体"对象、修改其标题为"学生选课成绩查询窗口"，再次切换到"窗体视图"（注意窗口的标题栏），效果如图 9-59 所示。

图 9-58　属性修改（1）

图 9-59　属性修改（2）

我们的意图是，通过这个练习提醒读者，不同的对象（窗体或其中的某个标签），都有标题属性，但在窗体运行时它们呈现的位置、内容等是不一样的。

（4）切换回"设计视图"并在基本信息下添加子窗体控件、向导中的第一步选用"使用现有的表和查询"单选项、单击"下一步"，如图 9-60 所示。

（5）于"请确定在子窗体或子报表中包含哪些字段："对话框中依次选择课程表中的课程号、课程名、学分以及选课成绩表的成绩字段，如图 9-61 所示。

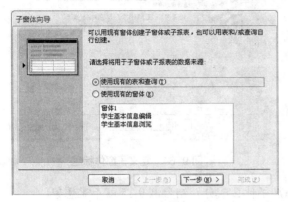 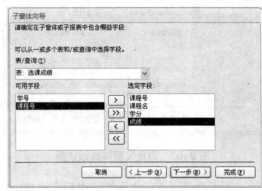

图 9-60　定义子窗体数据源　　　　　　　图 9-61　选择表和字段

为了操作方便，也可以事先创建一个包含课程号、课程名、学分、学号和成绩的查询文件假设为"学生选课成绩查询"，并在此步选取该查询的除学号之外全部字段。

（6）确定主窗体和子窗体的链接方式。本例中主窗体即整个窗体的上半部分包含有系名表和学生表两个数据表的数据，而子窗体即下半部分将包含课程表和选课成绩表中指定的数据项。显然，上下两部分数据的一致性是通过学号来控制的，如图 9-62 所示。因此，该对话框的列表中就是用"学号"来连接窗体的两部分内容。如果此处不选择"在列表中选择"，而选择了"自定义"，系统会视同用户自行设置；这样进入下一步仍然要选择两部分的共同字段为学号字段，如图 9-63 所示。

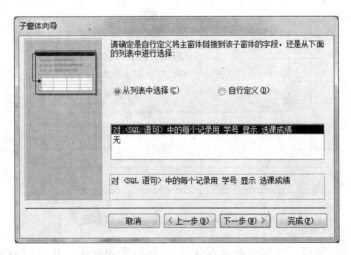

图 9-62　定义主、子窗体的链接字段

请读者思考：如果上一步我们通过"学生选课成绩查询"确定了窗体下半部的数据源，而"学生选课成绩查询"之所以包含学号，但又未显示该字段，其目的就是为此时创建主/子窗体链接做准备的。

（7）指定子窗体在主窗体中显示的标题为"选课成绩清单"，如图 9-64 所示。

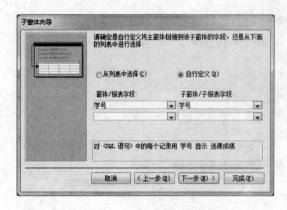 

图 9-63　自定义窗体连接依据　　　　　图 9-64　定义子窗体标题

读者思考一下，此操作结束后主窗体中添加了什么成分？结合例 9-15 就不难想象，一个是标签成分：标题 Caption 属性值为"选课成绩清单"、名称 Name 属性值为"选课成绩清单标签"；另一个成分是窗体控件：名称 Name 属性为"选课成绩清单"。此时形成窗体设计器布局如图 9-65 所示。

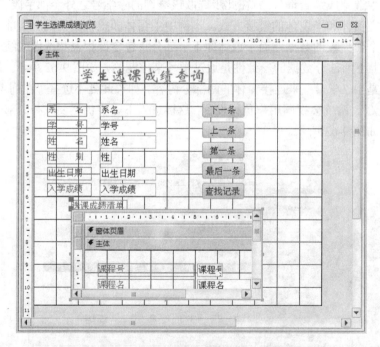

图 9-65　学生选课成绩查询窗体布局

运行效果见图 9-57。该窗体在浏览学生基本信息的同时，也可以查看该学生的选课情况。

（8）单击当前界面的"关闭"按钮并确认窗体文件的名称默认为"学生选课成绩浏览"。

此后读者会发现，数据库窗体类中新增加了两个对象：一个是上面设计过程中含主、子成分的"学生选课成绩浏览"，另一个是如图 9-65 中的子窗体"选课成绩清单"。换句话说，主窗体中添加的子窗体控件是以独立的窗体对象保存到数据库中，而其他控件均保存在指定窗体里面，在这一点上子窗体控件与其他控件相比有很大区别。这也预示着，如果用户修改子窗体部分的属性，一种方法是打开含有该子窗体的主窗体，并选定待修改属性的子窗体控件，调用属性窗格修改相应属性；另一种方法是，直接打开该子窗体的设计视图（如本例可以直接打开"选课成绩清单"窗体的设计视图），并修改属性。请读者仔细观察两种方式下属性窗格有什么不同。

思考：

（1）按上面的设计过程完成后，该窗体在运行过程中课程成绩等（即子窗体中的数据项）是可以修改的。显然，这是一种不合理的现象。请大家自行修改。

（2）如何隐藏子窗体的导航条。

**7. 直线控件（Line）和矩形控件（Box）**

线条控件＼用于在窗体上画各种直线；矩形或称为形状控件□用于在窗体上画矩形图案。线条控件最常用的属性是宽度和高度，如果设置直线的高度为零，就是水平直线。形状控件的高度和宽度决定了矩形的大小。

【例 9-18】 用形状控件修饰"学生选课成绩浏览"窗体文件，使其运行效果如图 9-66所示。

图 9–66　形状控件示例

（1）打开例 9-16 创建的窗体设计器、选定形状控件工具□、框定图 9-66 所示的学生基本信息数据区域。

（2）修改该控件的"边框样式"属性为"虚线"即可。

**8. 图像控件（Image）**

选择图像控件，在窗体相应位置拖动，将弹出一个打开文件对话框，在该对话框中选择要插入的图像文件，即可在窗体中显示图片。图像控件常用的属性见表9-7。

表 9-7　图像控件常用属性说明

| 属性 | 标示符 | 功能 |
|------|--------|------|
| 图片 | Picture | 确定绑定的位图或其他类型图形文件路径和名称 |
| 缩放模式 | SizeMode | 默认为"缩放"模式，另还可以选择"剪裁"和"拉伸"模式显示图像 |

【例 9-19】　打开例 9-18 完成的窗体设计器，添加南大的校徽放置于如图 9-67 所示的位置。

图 9-67　图像控件示例

### 9. 复选框控件（Check）、选项按钮（Option）和切换按钮（Toggle）

复选框控件☑、选项按钮◉和切换按钮▯都可以用来显示"是/否"型字段的值。实际上，在 Windows 风格的窗口操作中，人们习惯使用复选框来操控"是/否"型数据的值，而单选按钮和切换按钮通常作为选项组控件的一部分。

【例 9-20】　利用复选框控件、选项按钮和切换按钮否显示学生中保送字段的值。

（1）启动"窗体向导"、选定学生表除简历和照片之外的所有数据项做窗体数据源、窗体布局采用"表格式"、窗体名称选择默认值、预览效果后切换到"设计视图"。

（2）单击主体中的"是否保送"控件，可以观察属性窗格此时提示该对象为文本框类型。此时的"设计视图"与"窗体视图"如图 9-68 所示。

（3）返回"设计视图"、删除"是否保送"文本框控件，并在此处添加复选框控件☑，定义该控件的绑定对象即属性窗格"数据"卡中定义为：控件来源选取"是否保送"字段、删除该控件的 Check 成分、切换到"窗体视图"，设计效果与运行效果如图 9-69 所示。

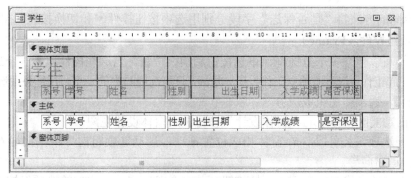

(a) 设计视图

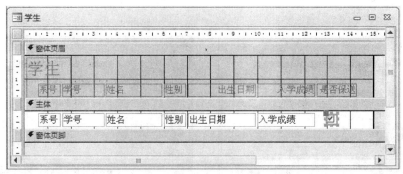

(b) 窗体视图

**图 9-68　文本框控件输出是/否型字段值**

(a) 设计视图

(b) 窗体视图

**图 9-69　复选框控件输出是/否型字段值**

（4）用相同的方法将"是否保送"字段分别用选项按钮控件◉和切换按钮╪控件表示。

### 10. 选项组控件（Frame）

选项组▦可以包含多个复选框、单选按钮和切换按钮。当这些控件属于一个选项组时，它们便可以一起工作，但不能独立工作；某一时刻，只能选用其中的一个，并且必须选其中一个。

【例 9-21】 选项组的组成成分。

（1）单击功能区窗体组的"窗体设计"按钮进入窗体设计视图。

（2）选择选项组控件▦，在窗体相应位置拖动，启动选项组向导单击向导对话框中的"取消"直接退出向导。

（3）单击属性格对象名列表下拉按钮，此时会发现窗体中增加的选项组控件包括两部分：一个是名为 Frame0 的选项组成分（其中可以再包含多个子控件，见例 9-21），另一个是名为 Label1、标题为"Frame0"的标签成分。

下面通过一个更详细的实例，说明选项组控件的特性。该例题的目的是使用选项组给窗体设置背景颜色，当然我们只演示外观，功能的实现将在第 10 章中讲解。

【例 9-22】 创建含有多个子控件的选项组控件。

（1）重新打开一个空的窗体设计器、属性窗格中选定"窗体"为当前操作对象、定义其标题属性为：导航窗体、"导航按钮"属性定义为：否。

（2）窗体适当位置添加选项组控件：进入选项组向导后在标签名称中依次输入图 9-70 所示的文字（功能：该选项组将包含四个单选按钮、每个单选按钮的标题依次为：红色、蓝色、绿色和黄色），如图 9-70 所示。

（3）确定组中的默认项，也就是运行的初始状态中，哪个子项处于选定状态，如图 9-71 所示。

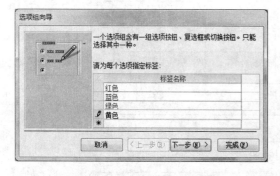

图 9-70 按钮组名称

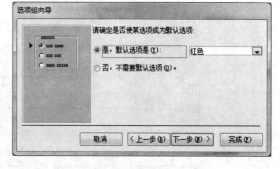

图 9-71 默认项

（4）设置各单选按钮所对应的数值，如图 9-72 所示。在本例中，由于我们只是设计操作的界面，并没有实现在窗体运行时选择组中的某一项后窗体背景颜色的变化功能，所以这一步在该例中没有实际效果。但是，如果加入控件的事件代码即控件的实际功能描述，那么本步骤就非常重要的。

（5）确定选项组的外观及构成，默认值为组中成员为选项按钮即单选按钮。设计窗体时，界面友好，操作便捷也是非常重要的，如图 9-73 所示。

（6）定义整个选项组的标题（"设置背景颜色"），如图 9-74 所示。

（7）单击"完成"按钮结束向导，返回窗体设计视图，如图 9-75 所示。

**图 9-72　选项值设置**

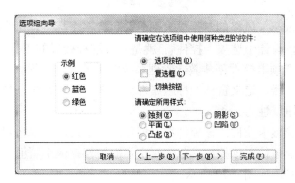

**图 9-73　外观设置**

**图 9-74　选项组标题**

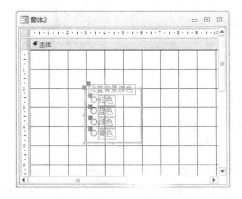

**图 9-75　选项组控件示例**

需要说明的是，此时我们打开属性窗格的对象名列表，就会发现此时窗体中添加了许多对象。通过例 9-20 我们已经看到选项组控件包含 Frame0 和 Label1 两个成分。本例中的 Frame0 又选定了四个选项按钮，而每一个选项按钮又都是由一个 Option 成分和一个 Label 成分组成。因此，本例的窗体中实际上添加一个 Frame 成分、4 个 Option 成分和 5 个 Label 成分。5 个 Label 成分中有一个人属于 Frame 的对象，即 Label0 其标题为：设置背景颜色、其名称 Name 属性为 Label0；另 4 个属于 Optiong 成分的对象其标题依次为：红色、蓝色、绿色和黄色，而其 Name 属性值依旧是 Label 并且其后标记数字。

另外，读者也可以在图 9-73 所示的操作中，指定选项组的下属项为复选框或切换按钮，并观察运行效果以及所添加对象的属性特征。

**11. 选项卡控件**

我们都知道，Windows 风格的对话框大部分会包含多个标签，每个标签中又可以包含许多对象即控件。在窗体设计中选项卡控件 就是实现这种效果的工具。

【例 9-23】 利用选项卡控件创建教学管理系统的主控操作界面。

（1）启动窗体设计器，定义窗体的标题属性为：教学管理系统，自动居中属性为：是，记录选择器和导航按钮属性为：否。

（2）窗体中添加选项卡控件。该控件加入窗体后会默认产生 3 个对象：一个名称为"选项卡控件 0"的选项卡控件，该控件又包含两个页面控件。两个页面控件的标题和名称都分别为"页 1"和"页 2"，如图 9-76 所示。

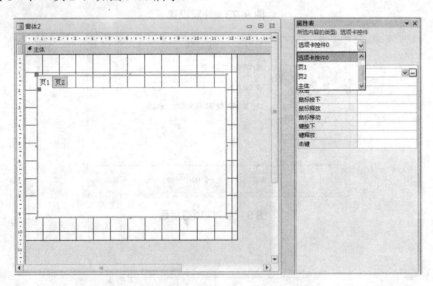

图 9-76　选项卡控件的初始状态

（3）选定"页 1"控件，标题修改为：数据查询，并添加四个命令按钮（启动命令按钮向导后直接单击"取消"按钮，退出向导），四个按钮的标题依次为"学生选课成绩单"、"入学成绩查询"、"招生清单"、"选课清单"，如图 9-77 所示。

（4）页面"页 2"的标题修改为：数据浏览与编辑，并添加两个命令按钮，其标题分别为"学生基本信息浏览"、"学生基本信息编辑"、"学生选课成绩浏览"和"学生选课情况浏览"（该窗体见本章后面的作业）。

需要说明的是，我们可以利用第 6 章所创建的相应查询文件做数据源，再利用窗体向导或者窗体设计器生成上述窗体。当我们点击四个按钮的时候，利用按钮向导功能里"打开窗体"选项，来实现分别打开这四个窗体的功能。

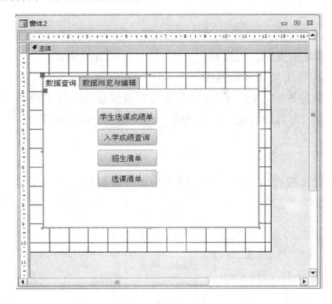

**图 9-77　选项卡添加按钮**

（5）右键单击选项卡控件并选择其中的"插入页"选项增加新的页面，该页面的标题修改为"报表输出"。该页面中的按钮将要调用第 12 章创建的报表，这里暂略。

（6）保存该窗体设计并命名为"教学管理系统"。

# 习题 9

## 一、选择题

1. 在窗体中，用来输入或编辑数据的交互型控件是（　　）。
   A) 文本框控件　　　B) 标签控件　　　C) 复选框控件　　　D) 列表框控件

2. 要改变窗体上文本框控件的输出内容，应设置的属性是（　　）。
   A) 标题　　　　　　B) 查询条件　　　C) 控件来源　　　　D) 记录源

3. 窗体 Caption 属性的作用是（　　）。
   A) 确定窗体的标题　　　　　　　　B) 确定窗体的名称
   C) 确定窗体的边界类型　　　　　　D) 确定窗体的字体

4. 在"窗体视图"中显示窗体时，窗体中没有记录选定器，应将窗体的"记录选定器"属性值设置为（　　）。
   A) 是　　　　　　　B) 否　　　　　　C) 有　　　　　　　D) 无

5. 假设某个窗体可以输入教师信息，其中的职称字段要提供"教授"、"副教授"、"讲师"
等选项供用户直接选择，此时应使用的控件是（　　　　）。

   A) 标签          B) 复选框          C) 文本框          D) 组合框

## 二、填空题

1. 窗体通常是由页眉、页脚和_____三部分组成。
2. "标签"控件用来显示窗体中_____。
3. Access 数据库中，如果在窗体上输入的数据总是取自表或查询中的字段数据，或者
取自某固定内容的数据，可以使用_____控件来完成。

## 三、操作题

创建课程选课情况查询窗体。设计视图与运行效果分别如图 9-78(a)、(b)。

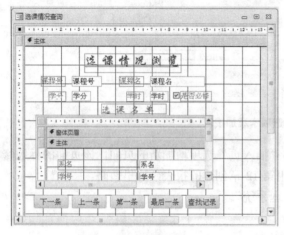 

               (a) 设计视图                            (b) 运行效果

图 9-78 操作题图

# 第 10 章　面向对象程序设计

在过去相当长的一段时间里，数据库应用系统的开发一般都采用结构化程序设计思想（Structured Programming），简称 SP 模式。结构化程序设计（例如我们第 8 介绍的思维方法）的基本理念是将一个复杂的、规模较大的程序系统划分为若干个功能相关又相对独立的、一个个较小的模块，再把这些模块划分为更小的子模块。每个模块完成不同的功能，最后数据库应用系统再将这些模块整合在一起。尽管相对于以前的标准编程，这种模块化的程序设计已经是一个很大的进步，也确实能解决一些实际问题，但是，面对越来越复杂的任务，它就显得力不从心了。究其原因，一是程序代码的可重用性差，二是程序维护的一致性差。因为传统的结构化程序设计方法在本质上是面向过程的思维模式，数据和方法是分离的。所以每开发一个新系统，设计人员不能直接继承以前所开发的程序，即使某段程序可以复制，若稍有不同，还必须逐条修改，维护数据和方法的一致性更要花费大量的人力和时间。为了克服 SP 模式的缺陷，尽可能反映人们解决问题的思维方法，逐步产生了面向对象的程序设计理念。

面向对象的程序设计（Object Oriented Programming，OOP），是目前程序设计方法的主流方式。它克服了面向过程的程序设计方法的缺点，是程序设计在思维和方法上的巨大进步。使用面向对象技术编写的程序极大地提高了代码复用程度和可扩展性，促进了标准化编程，使得编程效率也得到了极大的提高。同时面向对象的程序设计方法减少了软件维护的代价，使软件开发跃上了一个新的台阶。

OOP 是一种试图模仿人们建立现实世界模型的程序设计方法，是对程序设计的一种全新的认识。面向对象的程序设计以对象及其数据结构为中心，而不是以过程和操作为中心。在设计中，用"对象"表现事物，用"类"表示对象的抽象。对象是通过类的实例化而实现的。用"消息传递"表现事物之间的相互联系，用"方法"表现处理事物的过程。其基本特征是封装性、层次性和继承性。开发者在面向对象的程序设计中，工作的重心不是程序代码的编写，而是考虑如何引用类，如何创建对象，如何利用对象简化程序设计。本书前几章介绍的查询文件设计、窗体设计等，都属于面向对象的程序设计方式，创建的每一个查询文件、每一个窗体都是"对象"，也都是"查询文件类"和"窗体类"的实例化。Access 2010 中为面向对象的程序设计提供了一系列的辅助设计工具，例如"查询设计"视图、"窗体设计"视图和随后要介绍的"报表设计"视图等。借助于这些设计工具，用户可以很容易地把程序代码与用户界面连接起来。这样，应用程序就可以具有对用户非常友好的人机界面，响应用户的输入并执行相应的程序代码。因此，把面向对象的程序设计与结构化程序设计结合在一起，用户可以方便地在 Access 2010 上开发一个数据库应用系统。

在这一章，我们将以窗体的面向对象程序设计为基础，讲述面向对象程序设计的基本技术，重点了解窗体中对象、事件和方法的基本概念，以及窗体对象属性、事件和方法的定义。

# 10.1 基本概念

面向对象程序设计有着明显的优势。首先它引入了类的概念，并由此产生了类库。设计者可以通过继承、实例化和引用类库等方式，实现对类的重用，这就大大提高了代码的可重用性。而类又具有封装性，它将面向对象的数据和代码封装在一起，使数据的安全性增强。对类进行实例化以后，就产生了对象。对象是程序运行的最基本实体，其中包含有该对象的所有属性和操作。各对象既是独立的实体，又可以通过消息传递相互作用。另外，设计者还可以不破坏已有对象的完整性，在已有对象的基础上构造更复杂的类对象。总之，OOP 模式以对象或数据为中心，以数据和方法的封装体为程序设计的基本单位，程序模块之间的消息交互存在于对象一级，这就给程序设计提供了一致性、灵活性、独立性和可靠性。

## 10.1.1 对象与类

### 1. 对象（Object）

对象的概念是 OOP 技术的核心内容，是构成整个应用系统的最基本元素。什么是对象？实际上，对象的概念源自于生活。现实世界中的每一个事物都是一个对象。例如一辆汽车、一台计算机、一个人、一个数等等。不难发现，一个对象之所以可以区别于其他对象而存在，是因为任何对象个体都具有自己独特的特征或行为，我们将之区分为静态的"属性"和动态的"方法"。例如汽车的静态属性有型号、颜色等，动态方法有行驶、停止、转弯等；计算机的静态属性有品牌、大小等，动态方法有运行、待机、关机等。面向对象技术中将对象的静态特征属性与动态行为方法封装在一起，作为一个整体来处理。一个汽车对象的部分静态属性和动态方法如图 10-1 所示。

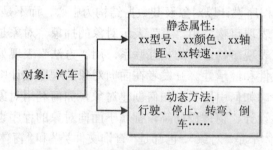

图 10-1 对象的属性和方法

### 2. 类（Class）

理解类，一般要先从对象谈起。在我们身边，从生活用品，到工业产品，类似或相同的事物无处不在，通常它们都是由同一个可以称为"模具"的东西生产出来的。这里所说的"事物"，就是前面提到的"对象"；一个"模具"就是一个"类"，而由模具生产出的每一个产品，就是该模具"类"的实例化，产生产品就是一个"对象"。

所以简单地讲，类就是对象的集合，而对象是类的实例。例如，Office 办公软件中，我们常常使用模板来生成自己的初始文档。这里的模板就是一个类（文档结构类），而生成的具体文档就是一个对象。显然，一个类的定义应该描述该类中所包含对象的所有基本特征属性和行为方法，它是某类对象的一个蓝图和框架。因此，通常把"类"看作是制造对象的一个"模具"或"模板"。

例如现实世界中所有的汽车都可以看作一个类（汽车类），而这个类的实例即某一部具体存在的汽车，也就是对象。当然，我们可以通过汽车类制造出各种各样的汽车。每辆汽车都有自己的型号、颜色等静态特征属性，也具有行驶、停止等动态行为方法。

那么使用类有什么好处呢？可以想象，如果要生产 100 辆汽车，每一辆汽车上都标注某种标志，我们会选择对 100 辆汽车逐个进行 100 次的标注么？显然更好的办法是，只对制造汽车的"模具"进行 1 次修改，那么不管生产多少汽车，只要使用这种模具，就都带有同样的标志。在面向对象的程序设计中，只要修改类的定义，让类定义中的某个属性取固定的值，那么用该类实例化出的所有对象就自然带有某固定取值的属性了。

**3. 窗体中的对象与类**

实际上，我们在查询文件、窗体等章节就已经在使用对象和类的概念。简单地讲，窗体本身就是一个"窗体类"，每个创建的窗体都是"窗体类"的一个对象；窗体中的每个控件也都是一个控件类，每个被创建的成员控件个体都是该类的一个对象。例如，窗体中添加的标签控件、文本框控件、命令按钮控件等，都属于不同的类；当创建了一个窗体，并在在窗体中放入一个标签、一个文本框、一个命令按钮，并定义了"标题（Caption）"、"名称（Name）"等具体的属性后，就是完成了对象实例化的过程，因而得到具体的对象。换句话说，当创建窗体或是在窗体中添加一个控件时，就是在完成将类实例化为对象的过程。

要创建一个按钮，可以使用按钮类实例化一个按钮对象。按钮类的定义中应该包含如图 10-2 所示的内容。

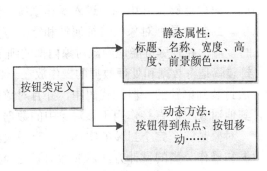

**图 10-2　按钮类的部分类定义**

使用该类定义为模板，创建一个具体的按钮对象时，应该为按钮设置静态属性来生成按钮外观。需要注意的是，按钮对象的方法不能在创建按钮的时候执行，而只能在按钮创建以后的程序代码中调用方法执行。就像制造汽车的时候汽车还不能行驶一样。例如设置一个标题为"退出"，名称为"Command0"，宽 3 厘米高 1 厘米的按钮。该类实例化的对象如图 10-3 所示。

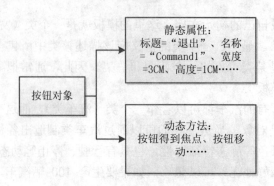

**图 10-3　按钮对象的属性和方法**

系统为没有设置具体值的属性取默认值，例如图 10-2 类定义中的"前景颜色"属性；另外，VBA 中按钮对象的常用方法包括"按钮得到焦点"和"按钮移动"等，程序调用"得到焦点"方法可以使按钮成为当前对象，调用"按钮移动"方法可以使按钮移动到窗体的指定位置上。

## 10.1.2　类的特征及划分

### 1．类的特征

面向对象的程序设计中引入了类的概念，并由此产生了类库，这是最重要的概念之一。除了可以通过类的实例化来创建对象以外，类还具有封装性、层次性、继承性的特征，这就大大加强了代码的可重用性。每个类都可以实例化出许多具有最基本属性和方法的对象，只有被实例化以后，对象才能通过调用本身的方法操纵程序运行。

（1）封装性（Encapsulation）

当我们使用一台计算机的时候，并不需要关心计算机内部的构造及各个部件的连接、所安装的软件是如何编写的。只要能够打开电源、进入操作系统，然后直接对所要使用的应用软件进行操作就可以了。封装就是把对象的特征属性和行为方法捆绑到一起的一种机制，使对象形成一个独立的整体，并且尽可能地隐藏对象内部的细节。

从另一个角度来讲，封装就是将数据和处理数据的操作放在一起。对于一个对象而言，就是将该对象的属性和方法封装到单独的一段源代码中，并且对数据的存取只能通过调用对象本身的方法来进行，其他对象不能直接作用于该对象中的数据，对象之间的相互作用只能通过消息进行。因此，对象是一个完全封装的实体，具有模块独立性，较之传统的面向过程的程序设计中将数据和操作分离的设计方法，显然前者更为方便和安全。因为用户可以集中精力来考虑如何描述和使用对象的属性，而忽略对象的内部细节，使数据抽象性成为可能。这就增加了程序的可靠性和可维护性。

封装性是面向对象程序设计方法的主要特征之一。

（2）层次性（Gradation）

类可以由已存在的类派生而来，类之间的内在联系可以用类的层次来描述。在这种层次结构中，处于上层的类称为父类，处于下层的类称为派生类；上下层次之间是一种包含关系，父类包含派生类。派生类是父类的具体化、特殊化，父类是子类的抽象化。我们可以用层次结构图来表明这种联系，用结点表示类或对象，用连接两个结点的线段表示它们之间的关系，如图 10-4 所示。

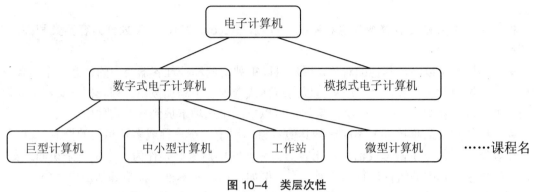

图 10-4　类层次性

父类对子类（派生类）具有向下遗传性，子类可以继承父类的全部属性和方法，而这种继承还具有传递性，任何一个类都继承了层次结构中所有其上层类的全部特征。但是子类还可以具有自己专门的属性和方法，所以一层层更加具体和完善，从而减少了冗余信息，增加了一致性。

（3）继承性（Inheritance）

类的继承性在面向对象的程序设计中得到了充分的体现。我们可以从现有的类派生出新类，派生类继承了其父类所有的属性和方法，除此以外，派生类还可以具有自己独特的属性和方法；如果在某个类中发现了错误，只要在该类中进行修改，这种修改将涉及该类的全部子类，而无须用户一个一个子类去修改，使程序设计和维护都得到简化。参见图 10-5。

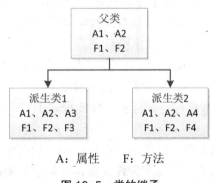

A：属性　　　F：方法

图 10-5　类的继承

可以看出，派生类一般都具有比父类更多的属性和方法，也就是说，派生类的内涵更加丰富。而事物的内涵越丰富，往往外延就越小，因此，父类实例化成的对象的范围更大，包含着派生类实例化成的对象，就像图 10-4 中描述的那样，所有的"数字式电子计算机"都属于"电子计算机"的范畴。

类的继承方式有：

单一继承：一个派生类最多有一个父类。

多重继承：一个派生类有多个父类，它具有其每个父类的属性和方法。

**2．类的划分**

"类"是面向对象程序设计的关键部分，Access 2010 提供了一系列基本类来支持用户派生出新类，从而简化新类的创建过程。向前面提到的窗体、按钮等都是 Access 2010 中的基本类。

根据对象本身是否能容纳其他对象这一特性，Access 2010 将类划分为容器类和控件类两种。

● 容器类可以添加其他的对象，用户可以单独访问和处理容器类中的任意一个对象。例如窗体或选项卡就是容器类，用户可以向窗体或选项卡中添加按钮、列表框、文本框等。容器类中还可以容纳另一个容器类，例如，可以把一个选项卡放到一个窗体中。

● 控件类（简称控件）不能容纳其他对象，用于进行一种或多种相关的控制，其封装性比容器类更加严密，但灵活性却比容器类差。它的对象必须作为一个整体来访问或处理，不能单独对其中的组件进行修改或操作。例如按钮、文本框、标签等都是控件类。

实际上，Access 2010 中，经常模糊容器和控件的概念，因此我们有时也说选项卡是一个控件。控件分为绑定控件、未绑定控件和计算控件。

绑定控件的数据源是表或查询中的字段。使用绑定控件可以显示数据库中字段的值。值可以是文本、日期、数字、是/否值、图片或图形。例如，显示学生姓名的文本框，可以从"学生"表中的"姓名"字段获取信息。

未绑定控件不具有数据源（如字段或表达式）。可以使用未绑定控件显示信息、图片、线条或矩形。例如，显示窗体标题的标签就是未绑定控件。

计算控件的数据源是表达式而非字段。通过定义表达式来指定要用作控件的数据源的值。表达式可以是运算符（如"="和"+"）、控件名称、字段名称、返回单个值的函数以及常数值的组合。例如，学生表中只有"出生日期"字段而没有年龄字段，可以通过以下表达式作为控件数据源显示每个学生的年龄信息：=Year(Date())-Year([出生日期])。

可以看出，计算字段的数据源是表格中现有字段数据的进一步处理，计算控件的数据源表达式中可以使用基本表或查询中的字段数据，也可以使用本窗体或报表中的另一个控件的数据。如果控件的数据源不是现成的字段，又不想使用计算字段来生成字段表达式，那么替代的解决办法可参考 6.2.3 节的介绍，建立自定义字段的查询文件，将查询文件中生成的新字段作为绑定控件的数据源，即可在窗体或报表上显示计算结果，而无需创建计算控件。

Access 2010 提供了不同类型的控件，在不同 Access 数据库对象中使用的控件也略有不同。通过第 9 章的学习，读者已经看到控件是窗体（甚至后面的报表）的组成部分（详细内容见 9.4.4），它们可用于输入、编辑或显示数据。例如，对于报表而言，文本框是一个用于显示数据的常见控件；对于窗体而言，文本框是一个用于输入和显示数据的常见控件。

## 10.2　对象的属性和方法

对象的属性、方法和事件构成了对象的三个要素。概括起来，属性决定对象的外观、方法决定对象具有的行为、事件决定了对象对外界的响应。三者的有机结合，实现了对象的完整定义。

### 10.2.1　对象的属性

我们识别一个对象最直接的方式是通过对象的外观来感知它，由此熟悉对象的特性，并进一步操控对象。对象的外观由对象的静态属性来决定，也就是说，对象的属性描述了对象静态特征。例如图 10-3 中描述的按钮对象，它的静态属性有标题、名称、背景颜色、宽度、高度等。

属性是对象所具有的固有特征，可以理解为属于对象的某些变量，在创建一个对象的时候，这些代表属性的变量被各种类型的数据来赋值。无论是窗体还是窗体中的控件，在使用过程中都需要定义自己的属性变量。第 9 章已经介绍了利用窗体的属性表窗格为对象的属性赋值的过程，下面我们介绍面向对象程序设计中，用命令语句为属性赋值的方法。

属性定义语句的一般格式为：

[<集合名>].<对象名>.<属性名> = 属性值

大多数情况<集合名>都是表示当前对象所属的容器，如窗体、报表等。

例如，我们在窗体中添加一个命令按钮对象，并定义该对象的名称为：Command0。可以通过下面的一些命令完成该对象的属性定义：

Me.Command0.Caption = "确定"　'定义命令按钮显示的文字为：确定

Me.Command0.ForeColor = RGB(255, 0, 0)　'按钮的前景颜色为：红色

Me.Command0.Height = 600　'与 Width 一起决定对象的大小

Me.Command0.Width = 1000　'与 Height 一起决定对象的大小

这里的 Me 表示当前窗体，是当前窗体的一种指代，也是当前窗体名称的一种表示形式。上面命令中出现的属性值数据类型有字符型、数字型等。不同的对象属性具有不同数据类型，可以通过对象的属性表窗格查阅。

第 9 章中定义对象属性的方式，是在系统设计阶段完成的。以命令方式定义对象的属性，更适合系统运行过程中的随机需求。需要说明的是，大部分属性既可以在系统设计阶段由属性窗格赋值，也可以在系统运行阶段由命令方式赋值，这样的属性称为可读写属性；有小部分属性只能在设计阶段通过对象属性窗格赋值，在系统运行过程中是不允许修改的，这类属性称为只读属性。

### 10.2.2　对象的方法

对象的方法也叫做对象的成员函数，实际上就是 VB 提供的一种特殊的过程函数，该函数完成对象实施的某种操作功能。方法作为对象的常见动作，不仅决定了对象的行为，也是从动态的角度描述了对象的特性。

在面向对象的程序设计过程中，方法可以理解为使对象完成某个动作的命令，可以在程序中直接调用，就像在模块化程序设计中调用函数一样。对象方法调用命令的一般格式为：

[<集合名>].对象名.方法名[参数表]

同样，大多数情况<集合名>都是表示当前对象所属的容器，如窗体、报表等。

例如，要使按钮对象 Command0 的位置移动到距离窗体左边框 500 单位距离的位置上，可以使用按钮对象的"Move"方法，使用的命令为：

Me.Command0.Move(500)

设置对象的水平位置也可以用定义对象属性的手段实现：

Me.Command0.Left = 500

这跟调用 Move 方法的执行效果等价。

另外要使按钮对象 Command0 获得焦点成为当前活动按钮，可以使用按钮对象的"SetFocus"方法，使用的命令为：

Me.Command0.SetFocus

上述"Move"和"SetFocus"方法都是 VBA 为按钮对象定义的过程函数，两者的区别在于，"Move"方法函数有参数而"SetFocus"方法是一个无参函数。

Access 2010 中的每种对象都拥有自己的成员函数即方法，有些方法相同，而有些方法则是某些对象所特有的。Access 2010 常用对象的成员方法和功能列于表 10-1。

表 10–1　控件对象的成员方法

| 对象 | 方法 | 说明 |
|---|---|---|
| 窗体成员方法 | GoToPage | 将焦点移到活动窗体的指定页上的第一个控件 |
| | Move | 将窗体对象移动到参数值所指定的坐标处 |
| | Recalc | 用于立即更新窗体上的所有控件 |
| | Refresh | 多用户环境下,常用此方法将数据更新立即反映在窗体或数据表中 |
| | Repaint | 重新绘制窗体上的控件，完成控件的重新计算任务 |
| | Requery | 重新查询窗体对象的数据源,活动窗体上来自数据源的数据将更新 |
| | SetFocus | 将焦点移动到指定窗体 |
| | Undo | 撤销操作，重置窗体上的控件 |
| 文本框成员方法 | Move | 将文本框移动到参数值所指定的坐标处 |
| | Requery | 重新查询文本框的数据源，文本框上的数据将更新 |
| | SetFocus | 将焦点移动到文本框 |
| | SizeToFit | 调整文本框的大小，使其适应文本 |
| | Undo | 撤销操作，重置文本框控件 |
| 标签成员方法 | Move | 将标签移动到参数值所指定的坐标处 |
| | SizeToFit | 调整标签控件的大小，使其适应文本或它所包含内容 |
| 按钮成员方法 | Move | 将按钮移动到参数值所指定的坐标处 |
| | Requery | 重新查询数据源，按钮数据将更新 |
| | SetFocus | 将焦点移动到按钮 |
| | SizeToFit | 调整按钮的大小，使其适应文本 |

| 对象 | 方法 | 说明 |
|---|---|---|
| 复选框成员方法 | Move | 将复选框对象移动到参数值所指定的坐标处 |
| | Requery | 重新查询复选框控件的数据源，复选框的数据将更新 |
| | SetFocus | 将焦点移动到复选框 |
| | SizeToFit | 调整复选框控件的大小，使其适应文本或它所包含的图像 |
| | Undo | 撤销复选框操作，重置控件 |
| 选项组成员方法 | Move | 将选项组对象移动到参数值所指定的坐标处 |
| | Requery | 重新查询选项组控件的数据源，选项组的数据将更新 |
| | SetFocus | 将焦点移动到选项组 |
| | SizeToFit | 调整选项组控件的大小，使其适应文本或它所包含的图像 |
| | Undo | 撤销选项组操作，重置控件 |
| 组合框成员方法 | AddItem | 该方法用于向指定组合框控件显示的值列表中添加一个新项 |
| | Dropdown | 强制在指定的组合框中下拉列表，将组合框变为列表框 |
| | RemoveItem | 从指定组合框控件显示的值列表中删除一个项 |
| | Move | 将组合框对象移动到参数值所指定的坐标处 |
| | Requery | 重新查询组合框控件的数据源，组合框的数据将更新 |
| | SetFocus | 将焦点移动到组合框 |
| | SizeToFit | 调整组合框控件的大小，使其适应文本或它所包含的图像 |
| | Undo | 撤销组合框操作，重置控件 |
| 列表框成员方法 | AddItem | 该方法用于在指定的列表框控件显示的值列表中添加新项 |
| | RemoveItem | 从指定的列表框控件显示的值列表中删除一项 |
| | Move | 将列表框对象移动到参数值所指定的坐标处 |
| | Requery | 重新查询列表框控件的数据源，列表框的数据将更新 |
| | SetFocus | 将焦点移动到列表框 |
| | SizeToFit | 调整列表框控件的大小，使其适应文本或它所包含的图像 |
| | Undo | 撤销列表框操作，重置控件 |
| 选项卡成员方法 | Move | 将选项卡移动到参数值所指定的坐标处 |
| | SizeToFit | 调整选项卡控件的大小，使其适应文本或它所包含内容 |

从表 10-1 中可以看出，有些方法函数对很多控件对象都适用，像 Move、Requery、SetFocus、SizeToFit 等。而有的方法则是某种控件对象特有的，像组合框控件的 AddItem、Dropdown、RemoveItem 等。

另外，Access 2010 的 VBA 中还有一些特殊的对象，例如 DoCmd 对象。该对象没有任何属性，但却拥有丰富的成员方法，通过使用 DoCmd 对象的方法，可以在 VBA 的程序中运行 Access 2010 的许多操作命令，诸如关闭窗体、查询、表或数据库文件、设置控件、调整窗体大小外观等等。

DoCmd 的成员方法共有 66 个，通过调用这些成员方法可以实现对 Access 的绝大部分常用操作。现将 DoCmd 对象的常用方法总结如表 10-2 所示。

表 10–2　DoCmd 对象的常用成员方法

| 方法 | 说明 |
|---|---|
| Close | 在 VBA 中，关闭当前对象，包括窗体、报表、查询等 |
| CloseDatabase | 关闭当前数据库 |
| CopyObject | 复制一个对象 |
| DeleteObject | 删除一个对象 |
| GoToPage | 转向当前窗体的指定页 |
| GoToRecord | 转向指定的记录 |
| Hourglass | 使鼠标由箭头变为沙漏 |
| Maximize | 最大化当前窗体等对象 |
| Minimize | 最小化当前窗体等对象 |
| OpenForm | 打开窗体 |
| OpenQuery | 打开查询 |
| OpenReport | 打开报表 |
| OpenTable | 打开数据表 |
| PrintOut | 打印或输出 |
| Quit | 退出 Access 2010。在退出前，可以选择保存数据库对象及其数据 |
| RefreshRecord | 刷新纪录，立即显示数据的更新情况 |
| RepaintObject | 重新绘制对象 |
| Requery | 重新查询对象的数据源 |
| RunSQL | 执行 SQL 语句，使用此方法可以将 SQL 语句嵌入 VBA 程序运行 |
| Save | 将当前对象的数据更新写入数据库 |
| SetFilter | 对活动数据表、窗体、报表或表中的记录应用筛选 |
| SetParameter | 创建 OpenForm、OpenQuery、OpenReport 等方法的参数 |

在编写程序调用对象的成员方法时，可以参考 Access 2010 的即时帮助信息。在程序语句中书写对象名称时，会自动弹出该对象控件的所有属性和方法的列表，可以用鼠标选择

需要的方法名称；在需要填写方法函数的参数时，屏幕也会自动弹出参数列表说明，提示用户参数的个数，数据类型和用途。

# 10.3　对象的事件

## 10.3.1　事件的概念

每个对象都能对特定的操作动作或环境状态变化做出识别和响应，这种特定的用户操作动作或状态变化称为事件。

在面向对象程序设计中，事件是一种预先定义好的特定的动作，由用户或系统激活。例如，用户用鼠标单击某个命令按钮对象，就会触发该命令按钮的 Click 事件、双击命令按钮则触发其双击（DblClick）事件等。用户可以事先为某些事件编写过程代码，当事件发生时，该对象的相应事件的过程代码将被执行。就像我们平常使用 Windows 时，常常双击某个应用程序，从而打开该应用程序的窗口。实际上，双击该应用程序时所触发的 DblClick 事件代码中书写了打开窗口的命令，因此在双击事件发生时，才会触发打开窗口的操作。所以，用户要特别关心的是：对于什么对象，会发生什么事件、何时发生，如果发生了某个事件，希望要做些什么事情，然后编出合适的程序放入该对象的该事件过程中。

下面仍以按钮对象 Command0 为例，介绍在单击按钮时，为该按钮设置属性并且调用方法。

【例 10-1】为按钮 Command0 编写 Click 事件代码：在单击按钮时，为按钮设置标题为"确定"、红色字体、按钮宽度 1000 单位长度、高度 600 单位长度，并将其移动到距窗体左边框 500 单位长度的位置。

具体步骤如下：

（1）用 Access 2010 功能区的"创建"选项卡打开窗体设计视图，并在该窗体上添加一个按钮控件，在自动弹出的"命令按钮向导"对话框上直接点击"取消"，关闭按钮向导，返回窗体设计视图，这个按钮被自动命名为"Command0"，如图 10-6 所示。

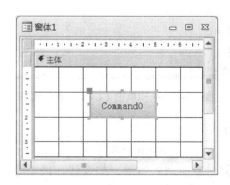

图 10-6　创建按钮对象

（2）选中 Command0，在屏幕右侧按钮对象的属性表窗格中选择"事件"选项卡（图

10-7(a)），点击"单击"事件的后面的"..."按钮，弹出"选择生成器"对话框（图 10-7(b)），在"代码生成器"条目上双击。

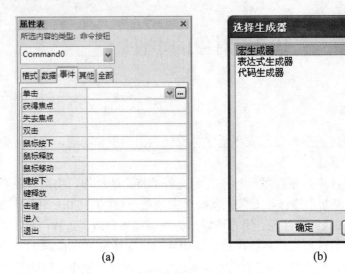

(a) (b)

图 10-7 按钮对象的单击事件生成

（3）选择代码生成器后，弹出如图 10-8 所示的 VBA 程序设计界面，在界面左侧的"工程资源管理器"窗口中，显示有"Microsoft Access 类对象"的树形目录，数据库中每一个进行面向对象程序设计的窗体都是其中的一个项目。

图 10-8 编辑单击（Click）事件代码

每个工程项目的命名方式为：

Form_[<集合名>]

<集合名>一般表示当前对象所属的容器，如窗体、报表等。在此例中，工程项目的名称为 Form_窗体 1。由于等待编辑的是 Command0 的"单击"事件代码，此时，代码窗口中已经自动出现 Click()函数的结构：

Private Sub Command0_Click()

End Sub

插入点光标自动放置在该 Click 事件函数结构体中，在插入点位置输入 Click 事件代码，结果如下：

| | |
|---|---|
| Me.Command0.Caption = "确定" | '定义命令按钮显示的文字为：确定 |
| Me.Command0.ForeColor = RGB(255, 0, 0) | '按钮的前景颜色为：红色 |
| Me.Command0.Height = 600 | '与 Width 一起决定对象的大小 |
| Me.Command0.Width = 1000 | '与 Width 一起决定对象的大小 |
| Me.Command0.Move(500) | '按钮移动到指定位置 |

Click 事件代码的前四行是用命令方式为按钮对象的属性赋值，最后一句是调用按钮对象的 Move 方法，设置按钮位置。

注意，在对象的属性窗格设置中，属性值的长度一般以厘米（cm）为单位，而在 VBA 的程序设计中语句中，长度一般是以 Twip 为单位，Command0 的高度和宽度等单位就是 Twip。Twip 中文译为"缇"，是一种和屏幕无关的长度计量单位，目的是为了让应用程序的对象输出到不同设备时都能保持一致的计算方式，保证同一应用程序的窗口在不同的系统下的物理外观比例不变。Twip 和其他常用长度度量单位的换算公式如下：

$$1\ Cm = 567\ Twips$$
$$1\ Inch（英寸） = 1440\ Twips$$
$$1\ Point（磅） = 20\ Twips$$

如果要用"像素"为单位和 Twip 换算，换算公式将和当前的屏幕分辨率（DPI）有关。DPI 的单位是"像素点/英寸"，因此像素和 Twip 的换算公式为：

$$1\ Pixel（像素） = （1/DPI）*1440\ Twips$$

例如当 DPI 设置为 96，1 Pixel=(1/96)*1440=15Twips。

（4）关闭 VBA 程序设计界面，返回 Access 2010 主窗口，运行窗体。单击按钮操作前后的窗体对比分别如图 10-9(a)、(b)所示。

(a)　　　　　　　　　　　　　　　　(b)

**图 10-9　按钮单击操作前后对比**

例 10-1 用一个简单的按钮单击事件，介绍了面向对象程序设计中对象、对象的属性、方法、事件的概念和相互关系，演示了事件代码编辑的一般过程。从图 10-7(a)中可以看出，按钮对象的事件除了单击（Click）外，还有获得焦点、失去焦点、双击等，只不过在本例中这些事件没有设计相应的代码。是不是按钮 Command0 就没有激活上述几个事件呢？

答案是否定的，通常用户都是根据需要对几个关键的事件编程，但是无论是否对事件编程，发生某个操作时，相应的事件都会被激活。如果用户为该事件编写了代码，就执行该事件过程代码；如果没有相应的代码，就不做任何响应。

## 10.3.2　Access 2010 控件的常用事件

除了例 10-1 中介绍的单击（Click）事件外，Access 2010 还为控件预先定义了多种事件，不同的控件拥有不同类型的事件。也就是说，不同的控件可以对外界的不同操作发出响应。下面将按照事件被触发的不同时机分类，介绍 Access 2010 控件的常用事件。

### 1.　数据操作事件

数据操作事件发生在窗体或控件中的数据被输入、删除或更改时，或当焦点从一条记录移动到另一条记录时。事件名称的中英文对照和解释如下：

● 成为当前（Current）　当焦点移动到一条记录，使它成为当前记录时，或者成为当查询窗体的数据来源时触发。当窗体第一次打开或刷新数据时，首先要做的就是查询窗体数据源，数据源表的第一条记录一般会成为当前记录，当焦点移动时，焦点的移动目标记录就会成为新的当前记录。

● 插入前（BeforeInsert）　在新记录中键入第一个字符但记录未添加到数据库时发生。

● 插入后（AfterInsert）　在新记录中的数据添加到数据库时发生。

● 更新前（BeforeUpdate）　在控件或记录的数据更新之前。此事件发生在被更新控件或记录失去焦点时，或保存记录时。

● 更新后（AfterUpdate）　在控件或记录的数据更新之后。此事件发生在被更新控件或记录失去焦点时，或保存记录时。

● 删除（Delete）　当一条记录被设置删除但删除未确认时发生。

● 确认删除前（BeforeDelConfirm）　在删除一条或多条记录时，Access 2010 显示一个对话框，提示确认或取消删除之前。此事件在 Delete 事件之后发生。

● 确认删除后（AfterDelConfirm）　在删除一条或多条记录时，Access 2010 显示一个对话框，提示确认或取消删除，无论选择确认删除或取消删除，在选择后都将触发该事件。

● 更改（Change）　当文本框控件或组合框控件文本部分的内容发生更改时，该事件发生；在选项卡控件操作中，从某一页移动到另一页时该事件也会触发该事件。

### 2.　鼠标操作事件

鼠标操作事件在发生鼠标操作动作时被触发，是最常用的用户触发事件。

● 单击（Click）　此事件在控件区域上单击鼠标左键时发生。对于窗体对象，在单击记录选择器、节或窗体内控件之外的区域时触发该事件。

● 双击（DblClick）　此事件在控件或它的标签上双击鼠标左键时发生。对于窗体，在双击空白区或窗体上的记录选择器时触发该事件。

● 鼠标按下（MouseDown）　当鼠标指针位于窗体或控件上时，按下鼠标键时触发该事件（注意，只是按下鼠标键，并不抬起）。

● 鼠标释放（MouseUp）　当鼠标指针位于窗体或控件上时，释放一个按下的鼠标键时触发该事件。

● 鼠标移动（MouseMove）　当鼠标指针在窗体、窗体选择内容或控件上移动时触发该事件。

### 3. 键盘操作事件

键盘操作事件在键盘击键时触发，但响应该事件的控件对象应该是当前活动对象，即获得焦点的对象。

● 击键（KeyPress）　当控件或窗体获得焦点时，按下并释放键盘上一个产生标准字符的键或组合键后触发该事件。

● 键按下（KeyDown）　当控件或窗体获得焦点时，在键盘上按下任意键时触发该事件（注意，只是按下键盘键，并不抬起）。

● 键释放（KeyUp）　当控件或窗体获得焦点时，释放一个按下键时触发该事件。

### 4. 错误处理事件

● 出错（Error）　当窗体或报表运行中，Access 2010 产生一个运行错误或系统异常时触发该事件。

从理论上讲，VBA 这种被用在微软 Office 产品中的以 Visual Basic 语言为基础的脚本语言没有提供专门的错误处理机制，当程序出现错误或产生异常情况时，VBA 会自动定位到出错的代码行，然后提示用户出错的可能原因。在 VBA 的程序设计中，当系统异常产生时，将触发一个 Error 事件，用户可以通过编辑该事件的代码来处理错误，使程序在任何情况下都有出口。

### 5. 同步事件

● 计时器触发（Timer）　每当窗体的 TimerInterval 属性所指定的时间间隔已到时，该事件被触发，该事件可以通过在指定的时间间隔重新查询或重新刷新数据来保持多用户环境下的数据同步。

VBA 为处理同步操作提供了一个同步计时器，该计时器由一个时间间隔属性和一个计时器事件组成，系统按照预先设定好的时间间隔规律触发计时器事件，计时器事件代码就会按照固定的频率循环执行。

### 6. 筛选事件

在窗体上应用或者创建一个筛选的时候，将触发筛选事件。

● 应用筛选（ApplyFilter）　单击"记录"菜单中的"应用筛选"后，或单击工具栏中的"应用筛选"按钮时触发该事件；在指向"记录"菜单中的"筛选"后，并单击"按选定内容筛选"命令，或单击工具栏上的"按选定内容筛选"按钮时也触发该事件；当单击"记录"菜单上的"取消筛选/排序"命令，或单击工具栏上的"取消筛选"按钮时还会触发该事件。

● 筛选（Filter）　指向"记录"菜单中的"筛选"后，单击"按窗体筛选"命令，或单击工具栏中的"按窗体筛选"按钮时触发该事件；指向"记录"菜单中的"筛选"后，并单击"高级筛选/排序"命令时也触发该事件。

### 7. 激活或切换事件

在窗体、控件获得焦点成为当前活动对象时，或窗体、控件失去焦点变为非活动对象时将会触发激活或切换事件。

● 激活（Activate）　当系统或用户激活窗体或报表，窗体或报表成为当前活动窗口时触发该事件。

● 停用（Deactivate）　当系统或用户切换窗口，当前活动窗口由激活状态改变为非激活状态时触发该事件。

● 进入（Enter）　在控件实际获得焦点，成为当前活动控件之前会触发该事件，此事件在 GotFocus 事件之前发生。

● 退出（Exit）　焦点从 A 控件移动到同一窗体上的 B 控件时，A 控件会失去焦点，在焦点真正失去之前，会触发退出事件，此事件在 LostFocus 事件之前发生。

● 获得焦点（GotFocus）　当一个没有被激活的窗体或控件获得焦点，成为当前活动对象时触发该事件，此事件在 Enter 事件之后发生。

● 失去焦点（LostFocus）　当窗体或控件失去焦点时触发该事件，此事件在 Exit 事件之后发生。

**8. 窗体、报表事件**

打开或关闭窗体、报表，或者调整窗体对象时，将触发窗体报表事件。

● 打开（Open）　当窗体或报表打开时触发该事件。

● 关闭（Close）　当窗体或报表关闭，从屏幕上消失时触发该事件。

● 加载（Load 表）　当打开窗体，并显示窗体内容时触发该事件，此事件发生在 Current 事件之前，Open 事件之后。

● 卸载（UnLoad）　当窗体关闭，数据被卸载，从屏幕上消失之前触发该事件，此事件在 Close 事件之前发生。

● 调整大小（Resize）　当窗体的大小发生变化或窗体第一次显示时触发该事件。

### 10.3.3　事件触发顺序

Access 2010 中的事件类型丰富，不同的对象在面对不同操作时，会依次触发不同的事件，很多事件的发生都是有规律的，也是遵循着一定秩序的。对用户来说，要想熟练掌握 Access 2010 的面向对象程序设计，就要清楚事件会在什么时刻触发，触发的顺序又是什么。下面就将列举一些常用操作所触发事件的先后顺序。

在描述事件时，我们统一采用"事件名（对象名）"的标准格式，例如"Open（窗体）"，表示"窗体对象的 Open 事件被触发"。

**1. 开启窗体**

Open（窗体）→ Load（窗体）→ Resize（窗体）→ Activate（窗体）→ Current（窗体）→ Enter（第一个拥有焦点的控件）→ GotFocus（第一个拥有焦点的控件）

**2. 关闭窗体**

Exit（控件）→ LostFocus（控件）→ Unload（窗体）→ Deactivate（窗体）→ Close（窗体）

**3. 窗体 A 切换至窗体 B**

Deactivate（窗体 A）→ Activate（窗体 B）

**4. 焦点从控件 A 转移到控件 B**

Exit（控件 A）→ LostFocus（控件 A）→ Enter（控件 B）→ GotFocus（控件 B）

**5. 更新数据**

BeforUpdate（控件）→ AfterUpdate（控件）→ BeforUpdate（窗体）→ AfterUpdate（窗体）

**6. 更新控件 A 数据后切换至控件 B**

BeforUpdate（控件 A）→ AfterUpdate（控件 A）→ Exit（控件 A）→ LostFocus（控件 A）→ Enter（控件 B）→ GotFocus（控件 B）

**7. 删除记录**

Delete（窗体）→ BeforDelConfirm（窗体）→ AfterDelConfirm（窗体）

**8. 在文本框、组合框中输入文本**

KeyDown（控件）→ KeyPress（控件）→ Change（控件）→ KeyUp（控件）

**9. 单击控件**

MouseDown（控件）→ MouseUp（控件）→ Click（控件）

**10. 双击控件**

MouseDown（控件）→ MouseUp（控件）→ Click（控件）→ DblClick（控件）→ MouseUp（控件）

我们可以用一个简单的实例验证上述事件的触发顺序是否正确。在对象的每一个事件代码中，调用一个 MessageBox 函数，弹出相应的提示信息。在常用操作发生时，通过对话框弹出的先后顺序，即可判断事件的触发顺序。

【例 10-2】 改写例 10-1 的窗体程序，验证开启该窗体时事件的触发顺序。

具体步骤如下：

（1）用设计视图模式打开例 10-1 中的窗体 1，在窗体上点击右键选择"属性"，打开属性表窗格。

（2）在属性表窗格的下拉列表中选择"窗体"对象后，点击"事件"选项卡，在"打开（Open）"事件后面的按钮上单击，选择"代码生成器"，在 VBA 代码窗口中编辑打开事件代码如下：

```
Private Sub Form_Open(Cancel As Integer)
    MsgBox "窗体的打开（Open）事件被触发！", vbInformation, "提示："
End Sub
```

Form_Open 表示窗体的 Open 事件代码模块，其中只是调用了一个消息框函数，这样，在窗体的 Open 事件被触发时，将显示一个带有 Information Message 图标的消息框，提示当前触发的事件。

（3）按照第（2）步的方式，依次为窗体的加载（Load）事件、调整大小（Resize）事件、激活（Activate）事件、成为当前（Current）事件的事件代码。代码具体如下：

```
Private Sub Form_Activate()
    MsgBox "窗体的激活（Activate）事件被触发！",vbInformation, "提示："
End Sub
Private Sub Form_Current()
    MsgBox "窗体的成为当前（Current）事件被触发！",vbInformation, "提示："
End Sub
```

```
Private Sub Form_Load()
        MsgBox "窗体的加载（Load）事件被触发！", vbInformation, "提示："
End Sub
Private Sub Form_Resize()
        MsgBox "窗体的调整大小（Resize）事件被触发！",vbInformation,"提示："
End Sub
```

（4）由于按钮 Command0 是窗体中唯一的控件对象，也就是打开窗体后第一个拥有焦点的默认对象。因此要为窗体中的按钮编辑进入（Enter）事件代码和获得焦点（GotFocus）事件代码。代码具体如下：

```
Private Sub Command0_Enter()
        MsgBox "按钮的进入（Enter）事件被触发！", vbInformation, "提示："
End Sub
Private Sub Command0_GotFocus()
        MsgBox "按钮的获得焦点（GotFocus）事件被触发！",vbInformation,"提示："
End Sub
```

这样，程序中共编辑了 7 段事件代码，其中包括 5 个窗体事件和 2 个按钮事件。在面向对象的程序设计模式中，每个事件代码模块都相对独立，且只有相应事件触发时才会运行，因此，这 7 段事件代码的编写顺序可以任意，不影响窗体运行时事件的触发顺序。编辑后的 VBA 代码窗口如下图 10-10 所示。

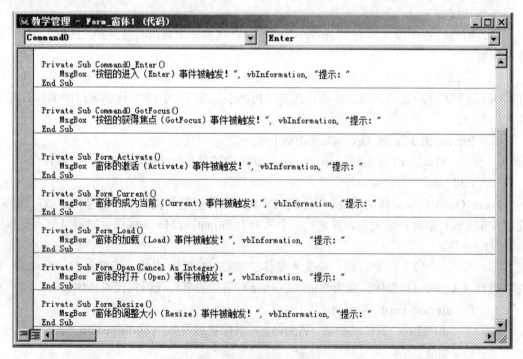

图 10-10　编辑后的代码窗口

（5）关闭 VBA 窗口，回到 Access 2010 窗口，运行窗体 1，在窗体出现之前，先后弹出 7 个消息框，如图 10-11(a) ～ (g) 所示。

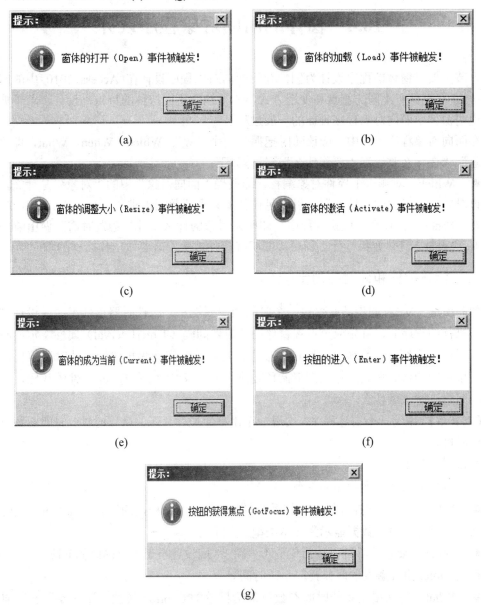

图 10-11　事件的触发顺序

　　上述的 7 个消息框依次显示完毕后，窗体界面才会出现。使用例 10-2 的方法，还可以设计其他程序来检验某些操作进行时将触发哪些事件，触发的顺序又是什么。

　　经过 10.2 和 10.3 节的介绍，我们了解了面向对象程序设计中属性、方法、事件的概念和用途。把对象属性、方法、事件的抽象概念用模块化程序设计的思想去类比的话，可以这样理解：如果将一个窗体或一个控件对象的面向对象程序设计想象成一个主程序的话，对象的属性设置就相当于在主程序中定义变量并赋值；对象的成员方法调用就相当于在主程序中调用函数；对象的事件代码编辑就相当于为主程序设计子程序。

# 10.4　窗体的面向对象程序设计

本节主要以窗体的程序设计为例，介绍面向对象程序设计在 Access 2010 中的应用。Access 2010 控件有不同的特点和使用方式，本节结合不同控件的特点，设计了若干典型例题，说明窗体中面向对象程序设计的一般过程。

在面向对象程序设计中，应该随时把握住三个"W"：Which，When，What，即"哪一个对象"，"在什么时候"，"要作什么"。具体如下：

● Which　对哪一个控件对象编程，即明确"面向对象"中的"对象"是什么，还包括对该对象进行必要的属性设置，以满足控件的外观或数据需求；

● When　在什么时候执行程序，即明确对象的什么事件被触发时需要做出响应；

● What　具体要执行什么程序，即明确事件被触发时要做出什么样的响应动作。

## 10.4.1　标签控件和计时器同步

如前所述，VBA 同步计时器由一个时间间隔属性和一个计时器事件组成，设计定时触发循环执行的程序时，首先应该设置窗体的计时器间隔（TimerInterval）属性，定义时间间隔（前面已经介绍过，系统将按照这个预先设定好的时间间隔规律触发计时器事件，以便计时器事件中的代码按照固定的频率循环被执行），其次应编辑 Timer 事件的代码，定义每当时间间隔到时该做什么。

【例 10-3】编写一个窗体程序，实现一个由标签控件显示的数字时钟，时间参数可以取自系统时钟。

具体步骤如下：

（1）首先应该明确本程序的三个"W"：

● Which　用标签控件显示当前系统时间，由于标签控件的标题（Caption）属性用来显示文本，因此，时间数据显示为文本类型。

● When　要想让时钟以秒为单位不停跳变，应设置小于 1 秒的时间间隔触发计时器，并在每次 Timer 事件触发的时候提取系统时间。

● What　每次提取系统时间参数赋值给标签的 Caption 属性，让标签显示当前系统时间。

（2）用 Access 2010 功能区的"创建"选项卡打开窗体设计视图，并在该窗体上添加一个标签控件对象 Label1，并为标签对象 Label1 设置属性。设置属性的方法有两种，一种是在 Access 2010 的属性表窗格中直接输入属性值，这是我们在第九章中普遍使用的一种方式；另一种方式是在窗体加载事件中用命令方式为窗体和窗体中的控件对象设置属性值。在实际操作中，两种方式是等价的，用户可以更具需要任意选择。

属性定义方法一：在属性表窗格中设置属性。

具体属性取值如表 10-3 所示。

表 10-3　控件属性设置

| 对象 | 属性 | 标示符 | 赋值 |
|---|---|---|---|
| 标签 | 名称 | Name | Label1 |
| | 标题 | Caption | 数字时钟 |
| | 宽度 | Width | 8cm |
| | 高度 | Height | 2cm |
| | 字号 | FontSize | 48 |
| | 字体粗细 | FontBold | 加粗 |
| | 前景色 | ForeColor | 黑色 |
| 窗体 | 标题 | Caption | 计时器 |
| | 计时器间隔 | TimerInterval | 800 |

　　注意，窗体的计时器间隔（TimerInterval）属性在属性表窗格的"事件"选项卡中，其他属性在对象的"格式"选项卡中即可找到。

　　属性定义方法二：在窗体加载事件中用命令方式为窗体和窗体中的控件对象设置属性值。

　　在属性表窗格的下拉列表中选择"窗体"对象后，点击"事件"选项卡，在"加载（Load）"事件后面的按钮上单击，选择"代码生成器"，在 VBA 代码窗口中编辑打开事件代码如下：

```
Private Sub Form_Load()
    Me.Label1.Caption = "数字时钟"
    Me.Label1.Width = 567 * 8            '将厘米换算为 Twip
    Me.Label1.Height = 567 * 2           '将厘米换算为 Twip
    Me.Label1.FontSize = 48
    Me.Label1.FontBold = True            'True 表示"粗体"
    Me.Label1.ForeColor = RGB(0, 0, 0)
    Me.Caption = "计时器"
    Me.TimerInterval = 800               '单位是毫秒
End Sub
```

以上程序语句与属性定义方法一实现的功能一致。设置属性后的窗体如下图 10-12 所示。

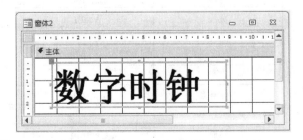

图 10-12　窗体属性设置效果

　　（3）在窗体设计器右侧的属性表窗格的下拉列表中选择"窗体"对象后，点击"事件"选项卡，在"计时器触发"事件后面的按钮单击，选择"代码生成器"，在 VBA 代码窗口中编辑事件代码如下：

```
Private Sub Form_Timer()
    If Me.Label1.Caption <> Time() Then
        Me.Label1.Caption = Time()
    End If
End Sub
```

每隔 800 毫秒，计时器事件被触发，将系统时间显示在标签上，这样就形成了以秒为单位跳变的数字时钟。注意，选择时间间隔为 800 毫秒而不是整整 1 秒钟，是为了避免秒数跳变不稳定的偶然情况发生。窗体运行后的效果如图 10-13 所示。

图 10-13　数字时钟运行效果

【例 10-4】　编写一个窗体程序，实现一个由标签控件显示的字幕，从窗体的右侧向窗体左侧移动。

具体步骤如下：

（1）首先应该明确本程序的三个"W"：

● Which　用标签控件显示移动字幕，标签控件的标题（Caption）属性赋值为字幕内容；

● When　要想让字幕从右向左不停移动，应设置较小的时间间隔触发计时器，并在每次 Timer 事件触发的时候让标签向左移动一点距离；

● What　每次触发计时器将标签的 Left 属性减小一个固定的值。

（2）用 Access 2010 功能区的"创建"选项卡打开窗体设计视图，并在该窗体上添加一个标签控件对象，为标签对象设置属性如表 10-4 所示。

表 10-4　控件属性设置

| 对象 | 属性 | 标示符 | 赋值 |
|---|---|---|---|
| 标签 | 名称 | Name | Label1 |
| | 标题 | Caption | 南开大学欢迎你！ |
| | 宽度 | Width | 13cm |
| | 高度 | Height | 2cm |
| | 左 | Left | 15cm |
| | 字号 | FontSize | 48 |
| | 字体粗细 | FontBold | 加粗 |
| | 前景色 | ForeColor | 黑色 |
| 窗体 | 标题 | Caption | 字幕 |
| | 宽度 | Width | 25cm |
| | 计时器间隔 | TimerInterval | 80 |

与例 10-3 相同，如果使用 VBA 程序命令语句的方式设置窗体和控件对象的属性，可以编辑窗体加载事件的代码，具体如下所示：

```
Private Sub Form_Load()
        Me.Label1.Caption = "南开大学欢迎你！"
        Me.Label1.Width = 567 * 13
        Me.Label1.Height = 567 * 2
        Me.Label1.Left = 567 * 15
        Me.Label1.FontSize = 48
        Me.Label1.FontBold = True
        Me.Label1.ForeColor = RGB(0, 0, 0)
        Me.Caption = "字幕"
        Me.Width = 567 * 25
        Me.TimerInterval = 80
    End Sub
```

Load 事件的运行会初始化窗体和标签的属性，与属性表窗格的设置效果等价。

（3）在窗体设计器右侧的属性表窗格的下拉列表中选择"窗体"对象后，点击"事件"选项卡，在"计时器触发"事件后面的按钮上单击，选择"代码生成器"，在 VBA 代码窗口中编辑计时器事件代码如下：

```
Private Sub Form_Timer()
        Me.Label1.Left = Me.Label1.Left – 100
    End Sub
```

代码编辑完毕后，返回窗体设计视图，运行该窗体。在开始的时候，字幕从右侧向左侧匀速移动，运行正常。但是当字幕移动到窗体左边框时，将弹出如图 10-14 所示的错误提示信息。

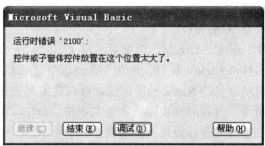

**图 10-14    标签左边溢出错误提示**

出现该错误是由于字幕移动到窗体左边框时，继续减小标签的 Left 属性值，将使标签左侧溢出窗体。因此，计时器事件代码应该做如下修改：

```
Private Sub Form_Timer()
        If Me.Label1.Left >= 100 Then
            Me.Label1.Left = Me.Label1.Left – 100
        Else
            Me.Label1.Left = 10000
        End If
    End Sub
```

当标签距窗体左边框距离小于 100 时,将标签重新放置到靠近窗体右侧的位置重新开始向左侧移动的过程。

## 10.4.2　按钮、文本框控件

按钮和文本框是 Access 2010 窗体设计中常用的控件,本节用一个输入用户名和密码的登录窗体和一个查询学生信息的查询窗体作为实例,介绍这两种常用控件的面向对象程序设计方法。

登录窗体用两个文本框分别接受用户输入的用户名和密码;每个文本框获得焦点的同时用两个标签显示提示信息;密码用"*"显示,并且长度不超过 6 位;点击确定按钮验证用户名和密码,输入错误显示提示消息,输入正确则打开第 9 章创建的选项卡窗体"教学管理系统"。

【例 10-5】 编写一个窗体,实现一个登录界面程序,具体步骤如下:

(1)首先应该明确本程序的三个"W":

● Which　程序设计的对象为两个文本框、一个按钮和两个标签。

● When　在窗体加载事件中初始化对象;在文本框获得焦点事件中显示提示信息;在密码文本框失去焦点事件中处理密码过长的错误;在按钮单击事件中验证输入对错。

● What　对象初始化应设置控件对象的属性值;用户名提示信息为"不区分大小写",密码的提示信息为"长度<=6";密码过长处理需要显示错提示并删除密码等待重新输入;信息验证要求弹出错误提示窗口或者打开"查询学生"窗体。

(2)创建窗体和控件对象:用 Access 2010 功能区的"创建"选项卡打开窗体设计视图,在该窗体上添加控件对象。

● 两个文本框控件对象 Text1、Text2,用来接收用户名和密码。这两个文本框同时绑定了两个标签 Label1、Label2。

● 一个按钮控件对象 Command1。

● 两个标签控件对象 Label3、Label4,用来显示提示信息。

此时应注意对象的名称(Name)属性,因为 Name 是在随后的程序设计中该对象的唯一标示。如果感觉系统自动命名的 Name 不便记忆,可以自定义控件对象的 Name,中英文均可。例如,为了表述清晰,可在属性表窗格中将文本框 Text1、Text2 的名称属性赋值为"用户名"和"密码"。创建好的窗体设计视图如图 10-15 所示。

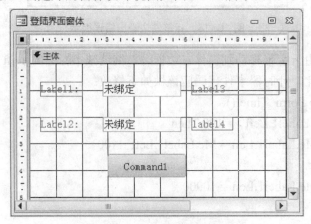

**图 10-15　登录界面窗体设计视图**

（3）初始化窗体和控件对象，编辑窗体加载（Load）事件的代码：

```
Private Sub Form_Load()
    Me.Label1.Caption = "用户名："
    Me.Label2.Caption = "密码："
    Me.Label3.Caption = "不区分大小写"
    Me.Label3.Visible = False                '初始化时提示信息不可见
    Me.Label4.Caption = "长度<=6"
    Me.Label4.Visible = False                '初始化时提示信息不可见
    Me.Command1.Caption = "确　定"
End Sub
```

注意，为文本框更改名称属性的操作一定要在属性表窗格中实现，如果在 VBA 程序设计窗口中书写命令：

```
Me.Text1.Name = "用户名"
Me.Text2.Name = "密码"，
```

VBA 将弹出错误提示窗口，提示名称属性必须在属性表窗格中定义。

编辑好加载（Load）事件代码后，保存并运行窗体，可见界面如图 10-16 所示。

**图 10-16　初始化窗体对象**

可以看出，在初始化界面中，两个提示信息标签不可见，这是由于标签 Label3 和 Label4 的 Visible 属性被初始化为 False。

（4）编辑文本框对象的获得焦点（GotFocus）事件代码：标签 Label3 和 Label4 应该在相应文本框获得焦点的时刻显示。其中，标签 Label3 是用户名文本框的提示信息；标签 Label4 是密码文本框的提示信息。因此，文本框"用户名"和"密码"的 GotFocus 事件代码编辑如下。

```
Private Sub 用户名_GotFocus()
    Me.Label3.Visible = True        '使提示信息可见
End Sub
Private Sub 密码_GotFocus()
    Me.Label4.Visible = True        '使提示信息可见
End Sub
```

（5）编辑密码文本框对象的失去焦点（LostFocus）事件代码：

```
Private Sub 密码_LostFocus()
    If Len(Me.密码) > 6    Then
        MsgBox "密码过长，重新输入！"        '弹出消息框
        Me.密码.Value = ""                     '删除错误密码
        Me.密码.SetFocus                       '密码文本框重新获得焦点
    End If
End Sub
```

在密码文本框失去焦点的时刻验证密码的长度。按照设计要求，如果密码长度超过 6 位则弹出消息框提示错误，并删除原密码重新输入。在完成步骤（4）和步骤（5）后，保存并运行窗体，输入用户名和密码，可见界面如图 10-17 所示。

图 10-17     初始化窗体对象

在输入用户名和密码的时候，两个文本框先后获得焦点，两个提示信息随之先后显示。如果此时输入的密码长于 6 位，在密码文本框失去焦点的时刻，将弹出图 10-18 所示的消息窗口。

图 10-18     密码过长消息窗口

（6）为密码设计"*"掩码：

为了保证安全性，在输入密码时，一般用"*"代替密码字符显示。在 Access 2010 中，可以用设置文本输入掩码的方式实现。在密码文本框上点击右键，选择"属性"选项打开密码文本框的属性表窗格；在"数据"选项卡中找到"输入掩码"栏目，点击栏目右侧的按钮；在弹出的"输入掩码向导"窗口中选择"密码"项，完成向导。再次保存并运行窗体，输入密码，可见界面如图 10-19 所示。

**图 10-19　密码用 "*" 显示**

（7）编辑按钮对象的单击（Click）事件代码：

```
Private Sub Command1_Click()
        If Me.用户名.Value = "abc" And Me.密码.Value = "123" Then
            DoCmd.Close                         '关闭当前窗体
            DoCmd.OpenForm "教学管理系统"         '打开名为"查询学生"的窗体
        Else
            MsgBox "用户名或密码错！"              '输入错误弹出消息框
        End If
    End Sub
```

（8）进一步修改上述程序，只允许三次尝试输入，错误三次将退出窗体：

首先，应为窗体对象创建一个自定义属性 N，该属性是一个全局变量，用来记录输入错误的次数。每次触发按钮 Click 事件时记录次数，三次机会用完后窗体强制关闭。自定义窗体属性 n 的语句应该写在所有事件代码之前，具体如下：

```
Public N As Integer
```

其次，应该在初始化窗体和控件对象时为全局变量 N 赋初值为 3，表示只有三次输入机会。编辑窗体加载（Load）事件的代码应增加语句：

```
Me.N = 3
```

注意，由于 N 是窗体的自定义属性，在 VBA 程序中使用该变量时要用 Me.N 的形式来调用。

最后，按钮对象的单击（Click）事件代码修改为：

```
Private Sub Command1_Click()
        Me.N = Me.N - 1                         '减少一次输入机会
        If Me.N >= 0 Then                       '还有机会则允许输入
          If Me.用户名.Value = "abc" And Me.密码.Value = "123" Then
            DoCmd.Close
            DoCmd.OpenForm "教学管理系统"
          Else
            MsgBox "用户名或密码错！"
          End If
```

```
        Else                              '机会用完退出系统
    MsgBox "用户名或密码已三次错误，请退出系统！"
        DoCmd.Close
        End If
    End Sub
```
做出修改的部分 VBA 程序代码窗口如图 10-20 所示，其余的事件代码部分没有变化。

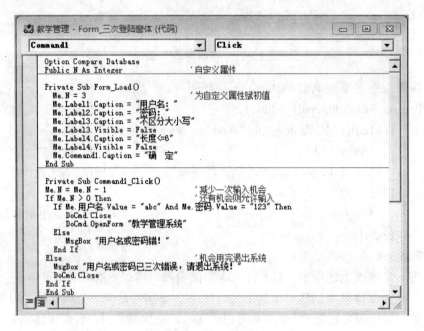

图 10-20　修改后的代码窗口

在规定次数内输入了用户名和密码后，单击"确定"按钮验证输入是否正确。再次保存并运行窗体、输入正确，即可弹出"查询学生"窗体；输入错误，将输出错误提示消息框。"查询学生"窗体的界面如图 10-21 所示。

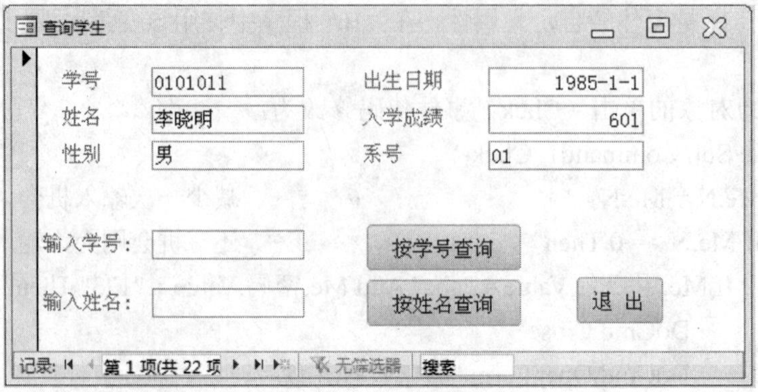

图 10-21　查询学生窗体界面

"查询学生"窗体由上下两部分组成，上部分显示学生表中 6 个字段的内容，下半部分由两个文本框和三个按钮组成，文本框中输入学号或姓名信息，分别点击"按学号查询"和"按姓名查询"按钮，该学生的信息就显示在窗体上部分的文本框中。

【例 10-6】 编写一个窗体，单击按钮，按照输入的学号或姓名查询学生信息。

具体步骤如下：

（1）首先应该明确本程序的三个"W"：

● Which 程序设计的对象主要是两个输入学号和姓名的文本框、两个查询按钮和一个退出按钮。

● When 在查询按钮单击事件中按照文本框的输入值进行查询；在退出按钮单击事件中关闭窗体。

● What 查询时需要编写 SQL 语句为窗体的记录源（数据源）赋值，窗体上部的 6 个字段显示记录源中的数据；关闭窗体时应该调用 DoCmd 对象的 Close 方法。

（2）创建窗体和控件对象：用 Access 2010 功能区的"创建"选项卡打开窗体设计视图，在该窗体上添加控件对象。

● 添加如图 10-21 所示的 6 个现有字段，单击"窗体设计工具"中"设计"选项卡的"添加现有字段"按钮，在 Access 2010 窗口右侧出现"字段列表"窗格，其中列出了当前数据库所有表格中的所有字段，在学生表中依次双击学号、姓名、性别、出生日期、入学成绩、系号 6 个字段，相应的标签和文本框绑定控件就出现在窗体设计视图中。添加现有字段的界面如图 10-22 所示。

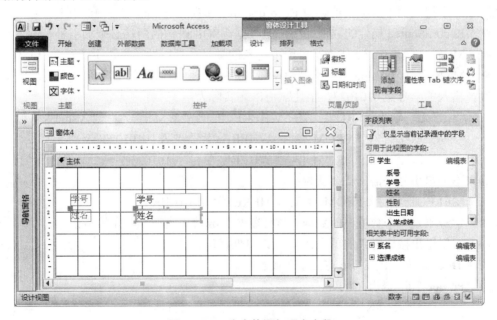

**图 10-22 为窗体添加现有字段**

注意，如果添加的字段来自于多张表格，可以在图 10-22 中"字段列表"窗格下方的"相关表中的可用字段"栏目中选取，所选取的字段遵守数据库表格间的关联关系和参照完整性等数据约束。

● 添加两个文本框控件对象，用来接收输入的学号和姓名。这两个文本框同时绑定了两个标签。为了表述清晰，可在属性表窗格中将文本框的名称属性赋值为"输入学号"和"输入姓名"。

● 添加两个查询按钮对象，在属性表窗格中将按钮的名称属性赋值为"按学号查询"和"按姓名查询"。

● 一个退出按钮对象，在属性表窗格中将按钮的名称属性赋值为"退出"。

（3）编辑查询按钮对象的单击（Click）事件代码：

```
Private Sub  按学号查询_Click()
    Me.RecordSource = "SELECT 学生.* FROM 学生 WHERE 学号='" & Me.输入学号.Value & "'"          '更新窗体记录源
    Me.Refresh                        '刷新窗体
End Sub
Private Sub  按姓名查询_Click()
    Me.RecordSource = "SELECT 学生.* FROM 学生 WHERE 姓名='" & Me.输入姓名.Value & "'"          '更新窗体记录源
    Me.Refresh                        '刷新窗体
End Sub
```

RecordSource 是窗体的记录源属性，该属性的值可以是一个 SQL 语句，该 SQL 语句的查询结果作为窗体的数据源，该数据源和窗体上部的 6 个文本框绑定，这样一来，6 个文本框就可以显示记录源中的数据值。为 RecordSource 属性赋值的语句必须注意几点：

● RecordSource 属性的取值是字符型数据，SQL 语句的两端必须加引号。

● Me.输入学号.Value 代表文本框中输入的学号，是属性变量，不能写在引号中。

● Me.输入学号.Value 是字符型数据，在和 SQL 语句连接后，必须在其两端加单引号。

例如输入的学号是 0101023，上述赋值语句实际为：

```
"SELECT 学生.* FROM 学生 WHERE 学号='" & Me.输入学号.Value & "'"
= "SELECT 学生.* FROM 学生 WHERE 学号='" & "0101023" & "'"
= "SELECT 学生.* FROM 学生 WHERE 学号='0101023'"
```

如果不加单引号，语句就会变为：

```
"SELECT 学生.* FROM 学生 WHERE 学号=0101023"
```

由于学号不是一个数值型的数据，这样就会造成数据类型不匹配的错误。

（4）编辑退出按钮对象的单击（Click）事件代码：

调用 DoCmd 对象的 Close 方法来关闭窗体。

```
Private Sub  退出_Click()
    DoCmd.Close                       '关闭窗体
End Sub
```

至此，窗体设计完毕，当输入学生的学号或者姓名时，单击相应查询按钮，该学生的信息就出现在窗体上部的 6 个文本框中。

（5）进一步改进上述程序，将查询方式改为关键字模糊查询：

要想实现由文本框输入的值为关键字的模糊查询，SQL 语句中应使用 Like 运算符和通配符。查询按钮的 Click 事件代码做相应修改。具体如下：

```
Private Sub 按学号查询_Click()
    Me.RecordSource = "SELECT 学生.* FROM 学生 where 学号 like '*" & Me.
输入学号.Value & "*'"
    Me.Refresh
End Sub
Private Sub 按姓名查询_Click()
    Me.RecordSource = "SELECT 学生.* FROM 学生 where 姓名 like '*" & Me.
输入姓名.Value & "*'"
    Me.Refresh
End Sub
```

例如在姓名文本框中输入 "王"，点击 "按姓名查询" 按钮，查询结果如图 10-23 所示。

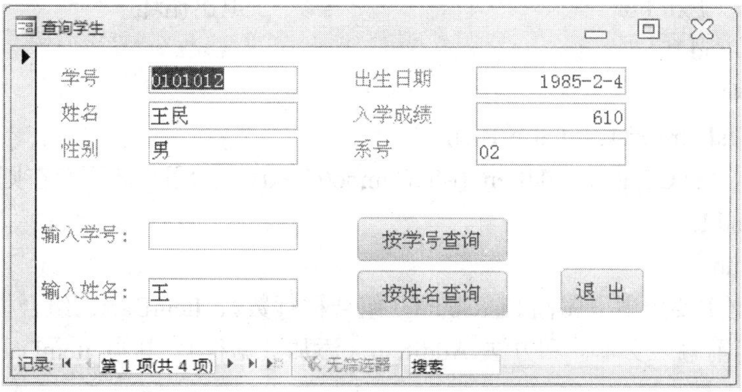

**图 10-23　模糊查询结果**

在窗体下方可以看到，查询结果共有 4 项，点击右向箭头可以依次浏览 4 条记录项，分别是 "王民"、"王海"、"王刚" 和 "王一萍"。使用该模糊查询功能，不论字段中那一部分包含关键词元素，都可以检索到。

### 10.4.3　组合框、列表框、子窗体控件

组合框是窗体中常用的重要控件对象，组合框中的数据行可以来自表格字段、数组或者事先定义的值列表，组合框数据行还可以来自窗体运行过程中用户输入的值。下面将登录界面窗体做出修改，用组合框代替文本框，输入用户名。要求输入用户名数据时，先确认组合框中没有该数据，然后再将新的用户名数据添加到组合框的列表中。

【例 10-7】 编写一个登录界面窗体，用组合框输入用户名，未输入过的用户名存储在组合框列表中，登录功能与例 10-5 类似，本例中只介绍用户名组合框的实现过程。

具体步骤如下：

（1）首先应该明确本程序的三个 "W"：

● Which　程序设计的对象主要是用户名组合框。

● When　在组合框的更新后（AfterUpdate）事件中将输入值存入组合框。

● What　更新组合框列表时，首先查找当前输入的用户名是否已经存在，如不存在

则加入组合框列表。

（2）创建窗体和控件对象：为例 10-5 的登录界面窗体创建一个副本，命名为"组合框登录"，以设计视图模式打开该窗体，将原来的用户名文本框删除，用组合框代替，组合框名称属性为 Combo0。

（3）编辑组合框的更新后（AfterUpdate）事件代码：

```
Private Sub Combo0_AfterUpdate()
    Dim IsItemExists As Integer                '定义私有变量
    IsItemExists = False                       '为私有变量赋初值
    For I = 0 To Me.Combo0.ListCount           'ListCount 是组合框数据行数
        If Me.Combo0.ItemData(I) = Me.Combo0.Text Then
            IsItemExists = True                '用户名已存在则为变量赋真值
            Exit For                           '退出循环
        End If
     Next
    If IsItemExists = False Then
        Me.Combo0.AddItem (Me.Combo0.Text)     '用户名不存在则加入组合框
    End If
End Sub
```

关于组合框主要用到了属性 ListCount（组合框行数）、ItemData（组合框数据项取值）、Text（组合框当前输入文本）和方法 AddItem（添加数据行）。其中 ItemData(I)的用法表示第 I 行的数据。

程序还定义了一个私有变量 IsItemExists，标志输入的用户名是否已经存在。读者请将该私有变量的定义、使用方式和例 10-5 第（8）步中定义、调用全局变量 N 的方式进行比较，看两者有何不同，以此体会面向对象程序设计中在事件代码中使用私有变量和对象自定义属性变量的区别。

（4）保存并运行组合框登录窗体：保存并运行组合框登录窗体，注意每次输入一个新的用户名，必须回车使组合框完成更新。效果如图 10-24 所示。

图 10-24　　组合框登录

列表框和组合框功能相似，从行数据源中提取数据，显示在控件中。在使用组合框、列表框控件的时候，行数据源属性非常重要。下面利用组合框、列表框和子窗体创建一个窗体，用组合框选择系名，用列表框选取该系的学生，最后用子窗体显示该学生的成绩单。

【例 10-8】　编写一个学生成绩单查询窗体，用组合框显示所有系名以供选取；用列表框选取该系的某个学生；最后用子窗体输出该学生的成绩单，要求显示学生姓名、课程名和成绩。

具体步骤如下：

（1）首先应该明确本程序的三个"W"：

● 　Which　　程序设计的对象主要是系名组合框、学生列表框、成绩单子窗体。

● 　When　　在窗体的加载（Load）事件中为组合框定义数据来源；在组合框的更新后（AfterUpdate）事件中为列表框定义数据来源，在列表框的单击（Click）事件中为子窗体定义数据来源。

● 　What　　定义上述数据来源时，用 SQL 语句为对象的数据来源属性赋值。需要注意的是，组合框列表框的数据源属性为 RowSource，而子窗体的数据源属性为 RecordSource。

（2）创建成绩单子窗体和控件对象：还没有将一个窗体声明为主窗体的子窗体时，该子窗体的创建使用过程和普通的窗体没有区别。要想在学生成绩单主窗体中使用成绩单子窗体，必须事先创建它。

● 　用 Access 2010 功能区的"创建"选项卡打开窗体设计视图，创建一个名为"成绩单子窗体"的窗体对象，并在该窗体上添加姓名、课程名和成绩三个文本框控件对象。可以单击"窗体设计工具"中"设计"选项卡的"添加现有字段"按钮，在"字段列表"窗格选择学生表的姓名字段、课程表的课程名字段、选课成绩表的成绩字段，相应的标签和文本框绑定控件就出现在窗体设计视图中。具体过程可以参考图 10-22。

● 　将窗体的"默认视图"属性定义为"数据表"。注意，只有子窗体在主窗体中显示时，窗体内容才显示为数据表视图模式，单独运行子窗体时，窗体内容一般都显示为单个窗体视图模式（请读者分别用两种方式运行子窗体，体会其中的不同）。

成绩单子窗体的设计视图如图 10-25 所示。

图 10-25　成绩单子窗体

（3）创建主窗体和控件对象：用 Access 2010 功能区的"创建"选项卡打开窗体设计视图，创建一个名为"学生成绩单"的窗体，并为其添加控件对象。主窗体设计视图如图 10-26 所示。

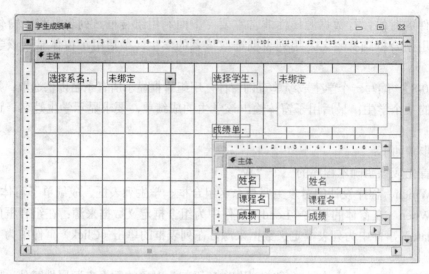

**图 10-26    主窗体设计视图**

● 添加组合框控件，标签文本为"选择系名："，组合框名称属性为 Combo1。

● 添加列表框控件，标签文本为"选择学生："，列表框名称属性为 List1。

● 添加子窗体控件，标签文本为"成绩单："，子窗体名称属性为 Child1，源对象属性为上一步创建的"成绩单子窗体"。

（4）编辑窗体加载（Load）事件代码：

```
Private Sub Form_Load()
    Me.Combo1.RowSource = "SELECT 系名 FROM 系名"
                                            '提取系名字段作为组合框行来源
    Me.Child1.SourceObject = "成绩单子窗体"        '设置子窗体源对象
End Sub
```

窗体初始化时，为组合框定义"系名"字段为数据源；为子窗体定义源对象"成绩单子窗体"。这样，在窗体打开时，组合框下拉列表中自动显示所有系的系名，子窗体自动显示所有系、所有学生的成绩单。

（5）编辑组合框更新后（AfterUpdate）事件代码：

```
Private Sub Combo1_AfterUpdate()
    Me.List1.ColumnCount = 2                    '定义列表框显示 2 列数据
    Me.List1.RowSource = "SELECT 学号,姓名 FROM 学生,系名 WHERE 学生.系号=系名.系号 and 系名='" & Me.Combo1.Value & "'"
                                            '定义列表框记录源
End Sub
```

组合框更新，意味着用户选取了一个系名，程序按照这个系名，确定列表框中的学生名单。由于列表框要显示学号、姓名两列数据，因此为列表框 ColumnCount 属性赋值为 2；为列表框定义 RowSource 属性时，用组合框的 Value 属性确定 SQL 语句的查询条件。

（6）编辑列表框单击（Click）事件代码：

Private Sub List1_Click()

　　Me.Child1.Form.RecordSource = "SELECT 学生.姓名, 课程.课程名, 选课成绩.
成绩 FROM 学生, 课程, 选课成绩 WHERE 学生.学号=选课成绩.学号 AND
课程.课程号=选课成绩.课程号 AND 学生.学号='" & Me.List1.Value & "'"
　　　　　　　　　　　　　　　　　　　'定义子窗体记录源

　　Me.Child1.Requery　　　　　　　　'刷新子窗体

End Sub

列表框单击，意味着用户选定了一个学生，程序按照这个学号，确定子窗体中的学生成绩单。为子窗体定义 RecordSource 属性时，用列表框的 Value 属性确定 SQL 语句的查询条件。需要注意的是，RecordSource 属性不是直接属于 Child1 对象的，而是属于 Child1 的 Form 对象，因此要写成 Me.Child1.Form.RecordSource。

（7）保存并运行主窗体：保存并运行学生成绩单主窗体，效果如图 10-27 所示。

图 10-27　学生成绩单窗体

## 10.4.4　选项组、复选框控件

选项组控件就是 Windows 中常见的单选按钮，一组选项按钮按照 N 选 1 的形式确定选定项，同组的选项之间是互斥的；复选框则相反，几个复选框对象相互独立，每个复选框选中与否不影响其他复选框的状态。下面的例子用选项组和复选框实现一个字体设置的窗体。

【例 10-9】 编写一个字体设置窗体，用选项组确定字体颜色；用复选框确定字体是否为粗体字、斜体字或者加下划线；用按钮应用字体设置或取消设置。

具体步骤如下：

（1）首先应该明确本程序的三个"W"：

● Which　程序设计的对象主要是系名选项组、复选框、按钮。

● When　在窗体的加载（Load）事件中为控件对象进行初始化操作；在按钮单击时

应用或还原字体设置。

● What　初始化的主要工作是定义个控件对象的标题等外观；一个按钮的单击事件（Click）中按照选项组、复选框的状态设置文本的字体格式；在另一个按钮的单击事件（Click）中还原字体原始设置。

（2）创建窗体和控件对象：用 Access 2010 功能区的"创建"选项卡打开窗体设计视图，创建一个名为"字体设置"的窗体对象，并在该窗体上添加控件对象。

● 添加一个标签控件 Label0，用来显示待设置的文本。

● 添加一个选项组控件 Frame1。

● 在选项组控件 Frame1 中添加四个选项按钮控件 Option1、Option2、Option3、Option4，分别绑定标签 Label1、Label2、Label3、Label4。注意，添加选项按钮时一定要在 Frame1 选中后进行。

● 添加三个复选框 Check1、Check2、Check3，分别绑定标签 Label6、Label7、Label8。

● 添加两个按钮对象 Command1、Command2。

字体设置窗体的设计视图如图 10-28 所示。

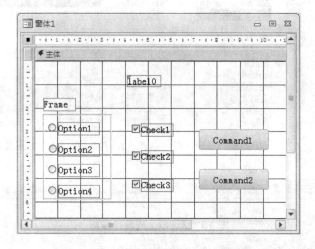

图 10-28　字体设置窗体设计视图

（3）编辑窗体对象的加载（Load）事件代码，初始化控件：用窗体的 Load 事件初始化窗体控件对象的外观。

```
Private Sub Form_Load()
        Me.Form.Caption = "字体设置"
        Me.Label0.Caption = "南开大学"
        Me.Label0.Width = 567 * 8
        Me.Label0.Height = 567 * 2
        Me.Label0.FontSize = 48
        Me.Label0.ForeColor = RGB(0, 0, 0)
        Me.Label1.Caption = "红色"
        Me.Label2.Caption = "绿色"
```

Me.Label3.Caption = "蓝色"

Me.Label4.Caption = "黄色"

Me.Label6.Caption = "粗体"

Me.Label7.Caption = "斜体"

Me.Label8.Caption = "下划线"

Me.Command1.Caption = "应用设置"

Me.Command2.Caption = "清除设置"

End Sub

初始化外观后的窗体运行效果如图 10-29 所示。

图 10-29　字体设置窗体外观

（4）编辑应用设置按钮的单击（Click）事件代码：

```
Private Sub Command1_Click()
    Select Case Me.Frame1.Value
        Case Is = 1
            Me.Label0.ForeColor = RGB(255, 0, 0)
        Case Is = 2
            Me.Label0.ForeColor = RGB(0, 255, 0)
        Case Is = 3
            Me.Label0.ForeColor = RGB(0, 0, 255)
        Case Is = 4
            Me.Label0.ForeColor = RGB(255, 255, 0)
    End Select
    Me.Label0.FontBold = IIf(Me.Check1.Value = -1, True, False)
    Me.Label0.FontItalic = IIf(Me.Check2.Value = -1, True, False)
    Me.Label0.FontUnderline = IIf(Me.Check3.Value = -1, True, False)
End Sub
```

选项组对象 Frame1 的 Value 属性返回当前选项按钮的状态，选择了第 N 个选项 Value

就取值为 N。复选框对象的 Value 属性返回当前复选框的状态，选中为-1。

（5）编辑清除设置按钮的单击（Click）事件代码：

　　Private Sub Command2_Click()

　　　　Me.Label0.ForeColor = RGB(0, 0, 0)

　　　　Me.Label0.FontBold = False

　　　　Me.Label0.FontItalic = False

　　　　Me.Label0.FontUnderline = False

　　End Sub

将 Label0 的文字还原成初始状态。

（6）保存并运行窗体：保存并运行字体设置窗体，选中"蓝色"、"粗体"、"斜体"、"下划线"后，点击"应用设置按钮"，效果如图 10-30 所示。

图 10-30　　字体设置效果

点击"清除设置"按钮，文本还原为如图 10-29 所示的格式。

# 习题 10

## 一、选择题

1. 能被"对象所识别的动作"和"对象可执行的活动"分别称为对象的（　　）。
   A) 方法和事件　　　B) 事件和方法　　　C) 事件和属性　　　D) 过程和方法
2. 若要求在文本框中输入文本时达到密码"*"号的显示效果，则应设置的属性是（　　）。
   A) "默认值"属性　　　　　　　　　　B) "标题"属性
   C) "密码"属性　　　　　　　　　　　D) "输入掩码"属性
3. 为窗体中的命令按钮设置单击鼠标时发生的动作，应选择设置其属性窗格的（　　）。
   A) 格式选项卡　　B) 事件选项卡　　C) 方法选项卡　　D) 数据选项卡

4. 要改变窗体上文本框控件的数据源，应设置的属性是（     ）。

A) 记录源        B) 控件来源        C) 筛选查阅        D) 默认值

5. Access 的控件对象可以设置某个属性来控制对象是否可用（不可用时显示为灰色态）。需要设置的属性是（     ）。

A) Default        B) Cancel        C) Enabled        D) Visible

6. 启动窗体时，系统首先执行的事件过程是（     ）。

A) Load        B) Click        C) Unload        D) GotFocus

7. 已知窗体结构如下所示，其中窗体的名称为 Form1，窗体中的标签控件名称为 Label0，命令按钮名称为 Command1。若将窗体的标题设置为"改变文字显示颜色"，应使用的语句是（     ）。

A) Me="改变文字显示颜色"        B) Me.Caption="改变文字显示颜色"

C) Me.text="改变文字显示颜色"        D) Me.Name="改变文字显示颜色"

8. 在上题的窗体中若单击命令按钮后标签上显示的文字颜色变为红色，以下能实现该操作的语句是（     ）。

A) label0.ForeColor=255        B) Command1.ForeColor=255

C) label0.ForeColor="255"        D) Command1.ForeColor="255"

9. 在窗体上，设置控件 Command0 为不可见的属性是（     ）。

A) Command0.Name        B) Command0.Caption

C) Command0.Enabled        D) Command0.Visible

10. 在某窗体上，有一个标有"显示"字样的命令按钮（名称为 Command1）和一个文本框（名称为 Text1）。当单击命令按钮时，将变量 sum 的值显示在文本框内，正确的代码是（     ）。

A) Me.Text1.Caption=sum        B) Me.Text1.Valuc=sum

C) Me.Text1.Text=sum        D) Me.Text1.Visiblc=sum

11. 窗体上添加有 3 个命令按钮，分别命名为 Command1、Command2 和 Command3，编写 Command1 的单击事件过程，完成的功能为：当单击按钮 Command1 时，按钮 Command2 可用，按钮 Command3 不可见。以下正确的是（     ）。

A) Private Sub Command 1 Click()        B) Private Sub Command1 Click()
　　Command2.Visible=True        　　Command2.Enabled=True
　　Command3.Visible=False        　　Command3.Visible=False
End Sub        End Sub

C) Private Sub Command1_Click()
Command2.Enabled=True
Command3.Visible=False
End Sub

D) Private Sub Command1_Click()
Command2.Visible=True
Command3.Enabled=False
End Sub

12. 现有一个已经建好的窗体，窗体中有一命令按钮，单击此按钮，将打开"学生"表，如果采用 VBA 代码完成，下面语句正确的是（ ）。

A) DoCmd.openform "学生"　　　B) DoCmd.openview "学生"
C) DoCmd.opentable "学生"　　　D) DoCmd.openreport "学生"

## 二、填空题

1. 某个窗体中包含一个名称为 Label0 的标签控件和一个名称为 Command1 的命令按钮控件。标签显示"欢迎使用"、命令按钮显示"确定"。命令按钮的单击事件代码如下：

```
Private Sub Command1_Click()
        Me.Label0.Caption = Me.Command1.Name
End Sub
```

单击该按钮后标签控件显示的是_____。

2. 在窗体中使用一个名为 num1 的文本框接受输入值，有一个命令按钮 run，单击事件代码如下：

```
Private Sub run_Click()
Select Case Me.num1
        Case Is >= 60
                result = "及格"
        Case Is >= 70
                result = "通过"
        Case Is >= 85
                result = "优秀"
End Select
MsgBox    result
End Sub
```

打开窗体后，若通过文本框输入的值为 85，单击命令按钮，输出结果是_____。

3. 现有一个包含计算功能的窗体结构如下：窗体中包含 4 个文本框和 3 个按钮控件。4 个文本框的名称分别为：Text1、Text2、Text3 和 Text4；3 个按钮分别为：清除（名为 Command1）、计算（名为 Command2）和退出（名为 Command3）。窗体打开运行后，单击清除按钮，则清除所有文本框中显示的内容；单击计算按钮，则计算在 Text1、Text2 和 Text3 三个文本框中输入的数值，结果 Text4 文本框中输出；单击退出按钮则退出窗体。请将下列程序填空补充完整：

```
Private Sub Command1_Click()
    Me.Text1.Value   = ""
```

```
        Me.Text2.Value = ""
        Me.Text3.Value = ""
        Me.Text4.Value = ""
End Sub
    Private Sub Command2_Click()
    If Me.Text1.Value   ="" Or Me.Text2.Value   ="" Or Me.Text3.Value   ="" Then
        MsgBox"成绩输入不全"
    Else
        Me.Text4.Value =(_____(1)_____+Val(Me.Text2.Value)+Val(Me.Text3.Value))/3
            _____(2)_____
End Sub
Private Sub Command3_Click()
    Docmd._____(3)_____
End Sub
```

# 第 11 章 宏

通过前面几章的介绍我们已经了解，Access 2010 通过组织模块和使用内嵌 VBA 代码编程，可以实现复杂的数据库应用程序设计。但是，大量的编写程序代码往往使程序员不堪重负。为此，Access 2010 提供了功能强大却容易使用的宏，通过宏可以轻松完成许多在 VBA 模块中必须编写代码才能做到的事情。宏也采用了面向对象的程序设计机制和可视化的编辑环境，通过调用系统定义的宏命令，实现打开或关闭数据对象、设置窗口的显示模式、数据过滤和查找等一系列的数据库操作。虽然宏不能代替 VBA 编程，但可以最大限度的简化程序设计的工作，并且，宏还可以转换成 VBA 模块。本章将介绍有关宏的知识，包括宏的概念、宏的类型以及创建与运行宏的基本方法。

## 11.1　宏的基本概念

宏是一个或多个操作的集合，其中每个操作都能实现特定的功能。如果用户频繁重复某些工作，就可以创建一个宏来简化这个工作序列。当执行这个宏时，系统就会按这个宏的定义依次执行相应的操作。宏里面的每个操作都是由一条简单的宏命令实现的，宏命令就像函数，由 Access 2010 编辑和定义，用户只要选择这些宏命令名，就可以由系统自动完成一些数据库常规操作，而节省了编辑程序代码的过程。

试想一下，我们编辑一个程序，完全通过调用函数实现，并且这些函数不需要用键盘输入，也不需要关心语法格式，通过可视化界面选择就能选定函数并填写参数。宏就是这样一种设计工具。对一些简单的数据库应用，宏将是一种很好的选择。Access 2010 中的宏命令有很多，可以用来打开或关闭数据库对象、设置控件的取值、更改窗口显示设置、维护数据表中的数据等等。

### 11.1.1　宏的基本功能

宏功能强大，几乎涉及到数据库管理中的所有环节，Access 2010 的在线帮助系统中将宏操作分为 11 类，具体为：数据输入、数据导入导出、数据库对象、筛选/查询/搜索、宏命令、系统命令、用户界面命令、窗口管理、数据块、数据操作、ADP 对象。每一类中都包含若干个与本类相关的宏操作命令。在 Access 2010 的宏设计视图中常用的是前 8 类，其中主要的宏操作命令如表 11-1 所示。需要注意的是，Access 2010 中的宏命令较早期版本的 Access 有一些变化，有的命令关键词不同，有的功能发生了扩展。因此，用户在使用 Access 2010 的宏时，应该参考 Access 2010 版本的宏操作说明。

像函数一样，以上的宏操作命令在使用的时候，有的不需要指定参数，如 Beep；有的则需要指定参数，如 MessageBox。在 Access 2010 中，宏操作命令参数可以通过宏设计视图生成。

表 11-1　Access 2010 的主要宏操作命令

| 类型 | 命令 | 功能描述 |
|---|---|---|
| 窗口管理 | CloseWindow | 关闭窗口 |
| | MaximizeWindow | 活动窗口最大化 |
| | MinimizeWindow | 活动窗口最小化 |
| | MoveAndSizeWindow | 移动活动窗口或调整其大小 |
| | RestoreWindow | 窗口还原 |
| 宏命令 | CancelEvent | 终止一个事件 |
| | RunCode | 运行 Visaul Basic 的函数过程 |
| | RunMacro | 运行一个宏 |
| | RunDataMacro | 运行一个数据宏 |
| | StopMacro | 停止当前正在运行的宏 |
| | StopAllMacros | 终止所有正在运行的宏 |
| 筛选/查询/搜索 | ApplyFilter | 筛选满足条件的记录 |
| | FindRecord | 查找符合指定条件的第一条记录 |
| | FindNextRecord | 查找下一个符合条件的记录 |
| | RunMenuCommand | 运行一个 Access 菜单命令 |
| | Requery | 在激活的对象上实施指定控件的重新查询 |
| | ShowAllRecords | 显示表或查询中的所有记录 |
| 数据导入导出 | ImportExportData | 当前 Access 2010 数据库与其他数据库之间导入或导出数据 |
| | ImportExportSpreadsheet | 当前 Access 2010 数据库与 Excel 之间导入或导出数据 |
| | ImportExportText | 当前 Access2010 数据库与文本文件之间导入或导出数据 |
| 数据库对象 | GoToControl | 将焦点移动到激活的数据表或窗体指定的字段或控件上 |
| | GoToRecord | 在表、窗体或查询结果中的指定记录设置为当前记录 |
| | SetValue | 为窗体、窗体数据表或报表的字段、控件或属性设置值 |
| | OpenTable | 打开表 |
| | OpenQuery | 打开选择查询或交叉表查询，或者执行操作查询 |
| | OpenForm | 打开窗体 |
| | OpenReport | 打开报表，或立即打印该报表 |
| 数据输入操作 | DeleteRecord | 删除记录 |
| | SaveRecord | 保存记录 |
| 系统命令 | Beep | 通过扬声器发出嘟嘟声 |
| | CloseDatabase | 关闭指定的数据库文件 |
| | RunApplication | 执行指定的外部应用程序 |
| | SetWarnings | 关闭或打开所有的系统消息 |
| | QuitAccess | 退出 Access 2010 |
| 用户界面命令 | AddMenu | 创建自定义菜单和快捷菜单 |
| | MessageBox | 显示一个包含警告或提示消息的消息框 |
| | SetMenuItem | 设置自定义菜单或全局菜单上的菜单项的状态 |
| | ShowToolbar | 显示或隐藏工具栏上的一组命令 |

## 11.1.2　宏的分类

在 Access 2010 中，按照宏的结构和执行条件来分类，宏有三种类型，分别是操作序列宏、宏组和条件宏。

（1）操作序列宏：由一个宏操作命令序列构成的单个宏，称为操作序列宏。这样称呼是为了和宏组相区别。

（2）宏组：将多个操作序列宏顺序排列，形成一个宏的集合，称为宏组。宏组由多个宏组成，每个宏可以独立运行。通常情况下，把数据库中一些功能相关的宏组成一个宏组，有助于数据库的操作和管理。

（3）条件宏：通常情况下，操作序列宏和宏组中的每个宏都能单独执行。如果需要指定条件来决定某个宏是否运行、什么时候运行，那么这样的宏称为条件宏。

## 11.1.3　Access 2010 宏的新增功能

Access 2010 和之前版本的 Access 相比，在宏的创建和使用上新增了一些功能，其中最主要的就是新的宏设计视图和根据事件更改数据的数据宏。

### 1. 新的宏设计视图

Access 2010 中没有提供向导来创建宏，新建一个宏通常使用宏设计视图方式。在 Access 2010 功能区选择"创建"选项卡，在"宏与代码"组中选择"宏"按钮 🖥️，打开宏设计视图。新建的宏默认名称为"宏 1"。随设计视图一起打开的还有屏幕右侧的"操作目录"，其中列举出了创建宏所需的程序流程和所有宏操作命令。宏命令按照表 11-1 的内容分类存储。

另外，宏设计视图中出现一个"添加新操作"的下拉列表框，所需宏命令可以从此列表中选择，也可以从"操作目录"中选择。在处理宏的时候功能区会显示"设计"选项卡，提供多种宏设计辅助工具。这种宏的生成界面是早期版本的 Access 所不具备的，它具有智能感知功能和整齐简洁的特点。设计视图界面如图 11-1 所示。

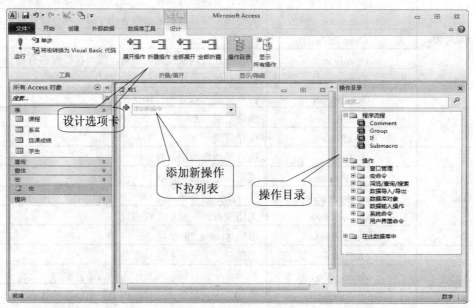

**图 11-1　宏设计视图**

除了传统宏外，还可以使用新的宏生成界面来创建数据宏。数据宏是 Access 2010 的又一个新功能。

**2. 数据宏功能**

数据宏是一种根据事件更改数据的宏。数据宏提供了一种在任何 Access 2010 数据库中都能实现的"触发器"。"触发器"不同于我们在面向对象程序设计中提到的窗体控件的事件触发，它属于一种数据库数据一致性、完整性的约束工具。当数据库中的某些操作发生时，相应的宏可以执行并完成某些宏操作。Access 2010 定义了五种数据宏事件，包括两个前期事件"更改前"、"删除前"和三个后期事件"插入后"、"更新后"、"删除后"。

使用"更改前"事件或"删除前"事件可以执行希望在更改记录前或删除记录前发生的任何操作，通常用于执行验证和引发自定义错误消息。

使用"插入后"、"更新后"、"删除后"事件可以执行希望在插入、更新、删除记录后发生的任何操作，通常用于强制实施业务规则、更新聚合总计和发送通知。

下面用一个简单的例子说明数据宏的功能：

例如，假设有一个"已完成百分比"字段和一个"状态"字段。可以使用"更新后"宏事件触发一个数据宏进行如下操作：当"状态"设置为"未开始"时，将"已完成百分比"设置为 0；当"状态"设置为"已完成"时，将"已完成百分比"设置为 100。这样，就保证了工作完成进度和工作状态间的数据一致性。

# 11.2　宏的创建

本章将以一个简单的"学生信息查询系统"为例，介绍操作序列宏、宏组和条件宏的创建和使用方法。该系统包含两个窗体："登录界面"窗体和"查询学生"窗体，如图 11-2 所示。

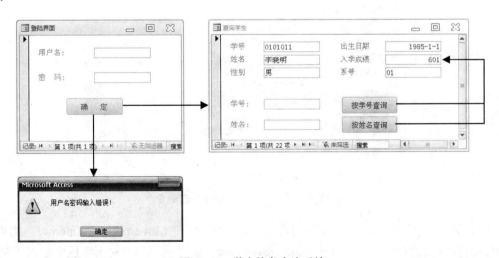

**图 11-2　学生信息查询系统**

运行"登录界面"窗体程序进入系统，如果输入错误的用户名和密码，则弹出对话框提示错误；如果输入正确的用户名和密码，点击确定后，可以切换到"查询学生"窗体；输入学号或姓名，可以分别按照学号或姓名查询学生的信息，查询到的学生信息就显示在查询学生窗体中。

为了实现该系统，需要用到三个宏，分别是：

● 判断用户名密码正误，打开"查询学生"窗体的宏。

● 按学号查询学生信息的宏。

● 按姓名查询学生信息的宏。

下面几节将本着从易到难的原则，逐步创建这几个宏，来实现上述系统的功能。在此过程中，需要创建操作序列宏、宏组、条件宏，还需要涉及到宏的调试和调用方法。

### 11.2.1  创建操作序列宏

创建一个操作序列宏就是将需要的宏操作命令按执行先后顺序组织在一起的过程。如果不考虑登录界面，单独创建一个宏来打开"查询学生"窗体，具体步骤如下：

【例 11-1】 创建一个宏用来打开"查询学生"窗体，窗口左上角的显示位置距屏幕上方 1000 像素，据屏幕左侧 500 像素。

具体步骤如下：

（1）打开宏设计视图，创建一个宏，命名为"宏 1"。

（2）在宏设计视图中"添加新操作"下拉列表框中选择宏命令"OpenForm"，用来打开窗体。点击"OpenForm"的"窗体名称"栏右侧的箭头，可以打开一个下拉列表，其中列出当前数据库中的所有窗体名称，在其中选择"查询学生"窗体。其余的参数取缺省值，暂时忽略。如图 11-3 所示。

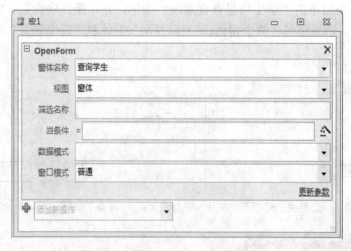

图 11-3  添加"OpenForm"宏命令

（3）继续在"添加新操作"下拉列表框中选择宏命令"MoveAndSizeWindow"，用来指定窗口的显示位置。分别在"MoveAndSizeWindow"的"右"和"向下"栏中输入"500"和"1000"。其余参数暂时省略。如图 11-4 所示。

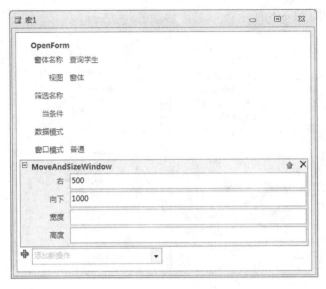

**图 11-4　添加"MoveAndSizeWindow"宏命令**

（4）点击功能区最左侧的"运行"按钮，弹出保存宏的提示对话框。结果如图 11-5 所示。

**图 11-5　保存宏的提示对话框**

点击"是"便立即执行宏，随即"查询学生"窗体被打开，显示在屏幕坐标（500，1000）的位置。

像 Windows 资源管理器中的树形目录一样，在创建所有宏的过程中，都可以点击每个宏名称或宏命令前面的"+"和"-"，来展开或是折叠宏的内容。

## 11.2.2　创建宏组

在实际的数据库应用程序开发过程中，往往将同一个系统中使用的宏都集合在一起，创建一个宏组来保存。现在，我们就将"学生信息查询系统"中其他的宏和例 11-1 中的宏汇集在一起创建一个宏组。

【例 11-2】　创建一个宏，用"查询学生"窗体中输入的学号来查询该学生的信息。

具体步骤如下：

（1）在数据库导航区中右键点击"宏 1"，在快捷菜单中选择"设计视图"。

（2）在宏设计视图中按住"Ctrl"键，先后点击宏命令"OpenForm"和"MoveAndSizeWindow"，将这两个宏命令选中，并点击右键，在快捷菜单中选择"生成子宏程序块"（见图 11-6(a)）。

（3）在子宏名称框中为子宏命名为"启动查询"。这样就将原本例 11-1 中建立的宏转换成了一个子宏。如图 11-6(b)所示。

(a)                                                      (b)

**图 11-6 命名子宏**

（4）开始创建宏组中的第二个宏。选定"添加新操作"下拉列表框，点击右侧"操作目录"栏中的"程序流程"目录项，双击其中的选项"Submacro"，在宏设计视图中创建另一个子宏，并命名为"按学号查询"。如图 11-7 所示。

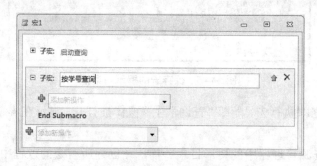

**图 11-7 创建子宏"按学号查询"**

（5）在子宏"按学号查询"中，添加宏命令"ApplyFilter"。在此宏命令中有一个"当条件"参数输入框，点击"当条件"一栏右侧的 图标，打开"表达式生成器"，在此编辑宏命令表达式"[Forms]![查询学生]![输入学号]=[学生]![学号]"。其中"输入学号"是"查询学生"窗体中输入学号文本框的名称。该语句的含义是：按照"查询学生"窗体中输入的学号来筛选学生表中的记录。

表达式生成器中的编辑过程是：

① 在表示生成器的"表达式元素"栏中选择数据库名称"教学管理.accdb"→"Forms"→"所有窗体"→"查询学生"。

② 在"表达式类别"栏中双击"输入学号"文本框名称。

③ 输入"="。

④ 在"表达式元素"栏中选择数据库名称"教学管理.accdb"→"表"→"学生"。

⑤ 在"表达式类别"栏中双击"学号"字段名称。

宏命令"ApplyFilter"的"当条件"表达式编辑过程如图 11-8 所示。

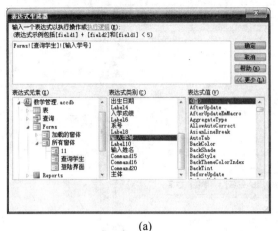

(a)                                    (b)

**图 11-8 编辑"ApplyFilter"条件表达式**

子宏"按学号查询"创建完毕。目前,"宏 1"变成了包含两个子宏的宏组。如图 11-9 所示。

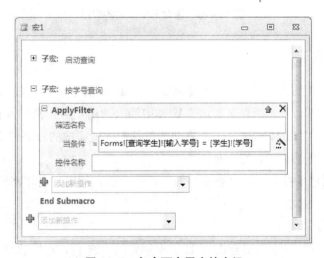

**图 11-9 包含两个子宏的宏组**

下面接着创建另一个子宏"按姓名查询"。

【例 11-3】 在宏组中再创建一个子宏,命名为"按姓名查询"。按窗体中输入的姓名来查询该学生的信息。

具体步骤如下:

(1) 在数据库导航区中右键点击宏组"宏 1",在快捷菜单中选择"设计视图"。

(2) 仿照例 11-2 中的步骤(4),创建另一个子宏,并命名为"按姓名查询"。

(3) 仿照例 11-2 中的步骤(5),只是将"ApplyFilter"宏命令中的"当条件"表达式编辑为："[Forms]![查询学生]![输入姓名]=[学生]![姓名]"。

子宏"按姓名查询"也创建完毕。目前，"宏 1"变成了包含三个子宏的宏组。如图 11-10 所示。

图 11-10　包含三个子宏的宏组

### 11.2.3　创建条件宏

通过执行例 11-1 的宏，可以打开"查询学生"窗体，并且不需要任何条件。但是在"学生信息查询系统"中，要求"登录界面"窗体中输入的用户名和密码都正确的条件下，才可以打开"查询学生"窗体。这是一个典型的条件宏才能完成的任务。下面改写例 11-1，将子宏"启动查询"变成一个条件宏。

【例 11-4】　创建条件宏。在"登录界面"窗体中输入的用户名和密码都正确的条件下，打开"查询学生"窗体。

具体步骤如下：

（1）在数据库导航区中右键点击例 11-3 中创建的"宏 1"，在快捷菜单中选择"设计视图"，在宏设计视图中点击子宏"启动查询"左边的"+"，展开子宏。

（2）在宏设计视图中按住"Ctrl"键，先后选中宏命令"OpenForm"和"MoveAndSizeWindow"。选中这两个宏命令后，点击右键，在快捷菜单中选择"生成 if 程序块"。该快捷菜单可以参考图 11-6(a)。生成的 If 条件结构如图 11-11 所示。

在 If 条件框右侧选择表达式生成器，编辑 If 条件：Forms![登录界面]![用户名] ="abc" AND Forms![登录界面]![密码] ="123"。其中"[用户名]"和"[密码]"分别是"登录界面"窗体中两个文本框的名称。该条件表示"登录界面"窗体中输入的正确用户名和密码应该是"abc"和"123"。如图 11-12 所示。

**图 11-11 宏的 If 条件结构**

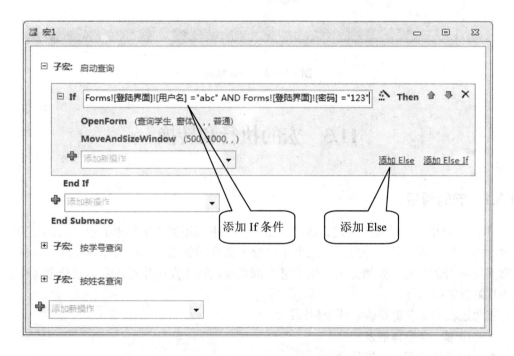

**图 11-12 If 条件语句**

（3）如果输入的用户名和密码有误，就弹出对话框报错。这需要在 If 语句中添加"Else"结构。点击"添加 Else"链接，如图 11-12 所示。在 Else 结构中添加宏命令"MessageBox"。为"MessageBox"设置参数，消息："用户名密码输入错误！"，作为对话框的正文；发嘟嘟声："是"，表示弹出对话框时发出警告音；类型："警告！"，表示对话框上显示警告图标。如图 11-13 所示。

此时，例 11-3 中的宏组就变成了一个条件宏。可以看出条件宏就是在一个操作序列宏或宏组中应用了条件结构语句。

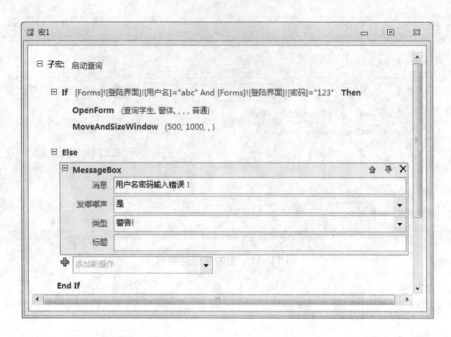

图 11-13　Else 结构

# 11.3　宏的执行和转换

## 11.3.1　宏的调用

11.2 节介绍了三种宏的创建方法，在三个子宏中都用到了窗体中的控件取值作为宏命令执行的条件或者参数。但此时，三个子宏处于孤立的状态，没有与窗体相联系，就不能正常实现应有的功能。要想完成学生信息查询系统，让宏发挥作用，就必须让窗体中的按钮事件触发宏的执行。

在此过程中，关键是确定四个问题：

● 由哪一个窗体触发；

● 由窗体的哪一个控件触发；

● 该控件的哪一个事件触发；

● 触发哪一个宏。

在学生信息查询系统中，要求点击"登录界面"窗体的"确定"按钮，打开"查询学生"窗体或是错误提示对话框。因此，第一个子宏"启动查询"应该由"登录界面"窗体中"确定"按钮的"单击"事件触发。

在学生信息查询系统中，要求首先在"查询学生"窗体中的学号文本框输入学号，点击"按学号查询"按钮，将该学生的信息显示在"查询学生"界面上。因此，第二个子宏"按学号查询"应该由"查询学生"窗体中"按学号查询"按钮的"单击"事件触发。

同样，第三个子宏"按姓名查询"应该由"查询学生"窗体中"按姓名查询"按钮的

"单击"事件触发。如表 11-2 所示。

表 11–2　Access 2010 的主要宏操作命令

| 子宏名 | 窗体 | 控件 | 事件 |
|---|---|---|---|
| 启动查询 | 登录界面 | "确定"按钮 | 单击 |
| 按学号查询 | 查询学生 | "按学号查询"按钮 | 单击 |
| 按姓名查询 | 查询学生 | "按姓名查询"按钮 | 单击 |

【例 11-5】　改写第 10 章创建的"登录界面"窗体:"确定"按钮的"单击"事件代码使用宏调用的方式触发子宏"启动查询"。

具体步骤如下:

(1) 在数据库导航区中右键点击窗体"登录界面",在快捷菜单中选择"设计视图",打开窗体设计视图。

(2) 在"登录界面"窗体中"确定"按钮上点击右键,在弹出的快捷菜单中选择"属性",在屏幕右侧出现"属性表"窗口。

(3) 在"属性表"窗口中选择"事件"选项卡,在第一行"单击"事件右侧的下拉列表中选择"宏 1.启动查询"。表示该按钮的单击事件触发宏 1 中的子宏"启动查询"。窗体设计视图和属性设置如图 11-14 所示。

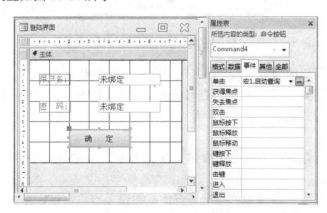

图 11–14　窗体设计视图和属性设置

至此,子宏"启动查询"就和窗体的按钮操作联系在一起了,执行登录界面窗体,当输入正确的用户名和密码,登录界面如图 11-15 所示。

图 11–15　登录界面输入正确用户名密码

点击确定按钮，系统就触发条件宏，打开查询学生窗体，如图 11-16 所示。

**图 11-16　查询学生窗体**

如果输入了错误的用户名和密码，点击确定按钮，系统就触发条件宏，打开错误提示窗口，如图 11-17 所示。

**图 11-17　错误提示对话框**

点击错误提示窗口的确定按钮，还可以返回登录界面重新输入。

【例 11-6】　改写第 10 章创建的"查询学生"窗体：其中"按学号查询"按钮的"单击"事件使用宏调用的方式触发子宏"按学号查询"。

具体步骤如下：

（1）在数据库导航区中右键点击窗体"查询学生"，在快捷菜单中选择"设计视图"，打开窗体设计视图。

（2）在"查询学生"窗体中"按学号查询"按钮上点击右键，在弹出的快捷菜单中选择"属性"，在屏幕右侧出现"属性表"窗口。

（3）在"属性表"窗口中选择"事件"选项卡，在第一行"单击"事件右侧的下拉列表中选择"宏 1.按学号查询"。表示该按钮的单击事件触发宏 1 中的子宏"按学号查询"。窗体设计视图和属性设置如图 11-18 所示。

至此，子宏"按学号查询"就和窗体的按钮操作联系在一起了。例如，在学号文本框输入学号"0101022"后，点击按钮"按学号查询"，宏被触发，执行"ApplyFilter"宏命令，该学生的信息出现在窗体界面上。查询结果如图 11-19 所示。

【例 11-7】　改写第十章创建的"查询学生"窗体：其中"按姓名查询"按钮的"单击"事件使用宏调用的方式触发子宏"按姓名查询"。

具体步骤如下：

（1）在数据库导航区中右键点击窗体"查询学生"，在快捷菜单中选择"设计视图"，打开窗体设计视图。

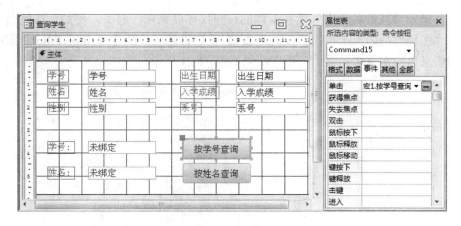

**图 11-18 窗体设计视图和属性设置**

**图 11-19 按学号查询结果**

（2）在"查询学生"窗体中"按姓名查询"按钮上点击右键，在弹出的快捷菜单中选择"属性"，在屏幕右侧出现"属性表"窗口。

（3）在"属性表"窗口中选择"事件"选项卡，在第一行"单击"事件右侧的下拉列表中选择"宏 1.按姓名查询"。表示该按钮的单击事件触发宏 1 中的子宏"按姓名查询"。窗体设计视图和属性设置如图 11-20 所示。

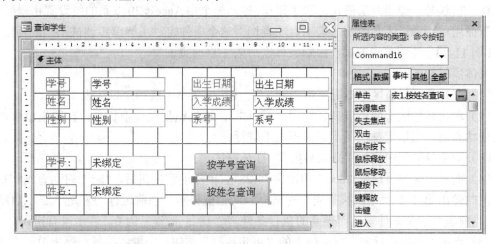

**图 11-20 窗体设计视图和属性设置**

　　至此，子宏"按姓名查询"就和窗体的按钮操作联系在一起了。例如，在姓名文本框输入姓名"王民"后，点击按钮"按姓名查询"，宏被触发，执行"ApplyFilter"宏命令，该学生的信息出现在窗体界面上。查询结果如图 11-21 所示。

图 11-21　按姓名查询结果

### 11.3.2　宏的单步调试

　　Access 2010 提供了宏的单步调试工具，该工具可以让宏里面的宏命令一个一个地执行，并对每一步的运行都提供分析判断，使程序员能够清楚地发现宏程序流程是否出现错误，错误出现在哪里，原因又是什么。在单步调试模式下，宏被触发的时候会弹出"单步执行宏"对话框，每执行一步宏操作，该对话框都会出现一次，提示当前运行的是哪一个宏、哪一个宏操作、宏操作的参数、条件宏的条件，如果程序出现了错误，还提示错误编号。具体如下所示：

● 宏名称　提示当前正在执行的宏的名称。

● 条件　如果当前执行的宏是一个条件宏，提示当前状态下，条件的取值是真值还是假值，这决定宏的下一步走向。

● 操作名称　提示当前正在执行的宏操作的名称。

● 参数　提示当前正在执行的宏操作的中使用的参数值。

● 错误号　如当前宏操作出现了错误，提示一个由 Access 2010 系的统设置错误编号。

下面用单步调试工具跟踪"宏 1.启动查询"这个条件宏，了解单步调试工具的使用。

【例 11-8】使用单步调试，跟踪条件宏"宏 1.启动查询"。

具体步骤如下：

（1）在数据库导航区中右键点击"宏 1"，在快捷菜单中选择"设计视图"。

（2）单击功能区上的单步调试按钮"单步"，该按钮呈现选中状态。在取消单步调试的选中状态前，所以宏都在单步调试模式下进行。

（3）双击导航区中窗体"登录界面"，打开窗体。

（4）输入正确的用户名"abc"和密码"123"，单击确定按钮后，"宏 1.启动查询"被触发，此时弹出第 1 个"单步执行宏"对话框。对话框提示：当前运行的宏是"宏 1.启动查询"；当前宏是一个条件宏，而当前的执行条件为"真"；错误号为 0，表示没有错误。

（5）点击"单步执行宏"对话框上的"单步执行"按钮，宏继续执行，弹出第 2 个"单步执行宏"对话框，由于条件宏的条件为真值，下一个执行的宏操作是"OpenForm"。此时，在 Access 2010 主窗口中出现"查询学生"窗体。

（6）继续点击"单步执行"按钮，宏继续执行，弹出第 3 个"单步执行宏"对话框，下一个执行的宏操作是"MoveAndSizeWindow"。此时，在 Access 2010 主窗口中的"查询学生"窗体的左上角移动到了屏幕坐标（500，1000）的位置上。

（7）再次点击"单步执行"按钮，单步调试结束。在此过程中先后出现的 3 个"单步执行宏"对话框和它们分别对应的宏操作如如图 11-22(a)、(b)、(c)所示。

(a)

(b)

(c)

**图 11-22　单步调试过程**

如果在登录界面输入错误的用户名和密码，宏的单步调试又是另外一个过程。第一个弹出的"单步执行宏"对话框指示条件宏的条件为假值，点击"单步执行"按钮，宏继续执行，弹出第 2 个"单步执行宏"对话框，下一个执行的宏操作是"MessageBox"。此时，在 Access 2010 主窗口中出现错误提示对话框。再次点击"单步执行"按钮，单步调试结束。在此过程中先后出现的 2 个"单步执行宏"对话框和它们分别对应的宏操作如图 11-23 所示。

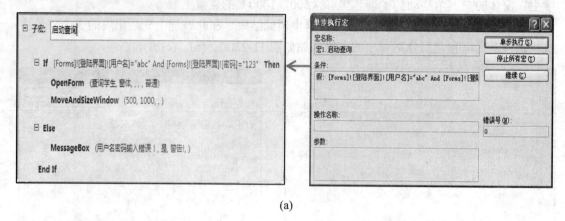

(a)

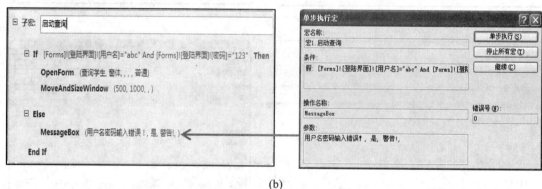

(b)

图 11-23　单步调试过程

## 11.3.3　将宏转换为 VBA 代码

在 Access 2010 中，所有的宏都对应着 VBA 中相应的程序代码，可以将宏操作转换为 Microsoft Visual Basic 的事件过程或模块。这些事件过程或模块用 Visual Basic 代码执行与宏等价的操作。

【例 11-9】　将宏 1 转换成 VBA 代码。

具体步骤如下：

（1）在数据库导航区中右键点击"宏 1"，在快捷菜单中选择"设计视图"。

（2）单击功能区上的将宏转换为 VBA 代码的按钮"将宏转换为 Visual Basic 代码"，弹出"转换宏"对话框，如图 11-24 所示。

（3）单击"转换"按钮，弹出"转换完毕"对话框，如图 11-25 所示。

关闭转换完毕对话框，关闭转换完毕对话框，转换结束，可以看到宏 1 的所有操作都转换成了模块中的 VBA 代码。部分代码如图 11-26 所示。

图 11-24 "转换宏"对话框

图 11-25 "转换完毕"对话框

图 11-26 由宏转换的 VBA 模块中的代码

# 习题 11

## 一、选择题

1. 不能使用宏的数据库对象是（　　）。
   A) 报表　　　　　B) 窗体　　　　C) 宏　　　　D) 表
2. 创建宏不用定义（　　）。
   A) 窗体或报表的属性　　　　　B) 宏名
   C) 宏操作对象　　　　　　　　D) 宏操作目标
3. 使用宏组的目的是（　　）。
   A) 设计出功能复杂的宏　　　　B) 设计出包含大量操作的宏
   C) 减少程序内存消耗　　　　　D) 对多个宏进行组织和管理
4. 打开查询的宏操作是（　　）。
   A) OpenForm　　　B) OpenQuery　　C) Open　　　　D) OpenModule
5. 在 VBA 中，实现窗体打开操作的命令是（　　）。
   A) DoCmd.OpenForm　　　　　B) OpenForm
   C) Do.OpenForm　　　　　　　D) DoOpcn.Form
6. 下列叙述中，错误的是（　　）。
   A) 一个宏一次能够完成多个操作　　B) 可以将多个宏组成一个宏组
   C) 可以用编程的方法来实现宏　　　D) 定义宏一般需要描述动作名和操作参数

## 二、填空题

1. 按照宏的结构和执行条件来分类，最常见的三种类型分别是＿＿（1）＿＿、＿＿（2）＿＿和＿＿（3）＿＿。
2. 直接运行宏组，事实上执行的只是＿＿＿＿＿所包含的所有宏命令。
3. 打开一个表应该使用的宏操作是＿＿＿＿＿。
4. 运行宏的命令是＿＿＿＿＿。
5. 某窗体中有一命令按钮，在窗体视图中单击此命令按钮打开一个报表，需要执行的宏操作是＿＿＿＿＿。
6. 如果希望按满足指定条件执行宏中的一个或多个操作，这类宏称为＿＿＿＿＿。
7. 退出 Access 2010 应用程序的 VBA 代码是＿＿＿＿＿。

# 第 12 章　报表设计

一个数据库应用系统对外提供的统计信息，大多都是以各种报表的形式呈现出来的。因此，报表是最常用的一种数据输出方式，报表中的信息可以通过屏幕显示或者打印机打印出来。用户利用报表，可以将数据库中的数据经过合理组织并以多种形式输出，并且可以从输出的报表中检索有价值的信息。由此可见，报表设计是应用程序开发的一个重要组成部分。

在 Access 2010 中报表是一种数据库对象，使用报表可以显示和汇总数据，除此之外，报表还提供了一种分发或存档数据快照的方法，即可以将报表打印出来，还可以将报表转换为 PDF 或 XPS 文件或导出为其他文件格式。

Access 2010 创建报表有许多种方法，大部分与创建窗体相似。报表设计时使用的控件对象、控件的功能与窗体基本雷同。因此，如果熟练掌握了窗体的制作，学习报表设计将十分轻松。

本章重点介绍报表的创建和设计方法。

## 12.1　报表的结构

创建报表最主要的工作是定义报表的数据源和报表的整体布局。数据源是报表的数据来源，通常是由数据表、查询来担当。报表布局决定报表的输出格式。报表的创建方法大多都与窗体类同，但是，二者有着本质的区别：

（1）报表的主要用途是打印输出，换句话说，报表的设计目标不是屏幕显示。多数情况下，在报表默认的浏览方式即"打印预览"中，仅能看到报表的局部效果，而窗体可以呈现出设计的整体效果。

（2）窗体中的文本框控件在未设置只读属性时，可以在使用窗体时通过窗体界面输入的信息更改数据源的基本数据。报表则不然，即使报表中包含绑定数据源的文本框对象，大多数报表也仅是输出数据项的具体值，不具有编辑功能，更不能更新后台数据。因此，报表设计时忽略了组合框、列表框、选项按钮等类似供用户输入的控件对象。报表中最常用的控件就是标签和文本框，另外，可以使用复选框输出"是/否"型字段的值。

（3）报表不提供数据表视图，即在窗体设计时可以打开数据表查看或编辑数据源，而报表设计过程中仅提供了"打印预览"、"报表"、"布局"和"设计"视图，是无法直接浏览数据表的内容的。报表的 4 种视图中"报表"视图和"布局"视图是 2007 新增加的功能。

### 12.1.1 报表的基本概念

**1. 报表使用的视图**

在创建报表过程中 Access 2010 提供了 4 种视图，帮助人们在不同时刻、不同需求情况下处理报表。这 4 种视图是：

（1）“设计视图”

与窗体中的“设计视图”一样，报表的“设计视图”也是用于创建和编辑报表结构、添加控件、设置报表对象的各种属性、美化报表布局等一些列复杂操作基本工具，也是最常用的一种视图。

（2）“报表视图”和“打印预览”视图

两种视图都可以查看报表输出时的真实效果，但“报表视图”还兼有其他更强的功能，例如对数据进行筛选，我们不妨理解为电子报表。

（3）“布局视图”

用于查看、编辑报表的版面设置。它的界面几乎与“报表视图”一样，但“布局视图”还可以处理报表中的对象，如移动控件，重新布局控件的效果；删除不需要的控件；重新定义控件的属性。但不能向“设计视图”那样添加控件。

例如，我们利用第 6 章创建的查询文件“招生清单”（数据清单见图 12-1），创建表格式报表，报表效果见图 12-6(b)。

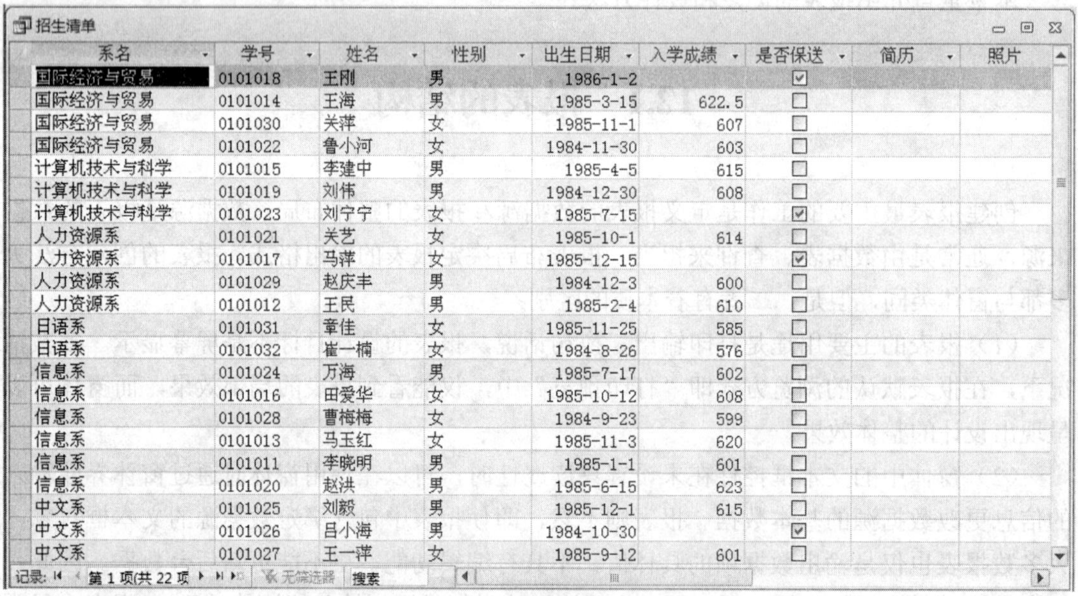

招生清单

| 系名 | 学号 | 姓名 | 性别 | 出生日期 | 入学成绩 | 是否保送 | 简历 | 照片 |
|---|---|---|---|---|---|---|---|---|
| 国际经济与贸易 | 0101018 | 王刚 | 男 | 1986-1-2 | | ☑ | | |
| 国际经济与贸易 | 0101014 | 王海 | 男 | 1985-3-15 | 622.5 | ☐ | | |
| 国际经济与贸易 | 0101030 | 关萍 | 女 | 1985-11-1 | 607 | ☐ | | |
| 国际经济与贸易 | 0101022 | 鲁小河 | 女 | 1984-11-30 | 603 | ☐ | | |
| 计算机技术与科学 | 0101015 | 李建中 | 男 | 1985-4-5 | 615 | ☐ | | |
| 计算机技术与科学 | 0101019 | 刘伟 | 男 | 1984-12-30 | 608 | ☐ | | |
| 计算机技术与科学 | 0101023 | 刘宁宁 | 女 | 1985-7-15 | | ☑ | | |
| 人力资源系 | 0101021 | 关艺 | 女 | 1985-10-1 | 614 | ☐ | | |
| 人力资源系 | 0101017 | 马萍 | 女 | 1985-12-15 | | ☑ | | |
| 人力资源系 | 0101029 | 赵庆丰 | 男 | 1984-12-3 | 600 | ☐ | | |
| 人力资源系 | 0101012 | 王民 | 男 | 1985-2-4 | 610 | ☐ | | |
| 日语系 | 0101031 | 章佳 | 女 | 1985-11-25 | 585 | ☐ | | |
| 日语系 | 0101032 | 崔一楠 | 女 | 1984-8-26 | 576 | ☐ | | |
| 信息系 | 0101024 | 万海 | 男 | 1985-7-17 | 602 | ☐ | | |
| 信息系 | 0101016 | 田爱华 | 女 | 1985-10-12 | 608 | ☐ | | |
| 信息系 | 0101028 | 曹梅梅 | 女 | 1984-9-23 | 599 | ☐ | | |
| 信息系 | 0101013 | 马玉红 | 女 | 1985-11-3 | 620 | ☐ | | |
| 信息系 | 0101011 | 李晓明 | 男 | 1985-1-1 | 601 | ☐ | | |
| 信息系 | 0101020 | 赵洪 | 男 | 1985-6-15 | 623 | ☐ | | |
| 中文系 | 0101025 | 刘毅 | 男 | 1985-12-1 | 615 | ☐ | | |
| 中文系 | 0101026 | 吕小海 | 男 | 1984-10-30 | | ☑ | | |
| 中文系 | 0101027 | 王一萍 | 女 | 1985-9-12 | 601 | ☐ | | |

记录: 第 1 项(共 22 项 无筛选器 搜索

图 12-1 “招生清单”查询文件

该报表在 4 种不同视图下呈现出来的效果如图 12-2 至图 12-5 所示。直观上的感觉“报表视图”和“打印预览”没有区别，但是，读者可以仔细观察两种视图的功能区有很大区别。“报表视图”下功能区的排序和筛组提供了“高级”按钮，利用这个按钮在报表预览的过程中筛选出需要的数据显示的报表预览区。读者在使用很多数据编辑软件时，打印预览功能仅能观察输出效果,是不能改动输出内容的。这就是"报表视图"的独到之处。

读者不妨仔细观察这 4 种视图功能区的变化,特别是"报表视图"、"打印预览"和"布局视图",报表的主体部分是非常接近的。

图 12-2 "报表视图"

图 12-3 "打印预览"

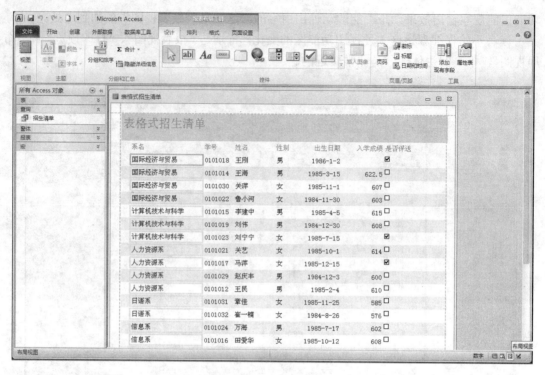

图 12-4 "布局视图"

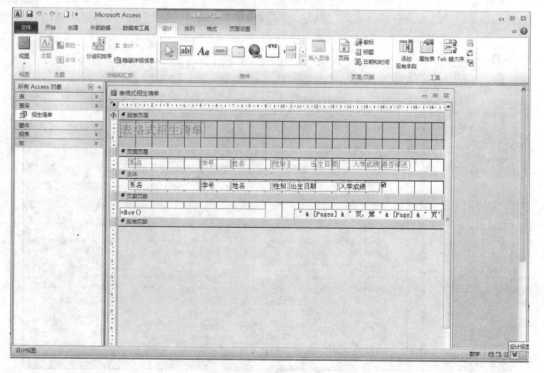

图 12-5 "设计视图"

## 2. 报表的类型

4 种视图是设计报表时的 4 种不同工作状态。无论哪种状态都可以处理不同类型的报表。Access 2010 创建的报表类型与是同一样也有多种形式。需要强调的是，报表的类型不同决定了报表具有不同的输出布局。

常见的报表类型有：纵栏式报表、表格式报表和标签式报表等。

（1）纵栏式报表

纵栏式报表的基本格局是：每行默认输出两列信息，一列是数据源的字段名，另一列就是该字段的值。示例见图 12-6(a)，即查询"招生清单"对应的纵栏式报表。

（2）表格式报表

表格式报表是最常见的一种报表输出格式。在表格式报表中数据源的每个字段独立占用一列，每列默认以字段名做该列的标题，十分类似用行和列显示的数据表格，示例见图 12-6(b)。

| 纵栏式招生清单 | |
|---|---|
| 学号 | 0101011 |
| 系名 | 信息系 |
| 姓名 | 李晓明 |
| 性别 | 男 |
| 出生日期 | 1985-1-1 |
| 入学成绩 | 601 |
| 是否保送 | ☐ |
| 学号 | 0101012 |
| 系名 | 人力资源系 |
| 姓名 | 王民 |
| 性别 | 男 |
| 出生日期 | 1985-2-4 |
| 入学成绩 | 610 |
| 是否保送 | ☐ |
| 学号 | 0101013 |
| 系名 | 信息系 |
| 姓名 | 马玉红 |
| 性别 | 女 |
| 出生日期 | 1985-11-3 |
| 入学成绩 | 620 |

| 表格式招生清单 | | | | | | |
|---|---|---|---|---|---|---|
| 系名 | 学号 | 姓名 | 性别 | 出生日期 | 入学成绩 | 是否保送 |
| 国际经济与贸易 | 0101018 | 王刚 | 男 | 1986-1-2 | | ☑ |
| 国际经济与贸易 | 0101014 | 王海 | 男 | 1985-3-15 | 622.5 | ☐ |
| 国际经济与贸易 | 0101030 | 关津 | 女 | 1985-11-1 | 607 | ☐ |
| 国际经济与贸易 | 0101022 | 鲁小河 | 女 | 1984-11-30 | 603 | ☐ |
| 计算机技术与科学 | 0101015 | 李建中 | 男 | 1985-4-5 | 615 | ☐ |
| 计算机技术与科学 | 0101019 | 刘伟 | 男 | 1984-12-30 | 608 | ☐ |
| 计算机技术与科学 | 0101023 | 刘宁宁 | 女 | 1985-7-15 | | ☑ |
| 人力资源系 | 0101021 | 关艺 | 女 | 1985-10-1 | 614 | ☐ |
| 人力资源系 | 0101017 | 马津 | 女 | 1985-12-15 | | ☑ |
| 人力资源系 | 0101029 | 赵庆丰 | 男 | 1984-12-3 | 600 | ☐ |
| 人力资源系 | 0101012 | 王民 | 男 | 1985-2-4 | 610 | ☐ |
| 日语系 | 0101031 | 章佳 | 女 | 1985-11-25 | 585 | ☐ |
| 日语系 | 0101032 | 崔一楠 | 女 | 1984-8-26 | 576 | ☐ |
| 信息系 | 0101024 | 万海 | 男 | 1985-7-17 | 602 | ☐ |
| 信息系 | 0101016 | 田爱华 | 女 | 1985-10-12 | 608 | ☐ |
| 信息系 | 0101028 | 曹梅梅 | 女 | 1984-9-23 | 599 | ☐ |
| 信息系 | 0101013 | 马玉红 | 女 | 1985-11-3 | 620 | ☐ |
| 信息系 | 0101011 | 李晓明 | 男 | 1985-1-1 | 601 | ☐ |
| 信息系 | 0101020 | 赵洪 | 男 | 1985-6-15 | 623 | ☐ |
| 中文系 | 0101025 | 刘毅 | 男 | 1985-12-1 | 615 | ☐ |

(a) 纵栏式报表　　　　　　　　　　(b) 表格式报表

**图 12-6　常见报表类型**

当一页不能容纳更多字段时，报表会延续到另一页顺序输出。在表格式报表模式下，还可以将数据分成若干组，并对每组中的数据进行统计和计算，例如统计每个专业的招生人数，入学成绩的最高分、最低分、平均分等。这种分组统计非常类似 Excel 中的分类/汇总。

（3）标签式报表

标签式报表的布局与生活当中使用的名片结构很相似，它属于一种多列报表的类型。示例可以参见 12.2.4 节。

（4）数据透视表报表

这是一种用透视表的形式组成的报表。

## 12.1.2　报表的基本组成

报表的结构或组成是由报表设计器决定的。报表设计器即报表"设计视图"是设计复杂报表必须使用的工具，了解它的结构有助于人们很好的操控这个工具，设计出丰富多彩的报表。

通常"报表视图"由报表页眉、报表页脚、页面页眉、页面页脚、组页眉、组页脚以及主体 7 部分组成。这些基本成分有时也称为报表节。简单地说，不同节的内容即对象在输出时所处的输出位置是不同的。换句话说，节决定了自己下属对象的实际输出位置。我们不妨看一个简单的例子，进一步体会报表节的作用。

通过图 12-5 我们可以看到报表设计器被分成了不同的条状区域即报表节。我们说过，报表节控制着报表中不同对象的打印输出位置。读者仔细观察图 12-7(a)、(b)两组图例，对比报表设计器的结构对输出效果的影响，从而体会不同报表节的作用。

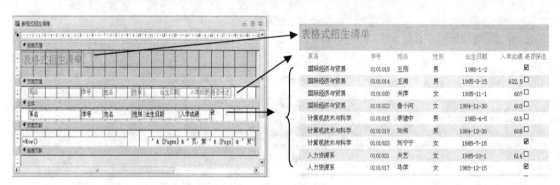

(a) 表格式报表

(b) 纵栏式报表

**图 12-7　报表设计视图与预览效果对比**

下面我们就详细介绍各报表节的作用与功能。

**1. 报表页眉**

报表页眉仅在输出报表的首页显示或打印一次。图 12-5 表格式报表的报表页眉输出的是"表格式招生清单"，因此，该设计结果在打印预览（效果见图 12-6(b)）时，报表的页眉一定就是"表格式招生清单"。

报表页眉常用于显示报表的封面、图形或说明性文字，如徽标、标题或日期等。这些输出信息通常只需输出一次。因此，每个报表只有一个报表页眉。一般情况习惯将报表页眉设置为单独的一页。

需要说明的是，如果在报表页眉中放置使用"总和"类聚合函数的计算控件时，该函数将计算整个报表的总和。报表页眉一般位于页面页眉之前。

**2. 页面页眉**

页面页眉中的内容将在报表的每一页开始处打印输出。图 12-5 表格式报表的页面页眉输出的是各列的栏目名称，其预览效果图即图 12-6(b)的第二行即为该节输出的内容。下一个打印页的第一行也一定是这部分内容。

页面页眉用于显示报表每一列的标题，多为数据表的字段名。实际上，页面页眉中的对象就是我们第 9 章中介绍过的标签控件。

报表的每一页有一个页面页眉，以保证多页输出的时候，在报表的每一页上都有表头。即使用页面页眉可在每页上重复报表标题。

**3. 主体**

主体是报表输出数据的最主要区域，是报表输出的关键内容，是不可或缺的部分。图 12-5 表格式报表主体输出的是报表数据源"招生清单"的具体记录值。

读者仔细观察图 12-5 即该报表设计器的结构，主体中的对象本质上就是窗体中的文本框控件。这些对象的值随着记录不同输出的结果也不同，因此，它们常用于表示动态信息。而页面页眉中的对象大多是标签控件，是一种静态信息。在这里，我们可以再一次体会标签控件与文本框控件的不同。

需要特别强调的是主体中输出的数据量依赖于数据源的规模，换句话说，数据源有多少条记录，主体就会输出多少行（虽然报表设计器的主体中仅描述了一行）。显然，纵栏式报表的主体与表格式报表的主体不一样，希望读者结合上面两种报表设计器的界面格局自己总结它们的特性。

**4. 页面页脚**

页面页脚与页面页眉对应，这里的内容在报表每一页的底部打印输出。多数情况用于设计报表本页的汇总统计信息。上面的两个报表示例在页面页脚输出的都是页码、打印时间等。

**5. 报表页脚**

报表页脚与报表页眉对应，它的内容仅在报表的最后一页底部打印输出。报表页脚常用于显示整个报表的汇总结果或说明信息。

前面的这几个示例，报表页脚节的内容都为空。同时需要说明的是，这几个示例未使用组页眉和组页脚，这两个报表节的功能详见 12.4.1。

# 12.2 创建报表

Access 2010 继承之前版本灵活简便的风格，并提供多种创建报表的方式，如图 12-8

所示。

图 12-8　创建卡中的报表组

（1）"报表"按钮

这是创建报表最快捷、最方便的方式。它是利用当前选定的数据表或查询自动创建报表，所创建的报表效果与表格式报表类似。

（2）"报表设计"

这是报表设计中使用最多、最灵活的工具，也是我们后面重点介绍的内容。它不仅可以修改、编辑其他方式创建的报表，最主要的是进入"报表设计"视图后，设计者通过添加各种控件对象，自己组织报表的格局。

（3）"空报表"

以直接将选定的数据表字段添加到报表中的方式创建报表。

（4）"报表向导"

借助向导的提示一步步完成报表的创建。"报表向导"创建的报表结构比较单一，如果想创建格局更丰富、适用多种需求的报表，可以在"报表向导"创建的报表基础上使用"报表设计"视图的功能加以"修缮"。

（5）"标签"

运用"标签"向导创建一组邮寄标签报表。

通过前几章的学习，读者已经体会到，Access 2010 处理不同的对象，都会使用不同的编辑器。同样，报表也有自己的编辑器。这个编辑器就是上述 5 种方式中的"报表设计"视图。了解并熟练操控设计器，对设计不同风格的报表大有益处。因此，本教程报表设计重点以"报表"、"报表向导"和"报表设计"视图为主。

## 12.2.1　使用"报表"按钮创建报表

最简单、最直接的创建表格式报表的方法，就是使用"创建"选项卡"报表"组中的"报表"按钮完成。"报表"按钮提供了最快捷的报表创建方式。使用该方法创建报表过程中既不向用户提示信息，也不需要用户完成任何操作，只要在单击"报表"按钮之前选定好报表的数据源，然后单击该按钮就可自动生成报表。

【例 12-1】　利用"报表"按钮、使用查询"招生清单"为报表数据源创建报表。

（1）打开"教学管理"数据库、单击导航窗格中"招生清单"查询文件，使其呈现选定状态；

（2）在"创建"选项卡的"报表"组中单击"报表"，即生成如图 12-9 所示的表。这种方式创建的报表包含了数据源的所有数据项。另外，报表的布局并不美观，如果修饰可以使用 12.3 节的"报表设计"视图编辑布局，或者是进行其他修饰（参见 12.3.3 节）。

**图 12-9　自动生成的报表**

## 12.2.2　使用"报表向导"创建报表

使用上述"报表"工具能创建标准格式的报表，虽然快捷、简便，但是存在诸多不足之处，例如无法选择报表所需的数据项。而使用"报表向导"不仅能解决这个问题，"报表向导"还提供了数据分组、排序输出以及报表布局样式选定等功能。

【例 12-2】利用"报表向导"创建图表格式报表，并命名为：表格式招生清单。

（1）打开"教学管理"数据库，选择"创建"选项卡，单击报表组的"报表向导"，如图 12-10 所示。

**图 12-10　启动报表向导**

（2）报表向导的第一步是查询向导等类似也是选定数据源，具体操作如下：选定"招生清单"查询文件为报表的数据源（注意数据源同样可以来自一个基础数据表表或查询文件，也可以来自多个基础数据表或多个查询文件），并确定输出字段，如图 12-11 所示。

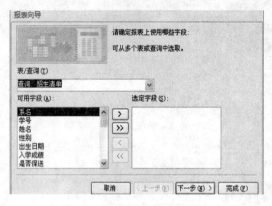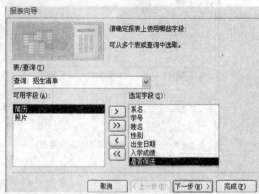

(a) 选择数据表或查询　　　　　　　　　(b) 选择输出字段

**图 12-11　确定报表数据源**

（3）指定分组或取消分组：在接下来的"请确定查看数据的方式"对话框中如果选择"通过系名"选项将会产生分组效果，即按专业分成若干小组后再输出。分组是报表处理中非常重要的一种统计技术。有关分组的概念我们会在 12.4 节做更详细的介绍。因此，这里我们选择"通过学生"，单击"下一步"，进入"是否添加分组级别"对话框。此时忽略分组处理功能，直接处理下一步，即在图 12-12(a)中直接单击"下一步"按钮。

（4）确定报表输出时的排序依据：在"请确定记录所用的排序次序"对话框确定按学号递增顺序输出如图 12-12(b)所示。

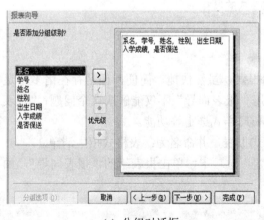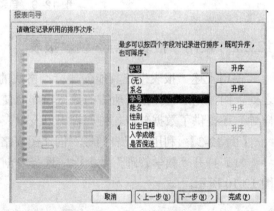

(a) 分组对话框　　　　　　　　　(b) 排序对话框

**图 12-12　确定分组与输出顺序**

（5）定义报表布局即报表类型：在"请确定报表的布局方式"对话框定义确定报表布局亦即报表的类型类型，见图 12-13(a)。

（6）确定报表标题即报表文件名：在"请为报表指定标题"对话框确定报表标题亦即报表文件的名称：表格式招生清单，见图 12-13(b)。

（7）若"请为报表指定标题"对话框中选定"预览报表"单选按钮，单击"完成"按

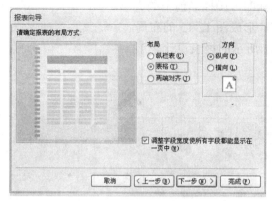

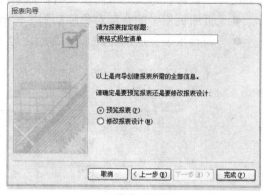

(a) 分组对话框　　　　　　　　　　　　　　　　(b) 排序对话框

**图 12-13　确定报表类型及报表文件名**

钮即可结束报表向导过程并直接进入打印预览状态。浏览报表的输出效果，见前面图
12-6(b)。若选定"修改报表设计"、单击完成，系统并不显示报表的预览效果，而直接进入
报表设计视图也称为报表设计器（图 12-5），这时便可对报表做更完善的处理。

（8）修改布局

如果在上一步选择了"预览报表"，而用户对报表向导生成的报表布局不满意，可以立
即切换到的报表设计视图，对报表的组成重新编辑。切换的方法常用以下两种方式：

● 在报表打印预览状态使用 Access 2010 窗口右下角的视图切换按钮：选择 4 种视图
中的"设计视图"，参见图 12-5。

● 关闭报表预览、报表保存报表设计、导航窗格右键单击该报表文件，并选择"设
计视图"。

该报表的设计视图结构如图 12-14 所示。

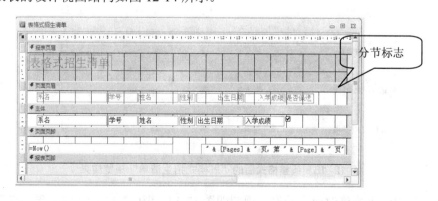

**图 12-14　"表格式招生清单"设计器的布局**

进入报表设计视图，我们就可以清晰地看到各报表节的标志条即分节标志。在报表设
计视图中可以实现报表的各种编辑操作，例如文字的格式、报表对象的输出位置等。

现在我们将图 12-14 页面页眉的内容移动到主体节中，目的是体会不同节的对象在输出
位置上的变化。操作过程如下：

- 报表对象移动前要调整目标报表节的高度，方法是：将鼠标准确放置在报表节的交界处，当鼠标状态变为双向箭头时，拖动鼠标即可操控当前节的大小。
- 页面页眉中的全部对象移动到主体节，形成图 12-15 的布局。
- 调整报表页眉的布局，形成如图 12-15 所示的报表设计。

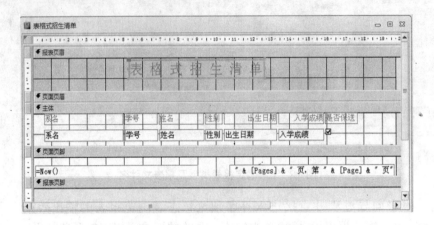

图 12-15　调整格式后的"表格式招生清单"设计器的布局

- 预览效果如图 12-16 所示。

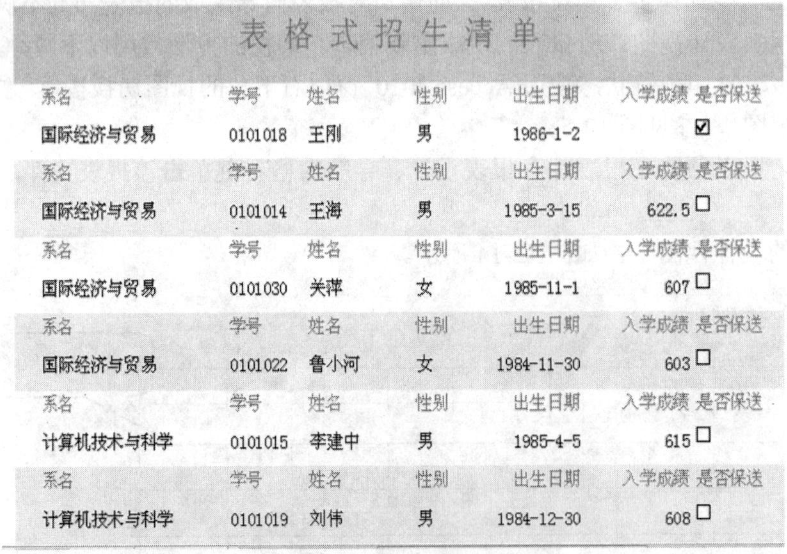

| 表 格 式 招 生 清 单 | | | | | | |
|---|---|---|---|---|---|---|
| 系名 | 学号 | 姓名 | 性别 | 出生日期 | 入学成绩 | 是否保送 |
| 国际经济与贸易 | 0101018 | 王刚 | 男 | 1986-1-2 | | ☑ |
| 系名 | 学号 | 姓名 | 性别 | 出生日期 | 入学成绩 | 是否保送 |
| 国际经济与贸易 | 0101014 | 王海 | 男 | 1985-3-15 | 622.5 | ☐ |
| 系名 | 学号 | 姓名 | 性别 | 出生日期 | 入学成绩 | 是否保送 |
| 国际经济与贸易 | 0101030 | 关萍 | 女 | 1985-11-1 | 607 | ☐ |
| 系名 | 学号 | 姓名 | 性别 | 出生日期 | 入学成绩 | 是否保送 |
| 国际经济与贸易 | 0101022 | 鲁小河 | 女 | 1984-11-30 | 603 | ☐ |
| 系名 | 学号 | 姓名 | 性别 | 出生日期 | 入学成绩 | 是否保送 |
| 计算机技术与科学 | 0101015 | 李建中 | 男 | 1985-4-5 | 615 | ☐ |
| 系名 | 学号 | 姓名 | 性别 | 出生日期 | 入学成绩 | 是否保送 |
| 计算机技术与科学 | 0101019 | 刘伟 | 男 | 1984-12-30 | 608 | ☐ |

图 12-16　调整格式后的"表格式招生清单"预览结果

　　现在我们将该报表修改前后的设计视图即图 12-14 和图 12-15 所示的结果与打印预览视图即图 12-6(b) 和图 12-16 所示的结果综合在一起，如图 12-17 所示，通过对比再次体会报表节的作用。

　　图 12-6(a) 的纵栏式报表制作过程与此类似，不再赘述。请读者注意报表名称命名为："纵栏式招生清单"，以便后面引用。

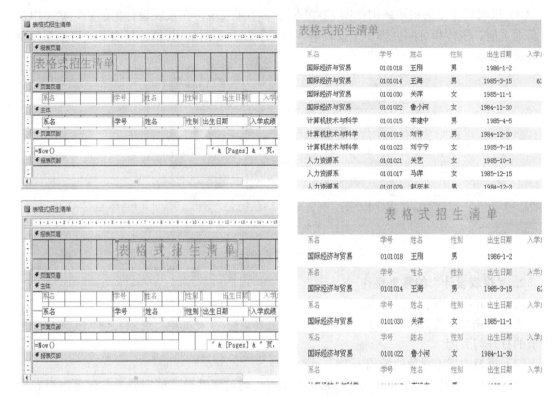

图 12-17　两种表格式报表设计对比效果

## 12.2.3　使用"报表设计"创建报表

通过上面的实例，读者不难发现"报表"、"报表向导"创建的报表，其基本格局是固定的。如果用户需要重新规划报表的输出结构，"报表"、"报表向导"是很难承担这方面工作的。换句话说，使用"报表"、"报表向导"创建报表比较方便，但不够灵活，而使用"报表设计"可以按用户的需要设计更丰富的报表布局、规划数据在页面上的打印位置以及添加报表所需的其他控件。"报表设计"还可以修改那些利用"报表"、"报表向导"等创建的报表，使其布局更加符合用户的需求。

使用"报表设计"创建报表一般需要 4 个步骤：启动"报表设计"、定义报表布局、设置数据环境和编辑报表控件。

**1. 启动"报表设计"**

（1）打开"教学管理"数据库，选择"创建"选项卡，启动报表组的"报表设计"（图 12-18）。

**图 12-18　启动报表设计**

（2）报表设计器的初始结构如图 12-19 所示。不难发现，在报表设计器的初始状态中仅有页面页眉、主体和页面页脚 3 个报表节（这点与窗体不同）。其他各报表节，可根据需要打开或隐藏。

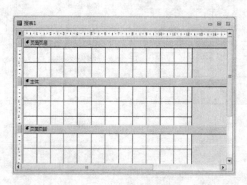

图 12-19 报表设计器

## 2. "报表设计"的常见操作

（1）打开报表页眉/报表页脚节

右键单击报表设计器，快捷菜单中选择"报表页眉/报表页脚"选项，便可实现相应报表节的打开与关闭。

（2）报表中指定对象的编辑

与窗体设计类似，报表设计时对象的编辑可以通过属性对话框完成。右键单击报表设计器、快捷菜单中选择"报表属性"选项，此时属性对话框默认处理的当前对象为主体。此外，还可以使用功能区"工具"组中的"属性表"打开"属性"对话框如图 12-20 所示。以这种方式打开的"属性"对话框框默认处理的当前对象为报表。读者在操作时要注意属性对话框中的提示对象，以免错误定义对象的属性。

图 12-20 启动"属性"对话框

与窗体一样，"属性"对话框处理对象的确定，也通过对象选定下拉按钮完成，如图 12-21。

图 12-21 报表属性

（3）确定报表数据源

报表设计时常常需要使用数据源。数据源可以是数据库中的数据表，也可以是已经创建好的查询，甚至可以是具体的 SQL 语句。

选定数据源的具体步骤与窗体类似，但首先要在"属性"对话框选择报表为当前处理对象，然后在其"数据"标签中使用"记录源"确定报表使用的数据对象，见图 12-22。

（4）主体节的定义

在完成报表数据源定义后，才能确定主体中需要输出的具体字段。简单地讲，报表的主体节添加需要输出的字段即可。具体操作步骤为：

单击功能区"工具"组中的"添加现有字段"（图 12-24）打开"字段列表"对话框即图 12-23），依次双击报表需要输出的字段名（默认放入主体节）或全选后左键拖入指定报表节。

图 12-22 确定数据源          图 12-23 字段选择

图 12-24 启动"字段列表"对话框

如果依次双击数据源的所有字段，形成的报表布局与前面的纵栏式报表相似。如果输出表格式报表，则需要设计者手工将所需对象移动到相应报表节。由此也不难看出"报表"、"报表向导"适合生成报表的初始格局，"报表设计"适合编辑报表的特殊布局。

（5）报表中的其他对象处理

与窗体一样，报表中除了可以输出数据源中指定的数据之外，还可以输出其他辅助信息，例如说明性的文字、数据统计的结果等。如果需要在报表中添加新的成份，需要使用功能区"报表设计工具"选项卡"设计"标签"控件"组中相应控件来添加，如图 12-25 所示。

"报表设计工具"的使用与窗体类似，控件的功能也基本相同，这里不再累述。需要说明的是，窗体中控件的许多处理方法，在报表中都是通用的。有关"报表设计"视图更详细的介绍请参阅 12.3 节。

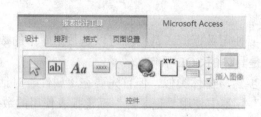

图 12-25　报表控件工具

## 12.2.4　使用"标签"创建报表

所谓标签报表就是利用向导从报表数据源中提取出所需字段，制作成类似名片的短信息形式报表。在实际工作中，标签报表具有很强的实用性。非常典型的就是物流管理系统中，邮寄的物品上需要粘贴的邮寄地址标签，这类的标签报表是必须的、不可或缺的信息载体。使用 Access 2010 提供的"标签"工具，可以方便、灵活地制作各式各样的标签报表。

【例 12-3】　利用"标签"创建图标签报表。

（1）打开"教学管理"数据库、导航窗格中选定"招生清单"查询文件。

（2）单击"创建"选项卡、启动报表组中的"标签"，打开"标签向导"的标签"型号"对话框，见图 12-26。

这是标签报表需要定义的第一个参数，其中型号的默认值为 Avery 厂商的 C2166 型。这种标签的尺寸为 52mm×70mm 一行显示两组数据，见图 12-30。标签"型号"对话框提供了多种规格的标签样式，不仅如此，用户还可以通过"自定义"对话框，自行设计标签的结构。

（3）定义标签报表的文本格式，包括字体、字号、颜色，见图 12-27。

图 12-26　定义标签型号

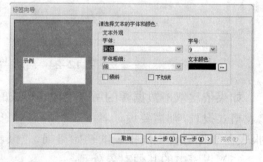

图 12-27　定义文本格式

（4）确定标签所需的数据项及其输出排列方式，见图 12-28。

"原型标签"的下属内容既可以从左侧的"可用字段"选择（被选择的字段以"{}"为定界符），也可以自行输入并换行。"原型标签"窗格具有简单文字格式编辑的功能，是一个微型文本编辑器。

注意：使用"标签"向导选择的字段类型只能是：文本、数字、日期/时间、货币、是/否和备注型。

（5）确定数据的输出顺序，见图 12-29。

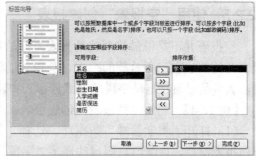

图 12-28　定义标签内容　　　　　　　图 12-29　定义排序字段

（6）确定标签报表的名称，如图 12-30 所示。

图 12-30　定义标签报表名

最终报表的预览效果见图 12-31。

图 12-31　标签报表

### 12.2.5　使用"空报表"创建报表

空报表并不是说最终创建的报表是空的报表，而是指从一个没有结构的、完全空白的报表开始创建自己所希望的报表。与窗体的操作非常类似，在"空报表"视图中创建报表时，大多是以直接拖动字段的方式向报表中添加控件。

【例 12-4】　利用"空报表"创建报表。

（1）打开"教学管理"数据库、选择"创建"选项卡、启动报表组的"空报表"打开空白报表窗口，该窗口右侧自动显示"字段列表"窗格，见图 12-32。

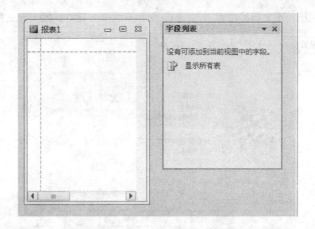

图 12-32　"空报表"视图

（2）单击"字段列表"中的 "显示所有表"链接，将展开数据表名称列表清单，见图 12-33(a)。此时可通过单击数据表名前的"+"号展开相应数据表的字段列表，见图 12-33(b)。单击其中的"编辑表"链接，可以打开数据表视图，进而编辑数据表中的基础数据值。

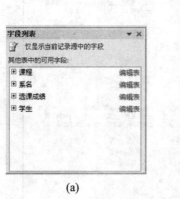

(a)　　　　　　　　　　　　　　(b)

图 12-33　数据源列表

请注意，这一点与其他报表视图不同。其他方式创建报表过程中是不允许修改数据源中的基础数据，只能使用数据源。

（3）依次双击所需字段，即可将其添加到报表中，或者直接拖动字段，将其放入报表。见图 12-34。这里我们依次双击的系号、学号、姓名三个字段。

（4）接下来在“字段列表”窗格选择系名表，并双击系名字段，则形成如图 12-34 所示的报表布局。我们以此说明报表的数据是可以来自数据源。

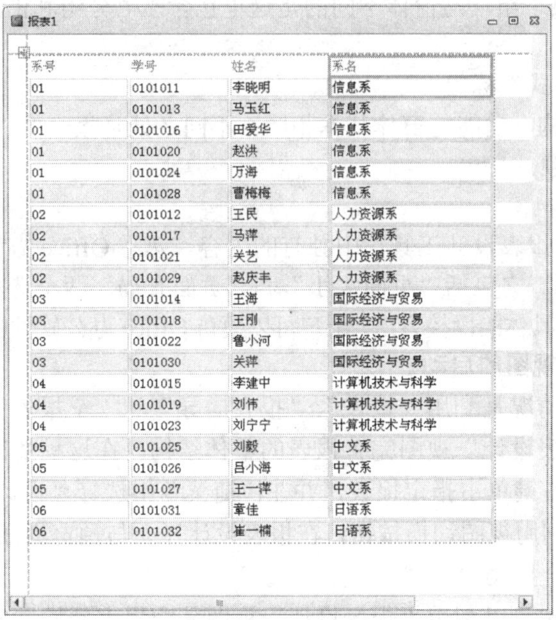

报表1

| 系号 | 学号 | 姓名 | 系名 |
|---|---|---|---|
| 01 | 0101011 | 李晓明 | 信息系 |
| 01 | 0101013 | 马玉红 | 信息系 |
| 01 | 0101016 | 田爱华 | 信息系 |
| 01 | 0101020 | 赵洪 | 信息系 |
| 01 | 0101024 | 万海 | 信息系 |
| 01 | 0101028 | 曹梅梅 | 信息系 |
| 02 | 0101012 | 王民 | 人力资源系 |
| 02 | 0101017 | 马萍 | 人力资源系 |
| 02 | 0101021 | 关艺 | 人力资源系 |
| 02 | 0101029 | 赵庆丰 | 人力资源系 |
| 03 | 0101014 | 王海 | 国际经济与贸易 |
| 03 | 0101018 | 王刚 | 国际经济与贸易 |
| 03 | 0101022 | 鲁小河 | 国际经济与贸易 |
| 03 | 0101030 | 关萍 | 国际经济与贸易 |
| 04 | 0101015 | 李建中 | 计算机技术与科学 |
| 04 | 0101019 | 刘伟 | 计算机技术与科学 |
| 04 | 0101023 | 刘宁宁 | 计算机技术与科学 |
| 05 | 0101025 | 刘毅 | 中文系 |
| 05 | 0101026 | 吕小海 | 中文系 |
| 05 | 0101027 | 王一萍 | 中文系 |
| 06 | 0101031 | 章佳 | 日语系 |
| 06 | 0101032 | 崔一楠 | 日语系 |

图 12-34　选定数据项

（5）单击工具栏中的“保存”按钮或按<Ctrl>+<S>，保存报表设计并命名为：空报表练习。

注意，“空报表”视图中也可以使用属性窗格，但其操作过程十分繁琐，使用极其不便。感兴趣的读者可以自己尝试。

通过上面的介绍，我们已经感觉到，为了能够设计出丰富多彩的报表，熟练掌握、操控报表设计器将是广大用户更需求的技能。下面我们就通过一些实例，详细介绍报表设计器的强大功能及使用技巧。

# 12.3　“报表设计”视图

## 12.3.1　“报表设计”视图简介

### 1. “报表设计”视图的基本结构

前面我们已经介绍过，“报表设计”视图初始状态中包含了 3 个报表节，分别是主体和页面页眉与页脚报表节。报表的主体结构虽然与窗体相同，但是在数据分组处理时，报表的功能这一功能会更强大。

### 2. “报表设计”视图使用的工具

“报表设计”视图中使用的工具集中在功能区的“报表设计工具”选项卡中，包括“设计”、“排列”、“格式”和“页面设置”4 个标签，见图 12-24。

（1）"设计"标签

报表"设计"标签共包含 6 组工具，以此为"视图"、"主题"、"分组和汇总"、"控件"、"页眉/页脚"和"工具"组。与窗体不同的是这里包含了"分组和汇总"组，分组汇总的相关内容见 12.4 节。

（2）"排列"、"格式"标签

这两个标签的结构、功能与窗体基本相同。不同之处是报表的"格式"标签下"位置"组中没有"定位"选项。

（3）"页面设置"

"页眉设置"是"报表设计工具"中独有的内容。熟悉 Office 办公软件的用户，都会对"页面设置"有所了解。它包括"页面大小"和"页面布局"两个选项，用于对报表页面进行各种输出格式设计。具体的操控方法，用户可以模仿 Office 办公软件中的类似功能自主学习。

**3. "报表设计"视图的启动**

报表的创建多数情况是利用"报表"、"报表向导"和"空报表"快速创建报表的初始布局，之后利用"报表设计"视图完善报表的整体结构。在这种情况下启动"报表设计"视图常使用的方式是右键单击指定报表，并在快捷菜单中选择"设计视图"。另外就是在预览报表输出效果时，利用视图切换按钮，在报表设计界面与预览界面之间切换，见例 12-2。这种工作模式非常适合报表的调试。

初次之外，我们也可以利用"报表设计"视图从空报表开始，完全自主设计，其基本操作过程我们已经在 12.2.3 节中讲解过，下面我们通过各种实例，进一步介绍"报表设计"视图的详细功能。

### 12.3.2 报表类型的切换

【例 12-5】 将例 12-2 中的"纵栏式招生清单"改变为报表格式布局。

（1）右键单击"纵栏式招生清单"报表文件，打开其报表设计视图。

（2）全选主体中的所有对象，单击功能区"报表设计工具"选项卡中的"排列"标签，见图 12-35。

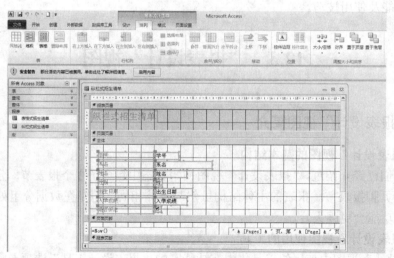

图 12-35 报表类型切换前

（3）单击"表"组中的"表格"选项，系统自动将字段名标签移动到页面页眉报表节，字段名标签与字段值文本框自动对齐，形成表格报表格局，见图 12-36。

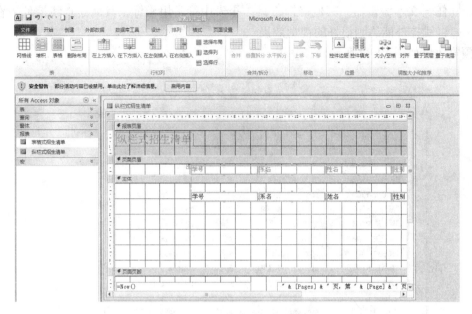

图 12-36　报表类型切换后

（4）调整主体报表节的高度、单击窗口右下角的视图切换按钮进入"打印预览"视图，即可浏览到报表的输出布局由纵栏式改为表格式。

同样，如果打开"表格式招生清单"报表的设计视图，并在步骤（3）中选择"堆积"即可将报表的格式转换为纵栏式。

### 12.3.3　报表的格式修饰

#### 1. 定义字体、字号等字符格式

【例 12-6】修改"表格式招生清单"报表标题的字体、字号等格式，形成如图 12-37 所示报表布局。

图 12-37　文字格式编辑

与窗体操作一样：选定对象、直接拖动鼠标移动到目标位置即可改变对象的输出坐标。改变字体、字形：选定对象、单击常用功能区“报表设计工具”选项卡“格式”标签，其他操作同任一文本编辑器。其他修饰工具：报表中最常用修饰工具就是直线控件。在分组输出时，直线控件能达到很好的视觉效果。

预览效果如图 12-38 所示。

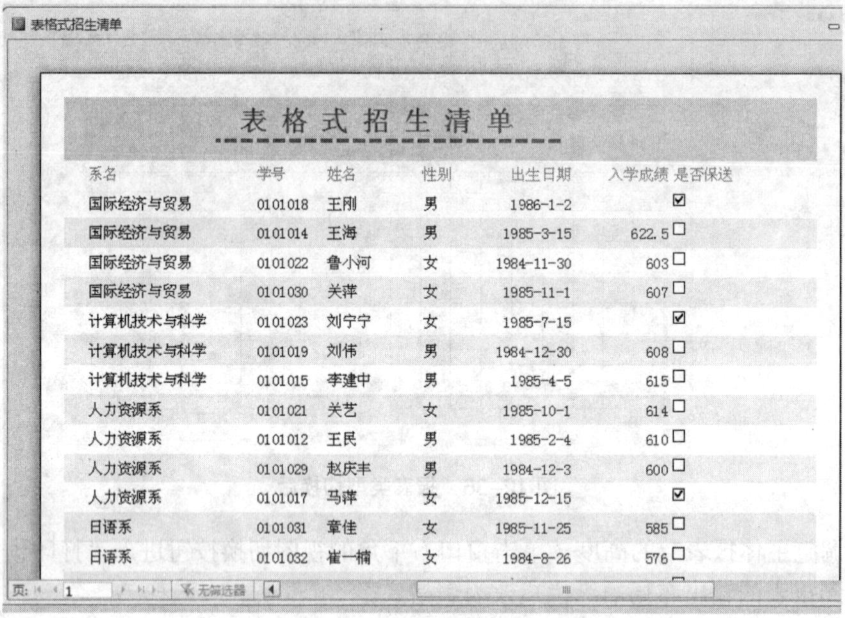
表格式招生清单

表 格 式 招 生 清 单

| 系名 | 学号 | 姓名 | 性别 | 出生日期 | 入学成绩 | 是否保送 |
|---|---|---|---|---|---|---|
| 国际经济与贸易 | 0101018 | 王刚 | 男 | 1986-1-2 | | ☑ |
| 国际经济与贸易 | 0101014 | 王海 | 男 | 1985-3-15 | 622.5 | ☐ |
| 国际经济与贸易 | 0101022 | 鲁小河 | 女 | 1984-11-30 | 603 | ☐ |
| 国际经济与贸易 | 0101030 | 关萍 | 女 | 1985-11-1 | 607 | ☐ |
| 计算机技术与科学 | 0101023 | 刘宁宁 | 女 | 1985-7-15 | | ☑ |
| 计算机技术与科学 | 0101019 | 刘伟 | 男 | 1984-12-30 | 608 | ☐ |
| 计算机技术与科学 | 0101015 | 李建中 | 男 | 1985-4-5 | 615 | ☐ |
| 人力资源系 | 0101021 | 关艺 | 女 | 1985-10-1 | 614 | ☐ |
| 人力资源系 | 0101012 | 王民 | 男 | 1985-2-4 | 610 | ☐ |
| 人力资源系 | 0101029 | 赵庆丰 | 男 | 1984-12-3 | 600 | ☐ |
| 人力资源系 | 0101017 | 马萍 | 女 | 1985-12-15 | | ☑ |
| 日语系 | 0101031 | 章佳 | 女 | 1985-11-25 | 585 | ☐ |
| 日语系 | 0101032 | 崔一楠 | 女 | 1984-8-26 | 576 | ☐ |

**图 12-38 预览效果**

报表的格式设计与窗体完全相同，因此，这里省略了具体的操作过程，仅展现给读者一个具体实例。

**2. 定义输出数据的条件格式**

在报表输出的大量数据中，如果我们特别关心一些特殊数据，例如，入学成绩高于某一分数线、单科成绩不及格的分数等等，总是希望这些数据的输出格式有别于其他数据，这时就需要对这批数据定义条件格式。

【例 12-7】 对上例完成的“表格式招生清单”作如下处理：对入学成绩高于 620 分（含 620）的成绩以红色、加粗倾斜、含下划线方式输出。

（1）以“布局视图”方式打开上述报表，单击入学成绩列（定义条件格式的字段）的任意单元格，呈现如图 12-39 所示的画面。

（2）单击“报表布局工具”选项卡的“格式”标签，并启动“控件格式”组中的“条件格式”，如图 12-40 所示，从而打开“条件格式规则管理器”对话框，如图 12-41(a) 所示。

（3）“条件格式规则管理器”对话框的使用方法与 Excel 中的条件格式非常相似。我们在这对话框中首先“新建规则”按钮，启动“新建格式规则”对话框（见图 12-41(b)）所示。

（4）参考图 12-42(a)的样式定义入学成绩的条件格式：字段值、大于或等于、620 并以

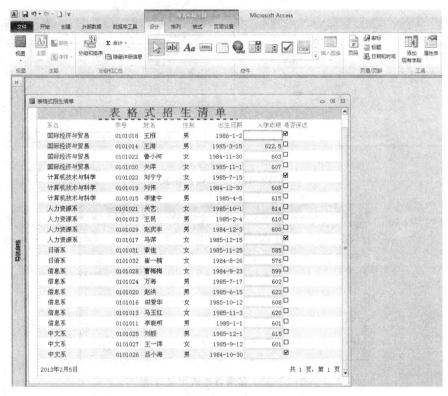

图 12-39　选定条件格式字段

图 12-40　启动条件格式

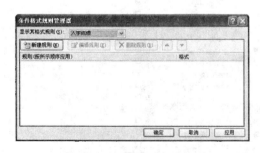

(a) 条件格式规则管理器对话框

(b) 新建格式规则对话框

图 12-41　启动条件格式定义

此单击粗体、倾斜、下划线按钮并确定。效果见图 12-42(b)，条件规则按定义顺序依次显示在"规则"列表框中。多个规则之间为或者关系，假设入学成绩为 600 分的以绿色含下划线格式显示，见图 12-43 所示。

图 12-42　定义条件格式

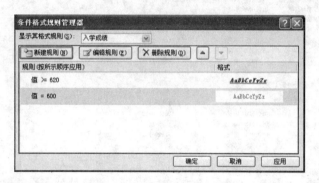

图 12-43　多条件格式定义效果

"条件格式规则管理器"对话框"删除规则"按钮旁的▲、▼可以实现条件规则次序的调整。含有上述条件格式的报表其预览效果见图 12-44 所示。

图 12-44　条件格式输出效果

**3. 报表的页码处理**

当报表数据源含有大量数据时，报表就要输出到多页打印纸上。此时，页码的输出尤为重要。使用"报表向导"创建的报表会自动输出页码，其他方式创建的报表需要人工添加。

【例 12-8】 对利用"报表"、"报表设计"和"空报表"创建的报表添加页码。

（1）打开例 12-4 创建的"空报表练习"报表文件设计视图或布局视图。

（2）确定页码格式与输出位置：习惯上页码放置在页面页眉或页面页脚中，我们选择在页面页脚里面添加页码。单击功能区"页眉/页脚"组的"页码"按钮打开"页码"对话框，即可确定页码格式与输出位置。

需要说明的是，功能区"页眉/页脚"组中的其他功能，其操作十分简单，这里省略它们的示例。其中的"徽标"按钮，可以在报表页眉节添加图片对象。

注意"徽标"的显示位置是固定在报表页眉的左上角（图 12-45），与"报表设计工具"选项卡中"设计"标签下的"图像"控件不同，虽然处理的对象类型都是图像，但是后者处理的对象可以出现在报表的任意位置。

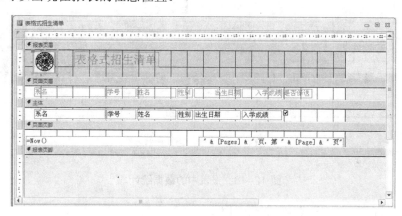

图 12-45 报表中徽标处理

## 12.3.4 报表中的计算、统计功能

报表的主要目的是输出数据库中保存的数据。在实际应用中，报表除了输出基础数据之外，常常会含有各种统计计算的结果。例如，统计数字类型字段的平均值、总计等。Access 2010 提供了两种汇总、统计计算功能，一是在查询中进行，二是在报表输出时完成。相对而言，报表中实现的计算功能更丰富、更灵活。下面我们以具体的实例加以说明。

【例 12-9】 对例 12-2 中创建的"表格式招生清单"报表添加汇总数据：输出入学成绩的最高分、最低分、平均分和招生人数。

（1）打开"表格式招生清单"报表的设计视图。

（2）确定统计数据的输出位置：由于统计的结果涉及到所有数据，因此，需要将计算结果放入报表页脚。所以在定义统计规则前需要展开报表页脚的设计区域，方法是：鼠标指向报表页脚节标志条的下沿，当鼠标出现上下箭头时向下拉动即可。

（3）添加、编辑统计数据对象：向窗体设计一样，在报表页脚的适当位置添加文本框控件。定义文本框标签附属项的标题为：招生人数；双击文本框打开其属性对话框，并在"数据"卡的"控件来源"中输入公式：=Count(学号)或使用表达式生成器完成。至此，报表中招生人数的统计功能即告结束。

需要说明的是，这种数据的输入模式本教程前面的章节已经多次出现过，因此其操作技巧这里不再重复。读者此时可以切换到"打印预览"视图观察设计效果。

其他统计信息的操作与此类似，不再累述。最高分、最低分和平均分的统计公式依次为：=Max(入学成绩)、=Min(入学成绩)和=Avg(入学成绩)。其中的平均成绩还可以约定小数位输出的位数，提示：使用 Round 函数实现。该报表的设计视图结构见图 12-46。

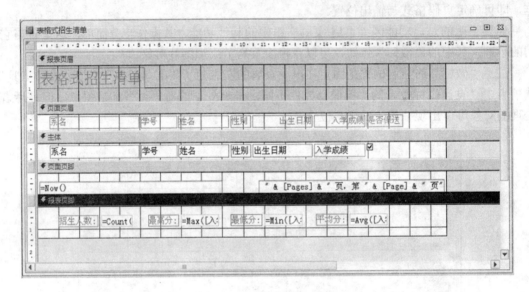

图 12-46　报表中的数据统计

（4）报表另存为：表格式招生清单副本。

【例 12-10】　修改例 12-8 的报表结果：用年龄代替出生日期。

（1）将图 12-46 页面页眉中"出生日期"标签的标题修改为"年龄"（双击该对象即可进入文字编辑状态）。

（2）删除主体中的"出生日期"文本框（即出生日期字段）、在该位置上添加新的文本框对象、新控件的文本框附属成分放置在源字段的位置、删除新控件中的标签附属成分。

（3）双击新控件打开属性对话框，控件来源定义为：=Year(Date())-Year(出生日期)。

## 12.3.5　"是/否"型字段的输出设计

【例 12-11】　根据"是否保送"的数据值输出文字信息：若"是否保送"为真输出"是"，否则输出"否"。

删除主体中的复选框控件，在该位置添加文本框控件并仅保留其文本框附属项（删除其标签附属项），定义文本框的数据源为：=IIf([是否保送],"是","否")，切换到"打印预览"视图即可观察效果。

# 12.4　创建分组报表

## 12.4.1　分组报表设计

分组（即 SQL 中 Group By）的概念在第 6 章和第 7 章都曾经介绍过。同样，在报表设计时也经常要进行分组处理。如按每一门课程分组并输出该课程的选课名单、按学生分组输出每个人的成绩单等。图 12-47(a)是按专业分组后输出的招生清单，但是没有统计数据；而图 12-47(b)是在分组基础上进行分组统计的结果。可见分组报表在实际应用中所占的比例是相当大的。

所谓的分组就是将具有相同制约因素的记录连续排列在一起。当然，分组的目的往往是为进行各种统计计算做准备（分组统计示例见图 12-47(b)）。

需要说明的是分组可以对一个字段进行，也可以对多个字段进行。我们不妨将以一个字段做分组依据的分组称为一级分组，如果在此基础上继续分组，不妨称为二级分组、三级甚至多级分组。下面通过几个实例，了解分组报表的设计过程。

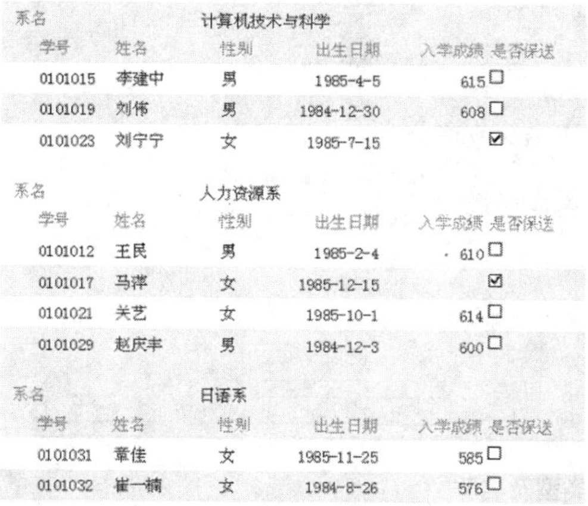

(a) 一级分组报表 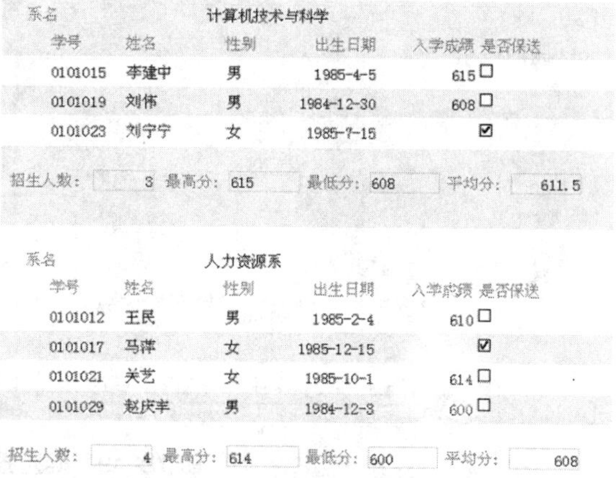　　　　　　　　(b) 一级分组汇总报表

**图 12-47　分组报表设计**

## 12.4.2　以单字段做分组依据的分组报表

【例 12-12】　创建类似图 12-47(a)所示的"一级分组招生清单"。

方法一：利用"报表向导"完成。

（1）参见例 12-2 的第（1）、（2）步即指定报表的数据源、查看数据的方式仍然选择"通过学生"。

（2）确定分组依据字段为系名：在如图 12-48(a)所示界面中双击"系名"字段形成如图 12-48(b)所示结果。若查看数据的方式选择"通过系名"则可直接进入如图 12-48(b)所示的操作界面。

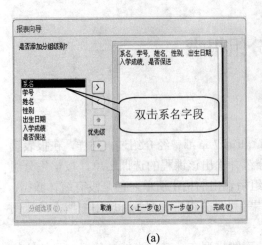

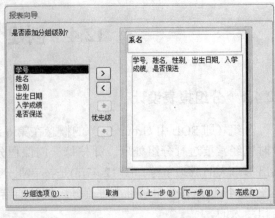

(a)                                                    (b)

图 12-48  确定分组依据

（3）报表输出顺序仍以学号升序排列（操作同例 12-2）。

（4）报表类型此时更改为：递阶、块和大纲 3 种，我们以大纲为例。最后报表名称命名为：一级分组招生清单如图 12-49 所示。

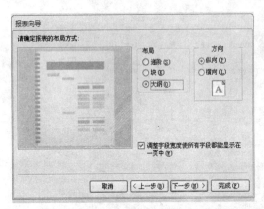

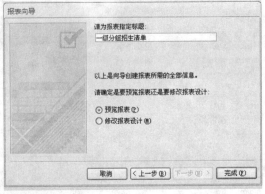

图 12-49  确定报表类型及名称

预览效果如图 12-47(a)所示。切换到该报表的设计视图，效果如图 12-50 所示。

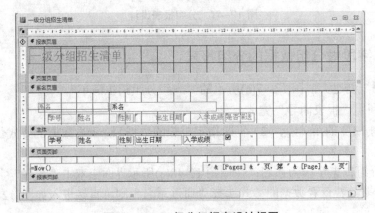

图 12-50  一级分组报表设计视图

此时就会发现，该报表设计视图中比原来介绍的设计器结构增加了一个报表节：系名页眉，这就是我们前面提到的组页眉（组页眉节的标题，依赖于分组字段的名称）。

组页眉的内容在报表每一组的开始处输出，同一组的记录就是此时主体中定义的数据。由此可见，组页眉的作用是输出每一组的标题。如果在组页眉中放置使用"总和"聚合函数的计算控件时，将计算当前组的总和。我们的例题中组页眉输出了两行文字，一行是分组依据信息即专业的名称，另一行是各列的标题。

与组页眉对应的是组页脚。组页脚的内容在每一组的最后输出，其作用是输出每一组的统计结果或组的说明性信息。

下面我们在组页脚处统计每个专业的招生人数、最高分、最低分、平均分等统计数据，并对该报表做更多的格式编辑。

- 定义报表页眉中标题"一级分组招生清单"的字形并改变输出位置等, 如图 12-51 所示。

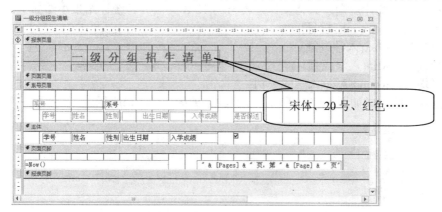

图 12-51　改变字体格式

- 统计每个专业的招生人数、最高分、最低分、平均分：

第一步，打开"系名页脚"报表节：右键单击报表设计器并在快捷菜单中选择"排序和分组"或者使用"设计"功能区"分组和汇总"组中的"分组和排序"按钮打开"分组、排序和汇总"对话框如图 12-52 所示。

图 12-52　"分组、排序和汇总"对话框

单击对话框中的"更多"项，如图 12-52 所示。在展开的选项中选择"无页脚节"下拉列表中的"有页脚节"如图 12-53 所示。之后报表设计器中将展开"系名页脚"报表节。

展开"系名页脚"报表节的另一个方法是使用图 12-54 中"无汇总"的"在组页脚中显示小计"选项。这里的小计结果为：每一组的记录个数，亦即我们要统计的每个专业招生人数。如果报表不需要小计，可以将其删除。

图 12-53　选择添加系名页脚方法 1

图 12-54　添加系名页脚方法 2

第二步，定义统计规则：具体操作过程与例 12-8 类似。各统计结果小结如下：

招生人数：Count([学号])

最高分：Max(入学成绩)

最低分：Min(入学成绩)

平均分：Round(Avg(入学成绩),1)

系号页脚报表节的组成如图 12-55 所示，预览结果如图 12-47(b)所示。

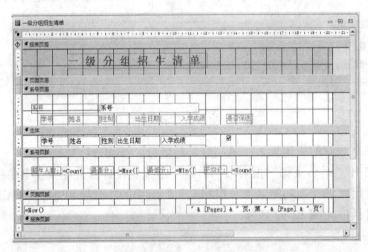

图 12-55　一级分组设计

方法二：对已创建的、不具有分组功能的报表利用"报表设计"增加分组统计效果。

【例 12-13】　对例 12-2 创建的"表格式招生清单"增加分组统计功能。

（1）打开"表格式招生清单"报表的设计视图如图 12-56 所示。

（2）右键单击报表设计器并选择"排序和分组"选项或者单击"设计"功能区"分组和汇总"组中的"分组和排序"按钮打开分组、排序和汇总对话框如图 12-57 所示。

（3）在分组、排序和汇总对话框中单击"添加组"按钮并选择其字段列表中的"系名"字段打开分组报表节如图 12-58 所示。

（4）将页面页眉报表节中的对象、主体中的系名字段移动到系名页眉节，并调整布局如图 12-59 所示。

（5）数据的统计功能同上。

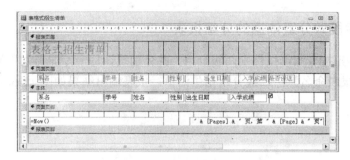

**图 12-56　"表格式招生清单"报表设计视图**

**图 12-57　分组与排序**

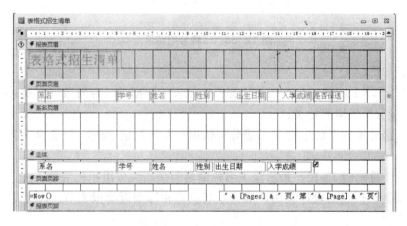

**图 12-58　添加分组页眉**

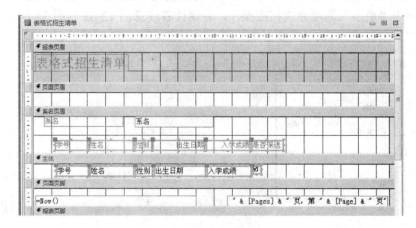

**图 12-59　调整布局效果**

### 12.4.3　以多字段做分组依据的分组报表

【例 12-14】　先按专业再按性别两级分组，并分别统计每个专业男女生的人数、男女生的人数比例等，报表命名为：二级分组招生清单。报表输出结果如图 12-60 所示。

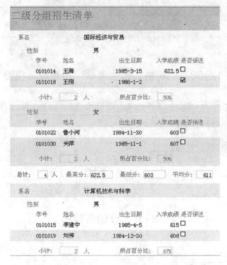

图 12-60　二级分组结果

操作步骤如下：

（1）参见例 12-2 的第（1）、（2）步即指定报表的数据源、查看数据方式选择"通过系名"，完成一级分组依据的定义。

（2）在一级分组的基础上定义二级分组依据：双击性别字段，形成的分组依据界面见图 12-61。

（3）之后步骤同例 12-12，最后报表名称命名为：二级分组招生清单。

（4）切换到该报表的设计视图，展开系名页脚和性别页脚报表节，以便定义统计数据的计算规则。

由于该报表的分组依据为多个字段，因此需要逐个展开每个分组依据的页脚，见图 12-61。单击"更多"选项完成相应操作，并请读者注意图 12-63 与图 12-64 的区别以及功能。

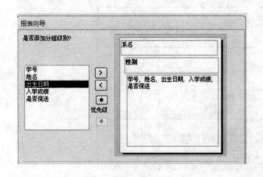
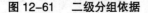

图 12-61　二级分组依据　　　　　　　　图 12-62　打开组页脚报表节

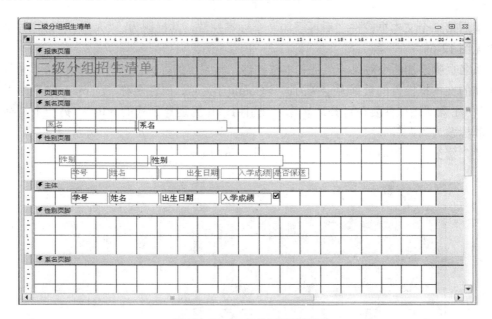

图 12-63　定义系名分组依据

图 12-64　定义性别分组依据

在如图 12-63 和图 12-64 所示的界面中分别选择"无页脚节"下拉列表中的"有页脚节"即可打开相应组页脚，形成如图 12-65 所示的报表设计布局。

图 12-65　二级分组设计视图

（5）定义统计数据

性别页脚中添加第一个文本框控件，其附属的标签控件标题命名为"小计："，其附属的文本框控件的数据源定义为："=Count(学号)"、属性名称（Name）定义为："人数小计"。

添加第二个文本框，其标签附属控件标题为"所占百分比："、附属文本框的数据源为："=人数小计/人数总计"如图 12-66 所示。

注意：等号后的"人数小计"是上一个控件中附属项文本框的名称。这里引用了报表中的控件作为运算对象，因此，名称要保持一致。这种引用方式已经在第 9 章面向对象程序设计以及第 10 章窗体中介绍过。同样道理，除号后的"人数总计"是报表中另一个控件的名称（具体对应的控件见后面的描述）。

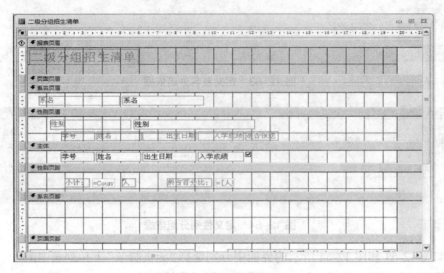

图 12-66　二级分组数据统计

最后第二个文本框控件之后再添加一个标签控件，其标题为："人"。添加的对象布局效果见图 12-66。

系名页脚添加两个对象一个是文本框控件，其附属的标签控件标题命名为："总计："，其附属的文本框控件的数据源定义为："=Count(学号)"、属性名称（Name）定义为"人数总计"（注意：该控件要在百分比计算中被引用，作为运算公式的分母）。另一个是标签控件，其标题为"人"。

"二级分组招生清单"的设计视图如图 12-67 所示。

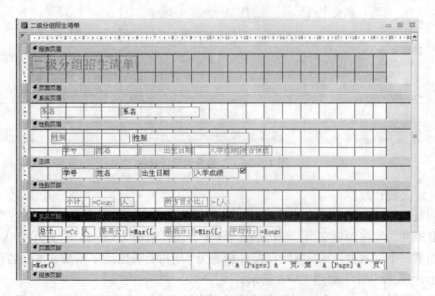

图 12-67　"二级分组招生清单"设计视图

　　本例的另一种设计方法是在"一级分组招生清单"报表基础上添加二级分组依据，并完成相应计算，具体步骤为：

　　（1）打开"一级分组招生清单"设计视图。

　　（2）增加二级分组报表节：右键单击报表设计器选择"排序和分组"或者使用"设计"功能区"分组和汇总"组中的"分组和排序"按钮打开

　　（3）调整分组、排序的顺序：使用"顺序调整"按钮（见图 12-68）将性别分组依据调至"学号排序"之前。调整后参见图 12-69。

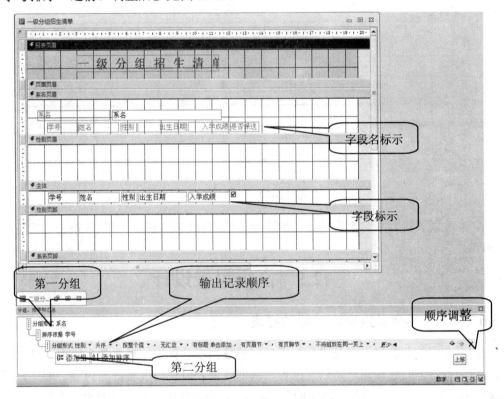

图 12-68　分组、排序调整前

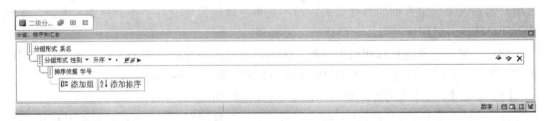

图 12-69　分组、排序调整后

　　（4）调整报表布局：

　　● 参照图 12-67 将系名页眉报表节中各学生表字段名称控件移动到性别页眉节（性别字段名独占一行）：选定所有字段名标示并移动。

　　● 将主体中的性别字段移动至性别字段名之后：选定字段标示并形成新的输出格局如图 6-70 所示。

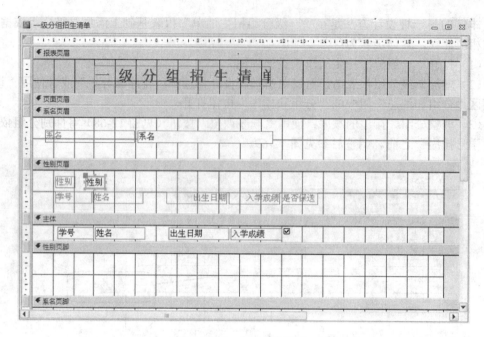

图 12-70　二级分组结果

（5）性别页脚、系名页脚分别仿照上述方法添加统计数据、调整各报表节的高度即可结束设计。

# 12.5　高级报表设计

## 12.5.1　创建具有参数查询功能的报表

前面介绍的各种报表都是将数据库后台的数据以各种组织形式放入报表，以供用户浏览。这些报表中的数据源都是创建报表时或创建报表前就已准备好的内容。因此，报表预览或打印过程输出的数据是"固定的"。实际上，报表使用过程中也具有交互性。

读者是否还记得，第 6 章我们创建过参数查询。这种查询文件，在查询使用过程中通过用户的输入来确定查询的具体要求，而不是事先就已经定义好了查询规则。因此，参数查询的灵活性、适用性更强，更能适合多种需求。

同样，报表设计也具有相似的功能。例如，在报表预览过程中输入系号，之后就可以输出该专业的招生信息等。这就是我们要说的具有参数查询功能的报表。

【例 12-15】　按输入的专业代码输出该专业的招生信息。

（1）打开"教学管理"数据库，选择"报表设计"视图创建报表即打开新的报表设计器。

（2）定义报表的数据源：在空报表设计视图中选择属性对话框的"报表"数据卡、单击"记录源"的 按钮，打开"查询生成器"窗口。依次添加系名表和学生表，并确定查询所需字段，如图 12-71 所示。

（3）定义参数查询条件并生成新的查询文件：在"系号"字段的条件行输入查询条件：[请输入所需的系号：]，见图 12-72。单击功能区"关闭"组中"另存为"按钮，保存该查询为"报表参数查询"，见图 12-73。

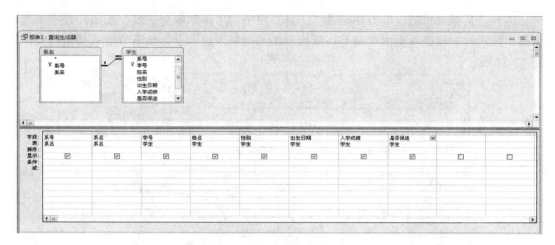

**图 12-71　定义参数查询报表数据源**

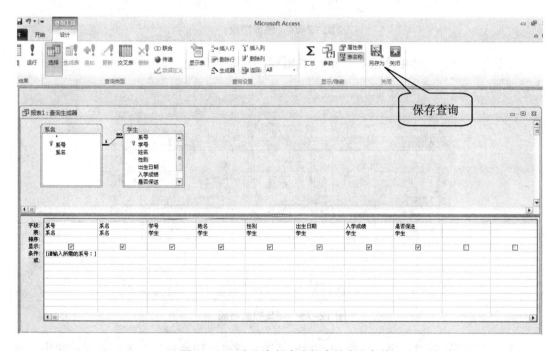

**图 12-72　定义参数查询报表的查询条件**

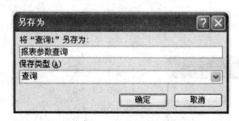

**图 12-73　保存参数查询**

关闭"查询生成器"窗口返回报表设计视图。

（4）定义报表布局：单击功能区"工具"组中的"添加现有字段"按钮打开字段列表窗格，将系号字段拖入页面页眉节，依次双击其他字段放入主体报表节形成初始格局，如图 12-74 所示。

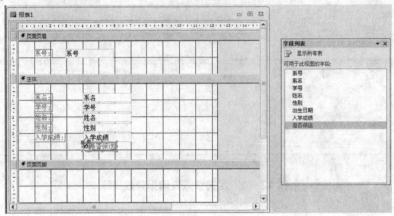

图 12-74　添加字段

将系名字段、主体中剩余控件的标签附属项移动到页面页眉，并调整报表布局如图 12-75 所示。

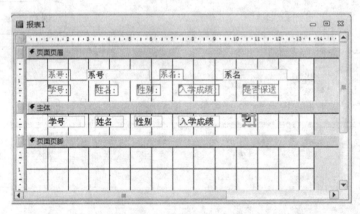

图 12-75　定义报表布局

（5）打印预览观察效果：切换到"报表视图"或"打印预览"视图，此时将弹出"输入参数值"对话框（见图 12-76），输入报表指定的参数。我们以输入"01"为例，预览结果如图 12-77。

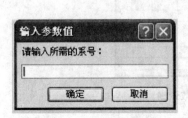

图 12-76　输入报表参数

图 12-77　参数报表结果

### 12.5.2 创建主/子报表

相同结构的对象嵌套在一起，这种设计理念在程序设计、SQL 查询等操作中是一种非常普遍的现象。同样道理，将一个报表放入另一个报表中，从而也能形成报表的嵌套。被插入的报表称为子报表，包含子报表的的报表称为主报表。通常情况，主报表是一对多关系表中的一方数据表，子报表为多方的数据表。

【例 12-16】 创建学生选课成绩单报表，输出学号、姓名、课程号、课程名、学分和选课成绩。

（1）打开"教学管理"数据库，利用"报表向导"，使用学生表为数据源创建含有学号和姓名两个字段，并以学号升序排列的表格式报表，保存为：学生选课成绩主/子报表，如图 12-78 所示。

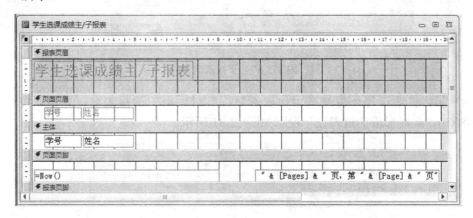

**图 12-78　主/子报表初始视图**

（2）创建查询文件"学生选课成绩"，该查询包含的数据项有：学号、课程号、课程名、学分和选课成绩表中的成绩字段。

注意：如图 12-79 所示的结果中，学号字段显示行的约定。

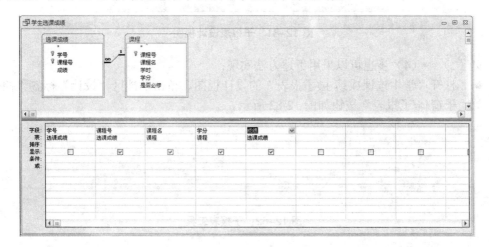

**图 12-79　创建所需查询**

（3）打开"学生选课成绩主/子报表"的设计视图、选定导航窗格中的"学生选课成绩"查询文件、按住左键将该查询拖入到报表设计视图的主体中。并在子报表向导窗格的"请确定是自行定义……"对话框中选择"从列表中选择"如图 12-80(b)所示。

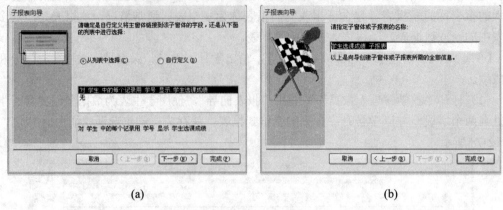

　　　　　　　　　(a)　　　　　　　　　　　　　　　　　　　(b)

图 12-80　子报表向导 1

（4）默认"请指定子窗体或子报表的名称"对话框中的报表名，单击"完成"，见图 12-80(b)。此时形成的报表设计视图如图 12-81 所示。

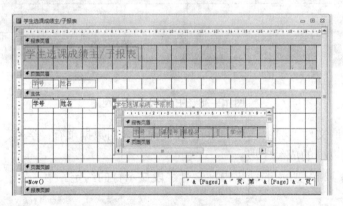

图 12-81　子报表设计视图

第（2）～（4）步也可以采用下述方法实现：

● 打开"学生选课成绩主/子报表"的设计视图、单击功能区"设计"标签"控件"组中的"子窗体/子报表"按钮如图 12-82 所示。

图 12-82　子报表工具

● 单击主体添加新的控件：子报表向导窗格确定数据源对话框中选定"使用现有的表和查询"，如图 12-83(a)所示。

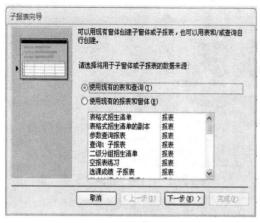
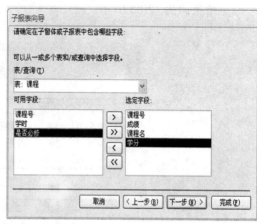

(a)　　　　　　　　　　　　　　　　　(b)

**图 12-83　子报表向导 2**

● 进入下一步确定数据项：依次选择选课成绩表中的课程号、成绩以及课程表中的课程名、学分字段，见图 12-83(b)。

● 进入下一步后的操作见的图 12-83(b)所示。

此时形成的报表设计视图中子报表主体对象排列顺序依据选定数据源时字段的双击顺序为准，而原步骤中子报表主体对象的排列顺序是由所依赖的查询而定。无论使用哪一种方式添加子报表，读者都可以自行调整子报表的结构，只要符合常规习惯或自己的需求即可。

（5）读者可以切换到"报表视图"或"打印预览"视图观察效果，并返回设计视图重新编辑、排版。

以下的操作仅供参考：页面页眉的对象移动到主体、删除子报表控件的标签附属项，效果见图 12-84，打印预览结果见图 12-85。

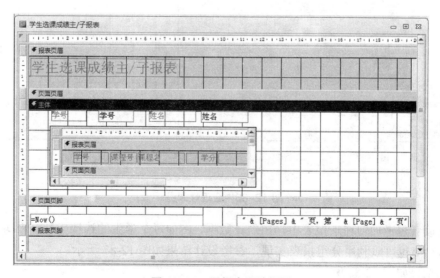

**图 12-84　子报表设计视图**

预览结果如图 12-85 所示。

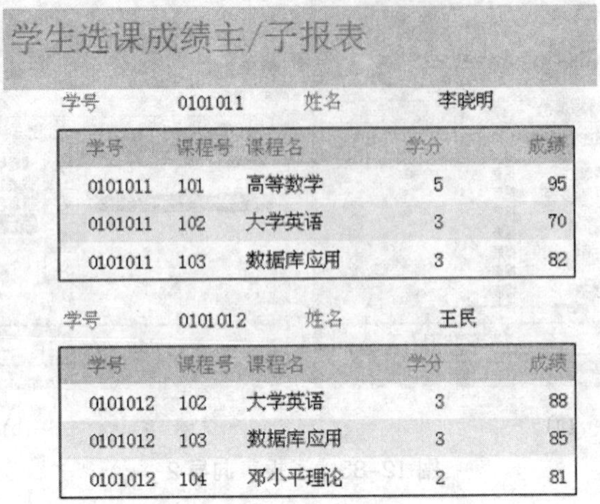

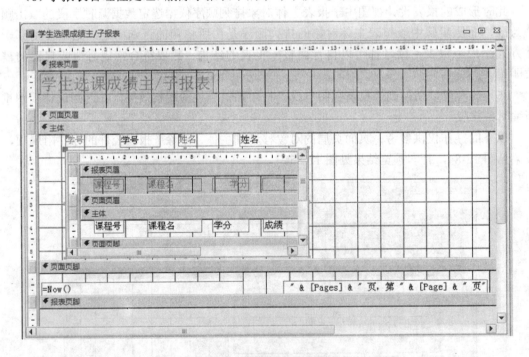

图 12-85　主/子报表预览结果

（6）子报表合理性处理：删除子报表中的学号字段，修改报表设计视图如图 12-86 所示。

图 12-86　合理性调整

建议读者思考如何在子报表中输出统计数据，例如每个学生的选课门数、平均成绩等。本例题的功能也可以利用分组报表实现，参考设计结果如图 12-87 所示。

预览结果如图 12-88 所示。

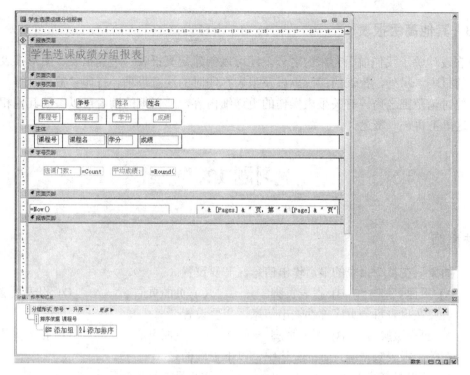

图 12-87　子报表统计数据

图 12-88　含统计数据的主/子报表

### 12.5.3　其他高级报表

报表设计除了我们前面介绍的之外，还可以创建交叉报表、透视报表、图形报表等多种形式的报表。另外，报表的的导出以及报表打印时的注意事项、打印参数设置等，不在本教程的讨论范围之内。有关报表操作的更详细内容，感兴趣的读者可以参阅其他相关的资料，这里不再一一赘述。

# 习题 12

## 一、选择题

1. 如果要在整个报表的最后输出信息，需要设置（　　　）。
   A) 页面页脚　　　　B) 报表页脚　　　　C) 页面页眉　　　　D) 报表页眉
2. 若要在报表每一页底部都输出信息，需要设置（　　　）。
   A) 页面页脚　　　　B) 报表页脚　　　　C) 页面页眉　　　　D) 报表页眉
3. 在关于报表数据源设置的叙述中，以下正确的是（　　　）。
   A) 可以是任意对象　　　　　　　　B) 只能是表对象
   C) 只能是查询对象　　　　　　　　D) 可以是表对象或查询对象
4. 在设计报表时，如果要输出最后的统计数据，应将计算表达式放在（　　　）。
   A) 组页脚　　　　B) 页面页脚　　　　C) 报表页脚　　　　D) 主体
5. 可作为报表记录源的是（　　　）。
   A) 表　　　　B) 查询　　　　C) Select 语句　　　　D) 以上都可以
6. 报表不能完成的任务是（　　　）。
   A) 数据分组　　　　B) 数据排序　　　　C) 输入数据值　　　　D) 数据格式化
7. 在报表中，要计算"入学成绩"字段的最高分，应将控件的"控件来源"属性设置为（　　　）。
   A) Max(入学成绩)　　　　　　　　B) =Max([入学成绩])
   C) =Max[入学成绩]　　　　　　　　D) =Max{入学成绩}
8. 若有下图所示的报表设计视图，由此可判断该报表的分组字段是（　　　）。

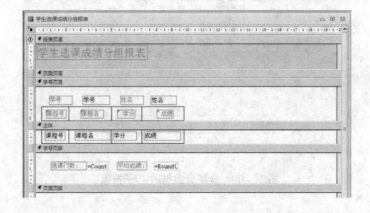

A) 课程号　　　　　B) 学分　　　　　　　C) 成绩　　　　　　D) 学号

## 二、填空题

1. 报表设计时使用的视图共有_____种。

2. 报表设计视图中的报表节共有_____种。

3. 报表数据分组输出时，首先要选定分组字段，在这些字段上值_____的记录数据归为同一组。

4. 报表设计中不可缺少的部分是_____。

# 第 13 章　Web 数据访问

通过前面几章的介绍，我们了解了使用 Access 2010 创建和管理桌面数据库、创建和维护桌面数据库对象的方法。而本章将重点介绍使用 Access 2010 创建和发布 Web 数据库的过程。通过创建和发布 Web 数据库，可以增强管理数据的能力，从而更轻松地跟踪、报告和与他人共享数据。

## 13.1　Access 2010 的 Web 数据访问

Access 2010 Web 数据访问的主要目的是：保护和管理对数据的访问；在整个小型网络工作组内部或 Internet 上共享数据；创建无需 Access 即可使用的数据库应用程序。而 Web 数据访问要解决的主要问题就是数据库的共享。

### 13.1.1　Access 2010 的 Web 数据访问概述

Access 2010 数据库由多种数据对象组成，例如表、查询、窗体、报表。表是真正存储数据的对象，而其他几种对象只是帮助用户使用存储在表中的数据。因此，当需要共享数据库时，通常就是要共享表。而共享表时，最关键的问题是要确保每个用户使用的都是相同的表，即保证每个用户都能使用相同的数据。数据的共享通常有以下几种方法：

（1）拆分数据库

将数据库拆分成两部分，将表放置在一个 Access 文件中，而将其他任何对象放置在另一个称为"前端数据库"的 Access 文件中。前端数据库包含指向其他文件中的表的链接。每个用户都将获得自己的前端数据库副本，以便仅共享表。

（2）网络文件夹

这是一种最简单的方法，要求也最低，但提供的功能也最少。数据库文件存储在共享网络驱动器上，用户可以共享所有数据库对象。当有多个用户同时更改数据时，可靠性和可用性就会成为问题。

（3）SharePoint 网站

使用运行 SharePoint 的服务器，特别是运行 Access Services 的服务器，就可以用 SharePoint 集成的方法，维护一个由 Access 2010 创建的 Web 数据库，实现更加方便和安全地数据访问，这是目前比较理想的数据库共享解决方案。

Access Services 是 SharePoint 的可选组件，它提供了一个可在 Web 上使用的数据库平台。用户可以使用 Access 2010 和 SharePoint 设计和发布 Web 数据库，拥有 SharePoint 账户的用户可以在任何一个 Web 浏览器中访问该 Web 数据库。

Access 2010 负责 Web 数据库的创建，所有 Web 数据库中的数据对象都必须满足 Web

兼容性规则，不满足 Web 兼容性的数据库是无法发布的。而 Access Services 负责将该数据库发布到 SharePoint 网站上。

## 13.1.2　Web 数据库和桌面数据库的设计差异

Access 2010 桌面数据库中可以使用的某些功能在 Web 数据库中不可用。但是 Access 2010 为 Access Services 新增的某些功能可以替代原本只能在桌面数据库中实现的应用。仅限桌面数据库的功能以及 Access 2010 Web 数据库新增的替代功能如表 13-1 所示。

表 13-1　Web 数据库和桌面数据库的设计差异

| 操作类型 | 仅限桌面数据库的功能 | Web 数据库的替代功能 |
|---|---|---|
| 设计数据库对象 | 设计视图 | 增强的数据表视图；布局视图 |
| 查看汇总数据 | 组函数 | 数据宏；报表中的组函数 |
| 事件编程 | VBA | 宏和数据宏 |
| 导航至数据库对象 | 导航窗格；切换面板 | 导航控件或其他窗体元素 |

有些 Access 2010 的功能仅限桌面数据库应用，在 Web 数据库中并没有可以替代的选择，这些功能包括：
- 联合查询
- 交叉表查询
- 窗体上的重叠控件
- 表关系
- 条件格式
- 各种宏操作和表达式（数据宏除外）

# 13.2　创建 Web 数据库

在创建 Web 数据库的时候，首先可以考虑是否有接近需求的 Web 数据库模板。Web 数据库模板是预先建立好的应用程序，可以按原样使用，也可以进行修改以满足用户的特定需求。如果没有可用的模板，就需要创建一个空白 Web 数据库。

## 13.2.1　创建空白 Web 数据库

本章将以一个 Web 数据库"Web 教学管理.accdb"为例，介绍 Access 2010 Web 数据库的创建和发布过程。

【例13-1】　创建空白 Web 数据库"Web 教学管理.accdb"。

具体步骤如下：

（1）打开 Access 2010，选择功能区"文件"选项卡，单击"文件"选项卡左侧的"新建"选项。

（2）"新建"选项包含用于创建数据库的命令。在屏幕正中的"可用模板"下，单击"空白 Web 数据库";在屏幕右侧的"文件名"框中键入文件名"Web 教学管理";单击"文件名"文本框旁边的文件夹图标,浏览数据库文件的存放位置以便为 Web 数据库选择文件路径。如图 13-1 所示。

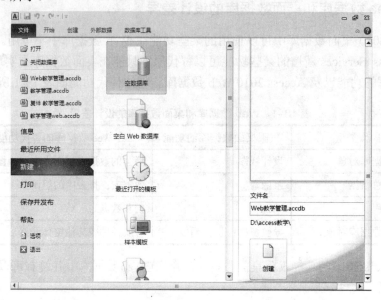

图 13-1 创建空白 Web 数据库

(3)单击"创建"按钮。将打开新的 Web 数据库并显示一个新的空表,如图 13-2 所示。

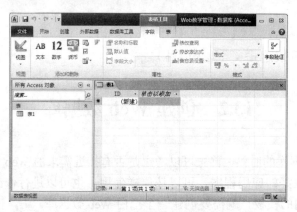

图 13-2 空白 Web 数据库

## 13.2.2 创建 Web 数据表

如表 13-1 所述,Access 2010 没有为创建 Web 数据表提供设计视图模式,创建 Web 数据表可以使用数据表视图。

首次创建空白 Web 数据库时,Access 2010 将创建一个新表,并直接在数据表视图中打开。再次打开 Web 数据库时,使用功能区"创建"选项卡打开数据表视图,接着使用功能区"字段"选项卡和"表"选项卡上的命令为数据表添加字段、有效性规则和索引。可以参考 5.3 节中使用字段模板创建数据表的内容。

【例13-2】　在数据库"Web 教学管理.accdb"中创建 Web 数据表"学生"。

具体步骤如下：

（1）在 Access 2010 中打开 Web 数据库"Web 教学管理.accdb"。

（2）在功能区"创建"选项卡上的"表"组中，单击"表"。

（3）首次创建表时，它包含一个自动编号类型的"ID"字段。点击"单击以添加"处后，弹出字段类型快捷菜单，选择字段类型后，再输入新字段名。如图 13-3 所示。

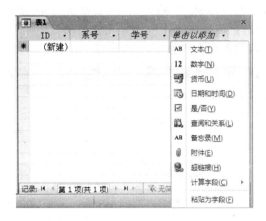

图 13-3　添加基本字段

要添加"快速入门"类型的字段（有关"快速入门"数据类型的说明请参见 5.3.2 节），点击功能区的"表格工具"选项卡中的"字段"选项，从"添加和删除"组中，单击"其他字段"按钮：📇，打开包含快速入门字段类型的菜单。如图 13-4 所示。

图 13-4　添加快速入门字段

对要创建的每个字段重复步骤（3），完成表格字段的定义。要修改字段的名称，可以双击该字段名。

### 13.2.3 导入 Web 数据表

Web 数据表除了可以直接创建外，还可以使用 Access 2010 的数据导入功能从其他数据库文件或其他类型的数据文件中导入。下面的例子将介绍从一个桌面数据库向 Web 数据库中导入数据表的过程。

【例13-3】 从桌面数据库"教学管理"向 Web 数据库"Web 教学管理"导入学生表。

具体步骤如下：

（1）在 Access 2010 中打开 Web 数据库"Web 教学管理.accdb"。

（2）在功能区"外部数据"选项卡上的"导入并链接"组中单击"Access"，随后弹出"获得外部数据 — Access 数据库"对话框，如图 13-5 所示。

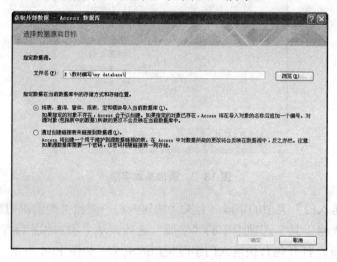

**图 13–5 选择数据源**

（3）在"文件名"文本框中输入数据源文件"教学管理"数据库的路径和文件名；在文件名下方的选项组中选择第一项"将表、查询、窗体、报表、宏和模块导入当前数据库"。点击"确定"后，弹出"导入对象"对话框。如图 13-6 所示。

**图 13–6 导入对象**

（4）"导入对象"对话框中用选项卡方式列出了教学管理数据库所有可以导入的数据对象，在"表"选项卡中选择"学生"。如果要选取多个数据对象，该对话框支持多选。选择完毕后，点击"确定"后，弹出"保存导入步骤"对话框。如图 13-7 所示。

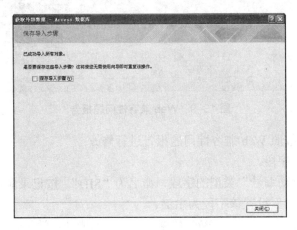

图 13-7　保存导入步骤

如果不需要保存导入步骤，直接点击"关闭"。此时，学生表已经导入至 Web 数据库，可以 Web 模式下正常使用。

注意，如果桌面数据库里的学生表中有某些数据格式不满足 Web 数据库的要求，导入操作可能失败，上述"保存导入步骤"对话框不会出现，取而代之的是一个"导入失败"对话框。如图 13-8 所示。

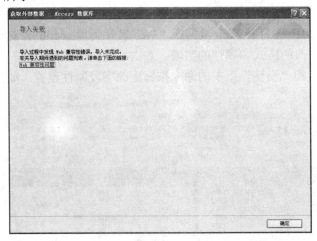

图 13-8　导入失败

点击该对话框上的"Web 兼容性问题"链接，可以查看导入失败的原因，从而修改数据表的格式重新导入。"Web 兼容性问题"报告一般是以数据表的形式输出，此方式能清楚地指出导致失败的字段是哪一个、原因是什么、应该怎样更改。如果将桌面数据库教学管理的学生表直接导入，将会提示两条 Web 兼容性问题：

- Web 数据库不兼容"照片"字段的数据类型"OLE"。
- 导入的表格要有主键，但主键一定要是"长整型"格式的数字型字段。

Web 兼容性问题报告如图 13-9 所示（详细解释请参考表 13-2）。

图 13-9 Web 兼容性问题报告

将学生表的格式按照 Web 兼容性问题报告进行修改：
- 删除"照片"字段。
- 添加一个"自动编号"类型的字段，命名为"SID"。按记录顺序为此字段输入字段值"1，2，3，…"。随后设置该字段为主键。

修改学生表后，再次尝试导入 Web 数据库后，导入成功，学生表可以作为 Web 数据表正常使用了。可以重复例 13-3 的操作，依次导入系名、选课成绩、课程三张表。

## 13.2.4 更改字段属性

字段的格式和属性可以规范字段的行为，设置 Web 数据表的字段属性可以使字段按所需方式运行。

【例13-4】 设置 Web 数据表"学生"的字段属性。

具体步骤如下：

（1）在 Access 2010 中打开 Web 数据库"Web 教学管理.accdb"，打开学生表。

（2）选择需要更改的格式和属性的字段、点击功能区"表格工具"选项卡中的"字段"选项，使用"格式"和"属性"组中的命令按钮更改字段属性设置。如图 13-10 所示。

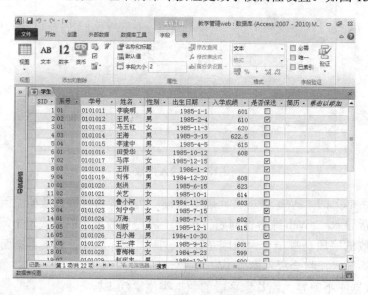

图 13-10 更改字段属性

可更改的字段属性有字段名称、数据类型、数据格式、字段大小、默认值等。

## 13.2.5　设置数据验证规则和消息

Web 数据库中的数据验证包括字段数据验证和记录数据验证两个方面：

（1）字段数据验证

在 Web 数据库中设置字段验证规则和字段验证消息相当于在桌面数据库中设置字段有效性规则和字段有效性文本。可以使用表达式验证大多数字段的输入，还可以指定在验证规则阻止输入时所显示的消息（即验证消息）。

（2）记录数据验证

在 Web 数据库中设置记录验证规则是用表达式限定字段和字段之间的相互约束关系，例如字段"开始日期"值必须小于"结束日期"值。记录验证消息指定在验证规则阻止输入时所显示的消息。

下面介绍设置记录验证规则和验证消息的过程。

【例13-5】　设置 Web 数据表"学生"的记录验证规则和验证消息。假设学生学号的头两位是学生的入学年份，设置学生的入学年龄应该大于 14 岁。

具体步骤如下：

（1）在 Access 2010 中打开 Web 数据库"Web 教学管理.accdb"，打开学生表。

（2）点击功能区"表格工具"选项卡中的"字段"选项、使用"字段验证"组中的验证命令按钮"验证"选择下拉菜单中的"记录验证规则"。如图 13-11 所示。

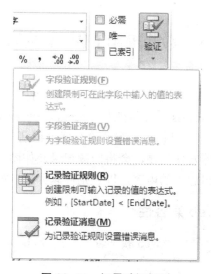

**图 13-11　记录验证规则**

（3）选择"记录验证规则"菜单项后，弹出表达式生成器，编辑记录验证表达式：

CDbl(Left([学号],2))+2000-Year([出生日期])>14

（4）在图 13-11 中选择"记录验证消息"，弹出"输入验证消息"对话框，在其中输入"记录验证错误：学生的入学年龄应该大于 14 岁！"。如图 13-12 所示。

图 13-12　记录验证消息

在 Web 数据库的实际使用过程中，一旦记录中的学号和出生日期不满足记录验证设置表达式，就弹出该信息的对话框警示。例如，输入一个学号"0122222"的学生，出生日期是#1989-09-09#，系统马上弹出对话框报错。如图 13-13 所示。

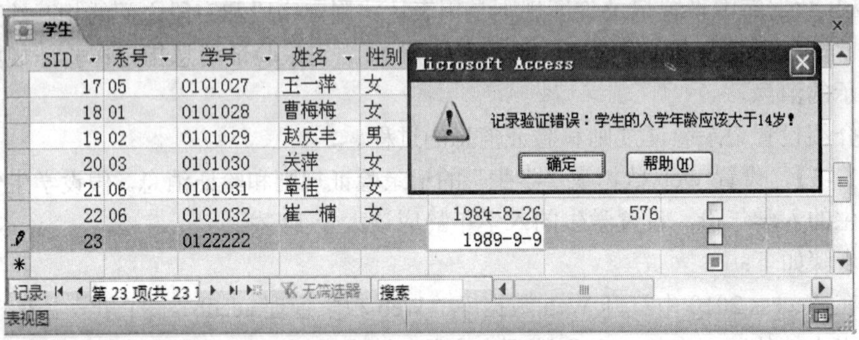

图 13-13　记录验证消息

# 13.3　数据库的 Web 兼容性

Access 2010 允许您使用 Access Services 将数据库应用程序发布到 Web。但是，桌面数据库应用程序中可用的某些 Access 功能可能与 Access Services Web 发布不兼容。

在发布 Web 数据库之前，可以使用兼容性检查器来识别与 Access Services 不兼容的数据库功能。如果兼容性检查器发现问题，会将问题记录在如图 13-9 所示的名为"Web 兼容性问题"的表中。可以查看日志表的内容，以识别问题并确定如何修复。

## 13.3.1　检查数据库的 Web 兼容性

【例13-6】　检查 Web 数据库"Web 教学管理"的 Web 兼容性。

具体步骤如下：

（1）在 Access 2010 中打开 Web 数据库"Web 教学管理.accdb"。

（2）选择功能区的"文件"选项卡，打开 Backstage 视图。单击"文件"选项卡左侧的"保存并发布"。"保存并发布"选项包含用于发布数据库的命令。在屏幕正中的"发布"下，单击"发布到 Access Services"后，再单击屏幕右侧的"运行兼容性检查器"按钮。如图 13-14 所示。

**图 13-14　运行兼容性检查器**

如果兼容性检查器没有发现任何问题，会在"运行兼容性检查器"按钮下方显示确认消息："数据库与 Web 兼容"，如图 13-15 所示。

**图 13-15　数据库与 Web 可以兼容**

如果兼容性检查器发现问题，会显示警告消息，并启用"Web 兼容性问题"按钮，如图 13-16 所示。

**图 13-16　数据库与 Web 不能兼容**

## 13.3.2　数据库 Web 兼容性规则

例 13-3 中已经列举了两种导致 Web 兼容性错误的事件，除此以外，还有很多问题都会导致数据库无法发布到 SharePoint 网站的 Access Services 上，下面按类别列举了一些 Web

兼容性规则。

### 1．窗体和报表

Web 数据库并不支持所有窗体控件事件。支持的控件事件包括：

- AfterUpdate
- OnApplyFilt
- OnChang
- OnClick
- OnCurrent
- OnDblClick
- OnDirty
- OnLoad

报表标题、报表页页眉或报表页页脚中不支持绑定控件。控件必须是未绑定的或已移动到报表的详细信息部分或报表页脚。

### 2．关系和查阅

表必须具有一个主键，并且该主键必须是 Long(长整型)格式的数字类型。如果表中包含查阅字段，则查阅的源字段和目标字段都必须是长整数。另外，查阅字段必须是下列受支持的数据类型之一：

- 单行文本
- 日期/时间
- 数字
- 返回单行文本的计算字段

### 3．架　构

并非所有字段数据类型都与 Web 兼容。支持的字段数据类型如下：

- 文本
- 数字
- 货币
- 是/否
- 日期/时间
- 计算字段
- 附件
- 超链接
- 备注
- 查阅

### 4．其他常见问题

属性值中使用的某些字符与 Web 不兼容。若要使对象或控件名称兼容，则它不得违反下列任一规则：

- 数据对象名称不得包含句点(.)、感叹号(!)、一组方括号([ ])、前导空格或不可打印的字符（如回车）。
- 数据对象名称不得包含以下字符：/ \ : * ? " " < > | # <TAB> { } % ～ &。
- 数据对象名称不得以等号(=)开头。

- 数据对象名称的长度必须介于 1 到 64 个字符之间。
- 包含 220 个以上字段的表与 Web 不兼容。

### 13.3.3 查看 Web 兼容性日志

兼容性检查器发现 Web 兼容性问题时，将问题记录在如图 13-9 所示的名为 "Web 兼容性问题" 的表中。该表列出的内容如表 13-2 所示。

表 13-2 Web 兼容性日志表结构

| 字段名称 | 兼容性问题对象 | 说明 |
|---|---|---|
| 元素类型 | 产生问题的数据库对象类型 | 例如，若问题是表含有不允许的名称，则 "元素类型" 的值为 Table |
| 元素名称 | 产生问题的数据库对象名称 | 例如，若问题是表字段含有不允许的名称，则 "控件类型" 的值为 TableColumn |
| 控件类型 | 产生问题的控件类型 | 如果此字段为空，表明不是控件产生的问题 |
| 控件名称 | 产生问题的控件名称 | 如果此字段为空，表明不是控件产生的问题 |
| 属性名称 | 产生问题的属性名称 | 如果此字段为空，表明不是属性产生的问题 |
| 问题类型 | 产生的问题类型 | 如果问题为 Error，则在问题得到修复之前不会发布数据库也无法将数据库转换为 Web 数据库 |
| 问题类型 ID | 问题类型的 ID 号 | 该编号由 Access 2010 系统设置 |
| 说明 | 问题的说明，旨在帮助找到和修复问题 | 例如，如果问题是表的字段含有 Access Services 不支持的数据类型，则说明为列数据类型与 Web 不兼容 |

例如，将桌面数据库 "教学管理" 不加任何修改就进行 Web 兼容性检查，将产生如图 13-17 所示的兼容性问题日志表。

图 13-17 "教学管理" 数据库的兼容性问题日志

# 13.4 发布 Web 数据库

发布 Web 数据库时，Access Services 将创建包含此数据库的 SharePoint 站点。所有数据库对象和数据均移至该站点中的 SharePoint 列表。数据库发布之后，SharePoint 访问者可以根据其对 SharePoint 网站的权限来使用数据库。

访问权限有以下三种：

● 完全控制　允许更改数据和设计
● 参与讨论　允许进行数据更改，但不允许进行设计更改
● 读取　允许您读取数据，但不能进行任何更改

### 13.4.1　发布 Web 数据库

【例13-7】　发布 Web 数据库"Web 教学管理"。具体步骤如下：

（1）在 Access 2010 中打开 Web 数据库"Web 教学管理.accdb"。

（2）选择功能区的"文件"选项卡，打开 Backstage 视图。单击"文件"选项卡左侧的"保存并发布"。"保存并发布"选项包含用于发布数据库的命令。在屏幕正中的"发布"下，单击"发布到 Access Services"后，屏幕右下方出现"发布到 Access Services"按钮。如图 13-14 所示。

（3）在"发布到 Access Services"按钮右侧的"服务器 URL"文本框中，键入要在其中发布数据库的 SharePoint 服务器的网址。例如，http://Contoso/；在"网站名称"框中，键入 Web 数据库的名称。此名称将附加在服务器 URL 后面，以生成应用程序的 URL。

例如，如果"服务器 URL"为 http://Contoso/，"网站名称"为 WebTeacheringService，那么 URL 为 http://Contoso/WebTeacheringService。如图 13-18 所示。

**图 13-18　填写发布信息**

（4）单击"发布到 Access Services"。

### 13.4.2　同步 Web 数据库

在两种情况下，需要对已发布的 Web 数据库进行同步。一种是 Web 数据库发布后，在 Access 2010 中打开 Web 数据库，并修改设计，再将改动保存到 SharePoint 网站；另一种是将 Web 数据库脱机，使用脱机版本的数据库，然后在联机后再将所做的数据和设计更改保存到 SharePoint 网站。这里说的将所做的更改保存到 SharePoint 网站的操作就是同步。同步可弥补计算机上的数据库文件与 SharePoint 网站上的数据库文件之间的差异。

在 Access 2010 中同步 Web 数据库的方法是，先在 Access 2010 中打开已做更改的 Web 数据库，再点击 Backstage 视图上的"全部同步"按钮，对 Web 数据库进行同步处理。

南开大学出版社网址：http://www.nkup.com.cn

投稿电话及邮箱： 022-23504636 　QQ：1760493289
　　　　　　　　　　　　　　　　QQ：2046170045(对外合作)
邮购部： 　　　　　022-23507092
发行部： 　　　　　022-23508339 　Fax：022-23508542

南开教育云：http://www.nkcloud.org

App：南开书店 app

　　　南开教育云由南开大学出版社、国家数字出版基地、天津市多媒体教育技术研究会共同开发，主要包括数字出版、数字书店、数字图书馆、数字课堂及数字虚拟校园等内容平台。数字书店提供图书、电子音像产品的在线销售；虚拟校园提供 360 校园实景；数字课堂提供网络多媒体课程及课件、远程双向互动教室和网络会议系统。在线购书可免费使用学习平台，视频教室等扩展功能。